应用技术大学系列教材

分 析 化 学

张少文 主 编

关润伶 副主编

中国环境出版社·北京

图书在版编目(CIP)数据

分析化学 / 张少文主编. —北京：中国环境出版社，2016.1
应用技术大学系列教材
ISBN 978-7-5111-2678-8

Ⅰ. ①分… Ⅱ. ①张… Ⅲ. ①分析化学－高等学校－教材 Ⅳ. ①065

中国版本图书馆 CIP 数据核字（2015）第 318863 号

出 版 人　王新程
责任编辑　黄晓燕　侯华华
责任校对　尹　芳
封面设计　宋　瑞

出版发行　中国环境出版社
（100062　北京市东城区广渠门内大街 16 号）
网　　址：http://www.cesp.com.cn
电子邮箱：bjgl@cesp.com.cn
联系电话：010-67112765（编辑管理部）
010-67112735（环评与监察图书分社）
发行热线：010-67125803，010-67113405（传真）
印　　刷　北京市联华印刷厂
经　　销　各地新华书店
版　　次　2016 年 1 月第 1 版
印　　次　2016 年 1 月第 1 次印刷
开　　本　787×960　1/16
印　　张　29
字　　数　490 千字
定　　价　43.00 元

前　言

教学改革和教材建设是高等教育主动适应社会生产发展，培养高质量科技人才的基础性工作。近年来，科学技术的迅速发展，分析化学的内涵已发生了很多变化，与多学科相互交叉渗透，复合性、基础性学科地位日益明显。现代分析测试技术与社会经济发展及日常生活的方方面面联系密切，分析技术在促进生产发展和生活质量提高方面的重要性愈加突出。为适应新形势下高等教育转型发展和学科专业建设之需要，通过深入产品质量检验、环境监测、食品药品检验和疾病控制中心等专业机构以及企业、科研院所进行实地调研，了解分析检测的技术应用和实际水平，剖析专业人才培养的知识能力构成，结合多年教学经验，我们组织力量编写和出版了以应用型人才培养为导向的分析化学教材。

本书既注重化学分析的基础性地位，又适当增加了应用性较强的仪器分析内容。化学分析部分以四大化学平衡基础的滴定分析方法（酸碱、配位、氧化还原和沉淀滴定）为主，突出了基本理论、概念等重点教学内容，简化了公式推导过程等理论性内容。同时注重理论知识与实际应用的结合，各章教学内容均以分析检测实例引入，内容具体生动，便于理解。同时，充实了相关知识的应用实例，做到学用结合、学以致用。仪器分析部分，在分光光度分析的基础上，增加了电位分析和气相色谱、液相色谱分析，使教学内容更接近分析测试的实际，为化学化工及相关专业学生的专业发展奠定基础。另外，专业综合素质培养增加了分析试样前处理技术和实验室规范化建设部分，这既是现代分析测试技术的重要组成，也是专业技术素质培养的基本要求，实践性和应用性较强，对全面提高培养专业人才质量不可或缺。

本书共分 10 章，在参照其他院校教材基础上通过集体努力完成。参加本书编写工作的有张少文（前言、第 1 章、第 8 章），关润伶（第 4 章、第 9 章、第 10 章），陈华军（第 3 章、第 5 章），席晓晶（第 2 章、第 6 章），王安亭（第 7 章、第 9 章）。全书由张少文、关润伶统稿，陈华军、席晓晶负责公式、图表编辑，最后由张少文负责整理定稿。

在本书的编写和出版过程中，许多兄弟院校、科研单位和中国环境出版集团公司给予了大力支持，并提出了宝贵的修改意见。在此一并致以衷心的感谢。

本书作为面向应用型本科院校教材的一次尝试，加之时间仓促，水平有限，一定存在缺点与不足，有待于进一步完善，恳切希望有关专家、同行提出批评意见，我们将认真加以改正。

编　者

2015 年 7 月

目 录

第1章 概 论......1
1.1 分析化学的概念、任务与作用......1
1.2 分析化学的发展......2
1.3 分析化学的内容......3
1.3.1 定性分析、定量分析与结构分析......3
1.3.2 无机分析与有机分析......3
1.3.3 化学分析与仪器分析......4
1.3.4 常量、半微量、微量与超微量分析......4
1.3.5 例行分析与仲裁分析......5
1.3.6 快速分析和标准分析......5
1.3.7 分析方法的选择......6
1.4 分析化学过程......6
1.5 如何学好分析化学......7

第2章 误差和数据处理......9
2.1 准确度与精密度......9
2.1.1 准确度与误差......9
2.1.2 精密度与偏差......10
2.1.3 准确度与精密度的关系......12
2.2 误差的来源与分类......13
2.2.1 系统误差......14
2.2.2 随机误差......14

2.3 提高分析结果准确度的方法 24
2.3.1 消除测定过程中的系统误差 24
2.3.2 增加平行测定次数 25
2.4 可疑数据的取舍 25
2.4.1 *Q* 检验法 26
2.4.2 格鲁布斯（Grubbs）检验法 27
2.4.3 $4\bar{d}$ 检验法 28
2.5 显著性检验 28
2.5.1 *t* 检验法 29
2.5.2 *F* 检验法 31
2.6 平均值的置信区间 33
2.7 有效数字及其运算 35
2.7.1 有效数字及位数 35
2.7.2 有效数字的运算规则 36
2.7.3 有效数字在分析工作中的应用 38
2.8 回归分析法 40
2.8.1 一元线性回归方程及回归直线 40
2.8.2 相关系数 42
2.9 实验设计与实验条件的优化 44
2.9.1 单因素试验的设计与分析 44
2.9.2 多因素的试验设计 46
思考题 48
习 题 49

第3章 滴定分析基础 52
3.1 滴定分析概述 52
3.1.1 滴定反应的条件 52
3.1.2 滴定分析法的分类 53
3.1.3 滴定方式 53
3.2 标准溶液 54

3.2.1 溶液浓度的表示方法 54
3.2.2 化学试剂的分类 58
3.2.3 标准溶液的配制与标定 59
3.3 滴定分析中的计算 63
3.3.1 换算因数法 63
3.3.2 等物质的量规则 64
思考题 68
习 题 69

第4章 酸碱滴定法 70
4.1 酸碱反应与酸碱平衡 70
4.1.1 酸碱反应 70
4.1.2 酸碱反应的平衡常数 73
4.2 不同 pH 溶液中酸碱的各种存在形式的分布——分布曲线 77
4.2.1 分析浓度和平衡浓度 78
4.2.2 酸度对酸碱溶液中各种存在形式浓度的影响 78
4.3 酸碱溶液 pH 的计算 82
4.3.1 物料平衡，电荷平衡和质子条件 82
4.3.2 强酸或强碱溶液 84
4.3.3 一元弱酸（碱）溶液 pH 的计算 86
4.3.4 多元酸碱溶液 pH 值的计算 90
4.3.5 混合溶液 pH 值计算 92
4.3.6 两性物质溶液 pH 值的计算 94
4.4 缓冲溶液 96
4.4.1 缓冲作用原理 97
4.4.2 缓冲溶液 pH 值的计算 98
4.4.3 缓冲溶液的缓冲容量和缓冲范围 101
4.4.4 缓冲溶液的选择和配制 102
4.5 酸碱指示剂 104
4.5.1 酸碱指示剂的变色原理 104

4.5.2 混合指示剂 106
4.5.3 影响指示剂使用的因素 108
4.6 酸碱滴定原理 109
4.6.1 强酸强碱的滴定 109
4.6.2 一元弱酸、弱碱的滴定 114
4.6.3 多元弱酸、混合酸和多元弱碱的滴定 120
4.7 终点误差 123
4.7.1 滴定强酸、碱的终点误差 123
4.7.2 滴定弱酸、碱的终点误差 126
4.7.3 滴定多元酸和混合酸的终点误差 128
4.8 酸碱滴定法的应用 131
4.8.1 酸碱标准溶液的配制与标定 131
4.8.2 酸碱滴定法应用实例 133
4.9 非水溶液中的酸碱滴定 137
4.9.1 非水滴定中的溶剂 138
4.9.2 非水滴定条件的选择 141
4.9.3 非水溶液酸碱滴定的应用 143
思考题 145
习 题 146

第 5 章 配位滴定法 149
5.1 配位化合物 149
5.1.1 乙二胺四乙酸 150
5.1.2 EDTA 配合物的特点 152
5.1.3 EDTA 配合物的离解平衡 153
5.2 副反应及副反应系数 156
5.2.1 EDTA 的副反应及副反应系数 157
5.2.2 金属离子的副反应及副反应系数 159
5.3 条件稳定常数 161
5.4 金属指示剂 163

5.4.1 金属指示剂作用原理 163
5.4.2 金属指示剂应具备的条件 164
5.4.3 金属指示剂的封闭、僵化、氧化变质现象 164
5.4.4 常用的金属指示剂 165
5.5 EDTA 滴定法基本原理 168
5.5.1 滴定曲线 168
5.5.2 影响突跃范围大小的因素 171
5.6 单一离子准确滴定 173
5.6.1 准确滴定判别式 173
5.6.2 配位滴定的适宜酸度范围 175
5.7 提高配位滴定选择性的方法 178
5.7.1 选择性滴定中的酸度控制 178
5.7.2 掩蔽效应的利用 180
5.8 配位滴定方式 182
5.8.1 直接滴定法 182
5.8.2 返滴定法 182
5.8.3 置换滴定法 183
5.8.4 间接滴定法 183
5.9 配位滴定法的特点及其应用 184
5.9.1 配位滴定法的特点 184
5.9.2 配位滴定法的应用 184
思考题 187
习 题 187

第 6 章 氧化还原滴定法 190
6.1 氧化还原平衡 190
6.1.1 概述 190
6.1.2 条件电极电位 191
6.1.3 氧化还原反应进行的程度 193
6.2 氧化还原反应速率及影响因素 194

6.2.1 氧化还原反应的复杂性......195
6.2.2 影响氧化还原反应速率的因素......195
6.3 氧化还原滴定法基本原理......197
6.3.1 氧化还原滴定曲线......197
6.3.2 检测终点的方法......202
6.4 氧化还原滴定前的预处理......205
6.4.1 预氧化和预还原......205
6.4.2 有机物的除去......209
6.5 常用的氧化还原滴定法......209
6.5.1 高锰酸钾法......209
6.5.2 重铬酸钾法......214
6.5.3 碘量法......218
6.6 氧化还原滴定计算示例......224
思考题......228
习 题......229

第7章 重量分析法及沉淀滴定法......232
7.1 重量分析法概述......232
7.1.1 重量分析法分类和特点......232
7.1.2 沉淀重量法对沉淀形式和称量形式的要求......233
7.2 沉淀的溶解度及影响因素......235
7.2.1 沉淀溶解度......235
7.2.2 影响沉淀溶解度的因素......238
7.3 沉淀的类型和沉淀的形成过程......246
7.3.1 沉淀的类型......246
7.3.2 沉淀的形成过程......246
7.4 影响沉淀纯度的主要因素......249
7.4.1 共沉淀现象......249
7.4.2 后沉淀现象......251
7.4.3 减少沉淀玷污的方法......252

7.5 沉淀条件的选择……253
7.5.1 晶形沉淀的沉淀条件……253
7.5.2 无定形沉淀的沉淀条件……254
7.5.3 均匀沉淀法……255
7.6 有机沉淀剂……256
7.7 重量分析法的应用……257
7.8 沉淀滴定法……260
7.8.1 滴定曲线……261
7.8.2 沉淀滴定指示剂……263
7.8.3 混合离子的沉淀滴定……268
7.8.4 沉淀滴定法的应用……269
思考题……270
习 题……271

第8章 仪器分析……274
8.1 吸光光度分析法……274
8.1.1 吸光光度法基本原理……274
8.1.2 分光光度计……279
8.1.3 显色反应及其影响因素……281
8.1.4 分析条件的选择和吸光光度分析误差控制……287
8.1.5 吸光光度分析法的应用……290
8.2 电位分析法……294
8.2.1 概述……294
8.2.2 电位分析中的电极……296
8.2.3 电位分析法的应用……307
8.3 气相色谱分析法……314
8.3.1 概述……314
8.3.2 气相色谱分离原理……315
8.3.3 气相色谱固定相……324
8.3.4 色谱定性分析……328

8.3.5 气相色谱定量分析 329
8.3.6 毛细管柱气相色谱法 331
8.3.7 气相色谱的主要应用 333
8.4 高效液相色谱法 335
8.4.1 高效液相色谱法的特点 335
8.4.2 高效液相色谱法基本类型 336
8.4.3 高效液相色谱仪 336
8.4.4 正反相色谱体系 336
8.4.5 高效液相色谱速率方程 337
8.4.6 高效液相色谱固定相和流动相 339
8.4.7 液-固吸附色谱 340
8.4.8 液-液分配色谱 342
8.4.9 键合相高效液相色谱 342
8.4.10 离子交换色谱 344
8.4.11 体积排阻色谱 346
思考题 347
习 题 348

第 9 章 分析试样的采集制备及常用分离方法 350
9.1 分析试样的采集与制备 350
9.1.1 试样的采集 350
9.1.2 分析试样的制备 354
9.2 试样处理原则 355
9.3 试样的分解 356
9.3.1 溶解法 356
9.3.2 熔融法 359
9.3.3 半熔法 361
9.3.4 干式灰化法 361
9.3.5 微波辅助消解法 362
9.4 分析化学常用的分离和富集方法 363

9.4.1 气态分离法 364
9.4.2 沉淀与过滤分离 364
9.5 萃取分离法 368
9.5.1 液-液萃取分离法 368
9.5.2 固相萃取和固相微萃取分离法 374
9.5.3 微波辅助萃取分离法 376
9.5.4 超临界流体萃取分离法 376
9.6 复杂试样处理实例 377
思考题 378
习 题 379

第 10 章 分析检测的质量保证与控制 381
10.1 分析检测质量保证概述 381
10.1.1 分析结果的可靠性 382
10.1.2 分析方法的可靠性 383
10.1.3 质量保证的工作内容 386
10.2 分析过程的质量保证与质量控制 387
10.2.1 分析前的质量保证与质量控制 387
10.2.2 分析中的质量保证与质量控制 389
10.2.3 分析后的质量保证与质量控制 397
10.2.4 质量控制的标准化操作程序 399
10.2.5 实验室质量保证体系 400
10.3 标准方法与标准物质 400
10.3.1 标准分类与标准化 400
10.3.2 分析方法标准 402
10.3.3 标准物质与标准试样 402
10.4 实验室认可 408
10.4.1 现场考核试验 409
10.4.2 测量不确定度的评估 410
10.4.3 量值溯源 413

思考题 415

参考文献 416

附 表 417

第1章　概　论

1.1　分析化学的概念、任务与作用

分析化学是通过发展和应用各种理论、方法、仪器和技术以获取有关物质组成和性质信息的科学，又称为分析科学。

分析化学的主要任务是研究物质的化学组成和结构信息，即物质中所含有的组分，各种组分的含量以及形态构成。解决这些问题，就需要应用相应的实验方法、实验技术和实验仪器。分析化学还担负着不断建立新的分析检测方法、开发新的实验技术和研制新实验仪器的任务。

分析化学在科学研究和实际生产中具有基础性作用。现代科学的诸多领域及社会生产实践都与分析化学密切相关，分析化学的应用推动了相关学科的发展。如新材料科学研究中，材料的性能与其化学组成和结构直接相关；对细胞内 DNA、蛋白质和糖类等的含量进行检测，可实现对重大疾病的早发现、早诊治；对 $PM_{2.5}$ 的主要成分、来源及危害机理等研究有助于全面了解细颗粒物的环境影响。食品安全及产品质量检测如牛奶、奶粉中三聚氰胺、肉毒杆菌，蔬菜水果的农药残留等都是民生热点问题，需要借助于现代分析化学的理论和方法进行细致缜密的研究。物理学、材料科学和自动化技术等为分析化学开拓新分析方法、实验技术和仪器设备提供了强有力的保证，而数学、统计学和信息学等是处理和分析大量数据所必备的理论工具。相关学科的发展及社会生产的进步又对分析化学提出了更高的需求，从而促进了分析化学的蓬勃发展。

分析化学是理论与实践紧密结合、应用非常广泛的学科，涉及社会发展、国民经济的众多领域。从工业生产中工艺过程的选择与优化、产品质量检测控制到工业“三废”（废气、废液、废渣）治理与综合利用；从人类赖以生存的环境质量

监测与评价到食品的营养成分检测、蔬菜、粮油安全评估；从临床诊断、病理研究、药物筛选，到基因缺陷研究；以及登陆月球后的岩样分析，这些都离不开分析化学。分析化学的重要性关系到国计民生、科技进步和社会发展稳定。如1999年，比利时发生的二噁英污染事件，分析化学家P. Sandra教授最终确认了二噁英与多氯联苯的关系并提出了相应的解决办法。2008年国内发生的三聚氰胺事件涉及乳品中蛋白质分析检测方法的改进与乳品质量控制方面的关键问题。

1.2 分析化学的发展

分析化学具有悠久的历史，其起源可以追溯到古代炼金术。古代农业、医药业和金属冶炼等技术的发展都离不开对物质组成的了解，它们共同推动了各种定性和定量检测技术的发展，但尚未形成系统的理论。直到19世纪末，物质不灭定律、元素周期律和溶液平衡理论的建立和发展，奠定了分析化学的理论基础，使分析化学由检测技术逐渐发展成为一门独立的学科。

20世纪以来，分析化学的发展过程经历了三次重大变革。第一次变革发生在20世纪初，由于溶液四大平衡（酸碱平衡、氧化还原平衡、配位平衡及沉淀平衡）理论的发展，化学分析的理论和方法趋于成熟和完善；第二次变革发生在第二次世界大战前后至20世纪60年代，物理学、电子学、半导体等新技术的发展促进了仪器分析的发展，使以化学分析为主的经典分析化学逐步发展到以仪器分析为主的现代分析化学；第三次变革发生在20世纪70年代末至今，分析化学采用的手段从利用光、电、热、磁、声等物理现象到进一步利用数学、计算机和生物学的方法；分析化学的任务从获得物质化学成分信息扩展到获取结构和其他多维信息。通过现代分析仪器与计算机技术的结合，以提高分析方法的灵敏度、准确度和选择性，实现自动化和智能化为目标，在理论、方法、技术、仪器方面都有了前所未有的进展，发展到了具有综合性和交叉性特征的分析科学阶段。

21世纪是科学技术日新月异、迅猛发展的新世纪。生命科学、材料科学、环境科学的迅速发展和社会经济的突飞猛进，对分析化学提出了更高的要求，也为其发展提供了机遇。分析化学已由过去单纯地提供数据，上升到从分析数据中获取有用的信息和知识，成为科研和生产中实际问题的解决者。例如，21世纪初期人类基因组计划的完成就体现出分析化学深入发展对人类进步作出的巨大贡献。

当前分析化学运用先进的科学技术发展新的分析原理，研究实时（real time）、在线（on-line）、原位（in situ）及活体（in vivo）的新型动态分析。现代分析化学的发展主要方向：

①从分析研究的对象看，分析化学已经由原来的无机分析、有机分析发展到越来越多地对 DNA、蛋白质、手性药物和环境有害物等与生命活性相关物质的分析；

②分析对象的数量级已由常量、微量和痕量进入单细胞和单分子水平；

③分析研究体系已经从简单体系转向生物和环境等复杂体系；

④分析研究区间已由主体分析延伸至薄层、表面、界面微区及形态分析；

⑤分析仪器方面，已由人工操作、单个仪器逐项分析、离线检测向智能化、小型化、多种仪器联用和在线实时监测转化；

总之，新技术和新方法的引入，促进了分析检测方法向高灵敏度、高选择性、高通量和自动化、数字化、智能化的方面发展。

1.3 分析化学的内容

分析化学方法可以按照分析任务、分析对象、检测原理和分析样品与实验的用量及待测成分含量的不同等进行分类。

1.3.1 定性分析、定量分析与结构分析

按照分析任务，分析化学分为定性分析、定量分析及结构分析。定性分析的任务是鉴定样品的元素、离子、基团以及化合物的组成；定量分析的任务是测定物质中有关组分的含量；结构分析的任务是研究物质分子或晶体的结构及综合形态。

1.3.2 无机分析与有机分析

按照分析对象，分析化学分为无机分析和有机分析。无机分析的对象是无机物，要求鉴定样品的化学组成及各组分的含量，包含无机定性分析及无机定量分析。有机分析的对象是有机物，除元素分析外，还要进行官能团分析、结构分析和组分含量分析。

根据分析对象的不同，还可以进一步分为：冶金分析、地质分析、土壤分析、

环境分析、食品分析、药物分析、材料分析和生物分析等。

1.3.3 化学分析与仪器分析

根据测定原理可将分析方法分为化学分析法和仪器分析法。

以物质的化学反应为基础的分析方法称为化学分析法。许多定性分析中的分离和鉴定是利用化学反应生成气体、沉淀和有色物质的性质进行的，称为化学定性分析法；依据化学反应中物质的量之间的关系测定参与反应各组分含量的方法称为化学定量分析法。定量分析主要有重量分析法和滴定分析法（容量分析法）等。重量分析法是将被测组分以某种形式从样品中分离出来后直接称其质量，是最早使用的定量分析法；滴定分析法是通过滴定的方式测定被测组分的含量。化学分析法仪器简单，结果准确，应用范围广泛，是分析化学的基础，又称为经典分析法。

以物质的物理或物理化学性质为基础的分析方法称为物理分析法或物理化学分析法。这类方法通过测量物质的物理或物理化学参数来进行，需要专用或特殊的仪器，通常称为仪器分析法。仪器分析法具有灵敏、快速、适应性强、应用范围广的特点，根据其原理一般可分为光学分析、电化学分析、色谱分析等。近年来伴随着物理学、精密仪器制造技术和计算机技术的飞速发展，质谱分析、核磁共振波谱以及色谱－质谱联用技术等使分析检测手段更加强大，仪器分析成为现代分析的主体和发展方向。

化学分析和仪器分析是分析化学的两大分支，两者互为补充，仪器分析技术具有明显的技术优势，但化学分析是仪器分析的基础，不可忽视。

1.3.4 常量、半微量、微量与超微量分析

根据分析过程中样品量，即固体样品的样品质量或液体样品的试液体积，可将分析方法分为常量分析、半微量分析、微量分析和超微量分析，见表 1-1。根据被分析组分在样品中的相对含量，还可将分析方法分为常量组分分析、微量组分分析和痕量组分分析，如表 1-2 所示。

表 1-1 根据样品用量的分析方法分类

分析方法	样品质量/mg	试液体积/mL
常量分析	＞100	＞10
半微量分析	10～100	1～10
微量分析	0.1～10	0.01～1
超微量分析	＜0.1	＜0.01

表 1-2 根据被分析组分在样品中相对含量的分析方法分类

分析方法	被测组分含量/%
常量组分分析	＞1
微量组分分析	0.01～1
痕量组分分析	＜0.01

通常情况下，化学分析法分析实际的样品质量或组分的含量在常量分析范围，而其他含量的分析通常都需要用仪器分析方法才能完成。

1.3.5 例行分析与仲裁分析

例行分析是指日常工作中的常规分析。例如，企业质检中心或质量控制实验室按照质量标准对生产原料、中间品和最终产品质量进行的检查控制分析。也包括专业机构对社会商品质量进行的定期分析监控。仲裁分析是指不同单位对某一产品的分析结果有争议时，由具备资质的权威分析检测部门按照标准方法进行测试，以仲裁原分析结果的正确与否。

1.3.6 快速分析和标准分析

根据完成时间和所起作用的不同分析方法分为快速分析和标准分析。

快速分析由于分析速度快，分析误差往往比较大，主要用于工厂生产中的车间控制分析（又称中控分析）。

标准分析采用标准方法进行分析，分析时间稍长，速度较慢，但分析的准确度高，用于原料、半成品和成品分析以及仲裁分析等。标准方法有国际标准、国家标准和企业标准等。

1.3.7 分析方法的选择

对分析方法的选择通常应考虑以下几方面的因素：

①测定的具体要求，待测组分及其含量范围，待测组分的性质；

②共存组分和共存组分对待测组分的影响，选择合适的分离富集方法，以提高分析方法的选择性；

③对测定准确度、灵敏度的要求；

④现有实验条件、测定成本及完成时间要求；

⑤从环境保护方面考虑。

综合以上因素以及有关文献，选择合适分析方法，拟定分析方案并进行条件实验，借助标准样检测方法的准确度与精密度，再进行样品的分析并对分析结果进行统计处理。

1.4 分析化学过程

分析化学的分类多种多样，其主要内容为定量分析过程。通常包括：采样、样品的前处理与分离与富集、分析方法的选择与分析测定、分析结果的计算与评价。

1. 样品的采集与处理

样品的采集与处理必须保证所得到的是具有代表性的，即分析样品的组成能代表整批物料的平均组成。否则，无论后续的分析测定完成得怎样认真、准确，所得结果也毫无实际意义，甚至由于提供没有代表性的分析结果，给实际工作造成严重的后果。

各类样品的实际采集方法均有具体的国家标准或行业标准，须严格遵照执行。

2. 分析化学中常见的分离与富集方法

分析样品中常含有多种组分，在测定其中某一组分时，共存的其他组分常会产生干扰，因而应设法消除干扰。采用掩蔽剂消除干扰是一种有效而又简便的方法。若无合适的掩蔽方法，就需要将被测组分与干扰组分进行分离。常用的方法有沉淀分离法、萃取分离法、离子交换分离法和色谱分离法等。对于复杂体系样品，分析对象含量往往很低，需要采取有效的手段进行分离富集，才能满足分析方法的要求。除上述手段以外，现在也常用固相萃取、固相微萃取等样品预处理技术，以提高分析对象的富集效率。分析样品的分离富集与测定又常是连续或同步进行的。

3．分析测定

根据被测组分的性质、含量以及对分析结果准确度的要求等，选择合适的分析方法进行分析测定。包括化学分析法和仪器分析法，各种分析方法的原理不同，其检测的准确度、灵敏度、选择性和适用范围存在差异，在实际应用中须综合考虑。

4．分析结果的计算与评价

根据样品质量、测量所得信号（数据）和分析过程中有关反应的计量关系，计算样品中有关组分的含量或浓度。

1.5 如何学好分析化学

1．正确理解分析化学的课程体系

分析化学是高等学校化学、应用化学、材料科学、生命科学、环境科学等专业的重要基础课，是从事分析检测及相关工作基础性专业能力的培养环节。通过本课程的学习，学生可以掌握分析化学的基本理论、基础知识和实验方法，培养严谨的科学态度、踏实细致的作风、实事求是的科学精神和初步从事科学研究的技能，提高其综合专业素质和创新能力。

建立在酸碱、氧化还原、配位和沉淀平衡理论基础上的四大滴定分析是化学分析的主要内容，也是分析化学的基础。仪器分析法的理论基础涉及分析对象的物理或物理化学性质。分析检测的目的在于获得准确的分析结果，而分析结果必须使用合理的数据来表达，因此误差理论也贯穿在整个分析化学的学习过程。对所建立的分析方法是否具有实用性需要进行适当评价，理想的分析方法应该快速、简便、灵敏和具备高选择性，易实现自动化分析并能提供准确的分析结果。与化学分析法不同，仪器分析法主要应用于微痕量组分的测定，因而分析方法的灵敏度、选择性和自动化就显得十分重要。

2．理论联系实际，掌握分析化学的内涵

分析化学是一门实践性和应用性很强的学科，学习中必须注重理论联系实际，正确树立和应用“量”的概念。一方面，应有意识地运用分析化学的理论知识指导实验过程，解决实际问题，尤其注意基本分析方法在社会生产实践中的具体应用；另一方面，通过实验，对分析化学的基本理论、基础知识和基本应用加深理解。分析检测的方法虽然众多，适用面也各有不同，但其最终目标都是为了准确地进行测定。因此，通过实验确定适宜的分析条件，采取减小误差的措施，以提高测定的准确度，这是所有分析方法的共性。由于不同的分析方法各具特点，有不同的适应性，因此在学习中应注重掌握分析方法的原理、使用的仪器、测定条件及为提高准确度所采取的措施。在了解其特点的基础上，对各种方法进行相互比较，从个性中概括出它们的共性，要注意各种分析方法的实际应用，尤其是在社会生产中的发展，从而更加深刻地体会现代分析化学的内涵。

第 2 章　误差和数据处理

在分析测试过程中，由于分析方法、仪器、试剂、环境和操作者等原因，使得测定值与真实数值（真值）有一定的差异。正确进行测量结果的数据处理和误差分析是取得可靠分析结果的基础，也是正确应用分析方法的关键。

2.1　准确度与精密度

2.1.1　准确度与误差

准确度是指分析结果与真值相接近的程度，它说明分析结果的可靠性。分析结果与真实值之间的差别越小，则分析结果的准确度越高。准确度的高低用误差来衡量。

误差有两种表示方法：绝对误差和相对误差。绝对误差是指测定值（x）与真值（x_T）之差，用“E”表示。

$$E = x - x_T \qquad (2\text{-}1)$$

相对误差是指绝对误差在真值中所占的百分率，用“E_r”表示。

$$E_r = \frac{E}{x_T} \times 100\% \qquad (2\text{-}2)$$

例如，用分析天平称硅酸盐试样 0.324 8 g，而该试样的真实质量为 0.324 9 g，则：

$$E = 0.324\,8 - 0.324\,9 = 0.000\,1 \text{ g}$$

$$E_r = \frac{-0.000\,1}{0.324\,9} \times 100\% = -0.03\%$$

如果改变试样的称取质量，若为 1.324 8 g，其真实质量为 1.324 9 g，则：

$$E=1.324\ 8-1.324\ 9=-0.000\ 1\ \text{g}$$

$$E_r=\frac{-0.000\ 1}{1.324\ 9}\times 100\%=-0.008\%$$

从计算结果可以看出，即使绝对误差相等，相对误差并不一定相等。上例中，试样称取量较大时，其相对误差较小，称量的准确度较高。因此，用相对误差来比较测定结果的准确度更为确切。

【例 2-1】采用重量法分析煤矸石中 SiO_2 的质量分数，已知其真实值为 50.20%，实际测定结果为 50.25%和 50.23%，计算测定平均值的绝对误差和相对误差。

解：测定的平均值 $\bar{x}$=50.24%

$$E=\bar{x}-x_T=50.24\%-50.20\%=+0.04\%$$

$$E_r=\frac{E}{x_T}\times 100\%=\frac{+0.04\%}{50.20\%}\times 100\%=+0.08\%$$

应该指出的是，误差有正负之分。误差为正值，表示测定值大于真实值，即测定结果偏高；误差为负值，表示测定值小于真实值，即测定结果偏低。

2.1.2 精密度与偏差

精密度是指在相同条件下，多次重复测定（称为平行测定）各测定值之间彼此相接近的程度，它表示了结果的再现性。精密度的高低常用偏差、平均偏差和标准偏差等衡量。

1．偏差

偏差分为绝对偏差和相对偏差，绝对偏差是指个别测定值（x_i）与平均值（$\bar{x}$）的差值，用“d_i”表示。

$$d_i=x_i-\bar{x} \tag{2-3}$$

相对偏差是指绝对偏差在平均值中所占的百分率，用“ d_r “表示。

$$d_r=\frac{d_i}{\bar{x}} \tag{2-4}$$

偏差越小，分析结果的精密度就越高。

【例 2-2】测定水泥熟料中 SiO_2 的质量分数 w（SiO_2），三次的测定值分别为 57.58%、57.60%、57.55%，求测定的绝对偏差和相对偏差。

解：三次测定结果的算术平均值 $\bar{x}$ 为：$\bar{x}=\dfrac{57.58+57.60+57.55}{3}=57.58$（%）

$$d_1=x_1-\bar{x}=57.58\%-57.58\%=0$$

$$d_2=x_2-\bar{x}=57.60\%-57.58\%=0.02\%$$

$$d_3=x_3-\bar{x}=57.55\%-57.58\%=-0.03\%$$

$$d_{r1}=\frac{d_1}{\bar{x}}\times100\%=0$$

$$d_{r2}=\frac{d_2}{\bar{x}}\times100\%=\frac{0.02}{57.58}\times100\%=0.03\%$$

$$d_{r3}=\frac{d_3}{\bar{x}}\times100\%=\frac{-0.03}{57.58}\times100\%=-0.05\%$$

即三次测定的绝对偏差分别为 0、0.02%、0.03%；三次测定的相对偏差分别为 0、0.03%、−0.05%。

2．平均偏差（$\bar{d}$）

平均偏差是指个别测定值偏差绝对值的平均值。用来衡量一组平行数据的精密度。

$$\bar{d}=\frac{|d_1|+|d_2|+|d_3|+\cdots+|d_n|}{n}=\frac{1}{n}\sum_{i=1}^{n}|d_i| \tag{2-5}$$

式中，n 为测定次数；d_i 为单次测定的偏差。

$$\text{测定结果的相对平均偏差}=\frac{\bar{d}}{\bar{x}}\times100\% \tag{2-6}$$

用平均偏差衡量一组平行数据的精密度相对简单。因为在一组平行数据中，小偏差占多数，大偏差占少数。如果按总的测定次数求算术平均值，大偏差得不到应有的反映，所得结果会偏小。如下面的两组结果：

①d_i 分别为：+0.11、−0.73、+0.24、+0.51、−0.14、0.00、+0.31、−0.21

$\bar{d}_1=0.28$

②d_i 分别为：+0.18、−0.26、−0.25、−0.37、+0.32、−0.28、+0.31、−0.27

$\bar{d}_2=0.28$

两组测定结果的平均偏差相同，而实际上第一组数据中出现两个较大的偏差（−0.73 和+0.51），测定的精密度应较第二组的差。但用平均偏差表示时，却反映不出来较大偏差的存在。

当一批数据的分散程度较大时，仅从平均偏差不能说明精密度的高低时，需要采用标准偏差来衡量。

3．标准偏差

标准偏差又叫均方根差。当 $n\to\infty$ 时，标准偏差以 σ 表示：

$$\sigma=\sqrt{\frac{d_1^2+d_2^2+d_3^2+\cdots+d_n^2}{n}}=\sqrt{\frac{1}{n}\sum_{i=1}^{n}d_i^2}=\sqrt{\frac{1}{n}\sum_{i=1}^{n}(x_i-\mu)^2} \qquad (2\text{-}7)$$

式中，μ 为无限多次测定结果的平均值，在数理统计中称为总体平均值。

$$\lim_{n\to\infty}\frac{1}{n}\sum_{i=1}^{n}x_i=\mu \qquad (2\text{-}8)$$

无系统误差存在时，总体平均值 μ 即为真值 x_T，在一般分析工作中，仅做有限次测定（$n<20$），标准偏差以 s 表示：

$$s=\sqrt{\frac{d_1^2+d_2^2+d_3^2+\cdots+d_n^2}{n-1}}$$

$$=\sqrt{\frac{\sum_{i=1}^{n}(x_i-\bar{x})^2}{n-1}}=\sqrt{\frac{\sum_{i=1}^{n}x_i^{\ 2}-(\sum_{i=1}^{n}x_i)^2/n}{n-1}} \qquad (2\text{-}9)$$

式中：$f=n-1$ 称为自由度，用 f 表示。

标准偏差是单次测定平均值的偏差平方和，它充分引用每个数据的信息，比平均偏差能更灵敏地反映出较大偏差的存在，更好地反映测定数据的精密度。如上述两组数据的标准偏差分别为 $s_1=0.32$，$s_2=0.29$。第一组数据的精密度确实较第二组差。

此外，在分析工作中有时还用相对标准偏差来表示精密度。相对标准偏差，又称变异系数，用 s_r 或 RSD 表示：

$$s_r=\frac{s}{\bar{x}}\times 100\% \qquad (2\text{-}10)$$

2.1.3 准确度与精密度的关系

精密度表示分析结果的重现性，而准确度则表示分析结果的可靠性，两者是不同的。

定量分析的最终要求是得到准确可靠的结果，但由于被测组分的真实值是未知的，于是分析结果的准确与否常常要根据测定结果的精密度来衡量。

在分析工作中，要求测定准确，必须首先要求测定结果的精密度高，但精密度高的测定并不能保证其结果准确度。例如，甲乙丙丁四人同时测定快硬矾土水泥中 Al_2O_3 的质量分数（真实值为 50.36%），各平行测定四次，将其测定结果（分别以黑点表示）如图 2-1 所示。

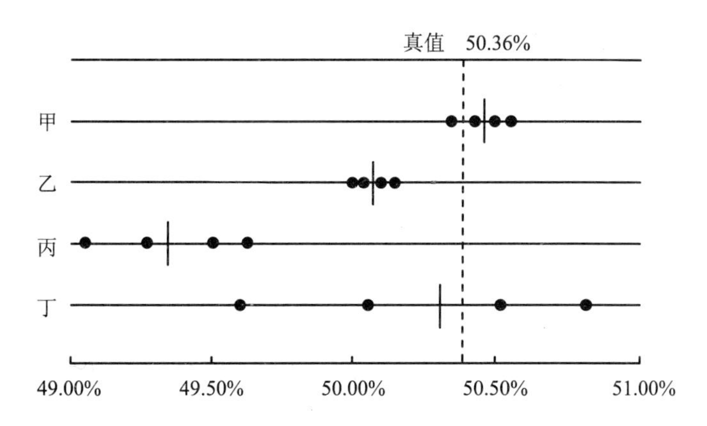

图 2-1　不同操作者的分析结果

由图 2-1 可知，乙的精密度很高，但测定平均值 50.29%与真值 50.36%相差很大，说明准确度低；丙的精密度不高，准确度也不高；丁的平均值虽然接近真实值，但四次平行测定的精密度很差，只是由于大的正负误差互相抵消才使结果接近真实值，其结果不可靠；只有甲的精密度和准确度都高，结果可靠。

因此，精密度高不一定准确度高，而准确度高必然精密度也高。精密度是保证准确度的先决条件，精密度低，说明测定结果不可靠，也就失去了衡量准确度的前提。所以对于分析检验的操作者，首先应该使分析结果有较高的精密度，才能有可能获得准确可靠的结果。

2.2　误差的来源与分类

根据误差来源和性质的不同，定量分析中的误差可以分为系统误差和随机误差两大类。

2.2.1 系统误差

系统误差是由某种固定原因造成的，具有重复性和单向性。在同一条件下重复测定时它会重复出现，使测定的结果系统地偏高或偏低，又称可测误差。因此，这类误差有一定的规律性，其大小、正负是可以测定的，只要弄清来源，可以设法减小或校正。

产生系统误差的主要原因有 4 个。

（1）方法误差

由于分析方法本身不够完善而引入的误差。例如在滴定分析中，反应进行得不完全，副反应的发生，指示剂选择不当，化学计量点与滴定终点不一致，干扰离子的存在等；重量分析中沉淀的溶解、共沉淀和后沉淀现象等均属于方法误差，都会导致测定结果系统地偏高或偏低。

（2）试剂误差

由于标准试剂或蒸馏水不够纯净，含有微量被测物质或含有对被测物有干扰的杂质等所产生的误差。

（3）仪器误差

由于仪器本身不够精密或有缺陷而造成的误差。如容量瓶、滴定管刻度不准，分光光度计中测定波长不准，电位分析中参考电极的电位不准确等，在使用过程中都会引入误差。

（4）主观误差

由于操作人员的主观因素造成的误差。例如在滴定分析中，对滴定终点颜色的分辨因人而异，有人偏深或有人偏浅，在读取滴定管读数时偏高或偏低；在沉淀洗涤时过多或不够；或者在进行平行测定时，总想使第二份滴定结果与前一份的滴定结果相吻合，在判断终点或读取滴定管读数时不自觉地受到这种“先入为主”的影响，从而产生主观误差。

上述主观误差，其数值可能因人而异，但对一个操作者来说基本是恒定的。

2.2.2 随机误差

试样处理时的微小差别，测定过程中环境条件的微小变化，在读取滴定管读数时，小数点后第二位数值估读不一致等。这些不可避免的偶然原因，都使得分析结果在一定范围内波动，而引起随机误差。

所以，随机误差是由一些不确定的偶然因素造成的，其数值大小、正负是不确定的。随机误差似乎没有规律性，但经过大量的实践发现，如果在同样条件下进行多次测定，则发现随机误差的分布符合一般统计规律。

例如，采用分光光度法测定合金试样中铁的质量分数，测定次数为 100 次。由于随机误差的存在，故测定结果有高有低。为了研究随机误差的分布规律，将 100 个测定值按大小顺序排列并按组距 0.03 分成 10 组。为了避免骑墙值跨在两个组中重复计算，分组时各组界的数值比测定值多取一位数字。每组中测定值出现的次数称为频数，频数与数据总数之比称为相对频数，即概率密度。将它们一一对应列出，见表 2-1。

表 2-1　频数分布表

分组	频数	相对频数
1.265%～1.295%	1	0.01
1.295%～1.325%	4	0.04
1.325%～1.355%	7	0.07
1.355%～1.385%	17	0.17
1.385%～1.415%	24	0.24
1.415%～1.445%	24	0.24
1.445%～1.475%	15	0.15
1.475%～1.505%	6	0.06
1.505%～1.535%	1	0.01
1.535%～1.565%	1	0.01
Σ	100	1.00

以各组区间为底，相对频数为高做成一排矩形的相对频数分布直方图（图 2-2）。如果测定数据非常多，组距可更小一些，组就分得更多一些，直方图的形状将趋于一条平滑的曲线。从图 2-2 可以发现两个特点。

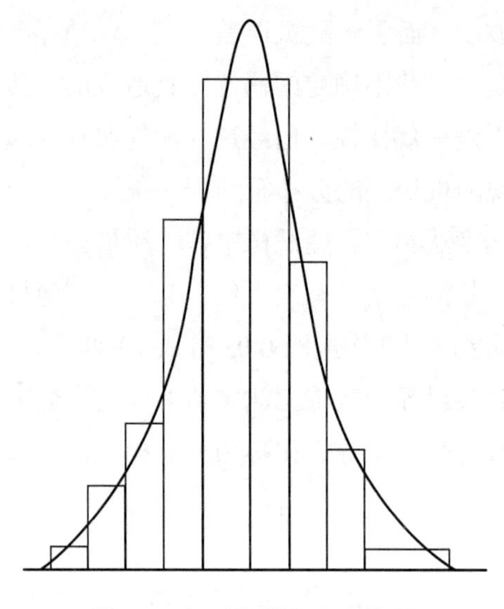

图 2-2 相对频数分布直方图

全部数据是分散的、各异的，具有波动性，但这种波动性是在平均值周围波动。该离散特性可用标准偏差 s 表示。

测定数据有向某个中心值集中的趋势。有限次测定时，中心值就是算术平均值，无限多次测定时，算术平均值即为总体平均值 μ，总体平均值 μ 反映了测定数据的集中趋势。

对于无限多次测定，总体平均偏差用 δ 表示。

$$\delta = \frac{\sum_{i=1}^{n}\left|x_i - \mu\right|}{n} \tag{2-11}$$

统计学可以证明，当测定次数较多（$n>20$）时，总体标准偏差 σ 与总体平均偏差 δ 有下面关系。

$$\delta = 0.797\sigma \approx 0.8\sigma \tag{2-12}$$

当测定次数较多，且不存在系统误差时，随机误差的离散特性和集中趋势一般符合正态分布。

1．正态分布

随机误差的正态分布曲线的数学表达式为：

$$y = f(x) = \frac{1}{\sigma\sqrt{2\pi}} e^{-(x-\mu)^2/2\sigma^2} \tag{2-13}$$

式中，x 表示测量值，y 为测量值 x 出现的概率密度；μ 为无限次测量的总体平均值，表示无限个数据的集中趋势；σ 是总体标准偏差，表示数据的离散程度；μ 和 σ 是函数的两个重要的参数。μ 是正态分布曲线最高点横坐标值，决定曲线在 x 轴的位置。σ 是从总体平均值 μ 到曲线拐点间的距离，决定曲线形状。

例如，σ 相同 μ 不同时，曲线的形状不变，只是在 x 轴平移。σ 越小，数据的精密度越好，曲线越瘦高；相反，σ 越大，数据的精密度越差，曲线越扁平。μ 和 σ 的值一定，曲线的形状和位置就固定了，正态分布就确定了。所以，这种正态分布曲线以 $N(\mu,\sigma^2)$ 表示。

$x-\mu$ 为随机误差，若以 $x-\mu$ 为横坐标，则曲线最高点对应的横坐标为零，这时曲线成为随机误差的正态分布曲线，见图 2-3。

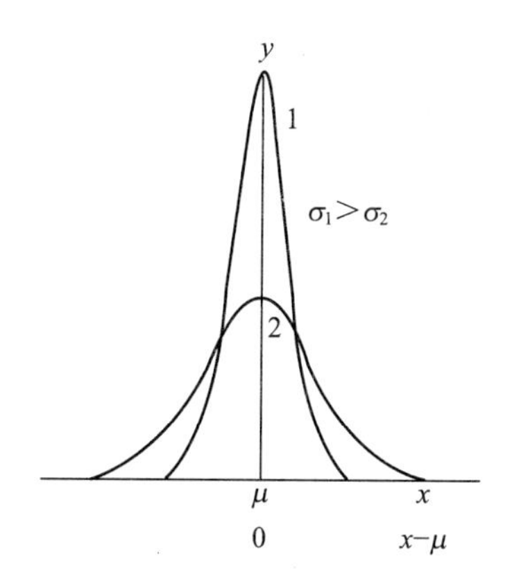

图 2-3　两组精密度不同的测量值的正态分布曲线

由式（2-13）和图 2-3 可见：

① $x=\mu$，y 最大，说明测量值的集中趋势，也就是说大多数的测量值集中在总体平均值附近。

② 曲线以 $x=\mu$ 这一直线为对称轴，说明正负误差出现的概率相等。

③ 当 $x\to-\infty$ 或 $+\infty$ 时，曲线渐进 x 轴，小误差出现的概率大，大误差出现的概率小，极大误差出现的概率极小。

④ 当$x=\mu$时$\Rightarrow y=f(x)=\dfrac{1}{\sigma\sqrt{2\pi}}$，$\sigma$增大，$y$降低，数据分散，曲线平坦；$\sigma$降低，$y$增大，数据集中，曲线尖锐。

⑤ $P(-\infty< x< \infty)=\dfrac{1}{\sigma\sqrt{2\pi}}\int_{-\infty}^{+\infty}\mathrm{e}^{-(x-\mu)/2\sigma^2}\mathrm{d}x=1$，测量值都落在$-\infty\sim+\infty$，总概率为1。

2．标准正态分布

令 $$u=\frac{x-\mu}{\sigma} \tag{2-14}$$

代入式（2-13）可得$y=f(x)=\dfrac{1}{\sigma\sqrt{2\pi}}\mathrm{e}^{-u^2/2}$

由式（2-14）可得$\mathrm{d}u=\dfrac{\mathrm{d}x}{\sigma}$，即$\mathrm{d}x=\sigma\cdot\mathrm{d}u$

$$y=f(x)\cdot\mathrm{d}x=\frac{1}{\sqrt{2\pi}}\mathrm{e}^{-u^2/2}\cdot\mathrm{d}u=\phi(u)\cdot\mathrm{d}u$$

故 $$y=\phi(u)=\frac{1}{\sqrt{2\pi}}\mathrm{e}^{-u^2/2} \tag{2-15}$$

这样，曲线的横坐标变为u，纵坐标为概率密度。用u和概率密度表示的正态分布曲线称为标准正态分布曲线（图 2-4），用符号N（0，1）表示。这样，曲线的形状与σ大小无关，即不论原来正态分布是瘦高还是扁平，经过这样的变换后都得到相同的一条标准正态分布曲线。

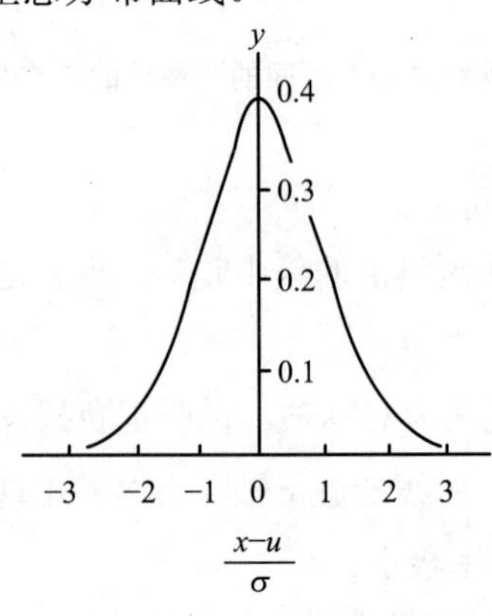

图 2-4 标准正态分布曲线

标准正态分布曲线与横坐标由$-\infty$到$+\infty$之间所夹面积即为正态分布密度函数在区间$-\infty \leqslant u \leqslant +\infty$的积分值，代表了所有数据出现的概率总和，其值应为 1，即概率

$$P=\int_{-\infty}^{+\infty}\phi(u)\cdot \mathrm{d}u=\int_{-\infty}^{+\infty}\frac{1}{\sqrt{2\pi}}\mathrm{e}^{-u^2/2}\cdot \mathrm{d}u$$

为了使用方便，将不同u值对应的积分值（面积）做成表，称为正态分布概率积分表或简称u表。由u值可查表得到面积，也即某一区间的测量值或某一范围随机误差出现的概率。

由于上下限不同，表的形式有很多种，为了区别，一般在表头绘有示意图，用阴影部分指示面积，所以在查表时一定要仔细。本书采用的正态分布概率积分表如表 2-2 所示。

表 2-2　正态分布概率积分表

$\lvert u \rvert$	面积	$\lvert u \rvert$	面积	$\lvert u \rvert$	面积
0.0	0.000 0	1.0	0.341 3	2.0	0.477 3
0.1	0.039 8	1.1	0.364 3	2.1	0.482 1
0.2	0.079 3	1.2	0.384 9	2.2	0.486 1
0.3	0.117 9	1.3	0.403 2	2.3	0.489 3
0.4	0.155 4	1.4	0.419 2	2.4	0.491 8
0.5	0.191 5	1.5	0.43[illegible] 2	2.5	0.493 8
0.6	0.225 8	1.6	0.445 2	2.6	0.495 3
0.7	0.258 0	1.7	0.455 4	2.7	0.496 5
0.8	0.288 1	1.8	0.464 1	2.8	0.497 4
0.9	0.351 9	1.9	0.471 3	2.9	0.498 7

注：概率=面积=$\frac{1}{\sqrt{2\pi}}\int_0^u \mathrm{e}^{-u^2/2}\cdot \mathrm{d}u$

随机误差出现的区间（以σ为单位）	测量值出现的区间	概率
$u=\pm 1.0$	$x=\mu\pm 1.0\sigma$	68.3%
$u=\pm 1.96$	$x=\mu\pm 1.96\sigma$	95.0%
$u=\pm 2.0$	$x=\mu\pm 2.0\sigma$	95.5%
$u=\pm 2.58$	$x=\mu\pm 2.58\sigma$	99.0%
$u=\pm 3.0$	$x=\mu\pm 3.0\sigma$	99.7%

由此可见，在一组测定值中，随机误差超过$\pm 1\sigma$的测定值出现的概率为31.7%，随机误差超过$\pm 2\sigma$的测定值出现的概率为5%，随机误差超过$\pm 3\sigma$的测定值出现的概率仅为0.3%。也就是说，在多次测定中，特别大误差出现的概率是很小的。所以，在实际工作中，如果多次重复测定中个别测定值的误差的绝对值大于3σ，即大于4δ，或大于$4\bar{d}$，则这个极端值可以舍弃（$4\bar{d}$法）。

【例2-3】经过无数次测定并在消除了系统误差的情况下，测得钢样中磷的质量分数为0.099%。已知σ=0.002%，计算测定值落在区间0.095%～0.103%的概率是多少？

解：根据$u=\dfrac{|x-\mu|}{\sigma}$，可得

$$u_1=\frac{0.103-0.099}{0.002}=2 \qquad u_2=\frac{0.095-0.099}{0.002}=-2$$

$u=2$，由表2-2查得相应的概率为0.477 3，则

P（$0.095\% \leqslant x \leqslant 0.103\%$）= 0.477 3×2 = 0.955

【例2-4】对标样中铜的质量分数（%）进行了150次测定，已知测定结果符合正态分布N（43.15，0.23^2）。求测定结果大于43.59%时可能出现的次数。

解：根据式$u=\dfrac{|x-\mu|}{\sigma}$，可得$u=\dfrac{43.59-43.15}{0.23}\approx 1.9$

查表2-2，P = 0.471 3　故在150次测定中大于43.59%出现的概率为：

0.500 0−0.471 3=0.028 7

因此可能出现的次数为150×0.028 7 ≈ 4（次）

3．t分布

正态分布和标准正态分布是无限多次测定数据的随机误差的分布规律，而在实际分析工作中，测定次数是有限的，其随机误差的分布不服从正态分布。如何用统计的方法处理有限次测定数据，使其能合理地推断总体的特征？

英国统计学和化学家W. S. Gosset用笔名Student提出置信因子t，定义为

$$t=\frac{\bar{x}-\mu}{s}\sqrt{n} \qquad (2\text{-}16)$$

以t为统计量的分布称为t分布，t分布可以说明n不大时（n<20）随机误差分布的规律性。t分布曲线的横坐标仍为概率密度，但横坐标则为统计量t，见

图 2-5。

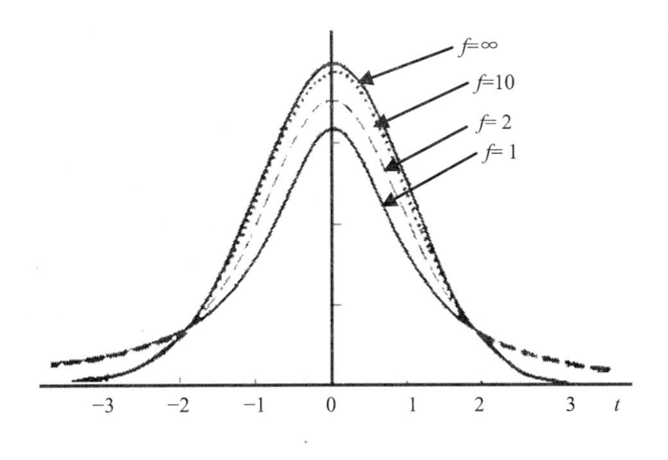

图 2-5　t 分布曲线

由图可见，t 分布曲线与正态分布曲线相似，但 t 分布曲线随自由度而改变，在 $f<10$ 时，与正态分布曲线差别较大，在 $f>20$ 时，与正态分布很相似，当 $f\to\infty$ 时，t 分布曲线就是正态分布曲线。

表 2-3　$t_{a,f}$ 值表（双边）

	90%	95%	99%	99.5%
1	6.314	12.706	63.657	127.32
2	2.920	4.303	9.925	14.089
3	2.353	3.182	5.481	7.453
4	2.132	2.776	4.604	5.598
5	2.015	2.571	4.032	4.773
6	1.943	2.477	3.707	4.317
7	1.895	2.365	3.500	4.029
8	1.860	2.306	3.355	3.832
9	1.833	2.262	3.250	3.690
10	1.812	2.228	3.169	3.518
20	1.725	2.086	2.845	3.153
∞	1.645	1.960	2.576	2.807

与正态分布曲线一样，t 分布曲线下面一定区间内的积分面积，就是该区间内随机误差出现的概率。

不同的是，对于正态分布曲线，只要 u 值一定，相应的概率也一定。但对于 t 分布曲线，当 t 值一定时，由于 f 值的不同，相应曲线所包含的面积也不同，即 t 分布中的区间概率不仅随 t 值而改变，还与 f 值有关。

统计学家已计算出了不同 f 值及概率所对应的 t 值，表 2-3 列出了最常用的部分 t 值。表中置信度用 P 表示，它表示在某一 t 值时，测定值落在 $\mu \pm ts$ 范围内的概率，显然，测定值落在此范围之外的概率为 $1-P$，称为显著性水准，用 α 表示，由于 t 值与置信度和自由度有关，一般用 $t_{\alpha,f}$ 表示。例如 $t_{0.05,10}$ 表示置信度为 95%，自由度为 10 时的 t 值。理论上，只有当 $f \to \infty$ 时，各置信度对应的 t 值才与相应的 u 值一致。但由表 2-3 可见，当在 $f = 20$ 时，t 值与 u 值已经很接近了。

由标准正态分布可知，当用单次测定值 x 来估计总体平均值 μ 的范围时，μ 被包括在区间 $\bar{x} \pm 1\sigma$ 范围内的概率为 68.3%，在区间 $\bar{x} \pm 1.64\sigma$ 范围内的概率为 90%，在区间 $\bar{x} \pm 1.96\sigma$ 范围内的概率为 95%，其数学表达式为

$$\mu = \bar{x} \pm u\sigma$$

若以样本平均值可估计总体平均值可能存在的区间，可用下式表示

$$\mu = \bar{x} \pm u\sigma / \sqrt{n}$$

对于有限次测定，必须根据 t 分布进行统计处理，按 t 定义可得

$$\mu = \bar{x} \pm \frac{ts}{\sqrt{n}}$$

上式表示在某一置信度下，以平均值 $\bar{x}$ 为中心，包括总体平均值 μ 在内的可靠性范围，称为平均值的置信区间。

对于置信区间的概念必须正确理解，如 $\mu = 47.50\% \pm 0.10\%$（$P = 95\%$），应当理解为在 $47.50\% \pm 0.10\%$ 区间内包括总体平均值 μ 的概率为 95%。要注意，μ 是客观存在的，没有随机性，不能说 μ 落在某一区间的概率。

【例 2-4】 6 次测定某钛矿中 TiO_2 的质量分数，平均值为 58.60%，$s = 0.70\%$，计算:

（1）μ 的置信区间;

（2）若上述数据均为 3 次测定的结果，μ 的置信区间又为多少？比较两次计算结果可得出什么结论（P=0.95）？

解：（1）$\overline{x}=58.60\%$，$s=0.70\%$ 查表 $t_{0.95,5}=2.57$

因此 $\mu=\overline{x}\pm t_{\alpha,f}\dfrac{s}{\sqrt{n}}=58.60\%\pm2.57\times\dfrac{0.70\%}{\sqrt{6}}=58.60\%\pm0.73\%$

（2）$\overline{x}=58.60\%$，$s=0.70\%$ 查表 $t_{0.95,2}=4.30$

因此 $\mu=\overline{x}\pm t_{\alpha,f}\dfrac{s}{\sqrt{n}}=58.60\%\pm4.30\times\dfrac{0.70\%}{\sqrt{3}}=58.60\%\pm1.74\%$

由上面计算可知：置信度固定，当测定次数越多时，置信区间越小，表明 $\overline{x}$ 越接近真值，即测定的准确度越高。所以，增加测定次数可以降低随机误差。

【例 2-5】用 $K_2Cr_2O_7$ 标定 $Na_2S_2O_3$ 溶液的浓度（$mol\cdot L^{-1}$），4 次结果为：0.102 9，0.105 6，0.103 2，0.103 4。比较置信度为 0.90 和 0.95 时 μ 的置信区间，计算结果说明了什么？

解：（1）$\overline{x}=\dfrac{0.1029+0.1032+0.1034+0.1056}{4}=0.1038$

$$s=\sqrt{\frac{\sum d_i^2}{n-1}}=\sqrt{\frac{0.0009^2+0.0006^2+0.0004^2+0.0018^2}{4-1}}=0.0011$$

当 $P=0.90$ 时，$t_{0.10,3}=2.35$，因此

$$\mu_1=\overline{x}\pm t_{\alpha,f}\frac{s}{\sqrt{n}}=0.1038\pm2.35\times\frac{0.0011}{\sqrt{4}}=0.1038\pm0.0013$$

当 $P=0.95$ 时，$t_{0.05,3}=3.18$，因此

$$\mu_1=\overline{x}\pm t_{p,f}\frac{s}{\sqrt{n}}=0.1038\pm3.18\times\frac{0.0011}{\sqrt{4}}=0.1038\pm0.0017$$

由两次置信度高低可知，置信度越大，置信区间越大。

【例 2-6】测定食品中蛋白质的质量分数（%），5 次测定结果分别为：34.92，35.11，35.01，35.19，34.98。计算：

（1）经统计处理后的测定结果应如何表示（报告 n，$\overline{x}$ 和 s）？

（2）计算 $P=0.95$ 时 μ 的置信区间。

解：（1）$n=5$

$$\overline{x}=\frac{34.92\%+35.11\%+35.01\%+35.19\%+34.98\%}{5}=35.04\%$$

$$s=\sqrt{\frac{0.12^2+0.07^2+0.03^2+0.15^2+0.06^2}{5-1}}=0.11\%$$

经统计处理后的测定结果应表示为：n=5，$\overline{x}=35.04\%$，s=0.11%

（2）$\overline{x}=35.04\%$，$s=0.11\%$，查表 $t_{0.05,4}=2.78$

因此 $\mu=\overline{x}\pm t_{\alpha,f}\dfrac{s}{\sqrt{n}}=35.04\%\pm 2.78\times\dfrac{0.11\%}{\sqrt{5}}=35.04\%\pm 0.14\%$

除上述两类误差外，有时还会由于分析人员的粗心大意、不遵守操作规程等造成过失误差。例如溶液溅失、加错试剂、读错刻度、沉淀损失、记录和计算错误等。这些都是不应有的过失，会对分析结果带来严重的影响，正确的测定数据中不应包括这些有明显错误的数据。当测定中出现较大误差时，应认真查找原因，剔除那些由于过失所引起的错误数据。因此操作者必须严格操作规程，一丝不苟，养成良好的实验习惯。

2.3 提高分析结果准确度的方法

从误差产生的原因来看，只有尽可能地减小系统误差和随机误差，才能提高分析结果的准确度。

2.3.1 消除测定过程中的系统误差

系统误差是影响分析结果准确度的主要因素。造成系统误差的原因是多方面的，应根据具体情况采用不同的方法检验和消除系统误差。

1．对照实验

对照实验是检验分析方法和分析过程有无系统误差的有效方法。进行对照实验时常用已知准确含量的标准试样（或纯物质配成的溶液）和被测试样以相同的方法进行分析，如果标准试样的测定结果与标准值较好符合，或用统计检验法确定无系统误差，则表明所用的分析方法和分析过程中无系统误差，被测试样的分析结果是可靠的。反之表明存在较大的系统误差，应检查消除后重测。

此外也可以用不同的分析方法或者由不同单位的操作者对同一试样进行分析来互相对照。

2．空白试验

由试剂、蒸馏水、实验器皿和环境带入的杂质所引起的系统误差，可通过空白实验来消除或减少。

空白实验是在不加试样溶液的情况下，按照试样溶液的分析步骤和条件进行分析的实验。所得结果称为“空白值”，从试样的分析结果中扣除空白值，就可以得到较为准确的分析结果。

3．校正仪器

由仪器不准引起的系统误差，可以通过校正仪器来消除。如配套使用的容量瓶、移液管、滴定管等容量器皿应进行校准；分析天平、砝码应由国家计量部门定期检定。

4．校正方法

某些分析方法不完善造成的系统误差可通过引用其他方法作校正。如重量法测定二氧化硅时，过滤到滤液中的硅可用分光光度法测定后，加到重量分析的结果中去。

至于分析者个人习惯性操作的误差只有通过加强操作训练，严格规程，提高操作水平来加以避免。

2.3.2 增加平行测定次数

如前所述，可增加平行测定次数来减小测定过程中的随机误差。一般的分析测定，平行做4～6次即可，若分析结果的准确度要求较高时，则可适当地增加平行次数（通常10次左右）。但增加更多的测定次数，不仅费时费事，而且效果也不太明显，得不偿失。因此，实际工作中应视具体情况予以处理。

2.4 可疑数据的取舍

实际工作中常常会遇到一组平行测定中，有个别数据与其他数据相比差值较大，这一数据称为可疑值。可疑值的取舍会影响结果的平均值，尤其是当数据较少时影响更大。因此，在计算前必须对可疑值进行合理的取舍，不可为了单独追求实验结果的“一致性”而把这些数据随便舍弃。若可疑值不是由明显过失造成的，就要根据误差分布规律取舍。

2.4.1 Q 检验法

当测定次数 $n = 3\sim10$ 时，根据所要求的置信度（如 $P = 90\%$），按照下列步骤检验可疑值是否可以弃去：

（1）将测定数据按大小顺序排列：x_1、x_2、x_3、…、x_n（$x_n > x_{n-1}$），其中 x_1 或 x_n 为可疑数据；

（2）求出数据中最大值与最小值之差：$x_n - x_1$；

（3）求出可疑值与相邻值的差值（取正值）：$x_n - x_{n-1}$、$x_2 - x_1$；

（4）求出 Q 值，即：$Q_1 = \dfrac{x_2 - x_1}{x_n - x_1}$（检验 x_1）

$$\text{或}\quad Q_n = \frac{x_n - x_{n-1}}{x_n - x_1}\ （检验\ x_n）$$

Q 值越大，说明 x_1 或 x_n 离群越远。

（5）与一定置信度下的 Q_P 值相比较（查表 2-4）：若 $Q > Q_P$，弃去可疑值，否则，应予保留。

表 2-4 不同置信度下舍弃可疑数据的 Q 值表

测定次数 n	$Q_{0.90}$	$Q_{0.95}$	$Q_{0.99}$
3	0.94	0.98	0.99
4	0.76	0.85	0.93
5	0.64	0.73	0.82
6	0.56	0.64	0.74
7	0.51	0.59	0.68
8	0.47	0.54	0.63
9	0.44	0.51	0.60
10	0.41	0.48	0.57

【例 2-7】 盐酸标准滴定溶液四次标出的浓度（$mol\cdot L^{-1}$）为：0.101 4、0.101 2、0.101 6、0.103 3，问：0.103 3 是否应舍弃？（置信度为 90%）

解： ①将数据顺序排列：0.101 2、0.101 4、0.101 6、0.103 3；

②求出最大值与最小值之差：$x_n - x_1 = 0.103\,3 - 0.101\,2 = 0.002\,1$（$mol\cdot L^{-1}$）

③求出可疑值与相邻值之差：$x_n - x_{n-1} = 0.103\,3 - 0.101\,6 = 0.001\,7$（$mol\cdot L^{-1}$）

④ 计算 Q 值

$$Q=\frac{0.1033-0.1016}{0.1033-0.1012}=\frac{0.0017}{0.0021}=0.81$$

⑤ 查表2-4: $P=90\%$ $n=4$ $Q_{0.90}=0.76$

$0.81>0.76$，即 $Q>Q_{\rm p}$，所以0.103 3 $\rm mol\cdot L^{-1}$ 这个数据应弃去。

如果测定次数比较少，如 n=3，用 Q 检验法时，Q 值恰好与查表所得 Q 值相等，按规定应弃去可疑值，但这样做较为勉强。如果有可能的话，最好再补做一两次测定，重新判断，而不是把剩下的两个数据取平均值做报告。

在三个以上数据中，需要对一个以上的可疑数据用 Q 检验法决定取舍时，首先检验最小值然后再检验最大值。在检验工作完成之后，才可以计算该组数据的平均值、标准偏差，最后出具分析报告。

2.4.2 格鲁布斯（Grubbs）检验法

（1）将测定数据按大小顺序排列：x_1、x_2、x_3、…、x_n（$x_n>x_{n-1}$），其中 x_1 或 x_n 为可疑数据；

（2）计算算术平均值 $\bar{x}$ 和标准偏差 s。

（3）计算统计量 T，若 x_1 为可疑值，则：

$$T=\frac{\bar{x}-x_1}{s}$$

若 x_1 为可疑值，则：

$$T=\frac{x_n-\bar{x}}{s}$$

（4）与一定置信度下的 $T_{a,n}$ 值相比较（查表2-5）：若 $T>T_{a,n}$，弃去可疑值，否则，应予保留。

【例2-8】采用配位滴定法测定普通水泥熟料中MgO含量，4次测定结果分别为1.25、1.27、1.31、1.40（$P=95\%$），用格鲁布斯法判断时，1.40这个数值应保留否？

解： $\bar{x}=1.31$ $s=0.006$

$$T=\frac{1.40-1.31}{0.006}=1.36 \quad 查表\ T_{0.05,4}=1.46$$

$T < T_{0.05,4}$

所以，有 95%的把握认为 1.40 应保留。

2.4.3 $4\bar{d}$ 检验法

根据正态分布规律，偏差大于 3σ 的测定值出现的概率小于 0.3%，故这一测定值可以舍弃。

因 $\delta = 0.8\sigma$，$3\sigma = 4\delta$，即偏差大于 4δ 的个别测定值可以舍弃。对于有限次测定，可用 s 代替 σ，用 $\bar{d}$ 代替 δ，故可以认为偏差大于 $4\bar{d}$ 的个别测定值可以舍弃。虽然 $4\bar{d}$ 法误差较大，但方法简单。当 $4\bar{d}$ 法与其他检验法发生矛盾时，应以其他检验法为准。其检验步骤如下：

①除去可疑值，求余下数据的 $\bar{x}$ 和 $\bar{d}$。

②计算：

$$|x_{疑} - \bar{x}| > 4\bar{d}，可疑值舍弃。$$

$$|x_{疑} - \bar{x}| < 4\bar{d}，可疑值保留。$$

【例 2-9】采用配位滴定法测定普通水泥熟料中 MgO 含量，4 次测定结果分别为 1.25、1.27、1.31、1.40（$P = 95\%$），用 $4\bar{d}$ 法判断 1.40 这个数值应保留否？

解： $\bar{x} = 1.28$　$\bar{d} = 0.02$

$$|x_{疑} - \bar{x}| = |1.41 - 1.28| = 0.13 > 4\bar{d}，可疑值舍弃。$$

2.5 显著性检验

在分析工作中常遇到两种情况：试样测定的平均值（$\bar{x}$）和试样的标准值（μ）不一致；两组测定数据的平均值 $\bar{x}_1$、$\bar{x}_2$ 不一致。不一致是由随机误差引起，还是存在系统误差。若是前者则是正常的、不可避免的，若是后者就认为它们之间存在显著性差异。显著性检验的方法有好几种，其中最重要的是 t 检验法。

2.5.1　t 检验法

1．平均值与标准值的比较

为检查某分析方法或某分析过程是否存在系统误差，可对标准试样进行几次测定，然后用 t 检验法比较分析结果的平均值 $\bar{x}$ 与标准试样的标准值 μ 之间是否存在显著差异，就可作出判断。

进行 t 检验时先将标准值 μ 与平均值 $\bar{x}$ 代入下式计算 t 值：

$$\mu = \bar{x} \pm \frac{t \cdot s}{\sqrt{n}}$$

$$t_{计} = \frac{|\bar{x} - \mu|}{s} \cdot \sqrt{n}$$

再根据置信度 P 和自由度 f，由表 2-3 中查出 $t_{a,f}$ 值。若 $t_{计} \geqslant t_{表}$，说明 $\bar{x}$ 处于以 μ 为中心的置信度 P 的概率区间之外，说明 $\bar{x}$ 与 μ 之间有显著性差异，有系统误差存在。反之，则无系统误差存在。

【例 2-10】某化验室测定白云石标样中 CaO 的质量分数，得到如下结果 $\bar{x}$=30.51%，s=0.05%，n=6，标样中 CaO 含量的标准值是 30.43%。问此操作是否存在系统误差？（P = 95%）

解：$t_{计} = \frac{|\bar{x} - \mu|}{s}\sqrt{n} = \frac{|30.51 - 30.43|}{0.05} \times \sqrt{6}$ =3.92

查表 2-3：

$f = n-1 = 5$，$P = 95\%$时，$t_{0.05,5} = 2.571$

$t_{计} > t_{表}$说明平均值与标准值有显著性差异，此操作存在系统误差。必须查找原因，重新测定。

【例 2-11】采用费尔哈德返滴定法测定分析纯 NaCl 中 Cl 的质量分数，10 次的测定结果为 60.64、60.63、60.70、60.67、60.66、60.71、60.75、60.70、60.61、60.70（%）。已知试样中 Cl 的标准值为 60.66%。问这种方法是否准确可靠？（P = 95%）

解：经计算 $\overline{x}$=60.68%，s=0.044%

$$t_{计}=\frac{|\overline{x}-\mu|}{s}\cdot\sqrt{n}=\frac{|60.68-60.66|}{0.044}\times\sqrt{10}=1.44$$

查表 2-5:

$f=n-1=9$，$P=95\%$，$t_{0.05,9}=2.26$

$t_{计}<t_{表}$ 因此该方法不存在系统误差，其结果是准确可靠的。

2．两组平均值的比较

对于由两种分析方法、两个不同实验室或两个不同分析人员对同一试样进行分析后得到的平均值，一般是不相同的。若两组测定结果分别为：

$$\overline{x}_1、s_1、n_1$$

$$\overline{x}_2、s_2、n_2$$

比较两组数据的平均值之间是否存在显著差异，对于这样的问题，也可采用 t 检验法。先按下式计算 t 值：

$$t_{计}=\frac{|\overline{x}_1-\overline{x}_2|}{s}\cdot\sqrt{\frac{n_1\cdot n_2}{n_1+n_2}}$$

若 $s_1=s_2$，则 $s=s_1=s_2$；若 $s_1\neq s_2$，则 s 采用两个 s 值中较小者。$f=n_1+n_2-2$。若 $t_{计}>t_{表}$，说明两组平均值之间有显著性差异，否则它们之间不存在显著差异。

【例 2-12】纯碱（Na_2CO_3）试样用两种方法测定的结果如下：

方法 1：$\overline{x}_1$=42.34%，s_1=0.10，n_1=5

方法 2：$\overline{x}_2$= 42.44%，s_2=0.12，n_2=4

比较两种方法之间，是否存有显著性差异？（P=95%）

解：若精密度不存在显著性差异

$$t_{计}=\frac{|\overline{x}_1-\overline{x}_2|}{s}\cdot\sqrt{\frac{n_1\cdot n_2}{n_1+n_2}}=\frac{|42.34-42.44|}{0.10}\times\sqrt{\frac{5\times4}{5+4}}=1.49$$

查表 2-3：f=5+4−2=7，P=95%，$t_{0.05,7}$=2.37

$t_{计}<t_{表}$ 说明 x_1 与 x_2 之间没有显著差异，即这两种测定方法之间不存在系统误差。

2.5.2　F 检验法

F 检验法是通过比较两组数据的 s^2，以确定两组数据的精密度是否有显著性差异。若两组数据的精密度不存在显著性差异，再通过上述 *t* 检验法，确定两组数据是否存在系统误差。

F 是两组数据 s^2 的比值，分子为大方差，分母为小方差。

$$F = \frac{s_{大}^2}{s_{小}^2}$$

计算所得 *F* 值与表 2-5 所列 *F* 表值相比较。在一定置信度和自由度时，若 $F_{计} > F_{表}$，则认为两组数据的精密度存在显著性差异，就不需要再用 *t* 检验法判断是否存在系统误差。否则不存在显著性差异，继续用 *t* 检验法判断两组数据是否存在系统误差。

表 2-5　置信度 95%时 *F* 值（单边）

$f_{小}$ \ $f_{大}$	1	2	3	4	5	6	8	12	24	∞
1	161	199	215	224	230	234	238	243	249	254
2	18.5	19.0	19.1	19.2	19.3	19.3	19.3	19.4	19.4	19.5
3	10.13	9.55	9.28	9.12	9.01	8.94	8.84	8.74	8.64	8.53
4	7.71	6.94	6.59	6.39	6.26	6.16	6.04	5.91	5.77	5.63
5	6.61	5.79	5.41	5.19	5.05	4.95	4.82	4.68	4.53	4.36
6	5.99	5.14	4.76	4.53	4.39	4.28	4.15	4.00	3.84	3.67
7	5.59	4.74	4.35	4.12	3.97	3.87	3.73	3.57	3.41	3.23
8	5.32	4.46	4.07	3.84	3.69	3.58	3.44	3.28	3.12	2.93
9	5.12	4.26	3.86	3.63	3.48	3.37	3.23	3.07	2.90	2.71
10	4.96	4.10	3.71	3.48	3.33	3.22	3.07	2.91	2.74	2.54
11	4.84	3.98	3.59	3.36	3.20	3.09	2.95	2.79	2.61	2.40
12	4.75	3.88	3.49	3.26	3.11	3.00	2.85	2.69	2.50	2.30
13	4.67	3.80	3.41	3.18	3.02	2.92	2.77	2.60	2.42	2.21
14	4.60	3.74	3.34	3.11	2.96	2.85	2.70	2.53	2.35	2.13
15	4.54	3.68	3.29	3.06	2.90	2.79	2.64	2.48	2.29	2.07
16	4.49	3.63	3.24	3.01	2.85	2.74	2.59	2.42	2.24	2.01
17	4.45	3.59	3.20	2.96	2.81	2.70	2.55	2.38	2.19	1.96
18	4.41	3.55	3.16	2.93	2.77	2.66	2.51	2.34	2.15	1.92
19	4.38	3.52	3.13	2.90	2.74	2.63	2.48	2.31	2.11	1.88
20	4.35	3.49	3.10	2.87	2.71	2.60	2.45	2.28	2.08	1.84
∞	3.84	2.99	2.60	2.37	2.21	2.09	1.94	1.75	1.52	1.00

表 2-5 所列 F 值为单边值，所以可以直接用于单边检验，即用于检验某组数据的精密度是否大于、等于或小于另外一组数据的精密度，此时置信度为 95%。

进行双边检验时，即在判断两组数据的精密度是否存在显著性差异时，显著性水平为单边检验时的两倍，即为 0.10，此时的置信度为 90%。

【例 2-13】分光光度法测定石灰石中铁含量，采用 721 型分光光度计测定 6 次，标准偏差 s_1=0.055，752 型分光光度计测定 4 次，标准偏差 s_2=0.022。752 型分光光度计的精密度是否显著地优于 721 型分光光度计的精密度？

解：752 型分光光度计的性能较好，精密度好于 721 型分光光度计，所以属于单边检验。

已知　n_1=6　　s_1=0.055

　　　n_1=4　　s_2=0.022

$$F=\frac{s_{大}^2}{s_{小}^2}=\left(\frac{0.055}{0.022}\right)^2=6.25$$

查表 2-5，$f_{大}$=5，$f_{小}$=3，$F_{表}$=9.01

$F<F_{表}$ 说明此时未表现 s_1 与 s_2 有显著性差异（P=0.90）。

【例 2-14】分别用硼砂和碳酸钠两种基准物标定 HCl 溶液的浓度（$mol\cdot L^{-1}$），结果如下：

硼砂标定　$\overline{x}_1$=0.101 7，s_1=0.000 39，n_1=4

碳酸钠标定　$\overline{x}_2$=0.102 0，s_2=0.000 24，n_2=5

当置信度为 0.90 时，这两种物质标定的 HCl 溶液浓度是否存在显著性差异？

解：$$F=\frac{{s_{大}}^2}{{s_{小}}^2}=\frac{(0.000\,39)^2}{(0.000\,24)^2}=2.64$$

查表 2-5，$f_{s大}$=3，$f_{s小}$=4，$F_{表}$=6.59

$F<F_{表}$　说明此时未表现 s_1 与 s_2 有显著性差异（P=0.90）

$$t=\frac{|\overline{x}_1-\overline{x}_2|}{s}\sqrt{\frac{n_1n_2}{n_1+n_2}}=\frac{|0.101\,7-0.102\,0|}{0.000\,24}\sqrt{\frac{4\times5}{4+5}}=1.44$$

查表 2-3，当 $P=0.90$，$f=n_1+n_2-2=7$ 时，$t_{0.90,7}=1.895$

$t<t_{0.90,7}$，故以 0.90 的置信度认为 $\overline{x}_1$ 与 $\overline{x}_2$ 无显著性差异。

2.6 平均值的置信区间

分析测试的目的，是要得到被测组分的真实含量。由于存在误差，因此不可能得到被测组分的真值，而只能得到真值的近似值。在报告分析结果时，应说明测定值与真值相近的程度。因此表示分析结果的基本要求，是明确表示在一定置信度下平均值的置信区间。

置信区间越窄，表示测定的平均值越接近于真值。置信区间的大小直接依赖于测定的准确度和精密度。因此在报告分析结果时，应该给出测定的精密度和准确度。此外还要标明通过多少次测定才能得到这样的准确度和精密度。由此可见，精密度、准确度和测定次数是报告分析结果时必不可少的 3 个参数。

因此，定量分析中报告分析结果通常可以采用如下的形式：

① $\mu = \overline{x} \pm \dfrac{t \cdot s}{\sqrt{n}}$ （$P = 95\%$ 或 90%）

② n、s

在报告测定结果的精密度和准确度时，还必须遵守有效数字原则，即有效数字位数应与测量时所使用的仪器或测定方法的精密度相一致。

在例行分析中，一般对单个试样平行测定两次。两次测定结果差值如不超过双面公差（即 2 乘以公差），则取它们的平均值报出分析结果，如超过双面公差，则需重做。例如，水泥中 SiO_2 的测定，有关国家标准规定同一实验室内公差（允许误差）为±0.20%，如果实际测得的数据分别为 21.14%及 21.58%，两次测定结果的差值为 0.44%，超过双面公差（2×0.20%），必须重新测定，如又进行一次测定结果为 21.16%，则应以 21.14%和 21.16%两次测定的平均值 21.15%报出。

在常量分析实验中，一般对单个试样平行测定 2～3 次，此时测定结果可作如下简单处理：计算出相对平均偏差，若其相对平均偏差≤0.2%，可认为符合要求，取其平均值报出测定结果，否则需重做。

【例 2-15】 测定碱灰中的总碱量（以 Na_2O 的质量分数表示）得到 10 次的测定数据：40.11、40.12、40.10、40.14、40.16、40.18、40.15、40.20、40.18、40.17（%）。试报告分析结果。

解：先检验有无可疑值，将数据按递增顺序排列：

40.10、40.11、40.12、40.14、40.15、40.16、40.17、40.18、40.19、40.20（%）

x_1 和 x_{10} 为可疑值。先检验 x_1

$$Q_1=\frac{40.11-40.10}{40.20-40.10}=0.10$$

查表 2-4，$n=10$，$Q_{0.95}=0.48$

$Q_1=0.10<0.48$，故 x_1=40.10% 应保留。

同理检验 x_{10}=40.20% 也应保留。

$\bar{x}=40.15\%$

s=0.034（%）

所以 $\mu=\bar{x}\pm\frac{t_{0.95}\cdot s}{\sqrt{n}}=\left(40.15\pm2.26\times\frac{0.034}{\sqrt{10}}\right)\times100\%=40.15\%\pm0.02\%$

分析结果为 $w(Na_2O)$=40.15%±0.02%，置信度为 95%。指明了测定的准确度、精密度，以及获得此准确度、精密度所进行的测定次数，也指明了测定结果的可信程度。因此上述形式是报告分析结果的较好形式。

【例 2-16】测定石灰石中的质量分数，测得结果分别为：51.46、51.39、51.42、51.48、51.50、51.60（%）。

（1）判断该测定中有无应舍弃的数据；

（2）计算测定结果的平均值、平均偏差和标准偏差；

（3）报出分析结果。

解：（1）用 Q 检验法检验，先将数据顺序排列：

51.39、51.42、51.46、51.48、51.50、51.60

$$Q_1=\frac{51.42-51.39}{51.60-51.39}=0.143 \qquad Q_6=\frac{51.60-51.50}{51.60-51.39}=0.474$$

当置信度为 95%，n=6 时，$Q_{0.95}=0.64>Q_1$（或 Q_6），故 51.39%、51.60% 这两个数据均应保留。

（2）测定平均值为：$\bar{x}=\frac{1}{6}$（51.39+51.42+51.48+51.46+51.50+51.60）

=51.48%

平均偏差为 $\bar{d}=\dfrac{|-0.07|+|-0.06|+|-0.02|+0+|0.02|+|0.12|}{6}$=0.05（%）

标准偏差为 $s=\sqrt{\dfrac{(0.07)^2+(0.06)^2+(0.02)^2+(0.02)^2+(0.12)^2}{6-1}}$=0.07（%）

（3）分析结果报告如下：n=6，标准偏差 s=0.07%，μ=51.48% ± 0.07%（P=95%）

2.7 有效数字及其运算

为了得到准确可靠的测定结果，不仅要克服实验过程中可能产生的各种误差，还要注意正确地记录数据并进行运算。分析结果的数值不仅表示试样中被测组分含量的多少，而且还反映了测定的准确度。例如，用普通电子秤与分析天平称量 1 g 试样，普通电子秤最小称至±0.01 g，而分析天平最小称至±0.000 1 g。记录称量结果时，前者应记为 1.00 g，而后者应记为 1.000 0 g，后者较前者准确 100 倍。同理，在数据运算过程中也有类似的问题。所以必须正确记录和保留有效数字，如果随便增加或减少位数，就会扩大或缩小测量误差。因此必须了解“有效数字”的意义及运算规则。

2.7.1 有效数字及位数

分析化学中的有效数字，就是在测量和运算中得到具有实际意义的数值，即在构成一个数值的所有数字中，除最末一位允许是可疑的、不确定的外，其余所有的数字都必须是可靠的、准确的。

所谓可疑数字，除另外说明外一般可理解为该数字上有±1 单位的误差。例如，分析天平称量坩埚的质量为 19.054 6 g，可理解为该坩埚的真实质量为（19.054 6±0.000 1）g，即在 19.054 5～19.054 7 g 之间，因为分析天平能准至±0.000 1 g。

有效数字的位数简称有效位数，包括全部准确数字和最末一位可疑数字。如上例坩埚的质量为 19.054 6 g，有 6 位有效数字。记录数据和计算结果时究竟应该保留几位有效数字，须根据测定方法和使用仪器的准确度来决定。

为了正确判别和写出测量数值的有效数字，首先必须明确以下几点：

①非“0”数字都是有效数字。

②“0”在数值中是不是有效数字应视具体情况分析：

a. 位于数值中间的“0”均为有效数字。如 1.008、10.98%、100.08、6.500 4 数值中所有的“0”都是有效数字，因为它代表了该位数值的大小。

b. 位于数值前的“0”不是有效数字，因为它仅起到定位作用。如 0.004 1、0.056 2 中的“0”。

c. 位于数值后面的“0”须根据情况区别对待：“0”在小数点后则是有效数字，如 0.500 0 中“5”后面的三个“0”和 0.004 0 中“4”后面的“0”都是有效数字；“0”在整数的尾部算不算有效数字，则比较含糊。如 3 600 若为四位有效数字，则后面两个“0”都有效；若为三位有效数字，则有一个“0”无效；若为两位有效数字，则后面两个“0”都无效。较为准确地写法应分别为 3.600×10^3（四位）、3.60×10^3（三位）、3.6×10^3（两位）。

③若数值的首位等于或大于 8，其有效位数一般可多算一位。如 0.83（两位）可视为三位有效数字，88.65（四位）可视为五位有效数字。

④对于 pH、pK、pM、lg$K$ 等对数值的有效位数，只由小数点后面的位数决定。整数部分是 10 的幂数，与有效位数无关。如 pH = 12.68 只有两位有效数字，即$[H^+]=2.1\times10^{-11}$mol·L^{-1}。求对数时，原数值有几位有效数字，对数也应取几位。如$[H^+]$=0.1mol·L^{-1}，pH = lg$[H^+]$ =1.0；$K_{CaY}=4.9\times10^{10}$，lgK_{CaY}=10.69。

⑤在分析化学的许多计算中常涉及各种常数（比如倍数、分数、摩尔质量等），一般认为其值是准确数值。准确数值的有效位数是无限的，可根据实际情况确定有效位数。

2.7.2 有效数字的运算规则

定量分析中，一般都要经过若干测定步骤获得多个测量数据，然后根据测量数据经过适当的计算后得出分析结果。由于各个数据的准确度不一定相同，因此运算时必须按照有效数字的运算规则进行。

1. 数字的修约规则

当有效数字的位数确定后，其余数字（尾数）应一律舍去。舍弃办法采用“四舍六入五留双”的规则，即在拟舍弃的数字中，若左边第一个数字≤4 时则舍去；在拟舍弃的数字中，若左边第一个数字≥6 时则进 1；在拟舍弃的数字中，若左边一个数字等于 5 时，所拟保留下来的末位数字为奇数，则舍 5 后进 1；若为偶数

（包括0）则舍5后不进位。如将下列数值修约成两位有效数字，其结果为：0.263 6修约为0.26，0.257 3修约为0.26，0.335修约为0.34，0.245修约为0.24。

所拟舍弃的数字若为两位以上数字时，不得连续进行多次修约。例如将35.457 0修约成整数，就不能第一次修约成35.46，第二次修约成35.5，第三次修约为36。而一次修约出结果为35。

2．加减运算法

几个测量值相加减时，它们的和或差的有效位数的取舍，应以数值中小数点后位数最少（绝对误差最大）的为标准。

例如：12.35 g + 0.006 6 g + 7.890 3 g，其中绝对误差最大的是12.35 g，小数点后只有两位数，故其结果和只应保留两位小数。因此在计算前可先修约再运算。即

$$12.35\ \text{g} + 0.01\ \text{g} + 7.89\ \text{g} = 20.25\ \text{g}$$

3．乘除运算规则

几个测量值相乘除时，其积或商有效位数的取舍，应以其中有效位数最少（相对误差最大）的为标准。

例如：求0.012 1×25.64×1.057 82之积。其中0.012 1的有效位数最少，只有三位。25.64有四位有效数字，1.057 82有六位有效数字。它们的相对误差分别为：

0.012 1　$\frac{\pm 0.0001}{0.0121} \times 100\% = \pm 0.8\%$

25.64　$\frac{\pm 0.01}{25.64} \times 100\% = \pm 0.04\%$

1.057 82　$\frac{\pm 0.000\,01}{1.057\,82} \times 100\% = \pm 0.000\,9\%$

可见0.012 1的有效位数最少，其相对误差最大，应以此为标准确定其他数据的有效位数，即按“数字修约”规则，将各数据都保留三位有效数字后再相乘：

$$0.012\,1 \times 25.6 \times 1.06 = 0.328$$

计算结果的准确度（相对误差）应该与相对误差最大的数据保持在同一数量级，不能高于它的准确度。

2.7.3 有效数字在分析工作中的应用

1．正确记录数据

在记录测量所得数值时，要如实地反映测量的准确度，只保留一位可疑数字。

用分析天平称量时，要记到小数点后第四位，即±0.000 1 g。如 0.250 0 g、1.348 3 g；如果用普通电子秤称量，则应记到小数点后一位。如 0.50 g、2.40 g、10.70 g 等。

用玻璃量器量取溶液时，准确度视量器不同而异。5 mL 以上滴定管应记到小数点后两位，即±0.01 mL；5 mL 以下的滴定管则应记到小数点后第三位，即±0.001 mL。如从滴定管读取的体积为 24 mL 时，应记为 24.0 0mL，不能记为 24 mL 或 24.0 mL。

50 mL 以下的无分度移液管，应记到小数点后两位。如 50.00 mL、25.00 mL、5.00 mL 等。有分度的移液管，只有 25 mL 以下的才能记到小数点后两位。

10 mL 以上的容量瓶总体积可记到四位有效数字。如常用的 50.00 mL、100.0 mL、250.0 mL。

50 mL 以上的量筒只能记到个位数；5 mL、10 mL 量筒则应记到小数点后一位。

正确记录测量所得数值，不仅反映实际测量的准确度，也反映了测量时所耗费的时间和精力。例如，称量某物质质量 0.500 0 g 表明是用分析天平称取的。该物料的实际质量应为（0.500 0±0.000 1）g，相对误差为±0.02%；如果记作 0.5 g，则相对误差为±20%。准确度差了 1 000 倍。如果只要一位有效数字，用托盘天平就可称量，不是又快又省事吗？何必费时费事地要用分析天平称取呢？

由此可见，记录测量数据时，切记不要随意舍去小数点后的“0”。当然也不允许随意增加位数。

2．正确称取试剂和选取量器

滴定分析、重量分析法的准确度较高，方法的相对误差一般在 0.1%～0.2%。为了保证方法的准确度，则需要分析过程每一步骤的误差都要控制<0.2%。

如用分析天平称量时，要保证称量误差小于 0.1%，试样（或试剂）质量就不应太小。因为分析天平可准确称至 0.000 1 g，每个称量值都需要经过两次称量，故称量的绝对误差为±0.000 2 g。为使称量误差小于 0.1%，则：

试样质量=绝对误差/相对误差=（±0.000 2）/0.1% = 0.2 g

只有称样量大于 0.2 g，其称量的相对误差才能小于 0.1%。

如果称样量大于 2 g，则选用千分之一的工业天平也能满足对准确度的要求。如仍用万分之一的分析天平称量，则准确至小数点后三位已足够，没有必要对第四位苛求了。

同理，滴定过程中常量滴定管的读数误差为±0.01 mL，得到一个体积值需要读取两次，可能造成的最大误差为±0.02 mL。为保证测量体积的相对误差小于 0.1%，则滴定剂的用量就必须大于 20 mL。

3．正确表示分析结果

经过计算得出的分析结果所表述的准确度，应符合实际测量的准确度，即与测量中所用仪器设备所能达到的准确度相一致。

如分析煤中含硫量时，甲乙两人各做两次平行测定，每次均称取试样 3.5 g，结果分别报告为：

甲 $w(\mathrm{S})_1 = 0.042\%$　$w(\mathrm{S})_2 = 0.041\%$

乙 $w(\mathrm{S})_1 = 0.042\ 01\%$　$w(\mathrm{S})_2 = 0.041\ 99\%$

显然甲的报告是正确的，乙的报告是错误的。

因为：甲的结果准确度 $\dfrac{\pm 0.001}{0.042} = \pm 0.024 = \pm 2.4\%$

乙的结果准确度 $\dfrac{\pm 0.000\ 01}{0.042\ 01} = \pm 0.000\ 023 = \pm 0.002\ 3\%$

称量的准确度 $\dfrac{\pm 0.01}{3.5} = \pm 0.028 = \pm 2.8\%$

甲的结果所表示的准确度与操作过程中称量的准确度是一致的，而乙的结果所表示的准确度大大超过了称量的准确度，是没有意义的。

在分析过程中，正确填报分析结果的方法是：对高含量组分（＞10%）的测定，一般要求分析结果有四位有效数字；对中等含量组分（1%～10%）的测定，一般要求有三位有效数字；对微量组分（＜1%）的测定，一般要求结果有两位有效数字。

另外，在多数情况下表示误差时，只需取一位有效数字，最多取两位已足够。

目前电子计算器的应用已相当普遍，使多位数的计算极为方便。虽然计算器上显示的数值位数较多，在计算过程中不必对每一步的计算结果进行整理，只需要按照有效数字运算规则对结果的位数正确取舍即可。

综上所述，在定量分析中记录数据与有效数字的运算规则可概括如下：

①记录和计算分析结果时，应根据使用的分析方法或仪器的准确度，只保留一位可疑数字。

②在运算中弃去多余数字时，应遵从“四舍六入五留双”的原则，决定进位还是去位。

③测量数值相加减时，结果有效位数的取舍，应以其中小数点后位数最少（绝对误差最大）的为标准。

④测量数值相乘除时，结果有效位数的取舍，应以其中有效位数最少（相对误差最大）的为标准。

⑤在重量分析中或滴定分析中，测量数据多于四位有效数字时，计算结果只需保留四位有效数字。各种分析方法测量数值不足四位有效数字时，应按最少的有效数字位数保留。

2.8 回归分析法

在分析化学中，尤其是在仪器分析中，经常使用标准曲线法来获得未知溶液的浓度。以吸光光度法为例，标准溶液的浓度 c 和吸光度 A 之间的关系，在一定范围内可以用直线方程来描述，这就是常用的朗伯-比尔定律。

但是测量仪器本身的精密度和测量条件的微小变化，即使同一浓度的，两次测量的结果也不完全一致。因而各测量点对于以朗伯-比尔定律为基础所建立的直线，往往有一定的偏离，这就需要用数理统计的方法找到一条最接近于各测量点的直线，它对所有测量点来说误差是最小的，因此这条直线是最佳的标准曲线。如何得到这样一条直线？如何估计直线上各点的精密度及数据间的相关关系？较好的方法就是对数据进行回归分析。单一组分测定的线性校正模式可用一元线性回归。本节主要讨论一元线性回归。

2.8.1 一元线性回归方程及回归直线

一元线性回归直线方程为：

$$y = a + bx$$

式中，a 为直线的截距，b 为直线的斜率。

设标准曲线选取 n 个实验点，分别为（x_1，y_1），（x_2，y_2），（x_3，y_3），…，（x_n，y_n）。

每个实验点与回归直线的误差为：

$$Q_i = [y_i - (a + bx_i)]^2$$

所有实验点和回归直线的误差为：

$$Q = \sum_{i=1}^{n} Q_i = \sum_{i=1}^{n} [y_i - (a + bx_i)]^2$$

要使所确定的回归方程和回归直线最接近实验点的真实分布状态，则 Q 必然取最小值。在分析校正时，可取不同的 x_i 值测量 y_i，用最小二乘法估计 a 与 b 值，使 Q 值最小。用数学上求极值的方法，即 $\frac{\partial Q}{\partial a} = 0$ 和 $\frac{\partial Q}{\partial b} = 0$ 可推出 a 和 b 的计算式：

$$a = \frac{\sum_{i=1}^{n} y_i - b\sum_{i=1}^{n} x_i}{n} = \overline{y} - b\overline{x}$$

$$b = \frac{\sum_{i=1}^{n} (x_i - \overline{x})(y_i - \overline{y})}{\sum_{i=1}^{n} (x_i - \overline{x})^2}$$

式中，$\overline{x}$ 和 $\overline{y}$ 分别为 x 和 y 的平均值，当直线的截距 a 和斜率 b 确定之后，一元线性回归方程及回归直线就确定了。

【例 2-17】用吸光光度法测定合金钢中 Mn 的含量，吸光度和 Mn 的含量间有下列关系：

Mn 的质量 m/μg	0	0.02	0.04	0.06	0.08	0.10	0.12	未知样
吸光度 A	0.032	0.135	0.187	0.268	0.359	0.435	0.511	0.242

试列出标准曲线的回归方程并计算未知样中 Mn 的含量。

解：组分浓度为 0 而吸光度不为 0，可能因为试剂中含有少量 Mn，或者含有其他在该波长处有吸收的物质。

设 Mn 含量值为 x，吸光度为 y，计算回归系数 a 和 b 值。

$n=7$，$\overline{x}=0.066$，$\overline{y}=0.275$

$$\sum_{i=1}^{7}(x_i-\overline{x})(y_i-\overline{y})=0.044\,2 \quad \sum_{i=1}^{7}(x_i-\overline{x})^2=0.011\,2$$

所以 $a=\overline{y}-b\overline{x}=0.275-3.95\times0.06=0.038$

$$b=\frac{\sum_{i=1}^{n}(x_i-\overline{x})(y_i-\overline{y})}{\sum_{i=1}^{n}(x_i-\overline{x})^2}=\frac{0.044\,2}{0.011\,2}=3.95$$

该标准曲线的回归方程为 $y=0.038+3.95x$

未知样的吸光度为 $y=0.242$，代入可得未知样中 Mn 的含量为：

$$x=\frac{0.242-0.038}{3.95}=0.052\ (\mu g)$$

2.8.2 相关系数

在实际工作中，当两个变量间并不是严格的线性关系，数据的偏离比较严重时，这时虽然也可以求得一条回归直线，但这条回归直线是否有意义，可用相关系数来检验。相关系数的定义为：

$$r=b\sqrt{\frac{\sum_{i=1}^{n}(x_i-\overline{x})^2}{\sum_{i=1}^{n}(y_i-\overline{y})^2}}=\frac{\sum_{i=1}^{n}(x_i-\overline{x})(y_i-\overline{y})}{\sqrt{\sum_{i=1}^{n}(x_i-\overline{x})^2\sum_{i=1}^{n}(y_i-\overline{y})^2}}$$

相关系数的物理意义如下：

①当两个变量之间存在完全的线性关系，所有的 y_i 值都在回归线上时，$r=1$。

②当两个变量之间完全不存在线性关系，$r=0$。

③当 r 值在 0～1 之间时，表示两个变量之间存在相关关系。r 值越接近 1，线性关系越好。但是，以相关系数判断线性关系好坏时，还应考虑测量的次数及置信水平。表 2-6 列出了不同置信水平及自由度时的相关系数。若计算出的相关

系数大于表 2-6 中相应的数值，则表示两个变量之间是显著相关的，所求的回归直线有意义，反之，否则无意义。

表 2-6　相关系数的临界值

$f=n-2$	置信度				
	90%	95%	98%	99%	99.9%
1	0.987 7	0.099 7	0.999 5	0.999 9	0.999 9
2	0.900 0	0.950 0	0.980 0	0.990 0	0.999 0
3	0.805 4	0.878 3	0.934 3	0.958 7	0.991 2
4	0.729 3	0.811 4	0.882 2	0.917 2	0.974 1
5	0.669 4	0.754 5	0.832 9	0.874 5	0.950 7
6	0.621 5	0.706 7	0.788 7	0.834 3	0.924 9
7	0.582 2	0.666 4	0.749 8	0.797 7	0.898 2
8	0.549 4	0.631 9	0.715 5	0.764 6	0.872 1
9	0.521 4	0.602 1	0.685 1	0.734 8	0.847 1
10	0.497 3	0.576 0	0.658 1	0.707 9	0.823 3
11	0.476 2	0.552 9	0.633 9	0.683 5	0.801 0
12	0.457 5	0.532 4	0.612 0	0.661 4	0.780 0
13	0.440 9	0.513 9	0.592 3	0.641 1	0.760 3
14	0.425 9	0.497 3	0.574 2	0.622 6	0.742 0
15	0.412 4	0.482 1	0.557 7	0.605 5	0.724 6
16	0.400 0	0.468 3	0.542 5	0.589 7	0.708 4
17	0.388 7	0.455 5	0.528 5	0.575 1	0.693 2
18	0.378 3	0.443 8	0.515 5	0.561 4	0.678 7
19	0.368 7	0.432 9	0.503 4	0.548 7	0.665 2
20	0.359 8	0.422 7	0.492 1	0.536 8	0.652 4
25	0.323 3	0.380 9	0.445 1	0.486 9	0.597 4
30	0.296 0	0.349 4	0.409 3	0.448 7	0.554 1
35	0.274 6	0.324 6	0.381 0	0.418 2	0.518 9
40	0.257 3	0.304 4	0.357 8	0.393 2	0.489 6
45	0.242 8	0.287 5	0.338 4	0.372 1	0.464 8
50	0.230 6	0.273 2	0.321 8	0.354 1	0.443 3
60	0.210 8	0.250 0	0.294 8	0.324 8	0.407 8
70	0.195 4	0.231 9	0.273 7	0.301 7	0.379 9
80	0.182 9	0.217 2	0.256 5	0.283 0	0.356 8
90	0.172 6	0.205 0	0.242 2	0.267 3	0.337 5
100	0.163 8	0.194 6	0.230 1	0.254 0	0.321 1

2.9 实验设计与实验条件的优化

实验设计就是如何安排实验才能获得正确的结论。简单的对比实验设计与分析，如平均值与真值的比较、两组测定数据平均值的比较等，前文已有所涉及。本节进一步讨论当试验受到多个因素影响时，如何合理安排试验，如何分析判断试验的结果，以及如何获得最优的试验条件。

2.9.1 单因素试验的设计与分析

实验中只有一个影响因素，或虽有多个影响因素，但在安排实验时，只考虑一个对指标影响最大的因素，其他因素尽量保持不变的实验，即为单因素实验。单因素实验设计并不是意味着该实验中只有一个因素与试验结果有关联。单因素实验设计的主要目标之一就是控制混杂因素对试验结果的影响。

采用丁二酮肟分光光度法测定废水中镍离子含量，在考察过硫酸铵加入量对吸光度影响时，做了如下实验，结果如下：

表 2-7 实验结果

过硫酸铵/（$mol \cdot L^{-1}$）	0.065	0.074	0.080
吸光度	0.943	0.989	0.815

其中，过硫酸铵加入量为 0.074 $mol \cdot L^{-1}$ 效果最好，但是最佳浓度是 0.074 $mol \cdot L^{-1}$。还有没有改进的余地？这就要在 0.074 $mol \cdot L^{-1}$ 附近进行实验。第一种方案是在 0.070 $mol \cdot L^{-1}$、0.071 $mol \cdot L^{-1}$、0.072 $mol \cdot L^{-1}$、0.073 $mol \cdot L^{-1}$、0.075 $mol \cdot L^{-1}$、0.076 $mol \cdot L^{-1}$……逐个进行实验，这样工作量太大，第二种方案是对这批数据进行分析，找出科学的设计方法。

分析这三个数据，可以看出，y 值中间高两边低，形成一条抛物线。可以先求出抛物线方程，再求导数找出极大值从而寻找最佳浓度，抛物线方程式是：

$$y = ax^2 + bx + c$$

有了这三组数据，就可以解出 a、b、c 三个数据，然后找出极大点，从而得到对应的浓度是 0.070 5 $mol \cdot L^{-1}$。在此用量下，吸光度高达 0.995，一次成功！单因素实验设计方法主要包括均分法、对分法、黄金分割法、分数法等。

1．均分法

一般情况下，通过预实验或其他先验信息，确定了实验范围[a，b]，再将实验范围进行 n 等分，实验放在等分点上，得到 n−1 个实验点。如图 2-6 所示。

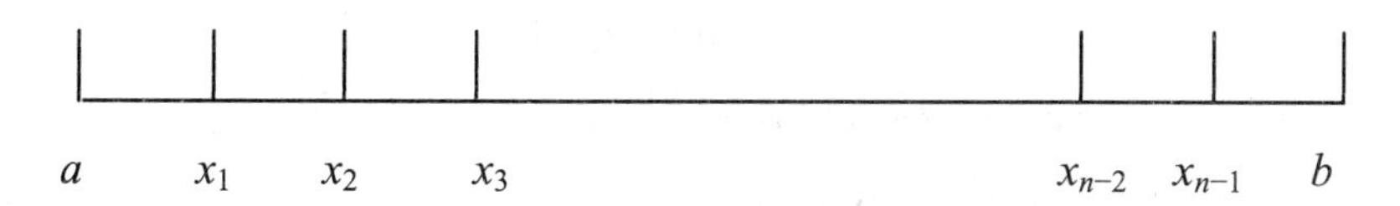

图 2-6 均分法示意

均分法只要把实验放在等分点上就可以进行实验，实验点安排简单。n−1 次实验可同时做，节约时间，灵活性强。

均分法的缺点是实验次数较多，代价较大，不经济。

2．对分法

每次实验点都取在实验范围的中点，即中点取点法。每做一个实验就可去掉试验范围的一半，且取点方便，试验次数大大减少，故效果较好。适用于预先已了解所考察因素对指标的影响规律，能从一个试验的结果直接分析出该因素的值是取大了或取小了的情况，即每做一次实验，根据结果就可确定下次实验方向的情况。

采用配位滴定法测定硅酸盐试样中钙含量时，为了消除 Mg^{2+}干扰，必须加碱调整 pH 值为 12～13，加碱量范围[a，b]，试确定最佳投碱量。因素是加碱量，指标是加碱后 pH 值。采用对分法安排实验。

第一次加碱量：$x_1 = \dfrac{a+b}{2}$

若加碱后水样 pH＜12，加药范围中小于 x_1 的范围可舍弃，新的实验范围[x_1，b]，第二次加碱量 $x_2 = \dfrac{x_1+b}{2}$。实验后再测加碱后水样 pH。根据 pH 大小再次取舍，直到得到满意结果。

若加碱后水样 pH＞13，说明第一次实验碱加多了，舍弃加药范围中大于 x_1 的范围，取另一半重复实验，直至得到满意结果。

3．黄金分割法（0.618 法）

首先，确定实验范围，一般通过预实验或其他先验信息，确定了实验范围

[a，b]。

其次，选实验点，这一点与前述均分、对分法的不同处在于它是按 0.618、0.382 的特殊位置定点的，一次可得出两个实验点：

$$x_1 = a + (b-a) \times 0.618$$

$$x_2 = a + (b-a) \times 0.382$$

再次，根据“留好去坏”的原则对实验结果进行比较，留下好点，从坏点处将实验范围去掉，从而缩小了实验范围。

最后，在新实验范围内按 0.618、0.382 的特殊位置再次安排实验点，重复上述过程，直至得到满意结果，找出最佳点。

黄金分割法的优点就是每次可去掉实验范围的 0.382，每次缩小的比例一样（即 0.618），除第一次要取两个试点外，以后每次只取一个试点，用起来较方便，可用较少的实验次数迅速找到最佳点。主要适用于指标函数为单峰函数的情况。

2.9.2 多因素的试验设计

大多分析测量常受多种因素的影响，各种因素又有多个水平，此时就需要研究哪些因素的影响是显著的，因素之间是否相互制约，以及各因素给定的水平中哪个水平较好等问题。在安排实验时要考虑因素与水平如何合理地组合，使所得数据能更有效地回答上述问题。

经典的试验方案通常采用“因素轮换法”，即依次变换一个因素而固定其他因素。例如对一个三因素三水平的试验，先固定 B1C1 变换 A，进行 A1B1C1、A2B1C1、A3B1C1 三组试验，若实验结果说明 A1 较好，再固定 A1C1 变换 B，进行 A1B2C1、A1B3C1 两组试验，若认为 B2 较好，则再固定 A1B2 变换 C，进行 A1B2C2、A1B2C3 两组试验，若认为 C3 较好，则认定 A1B2C3 为最佳试验条件。但是，试验结果是不全面的，因为试验过程中没有包括各因素各水平的全部组合，若最初固定的水平不当，结论未必正确，不能反映出各因素之间是否存在交互效应。

若采用统计试验方案，就可以克服经典实验方案的缺陷，其中应用较多的就是正交试验设计。

正交试验设计是选择析因设计中的一部分来做试验，在减少试验次数的同时，注意均衡搭配，试验次数虽少，但数据却有可比性。

例如三因素三水平试验写成表格的形式，就称为正交表，可以写成 L_9（3^3）正交表（表 2-8）。由表 2-8 可见，只需安排 9 次试验，只有析因设计试验数的 1/3。3 个因素的 3 个水平都出现 3 次，搭配均衡，数据具有可比性。

表 2-8 L_9（3^3）正交表

试验号	因素		
	A	B	C
1	1	1	1
2	1	2	2
3	1	3	3
4	2	1	2
5	2	2	3
6	2	3	1
7	3	1	3
8	3	2	1
9	3	3	2

对于多因素多水平的正交表可以用 L_n（t^q）表示，L 表示正交表，n 是试验次数，t 是因素的水平数，q 是因素的数目。多因素常用的正交表[如 L_4（2^3）、L_9（3^4）、L_{16}（4^5）等]可以从数理统计或试验设计的有关专著上查到。

正交试验设计的步骤是：

①决定试验的因素与水平数，从小到大列出试验因素水平表。

②选择适当的正交表，可选 9 值等于或大于因素数目的 L 表，有交互作用的可把交互作用作为一个因素来安排，没有交互作用的而 9 大于因素数目时，余下的列可以留空，如上述三因素三水平试验也可选 L_9（3^4）表，其中有一个空列。

③填上因素、水平值及试验条件。

④将测定响应值及计算结果分栏列入表内。

⑤进行数据分析。

正交试验的数据分析有多种方法，一般计算出每一因素不同水平响应值之和 K_{ij}（i 为因素号，j 为水平号）及其平均值 $\bar{K}_{ij}$，并计算出平均值之间的极差 R_i，计算公式为：

$$K_{ij}=\sum_{k=1}^{p}x_{ijk}$$

式中，x_{ijk}为第i个因素第j个水平的第k次试验响应值。

$$\bar{K}_{ij}=K_{ij}/p$$

式中，p为第i个因素第j个水平试验的次数。

$$R_i=\bar{K}_{ij}(\max)-\bar{K}_{ij}(\min)$$

式中，R_i为第i个因素的极差。

根据简单计算结果就可以进行判断，同一因素中K_{ij}越大，该水平越好；某因素的R_i值越大，该因素的影响就越大。

多因素试验在分析化学试验中最为常见，例如显色条件对测定灵敏度影响的试验等，都以采用正交试验设计的指示来设计试验和分析试验结果。

思考题

1. 误差既然可以用绝对误差表示，为什么还要引入相对误差的概念？

2. 指出下列情况中各会引起什么误差，如何避免？

(1) 读取滴定值最后一位数字估测不准

(2) 在重量分析中被测组分沉淀不完全

(3) 容量瓶和移液管不配套

(4) 试剂中含有微量被测组分

(5) 某人对终点颜色的观察偏深或偏浅

(6) 天平的零点突然有变动

(7) 移液管移液后管尖残留量稍有不同

(8) 灼烧SiO_2沉淀时温度不到1 000℃

3. 系统误差产生的原因有哪些？如何消除测定过程中的系统误差？

4. 准确度和精密度有何区别？如何理解二者的关系？怎样衡量准确度与精密度？

5. 表示测量精密度的方法有几种？各在什么情况下使用？你认为哪一种表示测定结果的精密度较好？

6．如通过计算，得到某一组测定数据的$\mu = 65.21 \pm 0.12$（n=6，P=95%），试说明置信度、置信区间的含义。

7．什么叫有效数字？在分析工作中运用有效数字有何意义？

8．将下列数据修约为两位有效数字：

(1) 8.497 8　　(2) 0.836　　(3) 5.142

(4) 45.5　　(5) 3.425×10^{-7}　　(6) 3 000.24

(7) 0.677 77　　(8) 70 000　　(9) 0.008 24

(10) 0.945 6

习 题

1．有一铜矿试样经过两次测定，得知铜含量为 24.87%、24.93%，而铜的实际含量为 25.05%。求分析结果的绝对误差和相对误差。

2．试样经分析测得锰的质量分数分别为 41.24、41.27、41.23、41.26（%），求分析结果的平均偏差和标准偏差。

3．黏土标准试样中 SiO_2 的质量分数（SiO_2）=45.49%。甲用氟硅酸钾容量法测得结果为 45.43%、45.46%、45.48%。乙用二次盐酸脱水重量法测得结果为 45.60%、45.62%、45.58%。计算两人测得分析结果平均值的绝对误差和相对误差，并比较两人结果的准确度和精密度。

4．学生标定盐酸溶液的浓度时，得到下列数据：0.101 1、0.101 0、0.101 2、0.101 6（$mol\cdot L^{-1}$），按 Q 检验法进行判断第 4 个数据是否应保留？若再测一次得 0.101 4 $mol\cdot L^{-1}$，上面的第 4 个数据是否该保留？

5．测定试样中 CaO 的含量得到如下结果：49.65、49.69、49.72、49.60（%）。问：

(1) 统计处理后的分析结果应如何表示？

(2) 比较 95%和 90%置信度下总体平均值的置信区间。

6．采用一种新的分析方法测定试样中铁的质量分数，结果为 52.48%、52.51%、52.53%、52.54%、52.80%，问：

(1) 按 Q 检验法（95%置信度），52.80%是否应该舍去？

(2) 求平均值、标准偏差和置信度为 95%时平均值的置信区间。

7．采用氟硅酸钾容量法测定黏土中 SiO_2 的质量分数。6 次测定结果分别为：

60.72%、、60.81%、60.70%、60.78%、60.56%、60.84%。试求：

（1）分析结果的算术平均值和标准偏差。

（2）若此黏土中 SiO_2 的实际质量分数为 60.75%。问该测定结果是否准确可靠？（置信度 95%）

8．分析天平的称量误差为±0.2 mg，如果称取试样质量为 0.050 0 g，相对误差是多少？如果称量 1.000 g 时，相对误差又是多少？这些数值说明什么问题？

9．滴定管的读数误差为±0.01 mL，如果滴定用去标准滴定溶液 2.50 mL，读数的相对误差的多少？如果滴定时用去 25.00 mL，相对误差又是多少？从相对误差的大小说明什么问题？

10．在 $K_2Cr_2O_7$ 基准溶液中，采用加入过量 KI 析出 I_2 的方法，标定 0.03 $mol \cdot L^{-1}$ 的 $Na_2S_2O_3$ 标准滴定溶液的浓度。其化学反应如下：

$$K_2Cr_2O_7+6KI+14HCl \longequal 2CrCl_3+3I_2+8KCl+7H_2O$$

$$I_2+2Na_2S_2O_3 \longequal 2NaI+Na_2S_4O_6$$

若滴定时欲将消耗 $Na_2S_2O_3$ 溶液的体积控制在 20 mL 左右，问应称取重铬酸钾试剂多少克？该称量的误差有多大？如何做才能使称量误差控制在 0.1%以内。（设天平的绝对误差为±0.000 2 g）

11．下列各数据有几位有效数字？

（1）1.007 94

（2）1.8×10^{-4}

（3）4.000×10^{5}

（4）6.023

（5）10.98%

（6）8.79

（7）0.100 0

（8）0.000 250

（9）pH = 12.34

（10）pKa = 4.74

（11）0.05

（12）4 000

12．用适当的有效位数，表示下列溶液的 pH 值：

（1）$[H^+]=1\times10^{-4}$

（2）$[H^+]=0.50$

13．按有效数字的运算规则计算下列各式：

（1）$2.187\times0.854+9.6\times10^{-5}-0.032\,6\times0.008\,14$

（2）$51.38/(8.709\times0.094\,60)$

（3）$213.64+4.4+0.324\,4$

（4）$\dfrac{9.827\times50.62}{0.005\,164\times136.6}$

（5）$\sqrt{\dfrac{1.50\times10^{-8}\times6.20\times10^{-8}}{3.3\times10^{-5}}}$

14．用返滴定法测定试样中某组分的质量分数，按下式计算：

$$w=\frac{0.098\,2\times(20.00-1.52)\times162.206}{1.148\,2\times3\times1\,000}$$

问分析结果应以几位数字报出？该数值为多少？

第3章　滴定分析基础

将一种已知准确浓度的试剂滴加到被测物质（也可将被测物质的溶液加入到标准溶液）中直至反应完全，然后根据所加标准溶液的浓度和消耗的体积计算出被测物质含量的方法，称为滴定分析法。

滴定分析法以化学反应为基础，是最常用的定量分析方法。其准确度较高、操作简便、省时快速、应用非常广泛。

3.1　滴定分析概述

通常将已知准确浓度的溶液即“标准溶液”称为“滴定剂”。将滴定剂通过滴定管加入到被测物质溶液中的操作过程称为“滴定”。滴定剂与被测物质完全反应的点称为“化学计量点”（stoichiometric point，简称计量点，以 sp 表示）。化学计量点通常需要加入指示剂（如酚酞、甲基橙等）来确定，滴定过程中指示剂颜色突变停止滴定的那一点，称为“滴定终点”（end point，简称终点，以 ep 表示）。但化学计量点与滴定终点不一定恰好一致，往往存在很小的差别，这一差别所引起的误差称为“滴定误差”或“终点误差”（end point error，以 E_t 表示）。

滴定分析法又称容量分析法，用于常量组分分析。若采用微量滴定管，也可对微量组分进行测定。

3.1.1　滴定反应的条件

滴定分析法是以化学反应为基础的，虽然化学反应很多，但用于进行滴定分析的化学反应必须满足以下要求：

①反应要按一定的化学方程式进行，即有确定的化学计量关系；

②反应必须定量进行，反应接近完全（＞99.9%）；

③反应速度要快，有时也可通过加热或加入催化剂方法来加快反应速度；

④必须有适当的方法确定滴定终点。

3.1.2 滴定分析法的分类

根据所利用化学反应类型的不同，滴定分析法一般可分为下列4种。

（1）酸碱滴定法

以质子传递反应为基础的滴定分析法，称为酸碱滴定法，又称中和滴定法。此法可用于测定酸性或碱性物质，还可以测定能够直接或间接与酸性或碱性物质发生定量反应的其他物质。如食用醋总酸度的测定，水泥熟料中二氧化硅含量的测定等。

（2）配位滴定法

以配位反应为基础的滴定分析法称为配位滴定法。如用乙二胺四乙酸二钠盐（缩写为EDTA）标准溶液为滴定剂测定金属离子。

（3）氧化还原滴定法

以氧化还原反应为基础的滴定分析法称为氧化还原滴定法。一般根据滴定剂的名称来命名氧化还原滴定法，主要有高锰酸钾法、重铬酸钾法、碘量法等。可用于测定具有氧化性或还原性的物质，如铁矿石中全铁含量的测定，葡萄糖含量测定。也可采用间接滴定法测定不具有氧化性或还原性的物质，如钙离子含量测定。

（4）沉淀滴定法

以沉淀反应为基础的滴定分析法称为沉淀滴定法。如银量法，可用来测定Ag^+、CN^-、SCN^-及卤素离子等。

3.1.3 滴定方式

（1）直接滴定法

用标准溶液直接滴定被测物质的溶液，依据标准溶液的浓度及用量，计算待测物质的含量。凡能满足滴定反应条件的，都可采用直接滴定法。如用NaOH溶液滴定醋酸溶液，用$K_2Cr_2O_7$溶液滴定Fe^{2+}溶液等，直接滴定法是分析中最常用和最基本的滴定方法。

（2）返滴定法

当反应速率很慢或反应物是固体时，被测物质中加滴定剂后，反应往往不能立即完成，因此不能采用直接滴定法。在此情况下，可在被测物质中先加入一定量且过量的标准溶液，待反应完成后，再用另一种标准溶液滴定剩余的标准溶液，这种方法称为返滴定法。例如，对于固体 $CaCO_3$ 的滴定，可先加入过量的 HCl 标准溶液，反应完全后，剩余的 HCl 可用 NaOH 标准溶液返滴定，可根据消耗的 HCl 和 NaOH 的量计算出 $CaCO_3$ 的量。

（3）置换滴定法

若被测物质与滴定剂的反应不按一定的反应式进行、伴有副反应或溶液中有其他干扰，不能采用直接滴定法时，可以先用适当的试剂与被测物质反应，使被测物质定量地置换成另外一种可被直接滴定的物质，再用标准溶液滴定这一物质，从而求出被测物质的含量，即为置换滴定法。例如，Ag^+与 EDTA 形成的配合物不稳定，不能采用直接滴定法。可将 Ag^+加入到 $Ni(CN)_4^{2-}$ 溶液中置换出 Ni^{2+}，然后在 pH=10 的氨性缓冲溶液中用 EDTA 滴定 Ni^{2+}，即可求得 Ag^+的含量。

（4）间接滴定法

若被测物质不能直接与滴定剂发生反应，则可以利用其他化学反应，间接测定其含量，即为间接滴定法。例如 $KMnO_4$ 标准溶液不能直接滴定 Ca^{2+}，先将 Ca^{2+} 沉淀为 CaC_2O_4，沉淀经过滤洗涤后用 H_2SO_4 溶解，再用 $KMnO_4$ 标准溶液滴定与 Ca^{2+}结合的 $C_2O_4^{2-}$，从而间接测定 Ca^{2+}的含量。

3.2 标准溶液

3.2.1 溶液浓度的表示方法

1．标准溶液浓度的表示方法

溶液浓度的表示方法有很多种，最常用的是物质的量浓度。在实际生产中要进行大批试样中固定组分的分析时，为计算方便，通常采用滴定度来表示标准溶液的浓度。

（1）物质的量浓度（c_B）

是指单位体积溶液所含溶质 B 的物质的量，表达式为：

$$c_B = \frac{n_B}{V} \tag{3-1}$$

式中，V 为溶液的体积，常用单位为 L 或 mL。c_B 的常用单位为 $mol \cdot L^{-1}$。

物质 B 的物质的量 n_B 是国际单位制（SI）中七个基本量之一，是用以表示物质多少的一个物理量，其单位是摩尔（mol）。摩尔是一系统的物质的量，该系统所包含的基本单元数与 0.012 kg ^{12}C 所含的原子数目相等。即 1 mol 物质 B 所含有的基本单元数与 0.012 kg ^{12}C 所含的原子数目相等。

在使用摩尔时，应指明基本单元。基本单元可以是原子、分子、离子、电子及其他粒子或是这些粒子的特定组合。如：H、H^+、H_2、$2H_2$、Na_2CO_3、$\frac{1}{2}Na_2CO_3$、$\frac{1}{5}KMnO_4$、$KMnO_4$ 等。

式（3-1）中，n_B 中的 B 泛指基本单元。若基本单元有所指时，应将基本单元的化学符号写在与主符号 n 齐线的圆括号内，如：n（$\frac{1}{2}Na_2CO_3$）、n（H^+）、n（$KMnO_4$）、n（$\frac{1}{5}KMnO_4$）等；或用下标注明基本单元，如 $n_{\frac{1}{2}Na_2CO_3}$，n_{H^+}，n_{KMnO_4}，$n_{\frac{1}{5}KMnO_4}$ 等。

选取的基本单元不同，物质的量就不同。例如对于 105.99 g Na_2CO_3，选取 Na_2CO_3 作为基本单元，则 Na_2CO_3 的物质的量为 1 mol；选取 $\frac{1}{2}NaCO_3$ 为基本单元，则其物质的量为 2 mol。因此，在表示物质的量 n_B 和使用摩尔作为单位时，必须注明基本单元，否则就没有明确的意义。对于物质的量的导出量，如物质的量浓度、摩尔质量等，也必须指明基本单元。

摩尔质量是包含物质的量 n_B 的导出量，计算公式为：

$$M_B = \frac{m}{n_B}$$

单位为 $g \cdot mol^{-1}$。

如 1 L 溶液中含有 98.08 g H_2SO_4，若选取 H_2SO_4 为基本单元，则：

$$M_{H_2SO_4} = 98.08\ \text{g} \cdot \text{mol}^{-1}$$

$$n_{H_2SO_4} = \frac{98.08\ \text{g}}{98.08\ \text{g} \cdot \text{mol}^{-1}} = 1\ \text{mol}$$

$$c_{H_2SO_4} = \frac{1\ \text{mol}}{1\ \text{L}} = 1\ \text{mol} \cdot \text{L}^{-1}$$

若选取$\frac{1}{2}H_2SO_4$为基本单元，则：

$$M_{\frac{1}{2}H_2SO_4} = 49.04\ \text{g} \cdot \text{mol}^{-1}$$

$$n_{\frac{1}{2}H_2SO_4} = \frac{98.08\ \text{g}}{49.04\ \text{g} \cdot \text{mol}^{-1}} = 2\ \text{mol}$$

$$c_{\frac{1}{2}H_2SO_4} = \frac{2\ \text{mol}}{1\ \text{L}} = 2\ \text{mol} \cdot \text{L}^{-1}$$

可见，对于物质的量的导出量，如物质的量浓度、摩尔质量等，也必须指明基本单元。

对于同一种物质B来说，如果基本单元不同，例如选B或其特定组合$\frac{1}{b}$B为基本单元，则它们的摩尔质量之间就有如下的关系：

$$M_B = bM_{\frac{1}{b}B} \tag{3-2}$$

因此，对于相同质量的同一物质来说，若按不同基本单元计，其物质的量之间的关系如下：

因为：$n = m / M$

所以：

$$n_B = \frac{1}{b} n_{\frac{1}{b}B} \tag{3-3}$$

对于同一溶液中的同一物质来说，基本单元不同时，其浓度c之间也有同样的关系。

因为：$c = n / V$

所以：
$$c_{B}=\frac{1}{b}c_{\frac{1}{b}B} \quad (3\text{-}4)$$

（2）滴定度（T）

是指每毫升标准溶液 B 相当于被测物质 A 的质量，常用 $T_{A/B}$ 表示，单位为 $g \cdot mL^{-1}$。如 $T_{Fe/K_2Cr_2O_7}=0.005\,328\ g \cdot mL^{-1}$，表示 1 mL $K_2Cr_2O_7$ 标准溶液能与 0.005 328g Fe^{2+}完全反应。

$$6Fe^{2+}+Cr_2O_7^{2-}+14H^{+} = 6Fe^{3+}+2Cr^{3+}+7H_2O$$

如果在滴定中消耗该 $K_2Cr_2O_7$ 标准溶液 23.15 mL，则被滴定溶液中含铁的质量为：

$$m_{Fe}=0.005\,328\ g \cdot mL^{-1} \times 23.15\ mL = 0.123\,3\ g$$

滴定度与物质的量浓度之间可以换算。基于 $K_2Cr_2O_7$ 与 Fe^{2+}的反应，上例中物质的量浓度为：

$$c_{K_2Cr_2O_7}=\frac{T \times 10^{3}}{M_{Fe} \times 6}=0.015\,90\ mol \cdot L^{-1}$$

滴定度的优点是，只要将滴定时所消耗的标准溶液的体积乘以滴定度，就可以直接得到被测物质的质量。这在生产单位的例行分析中很方便。

如果每次称取的试样质量固定，滴定度还可直接以 1mL 标准溶液相当于被测物质的质量分数来表示。如 $T_{Fe/K_2Cr_2O_7}=1.02\%/mL$ $K_2Cr_2O_7$ 溶液，表示当称取试样质量一定时，滴定所消耗 1mL $K_2Cr_2O_7$ 溶液时，即相当于试样中含铁 1.02%。据此，也可预先制成标准溶液消耗毫升数与试样含铁量%对应表，滴定结束时，不用计算就可以根据所消耗的标准溶液毫升数，直接从对应表上查得被测组分的含量（%）。

2．溶液浓度的其他表示方法

（1）质量分数（ω_B）

是指物质 B 的质量与混合物的质量之比。ω_B 是量纲一。

（2）体积分数（φ_B）

是指物质 B 的体积与混合物的体积之比。相当于过去的体积百分比浓度。常用于溶质是液体溶液的配制，在分析工作中也常用到。

例如：φ（HCl）= 25%的盐酸溶液，是由 25 mL 浓盐酸加入到 75 mL 水中，混匀而成。

（3）体积比（ψ_B）

是指物质B的体积与溶剂A体积之比。

例如，ψ（HCl）= 1∶1，是指该溶液由1体积浓盐酸与1体积水配制而得。ψ（HCl）= 1∶5是指该溶液由1体积浓盐酸与5体积溶剂水配制而得。在国际标准（ISO）及国家标准（GB 176）中，也常用HCl（1+1）、HCl（1+5）表示上述溶液的组成。

（4）质量浓度（ρ_B）

是物质 B 的质量除以混合物的体积。在分析化学中常用其分倍数$g \cdot L^{-1}$或$g \cdot mL^{-1}$表示。如200 $g \cdot L^{-1}$ NaOH溶液是指将200 g NaOH溶于少量水中，冷却后加水稀释至1 L。

3.2.2 化学试剂的分类

国际纯粹化学和应用化学联合会（IUPAC）对化学标准物质分级的规定为：

A级：原子量标准。

B级：和A级最接近的基准物质。

C级：含量为100%±0.02%的标准试剂。

D级：含量为100%±0.05%的标准试剂。

E级：以C级或D级试剂为标准进行的对比测定所得的纯度或相当于这种纯度的试剂，比D级的纯度低。

习惯将相当于IUPAC的C级和D级的试剂称为标准试剂。

我国的化学试剂规格按纯度分为高纯、基准、优级纯、分析纯和化学纯等。国家和主管部门颁布质量指标的主要是后3种，即优级纯、分析纯和化学纯，其规格及适用范围见表3-1。

表3-1　试剂规格和适用范围

等级	中文名称	英文名称	符号	标签颜色	纯度及适用范围
一级试剂	优级纯（保证试剂）	Guaranteed Reagent	G.R.	绿色	纯度很高，99.8%，用于精密分析和科学研究工作
二级试剂	分析纯（分析试剂）	Analytical Reagent	A.R.	红色	纯度仅次于一级品，99.7%，用于定性定量分析和一般科学研究工作
三级试剂	化学纯	Chemical Pure	C.P.	蓝色	纯度较二级品差，≥99.5%，适用于一般定性分析和有机无机化学实验

高纯试剂的纯度远高于优级纯。它是为了专门的使用目的而用特殊方法生产的纯度最高的试剂。它的杂质含量要比优级试剂低 2 个、3 个、4 个或更多个数量级。因此，高纯试剂特别适用于一些痕量分析，而通常的优级纯试剂就达不到这种精密分析的要求。目前，除少数产品有国家质量标准，如高纯硼酸、高纯的冰乙酸、高纯氢氟酸等，大部分高纯试剂还缺乏统一的质量标准。

基准试剂的纯度高于优级纯，常用作滴定分析中的基准物，也可直接用于配制标准溶液。

目前，国外试剂厂生产的试剂的规格趋向于按用途划分，如常见的生化试剂、生物试剂、生物染色剂等。

选用试剂时应本着节约的原则，在满足实验要求的前提下，选用的试剂级别应就低不就高，不可盲目求高纯度而造成浪费，也不可随意降低规格而影响测定结果的准确度。

3.2.3 标准溶液的配制与标定

标准溶液是已知准确浓度的溶液，在滴定分析中用来滴定待测物，并通过其用量及浓度来计算待测物的含量，因此标准溶液浓度的准确度直接影响分析结果的准确度，必须正确地配制标准溶液和确定标准溶液的准确浓度。

1．基准物质

能用于直接配制或标定标准溶液的物质称为基准物质。作为基准物质必须具备下列条件：

①物质的组成与化学式完全相符，若含结晶水，其含量也应与化学式相符。

②物质的纯度足够高，一般要求其纯度在 99.9%以上。

③性质稳定，在保存或称量过程中其组成不变。如不易吸水、吸收 CO_2 等。

④试剂最好具有较大的摩尔质量，这样，称样质量相应较多，从而可减小称量误差。

例如 $Na_2B_4O_7·10H_2O$ 和 Na_2CO_3 作为标定盐酸标准溶液浓度的基准物质，都基本符合上述前三条要求，各有优缺点。前者摩尔质量大于后者，但含有结晶水，要做到所含结晶水与化学式完全相符相对不易，若能做到 $Na_2B_4O_7·10H_2O$ 所含结晶水与化学式完全相符，则用它作为标定盐酸标准溶液浓度的基准物质更适合。

常用的基准物质有纯金属和纯化合物。基准试剂在精制或长期贮存后常会有水分附着，所以在使用前必须按照规定的条件进行干燥和存放。常用基准物质的干燥条件和应用见表 3-2。

表 3-2 用基准物质的干燥条件和应用

基准物质		干燥后的组成	干燥条件/℃	标定对象
名称	化学式			
碳酸氢钠	$NaHCO_3$	Na_2CO_3	270～300	酸
无水碳酸钠	Na_2CO_3	Na_2CO_3	270～300	酸
硼砂	$Na_2B_4O_7\cdot10H_2O$	$Na_2B_4O_7\cdot10H_2O$	放在装有 NaCl 和蔗糖饱和溶液的密闭器皿中	酸
二水合草酸	$H_2C_2O_4\cdot2H_2O$	$H_2C_2O_4\cdot2H_2O$	室温空气干燥	碱或 $KMnO_4$
邻苯二甲酸氢钾	$KHC_8H_4O_4$	$KHC_8H_4O_4$	105～110	碱
重铬酸钾	$K_2Cr_2O_7$	$K_2Cr_2O_7$	140～150	还原剂
溴酸钾	$KBrO_3$	$KBrO_3$	130	还原剂
草酸钠	$Na_2C_2O_4$	$Na_2C_2O_4$	130	$KMnO_4$
碳酸钙	$CaCO_3$	$CaCO_3$	110	EDTA
锌	Zn	Zn	室温干燥器中保存	EDTA
氯化钠	NaCl	NaCl	500～600	$AgNO_3$
氯化钾	KCl	KCl	500～600	$AgNO_3$
硝酸银	$AgNO_3$	$AgNO_3$	220～250	氯化物
氧化锌	ZnO	ZnO	800～900	EDTA

2. 标准溶液的配制

标准溶液的配制有直接法和间接法两种。

（1）直接法

准确称取一定量的基准物质，直接配制成准确体积的溶液，根据称取物质的质量和溶液的体积计算出该标准溶液的准确浓度。

【例 3-1】 准确称取 2.515 g 基准物质 $CaCO_3$，用少量蒸馏水润湿后加入 HCl 溶液，加热使 $CaCO_3$ 溶解完全，然后定量转移至 250.0 mL 的容量瓶中，加水稀释至刻度，求 c_{CaCO_3}。

解： 已知 $CaCO_3$ 的质量 $m = 2.515$ g，溶液的体积 $V = 250.0$ mL = 0.250 0 L，

$M_{CaCO_3} = 100.09\ \ g\cdot mol^{-1}$，则

$$c_{CaCO_3} = \frac{n_{CaCO_3}}{V}$$

$$= \frac{m_{CaCO_3}}{M_{CaCO_3} \times V}$$

$$= \frac{2.515\ g}{100.09\ g \cdot mol^{-1} \times 0.250\,0\ L}$$

$$= 0.100\,5\ mol \cdot L^{-1}$$

【例 3-2】 欲配制 $T_{Fe/K_2Cr_2O_7} = 0.006\,510\ \ g \cdot mL^{-1}$ 的标准溶液 1 000 mL，应该如何配制？

解： 查表可知：$M_{Fe} = 55.85\ g \cdot mol^{-1}$　　$M_{K_2Cr_2O_7} = 294.2\ g \cdot mol^{-1}$

$$c_{K_2Cr_2O_7} = \frac{T \times 10^3}{M_{Fe} \times 6}$$

$$= \frac{0.006\,510 \times 10^3\ \ g \cdot L^{-1}}{55.85\ g \cdot mol^{-1} \times 6}$$

$$= 0.019\,43\ mol \cdot L^{-1}$$

$$m_{K_2Cr_2O_7} = c_{K_2Cr_2O_7} \cdot V_{K_2Cr_2O_7} \cdot M_{K_2Cr_2O_7}$$

$$= 0.019\,43\ mol \cdot L^{-1} \times 1.000\ L \times 294.2\ g \cdot mol^{-1}$$

$$= 5.716\ g$$

配制方法：准确称取基准物质 $K_2Cr_2O_7$ 5.716 0 g，溶于水后定量转移至 1 L 容量瓶中，加水稀释到刻度，摇匀。

（2）间接法

又称标定法，不能直接用来配制标准溶液的物质可采用间接法。先将它们配制成近似浓度的溶液，然后再用基准物质或已知准确浓度的标准溶液来标定其准确浓度。

【例 3-3】 欲配制准确浓度为 $0.1\ mol \cdot L^{-1}$ 的 HCl 标准溶液 1 L，应如何配制？

解： 因 HCl 易挥发，且市售盐酸纯度不高，不能采用直接法配制。

根据要配制溶液的浓度和体积，计算应取用浓盐酸的体积为：

$$0.1\ mol \cdot L^{-1} \times 1\ L = 12\ mol \cdot L^{-1} \times V \times 10^{-3}$$

$$V = 8.33\ mL$$

用 10 mL 量筒量取 8.33 mL 浓盐酸，加入 1 000 mL 试剂瓶中（预先加入水），稀释至 1 000 mL，摇匀。即为约 $0.1\ mol \cdot L^{-1}$ 的 HCl 溶液。

然后用基准物质如 $Na_2B_4O_7 \cdot 10H_2O$ 或 Na_2CO_3 对其进行标定。也可用已知浓度的 NaOH 标准溶液进行标定其准确浓度。

【例 3-4】用 $Na_2B_4O_7 \cdot 10H_2O$ 标定 HCl 溶液的浓度，称取 0.480 6 g 硼砂，滴定至终点时消耗 HCl 溶液 25.20 mL，计算 HCl 溶液的浓度。

解：化学反应方程式为：

$$Na_2B_4O_7 + 2HCl + 5H_2O = 4H_3BO_3 + 2NaCl$$

根据反应式可知：
$$n_{Na_2B_4O_7 \cdot 10H_2O} = \frac{1}{2} n_{HCl}$$

即：
$$\frac{m_{Na_2B_4O_7 \cdot 10H_2O}}{M_{Na_2B_4O_7 \cdot 10H_2O}} = \frac{1}{2} c_{HCl} V_{HCl}$$

$$c_{HCl} = 0.100\,0\ mol \cdot L^{-1}$$

【例 3-5】选用草酸（$H_2C_2O_4 \cdot 2H_2O$）作为基准物质来标定浓度为 $0.2\ mol \cdot L^{-1}$ 的 NaOH 时，若要使 NaOH 溶液用量控制在 25 mL 左右，应取基准物质多少克？

解：用 $H_2C_2O_4 \cdot 2H_2O$ 标定，标定反应为：

$$H_2C_2O_4 \cdot 2H_2O + 2NaOH = Na_2C_2O_4 + 4H_2O$$

由反应式可知：
$$n_{H_2C_2O_4 \cdot H_2O} = \frac{1}{2} n_{NaOH}$$

$$\frac{m_{H_2C_2O_4 \cdot 2H_2O}}{M_{H_2C_2O_4 \cdot 2H_2O}} = \frac{1}{2} \times c_{NaOH} V_{NaOH} \times 10^{-3}$$

$$\begin{aligned} m_{H_2C_2O_4 \cdot 2H_2O} &= \frac{1}{2} \times 0.2\ mol \cdot L^{-1} \times 25 \times 10^{-3}\ L \times 126.07\ g \cdot mol^{-1} \\ &= 0.315\,2\ g \\ &\approx 0.3\ g \end{aligned}$$

配制溶液时应注意以下事项：

实验用水必须是蒸馏水或去离子水，必要时应当使用煮沸过的蒸馏水。

根据要求的浓度和体积，准确计算出需称取的原试剂量。

试剂需要干燥时，取比需要量稍多的试剂于称量瓶中，放入恒温箱内，在规定的干燥温度和时间进行干燥，取出后放在干燥器中冷却至室温后再称量。

配制标准溶液时，计算及称量数值都要记在专用的实验记录本上备查。

在烧杯中将试剂溶解后，要毫无损失地转移至容量瓶中，为使试剂溶液不残留，应用洗瓶冲洗烧杯内壁数次，并将洗液一并转入容量瓶中。

将容量瓶置于平坦的实验台上加水，接近标线时应特别小心，一滴一滴加入，直到标线为止。

容量瓶中的溶液必须反复振荡混合，使其充分均匀。

如果是配制待标定溶液，根据计算量称取后放在烧杯中溶解，直接移入试剂瓶中，稀释至所需体积摇匀，即可。

已配制好的标准滴定溶液，都要贴好标签，注明名称、浓度、溶剂、日期等，应注意妥善保存。

3.3 滴定分析中的计算

对于滴定反应：

$$aA + bB = cC + dD$$

（被测物质）（滴定剂）

反应物之间是按化学计量关系相互反应的。对反应物所选取的基本单元不同，计算方法也有区别。

3.3.1 换算因数法

滴定反应中，选取参与反应的分子、原子、离子的化学式（或分子式）为基本单元，进行滴定分析的计算，只需一个换算因数。

对于滴定反应 $aA + bB = cC + dD$

化学计量点时 $n_A : n_B = a : b$

$$n_A = \frac{a}{b} n_B$$

【例 3-6】 标定 HCl 溶液时，称取 Na_2CO_3 为基准物质 0.150 2 g，滴定至化学计量点时消耗 HCl 溶液 24.10 mL，求此 HCl 溶液的浓度。

解： HCl 与 Na_2CO_3 的反应为

$$2HCl + Na_2CO_3 = 2NaCl + H_2O + CO_2$$

根据反应式可知：$n_{HCl} = 2n_{Na_2CO_3}$

$$c_{HCl}V_{HCl} = 2\times\frac{m_{Na_2CO_3}}{M_{Na_2CO_3}}$$

$$c_{HCl} = 2\times\frac{0.150\,2\,g}{105.99\ g\cdot mol^{-1}\times 24.10\times 10^{-3}\,L}$$

$$c_{HCl} = 0.117\,6\ mol\cdot L^{-1}$$

【例 3-7】称取铁矿石试样 0.450 0 g，溶解后将铁全部还原为 Fe^{2+}，用 0.020 10 $mol\cdot L^{-1}$ 的 $K_2Cr_2O_7$ 溶液滴定，消耗体积为 22.15 mL，计算试样中 Fe 的含量。

解：$K_2Cr_2O_7$ 与 Fe^{2+} 的反应为

$$6Fe^{2+} + Cr_2O_7^{2-} + 14H^+ = 6Fe^{3+} + 2Cr^{3+} + 7H_2O$$

化学计量点时，有 $n_{Fe^{2+}} : n_{Cr_2O_7^{2-}} = 6 : 1$

$$n_{Fe^{2+}} = 6n_{Cr_2O_7^{2-}}$$

则

$$\omega_{Fe} = \frac{n_{Fe^{2+}}M_{Fe}}{m_s}\times 100\%$$

$$= \frac{6n_{Cr_2O_7^{2-}}M_{Fe}}{m_s}\times 100\%$$

$$= \frac{6c_{Cr_2O_7^{2-}}V_{Cr_2O_7^{2-}}M_{Fe}}{m_s}\times 100\%$$

$$= \frac{6\times 0.020\,10 mol\cdot L^{-1}\times 22.15\times 10^{-3}L\times 55.85g\cdot mol^{-1}}{0.450\,0\,g}\times 100\%$$

$$= 33.15\%$$

3.3.2 等物质的量规则

等物质的量规则为：在滴定达到化学计量点时，被测物质 A 的物质的量与滴定剂 B 的物质的量相等，即：

$$n_A = n_B \tag{3-5}$$

应用等物质的量规则要以参与反应的分子、原子、离子的某种特定的组合为基本单元。在用于滴定分析的四类反应中，通常以实际反应中的最小单元作为基本单元，既符合化学反应的客观规律和基本单元的定义，还能充分利用以前的数据资料。

酸碱滴定结果的计算中，酸碱反应的实质是质子的转移，根据反应中得失或转移的质子数来确定反应物的基本单元，即以反应中得失一个质子的特定组合作为反应物的基本单元。对于【例 3-6】中的化学反应：

$$2HCl + Na_2CO_3 = 2NaCl + H_2O + CO_2$$

HCl 转移一个质子，以 HCl 为基本单元，Na_2CO_3 接受 2 个质子，以 $\frac{1}{2}Na_2CO_3$ 为基本单元。

根据等物质的量规则计算：

反应至化学计量点时，有 $n_{HCl} = n_{\frac{1}{2}Na_2CO_3}$

因为：$n_{HCl} = c_{HCl}V_{HCl}$，$n_{\frac{1}{2}Na_2CO_3} = \dfrac{m_{Na_2CO_3}}{M_{\frac{1}{2}Na_2CO_3}}$

所以：$c_{HCl} = \dfrac{m_{Na_2CO_3}}{M_{\frac{1}{2}Na_2CO_3} \cdot V_{HCl}}$

$$c_{HCl} = \frac{0.150\,2\ \text{g}}{\frac{1}{2} \times 105.99\ \text{g} \cdot \text{mol}^{-1} \times 24.10 \times 10^{-3}\ \text{L}}$$
$$= 0.117\,6\ \text{mol} \cdot \text{L}^{-1}$$

氧化还原滴定分析中，反应的实质是电子的转移，根据反应中转移的电子数来确定反应物的基本单元，即以能给出或接受一个电子的特定组合为基本单元。

如高锰酸钾法中 Fe^{2+} 与 $KMnO_4$ 的离子反应：

$$MnO_4^- + 5Fe^{2+} + 8H^+ = Mn^{2+} + 5Fe^{3+} + 4H_2O$$

反应中每个 MnO_4^- 转移 5 个电子，每个 Fe^{2+} 转移 1 个电子。故其基本单元分别取 $\frac{1}{5}KMnO_4$ 和 Fe^{2+}，化学计量点时有：

$$n_{\frac{1}{5}KMnO_4} = n_{Fe^{2+}}$$

【例 3-8】测定钙片中的钙含量，准确称取试样 0.064 5 g，溶解后加入$(NH_4)_2C_2O_4$，将Ca^{2+}沉淀为CaC_2O_4沉淀，经过滤、洗涤后将沉淀用H_2SO_4溶解，用 0.015 00 $mol \cdot L^{-1}$ $KMnO_4$标准溶液滴定此溶液中的$C_2O_4^{2-}$消耗的体积为 13.91 mL，求该钙制品当中$CaCO_3$的含量。

解：该过程中所发生的化学反应为：

$$Ca^{2+} + C_2O_4^{2-} \xlongequal{} CaC_2O_4 \downarrow$$

$$CaC_2O_4 + 2H^+ \xlongequal{} H_2C_2O_4 + Ca^{2+}$$

$$5C_2O_4^{2-} + 2MnO_4^- + 16H^+ \xlongequal{} 10CO_2 + 2Mn^{2+} + 8H_2O$$

选取$\frac{1}{5}KMnO_4$和$\frac{1}{2}CaCO_3$为基本单元，根据等物质的量规则有：

$$n_{\frac{1}{5}KMnO_4} = n_{\frac{1}{2}H_2C_2O_4} = n_{\frac{1}{2}Ca^{2+}} = n_{\frac{1}{2}CaCO_3}$$

可得 $n_{\frac{1}{5}KMnO_4} = n_{\frac{1}{2}CaCO_3}$

$$\omega_{CaCO_3} = \frac{c_{\frac{1}{5}KMnO_4} \times V_{KMnO_4} \times M_{\frac{1}{2}CaCO_3}}{1\,000 \times m_S} \times 100\%$$

$$= \frac{5 \times 0.015\,00\ mol \cdot L^{-1} \times 13.91 \times 10^{-3}\ L \times \frac{1}{2} \times 100.09 g \cdot mol^{-1}}{0.064\,5\ g} \times 100\%$$

$$= 80.94\%$$

配位滴定结果的计算中，由于配位剂与金属离子的配位比为 1∶1，即 EDTA 就是反应中最小的粒子组合。因此以 EDTA（H_2Y^{2-}）和金属离子M^{n+}为基本单元。

$$n_{EDTA} = n_{M^{n+}}$$

$$c_{EDTA} \cdot V_{EDTA} = c_{M^{n+}} \cdot V_{M^{n+}}$$

沉淀滴定中应用最多的是银量法，其Ag^+与卤素离子或类卤素离子的反应，计量关系也是 1∶1，反应的最小单元是Ag^+，因此可以$AgNO_3$为基本单元。

以上两种方法可用于滴定分析结果的计算，同样也适用于物质的量浓度与滴定度之间的换算。

【例 3-9】试计算 0.020 00 $mol \cdot L^{-1}$ $K_2Cr_2O_7$溶液对 Fe 的滴定度。

解：反应方程式如下：

$$6Fe^{2+} + Cr_2O_7^{2-} + 14H^+ = 6Fe^{3+} + 2Cr^{3+} + 7H_2O$$

换算因数法计算

$$n_{K_2Cr_2O_7} = \frac{1}{6}n_{Fe^{2+}} = \frac{1}{6}n_{Fe}$$

$$c_{K_2Cr_2O_7}V_{K_2Cr_2O_7} = \frac{1}{6} \times \frac{m_{Fe}}{M_{Fe}}$$

$$0.020\,00 \times 1 \times 10^{-3} = \frac{1}{6} \times \frac{T}{55.845}$$

$$T_{Fe/K_2Cr_2O_7} = 6 \times \frac{0.020\,00 \times 55.845}{1\,000} = 0.006\,701\ g \cdot mL^{-1}$$

按等物质的量规则计算

$$n_{\frac{1}{6}K_2Cr_2O_7} = n_{Fe^{2+}} = n_{Fe}$$

$$c_{\frac{1}{6}K_2Cr_2O_7}V = \frac{m_{Fe}}{M_{Fe}}$$

$$0.120\,0 \times 1 \times 10^{-3} = \frac{T_{Fe/K_2Cr_2O_7}}{55.845}$$

$$T_{Fe/K_2Cr_2O_7} = 0.120\,0 \times 55.845 \times 10^{-3} = 0.006\,701\ g \cdot mL^{-1}$$

【例 3-9】的方法也适用于其他标准溶液的滴定度与浓度之间的换算。假设滴定剂与被测物质之间发生的反应如下：

$$aA + bB = cC + dD$$

（被测物质）（滴定剂）

则其滴定度和浓度之间的换算关系可表示如下：

按换算因数法计算为：$T_{A/B} = \frac{a}{b} \cdot \frac{c_B M_A}{1\,000}$

若 A、B 按等物质的量规则选取的基本单元分别 xB、yA 为其换算关系为

$T_{A/B} = c_{xB} M_{yA} \times 10^{-3}$

【例 3-10】测定工业纯碱 Na_2CO_3 的含量，称取 0.256 0 g 试样，用 0.200 0 $mol \cdot L^{-1}$ HCl溶液滴定，若终点时消耗HCl溶液22.93 mL，问该HCl溶液对 Na_2CO_3 的滴定度是多少？计算试样中 Na_2CO_3 的百分含量。

解：$2HCl + Na_2CO_3 \longrightarrow 2NaCl + CO_2\uparrow + H_2O$

$$T_{Na_2CO_3/HCl} = c_{HCl}M_{\frac{1}{2}Na_2CO_3} \times 10^{-3}$$

$$= 0.200\,0 \times (\frac{1}{2} \times 105.99) \times 10^{-3}$$

$$= 0.010\,60\ g \cdot mL^{-1}$$

$$\omega_{Na_2CO_3} = \frac{0.010\,60 \times 22.93}{0.256\,0} \times 100\% = 94.94\%$$

一般浓度未指明基本单元，都是以选取 1 个分子或离子作为基本单元。

思考题

1．判断下列情况对测定结果的影响。

①以失去部分结晶水的硼砂作为基准物质标定盐酸溶液。

②标定 NaOH 溶液时，邻苯二甲酸氢钾中混有邻苯二甲酸。

③标定 HCl 溶液浓度时，使用的基准物 Na_2CO_3 中含有少量 $NaHCO_3$。

2．欲配制浓度为 0.20 $mol \cdot L^{-1}$ 的下列各物质溶液各 2 000 mL，应取其浓溶液多少毫升？如何配制？

①浓盐酸（密度 1.18 $g \cdot mL^{-1}$，含 HCl 37%）

②氨水（密度 0.89 $g \cdot mL^{-1}$，含 NH_3 26%）

3．计算配制下列溶液需溶质的质量（g）：

①0.100 0 $mol \cdot L^{-1}$ Na_2CO_3 标准溶液 500 mL；

②0.100 0 $mol \cdot L^{-1}$ 邻苯二甲酸氢钾标准溶液 100 mL；

③0.200 0 $mol \cdot L^{-1}$ $K_2Cr_2O_7$ 标准溶液 500 mL；

④0.010 00 $mol \cdot L^{-1}$ 锌标准溶液 250 mL。

4．滴定度的表示方法和意义

5．下列各分析纯物质，用什么方法将它们配制成标准溶液？如需标定，应该选用哪种基准物质？

H_2SO_4，KOH，邻苯二甲酸氢钾，无水碳酸钠。

习 题

1. 选用邻苯二甲酸氢钾作为基准物来标定浓度为 0.2 mol·L^{-1}的 NaOH 时，若要使 NaOH 溶液用量控制在 25 mL 左右，应取基准物质多少克？

2. 已知浓硫酸的相对密度为 1.84 g·mL^{-1}，其中 H_2SO_4 的含量为 98%，现欲配制 1 L 0.1 mol·L^{-1} 的 H_2SO_4 溶液，应取此浓硫酸多少毫升？

3. 准确称取 0.587 7 g 基准试剂 Na_2CO_3，在 100 mL 容量瓶中配制成溶液，其浓度为多少？称取该标准溶液 20.00 mL 标定某 HCl 溶液，滴定中用去 HC1 溶液 21.96 mL，计算该 HCl 溶液的浓度。

4. 要加入多少毫升水到 1.000 L 0.200 0 mol·L^{-1}HCl 溶液里，才能使稀释后得到的 HC1 溶液对 CaO 的滴定度 $T_{HCl/CaO}$=0.005 000 g·mL^{-1}？

5. 计算 0.112 1 mol·L^{-1} HCl 标准溶液对 CaO 的滴定度。

6. 称取分析纯试剂 $MgCO_3$ 1.850 g 溶解于 48.48 mL HC1 溶液中，待两者反应完全后，过量的 HC1 需 3.83 mL NaOH 溶液返滴定。已知 30.33 mL NaOH 溶液可以中和 36.40 mL HC1 溶液。计算该 HC1 和 NaOH 溶液的浓度。

7. 称取分析纯试剂 $K_2Cr_2O_7$ 14.709 g，配成 500.0 mL 溶液，试计算：

（1）$K_2Cr_2O_7$ 溶液的物质的量浓度；

（2）$K_2Cr_2O_7$ 溶液对 Fe 和 Fe_2O_3 的滴定度。

8. 用返滴定法测定石灰石中 $CaCO_3$ 的含量。准确称取 $CaCO_3$ 试样 1.000 g，加入 0.510 0 mol·L^{-1} HC1 溶液 50.00 mL，待完全反应后再用 0.490 0 mol·L^{-1}NaOH 标准溶液返滴定过量的 HC1 溶液，消耗 NaOH 标准溶液 25.00 mL。求 $CaCO_3$ 的纯度。

9. 用凯氏法测定蛋白质的含氮量，称取粗蛋白试样 1.658 g，将试样中的氮转变为 NH_3 并以 25.00 mL 0.201 8 mol·L^{-1} 的 HCl 标准溶液吸收，剩余的 HCl 以 0.160 0 mol·L^{-1} NaOH 标准溶液返滴定，消耗 NaOH 标准溶液 9.15 mL，计算此粗蛋白试样中氮的质量分数。

10. 用 $KMnO_4$ 法测定血液中钙的含量，方法如下：取 10.0 mL 血液试样，先沉淀为草酸钙，再以硫酸溶解后，用 0.005 00 mol·L^{-1} $KMnO_4$ 标准溶液滴定，消耗其体积 5.00 mL，试计算每 10 mL 血液试样中含钙多少毫克？

第 4 章　酸碱滴定法

基于酸碱中和反应建立的滴定分析方法称酸碱滴定法，或称中和滴定法。酸碱滴定法简单、方便，是广泛应用的测定方法之一。实际工作中，除了直接用酸或碱进行滴定分析（如食用醋有效成分 HAc 测定）外，酸碱滴定还可用于复杂样品的元素分析，如有机物蛋白质、胺类和尿素中氮的测定。测定时先将试样用硫酸和硫酸钾消解，将有机物中的氮定量转化为铵盐，再加入强碱蒸馏 NH_3，用过量的 HCl 标准溶液吸收，剩余的 HCl 用 NaOH 标准滴定溶液返滴定。根据消耗 HCl 的量，计算氮的质量分数。

影响酸碱滴定的因素较多，如 pH 值、分析对象形态、酸碱反应平衡常数、反应速率，以及水溶液影响等。本章将着重介绍 pH 值对弱酸（碱）形态分布的影响，各类酸碱溶液 pH 的计算，酸碱滴定曲线及指示剂的选择，滴定反应的完全度及终点误差，酸碱滴定的典型应用等。

4.1　酸碱反应与酸碱平衡

4.1.1　酸碱反应

1884 年阿乌尼斯（Arrhenius）提出的酸碱电离理论认为酸是在溶液中电离出氢离子的物质，而碱是在溶液中产生氢氧根的物质。按照这一理论，酸雨中存在的硝酸在水溶液中产生氢离子：

$$HNO_3 \longrightarrow H^+ + NO_3^-$$

同样，在溶液中，硫酸、盐酸等也产生氢离子。按照这一模型，氢氧化钠在水溶液中产生氢氧根离子：

$$NaOH \longrightarrow Na^+ + OH^-$$

Arrhenius 酸碱电离理论易于理解，但有局限性。在水溶液中氢离子由若干个水分子（作为溶剂）所包围，这一过程表明水作为溶剂在酸产生氢离子过程中有重要作用，然而 Arrhenius 酸碱理论未涉及溶剂效应，把酸碱的概念限制在水溶液中，不适于非水溶液，也不能解释为何氨（NH_3）、乙胺（$C_2H_5NH_2$）、苯胺（$C_6H_5NH_2$）等分子中虽然没有 OH^-，但这些物质都是碱。

1923 年，布朗斯特（Brϕnsted）提出了酸碱质子理论。认为：凡是能给出质子（H^+）的物质都是酸，凡是能接受质子的物质都是碱。能给出多个质子的物质叫多元酸，能接受多个质子的物质叫多元碱。酸（HA）给出质子后变成它的共轭碱（A^-），碱（A^-）接受质子后便变成它的共轭酸（HA）。其间的相互转化，可用下式表示：

$$\underset{\text{酸}}{HA} \rightleftharpoons \underset{\text{碱}}{A^-} + \underset{\text{质子}}{H^+}$$

HA 和 A^- 相互依存，称为共轭酸碱对。

按照酸碱质子理论，酸和碱可以是中性分子，也可以是阳离子或阴离子。例如表 4-1，酸给出质子的反应、碱接受质子的反应都称做酸碱半反应，半反应都不能单独发生。酸给出质子，同时存在一种能接受质子的碱。酸碱反应实际上是两个共轭酸碱对共同作用的结果，其实质是质子的转移。以醋酸（HAc）在水中的解离反应为例：

表 4-1　共轭酸碱对

酸	碱	质子
HAc	Ac^-	H^+
H_2CO_3	HCO_3^-	H^+
HCO_3^-	CO_3^{2-}	H^+
NH_4^+	NH_3	H^+
H_6Y	H_5Y	H^+
$(CH_2)_6N_4H^+$	$(CH_2)_6N_4$	H^+

$$\text{半反应 1}\quad HAc(\text{酸}1) \rightleftharpoons Ac^-(\text{碱}1) + H^+$$

$$\text{半反应 2}\quad H_2O(\text{碱}2) + H^+ \rightleftharpoons H_3O^+(\text{酸}2)$$

$$\text{总反应}\quad \underset{\text{酸}1}{HAc} + \underset{\text{碱}2}{H_2O} \rightleftharpoons \underset{\text{酸}2}{H_3O^+} + Ac^-$$

其结果是质子从 HAc 转移到 H_2O，此处溶剂 H_2O 起碱的作用，有它存在，HAc 的解离才得以实现。H^+不能在水中单独存在，而是以水合质子 $H_9O_4^+$ 形式存在，此处简化成 H_3O^+，为书写方便，通常也将 H_3O^+写成 H^+，以上反应式则简化为：

$$HAc \rightleftharpoons H^+ + Ac^-$$

注意，这一简化式代表的是一个完整的酸碱反应，不应将其看作酸碱半反应，即不能忽略作为溶剂的水所起的作用。

对于碱在水溶液中的解离，则溶剂 H_2O 作为酸参加了反应。以 NH_3 为例：

$$\text{半反应 1}\quad NH_3(\text{碱}1) + H^+ \rightleftharpoons NH_4^+(\text{酸}1)$$

$$\text{半反应 2}\quad H_2O(\text{酸}2) \rightleftharpoons OH^-(\text{碱}2) + H^+$$

$$\text{总反应}\quad \underset{\text{碱}1}{NH_3} + \underset{\text{酸}2}{H_2O} \rightleftharpoons \underset{\text{酸}1}{NH_4^+} + OH^-$$

OH^- 也不能单独存在，是以水合离子形式存在，一般记作 $H_7O_4^-$，此处是以简化形式 OH^- 表示的。

上述 HAc、NH_3 的解离反应中，溶剂 H_2O 既可以给出质子又能接受质子，所以它是两性物质。在 H_2O 分子之间产生的质子转移反应称为水的质子自递反应。同种溶剂分子之间发生的质子转移反应，称为质子自递作用。溶剂分子既可以给出质子也可以接受质子，属酸碱两性物质。

$$H_2O(\text{酸}1) + H_2O(\text{碱}2) \rightleftharpoons OH^-(\text{碱}1) + H_3O^+(\text{酸}2)$$

表 4-2　常用溶剂的 pK_{SH} 值与相对介电常数

溶剂	pK_{SH}	相对介电常数	溶剂	pK_{SH}	相对介电常数
硫酸（100%）	3.6	100（20℃）	醋酸	14.45	6.15（20℃）
水	14.00	80.37（20℃）	甲酸	6.2	58.5（16℃）
甲醇	16.7	32.63（25℃）	乙二胺	15.3	14.2（20℃）
乙醇	19.4	21.3（25℃）	液氨	22（−33.4℃）	25（77.7℃）

以前称为“盐的水解”反应，实质上也是质子转移反应，例如 NH_4Cl 的水解，也就是 NH_4^+ 的解离反应：

$$NH_4^+ + H_2O \rightleftharpoons NH_3 + H_3O^+$$

NaAc 的水解，也就是弱碱 Ac^- 的解离反应：

$$Ac^- + H_2O \rightleftharpoons HAc + OH^-$$

中和反应是一类重要的酸碱反应：

$$H_3O^+ + OH^- \rightleftharpoons H_2O + H_2O$$

$$HA + OH^- \rightleftharpoons A^- + H_2O$$

$$A^- + H_3O^+ \rightleftharpoons HA + H_2O$$

中和反应是酸碱滴定法的化学基础。

总之，按照酸碱质子理论，凡是发生了质子转移的反应都属于酸碱反应，包括酸（碱）的解离反应、溶剂的质子自递反应、酸碱中和反应及盐类的水解反应等。

4.1.2　酸碱反应的平衡常数

溶液体系中各粒子之间不是孤立的，存在相互作用，如离子与离子、离子与溶剂分子之间都存在着相互作用力，这使得离子参加化学反应的有效浓度往往低于其理论离子浓度，为此，引入活度及活度系数的概念。

活度 a 可以理解为离子在化学反应中起作用的“有效浓度”。活度与浓度之间的关系为：

$$a = \gamma c \quad 或 \quad \gamma = a/c \tag{4-1}$$

式中，c 为离子的物质的量浓度；γ 为活度系数，即活度与浓度之比值，代表了离子间作用力对离子化学反应能力影响的大小，也是衡量实际溶液偏离理想溶液的尺度。对于极稀溶液，离子间的距离很大，离子间作用力可以忽略，溶液可以视为理想溶液，相应有$\gamma \approx 1$，$a \approx c$。溶液浓度增大，则$\gamma < 1$，$a<c$，此外，中性分子的活度系数通常近似为1。

活度系数的大小与溶液中的离子强度和离子的电荷等因素有关。离子强度 I 是综合了离子浓度与离子电荷数的一个实验参数，其计算公式为：

$$I = \frac{1}{2}\sum_{i=1}^{n} c_i Z_i^2 \tag{4-2}$$

式中，c_i、Z_i 分别表示溶液中离子的浓度和电荷数。

通常浓度范围内，离子强度越大，离子的活度系数越小。活度系数与离子强度的关系尚无十分满意的定量描述，但对于AB型电解质稀溶液（$< 0.1\text{mol}\cdot\text{L}^{-1}$），德拜-休克尔（Debyc-Hückel）公式能给出较好的结果。

$$-\lg\gamma_i = 0.512Z_i^2\left[\frac{\sqrt{I}}{1+B\mathring{a}\sqrt{I}}\right]$$

式中，γ_i 为离子 i 的活度系数；Z_i 为其电荷数；$\mathring{a}$ 为离子体积参数，约等于水化离子的有效半径，单位为Å（1Å = 10^{-10} m），或以pm（10^{-12} m）计；B 为常数，25℃时等于0.003 28；I 为溶液的离子强度。

当离子强度较小时，可以不考虑水化离子的大小，活度系数可按德拜-休克尔极限公式计算

$$-\lg\gamma_i = 0.512Z_i^2\sqrt{I} \tag{4-3}$$

一些离子的 $\mathring{a}$ 值和活度系数γ 分别列于附表2、附表3。

【例4-1】计算25℃时，0.10 $\text{mol}\cdot\text{L}^{-1}$ HCl溶液中氢离子活度和pH值。

解：溶液中$[H^+] = [Cl^-] = 0.10\ \text{mol}\cdot\text{L}^{-1}$

$$I = \frac{1}{2}(c_{H^+}Z_{H^+}^2 + c_{Cl^-}Z_{Cl^-}^2) = \frac{1}{2}(0.10\times1^2 + 0.10\times1^2) = 0.10$$

从附表2中查得H^+的 $\mathring{a} = 9$，以 $\mathring{a} = 9$、$I = 0.10$ 和 $Z=1$ 计算得：

$$-\lg\gamma_{H^+} = -0.512Z_{H^+}^2\left[\frac{\sqrt{I}}{1+B\mathring{a}\sqrt{I}}\right] = -0.512\times1^2\times\left[\frac{\sqrt{0.10}}{1+0.003\,28\times9\times\sqrt{0.10}}\right]$$

$$\gamma = 0.83$$

$$a = \gamma c = 0.83 \times 0.10 = 0.083\ \mathrm{mol \cdot L^{-1}}$$

$$\mathrm{pH} = -\lg 0.083 = 1.08$$

浓度相同时，酸碱反应进行的程度可以用反应的平衡常数来衡量，其中最基本的是酸（碱）解离常数和水的质子自递常数，其共轭酸碱的常数均可由此导出。

弱酸 HA 在水溶液中的解离反应及平衡常数是：

$$\mathrm{HA + H_2O \rightleftharpoons A^- + H_3O^+}$$

$$K_a = \frac{a(\mathrm{H_3O^+}) \cdot a(\mathrm{A^-})}{a(\mathrm{HA})} \tag{4-4}$$

稀溶液中溶剂 H_2O 的活度规定为 1，不包括在式中。平衡常数 K_a 称为酸的解离常数，K_a 越大，表示该酸越强，K_a 的大小仅与温度有关。

弱碱 A^- 在水溶液中的解离反应及平衡常数是：

$$\mathrm{A^- + H_2O \rightleftharpoons HA + OH^-}$$

$$K_b = \frac{a(\mathrm{HA}) \cdot a(\mathrm{OH^-})}{a(\mathrm{A^-})} \tag{4-5}$$

K_b 衡量碱的强弱，称为碱的解离常数。

水的质子自递反应及平衡常数是：

$$\mathrm{H_2O + H_2O \rightleftharpoons H_3O^+ + OH^-}$$

$$K_w = a(\mathrm{H_3O^+}) \cdot a(\mathrm{OH^-}) = 1.00 \times 10^{-14} \quad (25℃) \tag{4-6}$$

K_w 为水的质子自递常数，或水的活度积。

对于共轭酸碱对 HA－A，若酸 HA 的酸性很强，其共轭碱 A^- 的碱性必弱。共轭酸碱对的 K_a 和 K_b 间的关系可由式（4-4），式（4-5），式（4-6）导出。

$$K_a \cdot K_b = \frac{a(\mathrm{H_3O^+}) \cdot a(\mathrm{A^-})}{a(\mathrm{HA})} \times \frac{a(\mathrm{HA}) \cdot a(\mathrm{OH^-})}{a(\mathrm{A^-})}$$

$$= a(\mathrm{H_3O^+}) \cdot a(\mathrm{OH^-}) = K_w \tag{4-7}$$

或

$$\mathrm{p}K_a + \mathrm{p}K_b = 14$$

因此由酸的解离常数 K_a 可求出其共轭碱的 K_b，反之亦然。且某酸的 K_a 值越大，其共轭碱的 K_b 值越小，如同溶液的酸、碱度统一用 pH 表示一样，酸和碱的强度完全可以统一地用 pK_a 表示。在化学书籍与文献中常常只给出酸的 pK_a，其共轭碱的 pK_b 可通过式（4-7）计算出来。本书附表 3 给出弱酸及其共轭碱性的 pK_a 和 pK_b。

【例 4-2】 下列各种弱酸的 pK_a 已在括号内注明，求它们的共轭碱的 pK_b。

（1）HCN（9.21）；（2）HCOOH（3.4）；（3）苯酚（9.95）；（4）苯甲酸（4.21）。

解： 根据 $pK_a + pK_b = 14$ 可得

（1）CN^-：$pK_b = 14-9.21 = 4.79$

（2）$HCOO^-$：$pK_b = 10.26$

（3）$C_6H_5O^-$：$pK_b = 4.05$

（4）$C_6H_5COO^-$：$K_b = 9.79$

如前所述，酸或碱在溶液中的解离过程是酸、碱与溶剂之间发生了质子转移，显然，物质的酸、碱性强弱不仅与物质的本性有关，也与溶剂的酸碱性有关，即与溶剂分子给出质子或接受质子的能力有关。以乙醇和冰醋酸作溶剂时，酸（HB）和碱（B）在其中的解离平衡可分别表示如下：

$$HB + C_2H_5OH \rightleftharpoons C_2H_5OH_2^+ + B^-$$

$$HB + CH_3COOH \rightleftharpoons CH_3COOH_2^+ + B^-$$

$$B + C_2H_5OH \rightleftharpoons C_2H_5O^- + BH^+$$

$$B + CH_3COOH \rightleftharpoons CH_3COO^- + BH^+$$

在水中，$HClO_4$、H_2SO_4、HCl、HNO_3 的稀溶液都是强酸，无法区分它们的强弱。若以冰醋酸作溶剂，它们的酸性的强弱却有明显的差别，其酸性的强弱顺序是

$$HClO_4 > H_2SO_4 > HCl > HNO_3$$

这四种酸在水中的解离反应为

$$HClO_4 + H_2O \rightleftharpoons H_3O^+ + ClO_4^-$$

$$H_2SO_4 + H_2O \rightleftharpoons H_3O^+ + HSO_4^-$$

$$HCl + H_2O \rightleftharpoons H_3O^+ + Cl^-$$

$$HNO_3 + H_2O \rightleftharpoons H_3O^+ + NO_3^-$$

上述解离反应中溶剂水作为碱接受质子，由于 H_2O 的碱性较强，这四种酸都

比 H_3O^+的酸性强，因此上述质子转移反应进行得很完全，最终都生成了 H_3O^+。这时 H_3O^+是水中最强的酸，比 H_3O^+更强的酸都被拉平到 H_3O^+的水平，所以这四种酸在水溶液中的酸性强弱没有差别，这种将各种不同强度的酸拉平到溶剂化质子（此处为水化质子 H_3O^+）水平的现象称为拉平效应，具有拉平效应的溶剂称为拉平溶剂。此例中，水是 $HClO_4$、H_2SO_4、HCl 和 HNO_3 的拉平溶剂。

同样上述四种酸，当以冰醋酸作溶剂时，它们的酸性强度则表现出明显差别。

$$HClO_4 + HAc \rightleftharpoons H_2Ac^+ + ClO_4^- \qquad K_a=1.6\times10^{-6}$$

$$H_2SO_4 + HAc \rightleftharpoons H_2Ac^+ + HSO_4^- \qquad K_a=6.3\times10^{-9}$$

$$HCl + HAc \rightleftharpoons H_2Ac^+ + Cl^- \qquad K_a=1.6\times10^{-9}$$

$$HNO_3 + HAc \rightleftharpoons H_2Ac^+ + NO_3^- \qquad K_a=4.2\times10^{-10}$$

上述解离反应中，HAc 作为碱接受质子，但 HAc 的碱性比 H_2O 弱，其共轭酸 H_2Ac^+的酸性比 H_3O^+强。这四种酸不能全部将质子转移给 HAc，且上述解离反应进行的程度也不同，因此可以分辨出它们的相对强弱。这种能区分酸或碱的强弱的作用称为区分效应。具有区分效应的溶剂称为区分溶剂。这里冰醋酸是 $HClO_4$、H_2SO_4、HCl 和 HNO_3 的区分溶剂。

再如，在水溶液中 HCl 是强酸、HAc 是弱酸，而在液氨中，HCl 和 HAc 都是强酸。这里 H_2O 表现出区分效应，是 HCl 和 HAc 的区分溶剂。由于 NH_3 的碱性比 H_2O 强，HCl 和 HAc 能与 NH_3 完全反应生成 NH_4^+，它们被拉平到氨合质子 NH_4^+ 的强度水平，此时表现不出 HCl 和 HAc 的相对强弱。因此液氨是 HCl 和 HAc 的拉平溶剂。

由以上两例可以看出，碱性强的溶剂对酸有拉平效应；碱性弱的溶剂对酸有区分效应。同理，酸性强的溶剂对碱有拉平效应，酸性弱的溶剂对碱有区分效应。

拉平效应和区分效应在非水溶液酸碱滴定中具有重要意义。对于极弱的酸或碱，可以通过改变溶剂来改变其酸碱性，以达到定量滴定的目的。

4.2　不同 pH 溶液中酸碱的各种存在形式的分布——分布曲线

人体血液的正常 pH 值在 7.35～7.45。血液的 pH 值始终要保持一个较稳定的状态，如果血液 pH 值下降 0.2，给机体的输氧量就会减少 69.4%，造成整个机体组织缺氧。而维持人体血液正常 pH 范围在于血液中的缓冲体系 $HCO_3^- - CO_3^{2-}$，那么 HCO_3^- 和 CO_3^{2-} 在血液中要维持适当的比例才能保证血液正常的 pH 值范围（7.40±0.05）。

溶液中酸碱的各种存在形式的分布即分布曲线能够解决这类问题，同时也涉及分析浓度、平衡浓度、分布分数及分布曲线等基本内容。

4.2.1 分析浓度和平衡浓度

分析浓度是指溶液中某溶质的物质的量浓度，包括溶液中已解离和未解离溶质的各种存在形式的浓度之和，所以又称总浓度。一般用符号 c 表示，其单位为 $mol \cdot L^{-1}$。

当反应达平衡时，溶液中溶质的各种形式的浓度称为平衡浓度，常用[ ]表示。例如 HAc 在水中的解离达平衡时有 $HAc + H_2O \rightleftharpoons H_3O^+ + Ac^-$，此时 HAc 以 HAc 和 Ac^- 两种形式存在，其平衡浓度分别表示为[HAc]和[Ac^-]。显然溶液中[HAc]与[Ac^-]之和等于醋酸的分析浓度 c，即：

$$c_{HAc} = [HAc] + [Ac^-]$$

4.2.2 酸度对酸碱溶液中各种存在形式浓度的影响

酸碱溶液中，同时存在多种酸碱组分，这些组分浓度的大小取决于酸碱物质的性质和溶液中氢离子的浓度。溶液中某酸碱组分的平衡浓度占其总浓度的分数，为该组分的分布分数，通常以 δ 表示。在酸碱平衡体系中，分布分数 δ 的大小能定量说明溶液中各种酸碱组分的分布情况。当溶液 pH 变化时，平衡移动，导致酸、碱存在形式的分布随之变化，分布分数 δ 与溶液的 pH 间的关系曲线称为分布曲线。分布曲线对于了解分析过程中体系的平衡关系、判断滴定分析的可能性、确定和掌握分析反应条件、计算滴定分析误差以及分布滴定的可能性等都具有指导意义，同时也有助于了解配位滴定与沉淀反应条件的选择原则。

1．一元弱酸溶液

一元弱酸仅有一级解离，如 HAc 溶液，其中含有 HAc 和 Ac^- 两种形式存在，其平衡浓度分别为[HAc]、[Ac^-]，设 c 为醋酸的总浓度，δ_{HAc} 与 δ_{Ac^-} 分别为 HAc、Ac^- 的分布分数，则：

$$c = [HAc] + [Ac^-]$$

$$\delta_{HAc} = \frac{[HAc]}{c} = \frac{[HAc]}{[HAc]+[Ac^-]}$$

$$= \frac{1}{1+\frac{[Ac^-]}{[HAc]}} = \frac{1}{1+\frac{K_a}{[H^+]}} = \frac{[H^+]}{[H^+]+K_a}$$

$$\delta_{Ac^-} = \frac{[Ac^-]}{[HAc]+[Ac^-]} = \frac{K_a}{[H^+]+K_a}$$

显然，两组分的分布分数之和等于 1，即：$\delta_{HAc} + \delta_{Ac^-} = 1$。

实际上分布分数的表达式在任一酸度的溶液中都成立，分布分数仅是溶液酸度的函数。用此方法可以计算 HAc 溶液在不同 pH 值时的δ_{HAc}和δ_{Ac^-}，所得一系列数据绘制δ—pH 曲线，如图 4-1 所示，称为酸碱存在形式分布图。

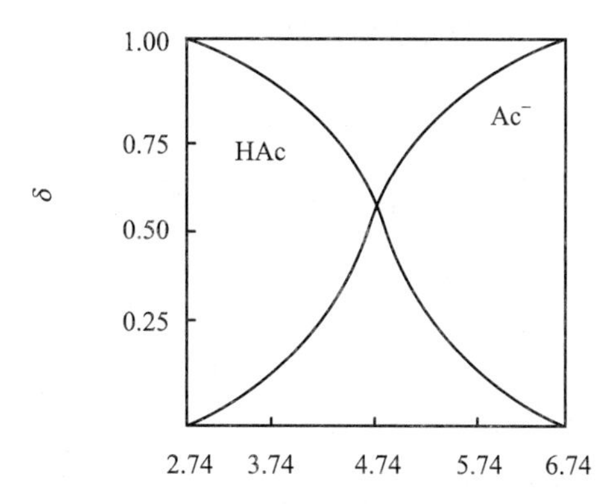

图 4-1 HAc 和 Ac^-的分布分数与溶液 pH 的关系

由图可以看出，δ_{Ac^-} 随 pH 值增大而增大，δ_{HAc} 随 pH 增大而减小。当 pH = pK_a（4.76）时，$\delta_{HAc} = \delta_{Ac^-} = 0.50$，[HAc]和[$Ac^-$]各占一半；pH＜p$K_a$ 时，主要存在形式是 HAc；pH＞pK_a 时，主要存在形式是 Ac^-。任何一元弱酸或一元弱碱的存在形式的分布都具有类似规律。对于一元弱酸 HB，K_a是常数，所以δ_{HB} 及δ_{B^-} 都是[H^+]的函数。因此，已知溶液的 pH，就可以计算δ_{HB} 及δ_{B^-}。并进一步算出 HAc 溶液中各种存在形式的平衡浓度。例如，一元弱碱 NH_3 在水溶液中存在 NH_3 和 NH_4^+ 两种形式，则：

$$\delta_{NH_3} = \frac{[OH^-]}{[OH^-]+K_b}$$

$$\delta_{NH_4^+} = \frac{K_b}{[OH^-]+K_b}$$

2．多元弱酸溶液

例如草酸，它以 $H_2C_2O_4$、$HC_2O_4^-$ 和 $C_2O_4^{2-}$ 三种形式存在，根据分布分数的定义式，物料平衡关系以及酸的解离平衡关系，可以推导出：

$$\delta_{H_2C_2O_4} = \frac{[H^+]^2}{[H^+]^2+K_{a_1}[H^+]+K_{a_1}K_{a_2}}$$

$$\delta_{HC_2O_4^-} = \frac{K_{a_1}[H^+]}{[H^+]^2+K_{a_1}[H^+]+K_{a_1}K_{a_2}}$$

$$\delta_{C_2O_4^{2-}} = \frac{K_{a_1}K_{a_2}}{[H^+]^2+K_{a_1}[H^+]+K_{a_1}K_{a_2}}$$

以δ对 pH 作图，可得到如图 4-2 所示曲线，可见，它们也仅是溶液酸度的函数。

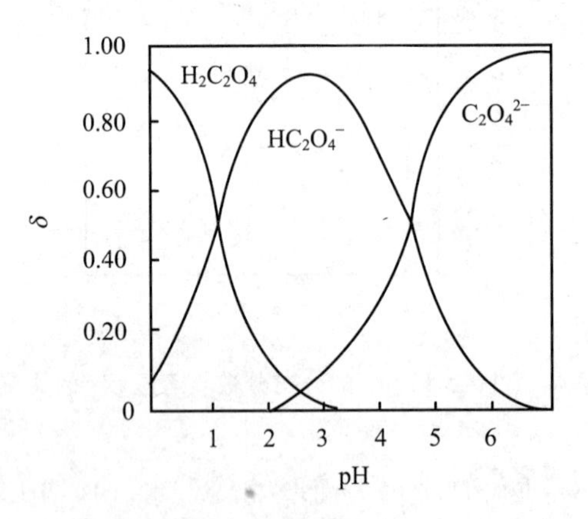

图 4-2　草酸的三种形态分布与溶液 pH 的关系

【例 4-3】琥珀酸在医药上有抗痉挛、祛痰和利尿作用。又名丁二酸$(CH_2COOH)_2$（以 H_2A 表示），其平衡常数为：$pK_{a_1}=4.19$，$pK_{a_2}=5.75$。试计算在 pH 分别为 4.88 和 5.0 时 H_2A、HA^- 和 A^{2-} 的分布分数δ_2、δ_1 和δ_0。若该酸总浓度为 $0.01\,mol\cdot L^{-1}$，求 pH = 4.88 时三种形式的平衡浓度。

解： $\delta_2 = \dfrac{[H^+]^2}{[H^+]^2+K_{a_1}[H^+]+K_{a_1}K_{a_2}}$

$$= \frac{(1.32\times10^{-5})^2}{(1.32\times10^{-5})^2+1.32\times10^{-5}\times6.4\times10^{-5}+6.4\times10^{-5}\times2.7\times10^{-6}}$$

$= 0.145$

$$\delta_1 = \frac{K_{a_1}[H^+]^2}{[H^+]^2+K_{a_1}[H^+]+K_{a_1}K_{a_2}} = 0.710$$

$$\delta_0 = 1-\delta_1-\delta_2 = 1-0.710-0.145 = 0.145$$

同理，得 pH = 5.0 时，$\delta_2 = 0.109$，$\delta_1 = 0.702$，$\delta_0 = 0.189$

pH = 4.88，$c = 0.01\ \text{mol}\cdot\text{L}^{-1}$ 时，三种存在形式的平衡浓度分别为：

$$[H_2A] = c\delta_2 = 0.01\times0.145 = 0.001\,45\text{mol}\cdot\text{L}^{-1}$$

$$[HA^-] = c\delta_1 = 0.01\times0.710 = 0.007\,10\text{mol}\cdot\text{L}^{-1}$$

$$[A^{2-}] = c\delta_0 = 0.01\times0.145 = 0.001\,45\text{mol}\cdot\text{L}^{-1}$$

上文所述实例 HCO_3^- 和 CO_3^{2-} 在血液中的各占多少才能保证血液正常的 pH 值范围（7.40±0.05）。

pH=7.35

$$\delta_{HCO_3^-} = \frac{K_{a_1}[H^+]}{[H^+]^2+K_{a_1}[H^+]+K_{a_1}K_{a_2}}$$

$$= \frac{10^{-6.38}\times10^{-7.35}}{10^{-7.35\times2}+10^{-6.38}\times10^{-7.35}+10^{-6.38+(-10.25)}}$$

$= 90.32\%$

$$\delta_{CO_3^{2-}} = \frac{K_{a_1}K_{a_2}}{[H^+]^2+K_{a_1}[H^+]+K_{a_1}K_{a_2}}$$

$$= \frac{10^{-6.38+(-10.25)}}{10^{-7.35\times2}+10^{-6.38}\times10^{-7.35}+10^{-6.38+(-10.25)}}$$

$= 0.11\%$

pH=7.45

$$\delta_{HCO_3^-} = \frac{K_{a_1}[H^+]}{[H^+]^2+K_{a_1}[H^+]+K_{a_1}K_{a_2}}$$

$$= \frac{10^{-6.38}\times10^{-7.45}}{10^{-7.45\times2}+10^{-6.38}\times10^{-7.45}+10^{-6.38+(-10.25)}}$$

$= 92.15\%$

$$\delta_{CO_3^{2-}} = \frac{K_{a_1}K_{a_2}}{[H^+]^2+K_{a_1}[H^+]+K_{a_1}K_{a_2}}$$

$$= \frac{10^{-6.38+(-10.25)}}{10^{-7.45\times2}+10^{-6.38}\times10^{-7.45}+10^{-6.38+(-10.25)}}$$

$$= 0.14\%$$

所以，当HCO_3^-和CO_3^{2-}在血液中各占90.32%～92.15%和0.11%～0.14%时，才能保证血液正常的pH值范围（7.40±0.05）。

多元弱酸中各形体的分布分数是有规律可循，以后不必推导，可直接写出。对于n元酸，其分母为n+1项相加，第一项为$[H^+]^n$，以后按$[H^+]$的降次幂排列，分别增加K_{a_1}，K_{a_2}，K_{a_3}等项。多元碱的分布分数可按类似方法推导。

总之，分布分数取决于酸碱物质解离常数和溶液H^+的浓度，与该物质的总浓度无关。同一物质的不同形态的分布分数之和恒为1。

4.3 酸碱溶液pH的计算

溶液中氢离子浓度可以通过计算求得，且大多数采用近似计算。近似计算是在若干平衡共存的情况下，根据主要的酸碱平衡进行处理。计算时可以先将有关常数和浓度数据代入质子条件中，得出精确的计算式，然后在运算过程中加以简化、省略；另一种是根据有关常数和浓度大小，对质子条件中各组分浓度的大小作出判断，略去小项，列出简化的质子条件，直接得出近似计算式。因此在计算$[H^+]$时，应了解溶液中各种酸碱平衡间的关系。

在计算各类溶液pH值时需了解溶液中各组分间的平衡关系，如物料平衡、电荷平衡及质子平衡。

4.3.1 物料平衡，电荷平衡和质子条件

1. 物料平衡

在平衡状态下某一组分的分析浓度等于该组分各种形态的平衡浓度之和，这种关系称为质量平衡或物料平衡。其数学表达式称为质量平衡方程。质量平衡将平衡浓度与分析浓度联系起来，在溶液平衡计算中经常用到这一关系。

例如，浓度为c的Na_2CO_3溶液的物料平衡式为：

$$c = [CO_3^{2-}] + [HCO_3^-] + [H_2CO_3]$$

2．电荷平衡

处于平衡状态的水溶液是电中性的，所以同一溶液中阳离子所带正电荷的量等于阴离子所带负电荷的量，这种关系称为电荷平衡。其数学表达式称为电荷平衡方程，简写做 CBE。例如浓度为 c 的 Na_2CO_3 溶液的电荷平衡方程为：

$$[Na^+] + [H^+] = [OH^-] + [HCO_3^-] + 2[CO_3^{2-}]$$

须注意的是，离子平衡浓度前的系数等于它所带电荷数的绝对值。由于 1 mol CO_3^{2-} 带有 2 mol 负电荷，故[CO_3^{2-}]前面的系数为 2。

3．质子平衡

按照酸碱质子理论，酸碱反应的实质是质子的转移。当酸碱反应达到平衡时，酸失去的质子数与碱得到的质子数相等，这种关系称为质子平衡，其数学表达式称为质子条件式，又称质子平衡式，简称 PBE。

根据得失质子的量相等的原则可写出质子条件式。

这种方法的要点：从酸碱平衡体系中选取质子参考水准（又称零水准），它们是溶液中大量存在并参与质子转移反应的物质。

当溶液中的酸碱反应（包括溶剂的质子自递反应）达到平衡后，根据质子参考水准判断得失质子的产物及其得失质子的物质的量，列出质子条件式。

质子条件式中应不包括质子参考水准本身的有关项，也不含有与质子转移无关的组分。

书写酸碱溶液的 PBE 一般经过以下步骤：

①选取参考水准（零水准）。通常选溶液中大量存在并参与质子转移反应的物质，通常为起始酸碱组分和溶剂分子。

②当溶液中的酸碱反应（包括质子自递反应）达到平衡后，根据质子参考水准判断得失质子的产物及其得失质子的物质的量，据此绘出得失质子示意图。

③根据得失质子的量相等的原则，写出 PBE。注意，在正确的 PBE 中应不包括质子参考水准本身有关项，也不包含与质子转移无关的组分。对于多元酸碱组一定要注意其平衡浓度前面的系数，它等于与零水准相比较时该形态得失质子的量。

例如，试写出 $NaNH_4HPO_4$ 溶液的 PBE。

由于与质子转移反应的有关的起始酸碱组分为 NH_4^+、HPO_4^- 和 H_2O，因此它们就是质子参考水准。溶液中得失质子可图示如下：

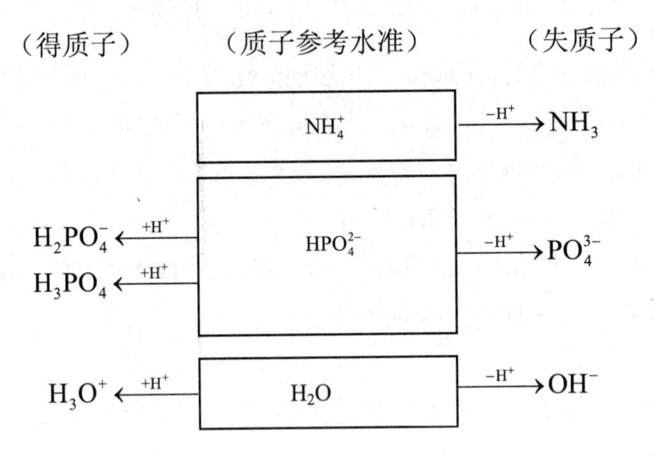

与质子参考水准 HPO_4^{2-} 相比，$H_2PO_4^-$ 和 H_3PO_4 分别是它得到 1 个和 2 个质子后的产物（所以 H_3PO_4 前面的系数是 2）而 PO_4^{3-} 是 HPO_4^{2-} 失去 1 个质子后的产物；H_3O^+ 和 OH^- 分别是 H_2O 得到和失去 1 个质子后的产物。然后将得质子产物写在等式的左边，失质子产物写在等式的右边，根据得失质子的量等衡的原则：PBE 为

$$[H^+]+[H_2PO_4^-]+2[H_3PO_4]=[NH_3]+[PO_4^{3-}]+[OH^-]$$

在计算各类酸碱溶液中氢离子的浓度时，上述三种方程都是处理溶液中酸碱平衡的依据。特别是 PBE，反映了酸碱平衡体系中得失质子的量的关系。因而最为常用。

4.3.2 强酸或强碱溶液

强酸、强碱都是强电解质，它们在水中完全解离，通常情况下，其溶液酸度较易求得。当强酸或强碱很稀时 ($<10^{-6}mol\cdot L^{-1}$)，虽然它们在水中完全解离，但解离产生的 H^+ 或 OH^- 的浓度很小。此时，由于水的质子自递反应产生的 H^+ 或 OH^- 不能忽略。因此，在很稀的强酸（以浓度为 c_a 的 HCl 溶液为例）溶液中，需要考虑下述两个质子传递平衡：

$$HCl \longrightarrow H^+ + Cl^-$$
$$H_2O \rightleftharpoons H^+ + OH^-$$

溶液的 PBE 为：

$$[H^+] = OH^- + c_a$$

此质子条件的物理意义是，强酸溶液中的$[H^+]$（即 H_3O^+）分别来自于 H_2O 和强酸的解离。

从平衡关系得：

$$[H^+]=[OH^-]+c_a=\frac{K_W}{[H^+]}+c_a$$

整理得：

$$[H^+]^2-c_a[H^+]-K_w=0$$

解方程得：

$$[H^+]=\frac{c_a+\sqrt{c_a^2+4K_w}}{2} \tag{4-8}$$

式（4-8）是计算强酸溶液$[H^+]$的精确式。当 $c_a \gg [OH^-]$时，由水给出的 H^+及对应的 OH^-均可以忽略，简化得：

$$[H^+] \approx c \tag{4-9}$$

式（4-9）是计算强酸溶液$[H^+]$的最简式。使用该式的条件是 $c_a \geqslant 10^{-6}\ mol \cdot L^{-1}$。

【例 4-4】 求 $5\times10^{-8}\ mol\cdot L^{-1}$ HCl 的 pH 值（HCl 浓度较小，不能忽略水的解离）。

解： 质子条件 $[H^+]=c_{HCl}+[OH^-]=c_{HCl}+\frac{K_w}{[H^+]}$

$$[H^+]^2-c_{HCl}[H^+]-K_W=0$$

$$[H^+]=\frac{c_{HCl}}{2}+\sqrt{\frac{c_{HCl}^2}{4}+K_w}$$

$$=\frac{5\times10^{-8}}{2}+\sqrt{\frac{2.5\times10^{-16}}{4}+10^{-14}}$$

$$=2.5\times10^{-8}+1.03\times10^{-7}$$

$$=1.28\times10^{-7}$$

$$pH=6.89$$

同理，可推导出强碱溶液中$[OH^-]$的精确计算公式。

$$[OH^-]=\frac{c_b+\sqrt{c_b^2+4K_w}}{2}$$

当 $c_b \gg [H^+]$时，$[H^+]$可忽略，则：

$$[OH^-]=c_b$$

即为强碱溶液计算$[OH^-]$的最简式。

4.3.3 一元弱酸（碱）溶液 pH 的计算

对于浓度为 $c\,mol\cdot L^{-1}$的一元弱酸 HA 溶液，其质子条件为：

$$[H^+]=[A^-]+[OH^-]$$

根据弱酸的解离平衡，可得：

$$[H^+]=\frac{K_a[HA]}{[H^+]}+\frac{K_w}{[H^+]}$$

得精确式：

$$[H^+]=\sqrt{K_a[HA]+K_w} \quad (4\text{-}10a)$$

将[HA]表达为$[H^+]$及 K_a 的函数：

$$[HA]=c\delta_{HA}=c\cdot\frac{[H^+]}{[H^+]+K_a}$$

将上式代入式（4-10a）中，整理后，得到：

$$[H^+]^3+K_a[H^+]^2-(cK_a+K_W)[H^+]-K_aK_w=0 \quad (4\text{-}10b)$$

这是计算一元弱酸溶液$[H^+]$的精确公式，若直接用代数法求解，数学处理麻烦，在实际工作中也无必要。通常根据计算 H^+浓度时的允许误差，视弱酸 K_a 和 c 值的大小，采用近似方法进行计算①。式（4-10b）中若 $K_ac \geqslant 10K_w$，K_w 可忽略，此时计算结果的相对误差不大于 5%。考虑到弱酸的解离度不是很大，以 $K_a[HA]\approx K_ac>10K_w$ 来进行判断。这样，当 $K_ac>10K_w$ 时，K_w 可忽略，由式（4-10b）得到：

$$[H^+]\approx\sqrt{K_a[HA]} \quad (4\text{-}11)$$

根据解离平衡原理和物料平衡，对于浓度为 c 的一元弱酸 HA 溶液，将$[HA]=c-[H^+]$代入式（4-11），得到：

---

① 考虑到计算所采用的解离常数本身有一定的误差，且在计算中常忽略离子强度的影响，因此进行这类计算时一般允许有±5%的误差。另外，在实际中，当溶液的酸碱性不是太强时(如 2＜pH＜12)，其酸度一般由 pH 计测得，用仪器测量也有±5%左右的误差。因此，计算时对代数式进行适当简化是合理的。

$$[H^+] = \sqrt{K_a(c-[H^+])}$$

$$[H^+]^2 + K_a[H^+] - K_a c = 0$$

$$[H^+] = \frac{-K_a + \sqrt{K_a^2 + 4K_a c}}{2} \quad (4\text{-}12)$$

式（4-12）是计算一元弱酸溶液中$[H^+]$的近似式。

若平衡时溶液中$[H^+]$远小于弱酸的原始浓度，则 $c-[H^+] \approx c$，可由式（4-12）得到：

$$[H^+] = \sqrt{K_a c} \quad (4\text{-}13)$$

式（4-13）是计算一元弱酸溶液中$[H^+]$的最简式①。

当 $K_a c \geqslant 10K_w$，$c/K_a \geqslant 100$ 时，即可采用最简式（4-13）计算溶液中的$[H^+]$。

对于一元弱碱溶液 pH 的计算，在水溶液中存在下列酸碱平衡：

$$B + H_2O \rightleftharpoons BH^+ + OH^-$$

因此，前面所讨论的计算弱酸溶液中$[H^+]$有关公式，只要将 K_a 换成 K_b，就完全适用于计算弱碱溶液 OH^- 的浓度。同样，对于浓度不是太稀和强度不是太弱的碱溶液，计算$[OH^-]$浓度时，可以忽略水本身解离的影响。

设一元碱的浓度为 c，则近似式为：

$$[OH^-]^2 = K_b(c-[OH^-])$$

$$[OH^-] = \frac{-K_b + \sqrt{K_b^2 + 4K_b c}}{2} \quad (4\text{-}14)$$

最简式为：

$$[OH^-] = \sqrt{cK_b} \quad (4\text{-}15)$$

【例 4-5】 计算 $0.30\ \text{mol}\cdot\text{L}^{-1}$ HAc 溶液的 pH 值（$K_a=1.8\times10^{-5}$）。

解：

$$cK_a = 0.30\times1.8\times10^{-5} \geqslant 10K_w$$

$$\frac{c}{K_a} = \frac{0.3}{1.8\times10^{-5}} = 1.7\times10^4 > 100$$

---

① 其他教材中以 $K_a c \geqslant 20K_w$，$c/K_a \geqslant 500$ 作为应用近似式和最简式的判断依据。实际上，在此条件下采用近似式或最简式进行计算，所得结果的相对偏差为±2%～±3%，小于±5%的预期值。

故采用最简式（4-13）计算：

$$[H^+]=\sqrt{cK_a}$$
$$=\sqrt{1.8\times10^{-5}\times0.30}$$
$$=2.3\times10^{-3}\,mol\cdot L^{-1}$$
$$pH=2.64$$

故采用最简式计算： $\sqrt{K_b c}=\sqrt{10^{-9.26}\times5.0\times10^{-2}}$

【例 4-6】计算 0.10 $mol\cdot L^{-1}$ 一氯乙酸（$ClCH_2COOH$）溶液的 pH 值（K_a=1.4×10^{-3}）。

解： $K_a c=0.10\times1.4\times10^{-3}\geqslant10K_w$

故采用近似式（4-12）计算：

$$\frac{c}{K_a}=\frac{0.10}{1.4\times10^{-3}}=71.4<100$$

$$[H^+]=\frac{-K_a+\sqrt{K_a^2+4K_a c}}{2}$$

$$=\frac{-1.4\times10^{-3}+\sqrt{(1.4\times10^{-3})^2+4\times1.4\times10^{-3}\times0.10}}{2}$$

$$=3.7\times10^{-2}\,mol\cdot L^{-1}$$

$$pH=1.43$$

【例 4-7】计算 $5.0\times10^{-2}\,mol\cdot L^{-1}$ NaAc 溶液的 pH 值。

解：查表知 HAc 的 pK_a=4.74，Ac^- 是 HAc 的共轭碱，所以 pK_b= 14.0−4.74 =9.26

$$cK_b=5.0\times10^{-2}\times10^{-9.26}\geqslant10K_w$$

$$\frac{c}{K_b}=\frac{5.0\times10^{-2}}{10^{-9.26}}\gg100$$

$$[OH^-]=\sqrt{10^{-9.26}\times10^{-1.30}}$$

$$=10^{-5.28}\,mol\cdot L^{-1}$$

$$pOH=5.28\qquad pH=8.72$$

对于极弱酸或其浓度极稀的酸（碱）溶液，按以上最简式或近似式计算得到的$[H^+]$很接近 $10^{-7}\,mol\cdot L^{-1}$。此时，水解离所提供的$[H^+]$（或$[OH^-]$）不能忽略，根据精确计算式（4-10a），再视具体条件作简化处理。

①若 $K_a > 10^{-7}$，$[H^+]$接近 $10^{-7}\,mol\cdot L^{-1}$，故$[H^+] + K_a \approx K_a$，式（4-10a）可简化为：

$$[H^+] = c + \frac{K_w}{[H^+]} \tag{4-16}$$

此式与非常稀的强酸溶液$[H^+]$的计算式（4-8）相同，表明 HA 已接近全部失去质子而类似于强酸。

②若 $K_a < 10^{-9}$，$[H^+]$接近 $10^{-7}\,mol\cdot L^{-1}$，故$[H^+]+K_a \approx [H^+]$，式（4-10b）可简化为：

$$[H^+] = \frac{cK_a}{[H^+]} + \frac{K_W}{[H^+]}$$

$$[H^+] = \sqrt{cK_a + K_w} \tag{4-17}$$

显然，式（4-17）是按$[HA] \approx c$ 作简化处理的，因为极弱酸的解离度极小。对于极弱碱或极稀的碱溶液，也可作类似处理。

【例 4-8】计算 $1.0\times10^{-7}\,mol\cdot L^{-1}$ HAc 溶液的 pH 值。（$K_{HAc}=1.8\times10^{-5}$）

解：若用近似式计算：

$$[H^+] = \frac{-1.8\times10^{-5} + \sqrt{(-1.8\times10^{-5})^2 + 4\times1.8\times10^{-5}\times1.0\times10^{-7}}}{2}$$

$$= 9.9\times10^{-8}\,mol\cdot L^{-1}$$

计算得到 $[H^+]$低于 $1.0\times10^{-7}\,mol\cdot L^{-1}$ 显然是不可能的，表明该计算方法不合理。因为 $K_{HAc} = 1.8\times10^{-5} > 10^{-7}$

所以改用式（4-16）重新计算：

$$[H^+] = c + \frac{K_W}{[H^+]} = 1.0\times10^{-7} + \frac{1.0\times10^{-14}}{[H^+]}$$

$$[H^+]^2 - 1.0\times10^{-7}[H^+] - 1.0\times10^{-14} = 0$$

$$[H^+]=\frac{1.0\times10^{-7}+\sqrt{(1.0\times10^{-7})^2+4\times1.0\times10^{-14}}}{2}$$

$$=1.6\times10^{-7}\,mol\cdot L^{-1}$$

$$pH=6.80$$

【例 4-9】计算 1.0×10^{-4} $mol\cdot L^{-1}\,NH_4Cl$ 溶液的 pH 值。（$K_{NH_4^+}=5.6\times10^{-10}$）

解：先用最简式计算（4-15）式计算：

$$[OH^-]=\sqrt{K_b c}=\sqrt{5.6\times10^{-10}\times1.0\times10^{-4}}=2.4\times10^{-7}\,mol\cdot L^{-1}$$

计算得到$[H^+]$接近 1.0×10^{-7} $mol\cdot L^{-1}$ 采用最简式是不合适的。又因为 $K_{NH_4^+}=5.6\times10^{-10}<10^{-9}$，所以改用式（4-17）重新计算：

$$[H^+]=\sqrt{cK_a+K_W}$$

$$=\sqrt{5.6\times10^{-10}\times1.0\times10^{-4}+1.0\times10^{-14}}$$

$$=2.6\times10^{-7}\,mol\cdot L^{-1}$$

$$pH=6.59$$

前一个计算结果的相对误差在−7%以上。

4.3.4 多元酸碱溶液 pH 值的计算

多元酸或碱溶液中$[H^+]$的计算方法与一元弱酸弱碱相似，但由于多元酸碱在溶液中逐级解离，形成复杂的酸碱平衡体系，数学处理较为复杂，实际计算时，通常根据具体情况作适当近似处理。

以二元弱酸 H_2A 为例，设总浓度为 c（H_2A），其 PBE 为：

$$[H^+]=[HA^-]+2[A^-]+[OH^-]$$

由酸碱解离平衡，将式中的酸碱组分浓度用原始组分的浓度表示，得：

$$[H^+]=\frac{K_{a_1}[H_2A]}{[H^+]}+2\frac{[H_2A]K_{a_1}K_{a_2}}{[H^+]^2}+\frac{K_w}{[H^+]}$$

即：

$$[H^+]=\sqrt{K_{a_1}[H_2A](1+\frac{2K_{a_2}}{[H^+]})+K_w} \qquad (4\text{-}18a)$$

又：
$$[H_2A] = \delta_{H_2A}c = \frac{[H^+]^2}{[H^+]^2 + K_{a_1}[H^+] + K_{a_1}K_{a_2}}c$$

代入式（4-18a）整理后得：

$$[H^+]^4 + K_{a_1}[H^+]^3 + (K_{a_1}K_{a_2} - K_{a_1}c - K_w)[H^+]^2 - (K_{a_1}K_w + 2K_{a_1}K_{a_2}c)[H^+] - K_{a_1}K_{a_2}K_w = 0 \quad (4\text{-}18b)$$

式（4-18a）和式（4-18b）是计算二元弱酸溶液$[H^+]$的精确式，若采用此公式计算，数学处理较为复杂。根据具体情况作近似处理。由式（4-18a），当$K_{a_1}[H_2A] \geqslant 10K_w$时，$K_w$可忽略计算结果的相对误差不大于±5%。在通常情况下，二元弱酸的解离度不大，可以作如下简化处理：即按$K_{a_1}[H_2A] \approx cK_{a_1} \geqslant 10K_w$进行初步判断，即$cK_{a_1} \geqslant 10K_w$时，忽略$K_w$。若$\frac{K_{a_2}}{[H^+]} \approx \frac{K_{a_2}}{\sqrt{cK_{a_2}}} < 0.05$时，则二级解离也可以忽略，此时二元弱酸可按一元弱酸处理，$[H^+]$计算式为：

$$[H^+]^2 = K_{a_1}[H_2A] \approx K_{a_1}(c - [H^+])$$

或：
$$[H^+]^2 + K_{a_1}[H^+] - cK_{a_1} = 0 \quad (4\text{-}19)$$

式（4-19）是计算二元弱酸中$[H^+]$的近似式，即仅考虑多元酸的第一级解离，这实际上是忽略了二级解离，把多元酸作为一元酸处理。若二元弱酸除满足上述条件外，$c/K_{a_1} > 100$说明二元弱酸的一级解离度也较小，此时，可认为二元弱酸的平衡浓度$[H_2A]$等于其原始浓度c，即：

$$[H_2A] = c - [H^+] \approx c$$

式（4-19）简化为：
$$[H^+] = \sqrt{K_{a_1}c} \quad (4\text{-}20)$$

式（4-20）是计算二元弱酸$[H^+]$的最简式。

当$cK_{a_1} > 10K_w$，$c/K_{a_1} > 100$ 时，用最简公式：

$$[H^+] = \sqrt{K_{a_1}c}$$

当$cK_{a_1} > 10K_w$，$c/K_{a_1} < 100$ 时，用近似公式：

$$[H^+] = \frac{-K_{a_1} + \sqrt{K_{a_1}^2 + 4K_{a_1}c}}{2}$$

【例 4-10】草酸遍布于自然界，常以草酸盐形式存在于植物如伏牛花、羊蹄草、酢浆草的细胞膜，几乎所有的植物都含有草酸盐。试计算 0.10 $mol \cdot L^{-1}$ 草酸溶液的 pH 值。

解： 查附表 1 草酸的 $K_{a_1} = 5.8 \times 10^{-2}$； $K_{a_2} = 6.4 \times 10^{-5}$。先按一元酸处理

$$\frac{c}{K_{a_1}} = \frac{0.10}{5.8 \times 10^{-2}}$$
$$= 1.72 \ll 100$$

故采用近似公式计算

$$[H^+] = \frac{-5.8 \times 10^{-2} + \sqrt{(5.8 \times 10^{-2})^2 + 4 \times 0.10 \times 5.8 \times 10^{-2}}}{2}$$
$$= 5.2 \times 10^{-2} mol \cdot L^{-1}$$

检验：
$$\frac{K_{a_2}}{[H^+]} = \frac{6.4 \times 10^{-5}}{5.2 \times 10^{-2}} = 1.1 \times 10^{-3} < 0.05$$

所以，按一元酸简化处理是合理的。

$$pH = -\lg 5.2 \times 10^{-2} = 1.28$$

即使像酒石酸这类 K_{a_1}、K_{a_2} 相差不大的多元酸（$K_{a_1} = 9.1 \times 10^{-4}$，$K_{a_2} = 4.3 \times 10^{-5}$），只要溶液的浓度比较大，同样可以用这种近似方法计算[H^+]。但当浓度较稀时，近似计算结果的误差就会增大，会超过允许误差±5%范围。因此需要采用较精确的计算式，也可采用迭代法以求得逐次逼近的[H^+]。多元弱碱也可按上述方法进行处理。

4.3.5 混合溶液 pH 值计算

1．强酸 HCl 和弱酸 HA 的混合溶液

设 HCl 溶液浓度为 c_{HCl}，HA 溶液浓度为 c_{HA}。在溶液中，HCl 全部转化为 H_3O^+，质子条件为：

$$[H^+] = c_{HCl} + [A^-] + [OH^-]$$

一般情况下，[OH^-]项可以忽略，于是：

$$[H^+] = c_{HCl} + [A^-] = c_{HCl} + \frac{K_a c_{HA}}{[H^+] + K_a} \tag{4-21}$$

据式（4-21），解二元一次方程即可求得$[H^+]$。

如果$c_{HCl} \gg [A^-]$，则（4-21）式进一步简化为：

$$[H^+] = c_{HCl} \tag{4-22}$$

计算$[H^+]$时，可以先按最简式（4-22）求出$[H^+]$的近似值，然后再将它代入$[A^-] = \frac{c_{HA}K_a}{[H^+] + K_a}$中，计算出$[A^-]$的近似值，如果$[A^-]$在$[H^+]$ 中只占 5%以下，则最简式是合理的。如果大于 5%，就应该按式（4-21）重新计算。

2．弱碱和强碱的混合溶液

也可用类似的方法计算$[OH^-]$。

【例 4-11】计算下列溶液的 pH 值

（1）HCl 浓度为 0.10 mol·L^{-1}，HCOOH 浓度为 0.10 mol·L^{-1} 的混合溶液;

（2）HCl 浓度为 0.01 mol·L^{-1}，HCOOH 浓度为 0.10 mol·L^{-1} 的混合溶液。

解:（1）先用最简式（4-22）处理：

$$[H^+] = c_{HCl} = 0.10 \text{mol} \cdot L^{-1}$$

再由$[H^+]$计算$[HCOO^-]$：

$$[HCOO^-] = \frac{1.7 \times 10^{-4} \times 0.10}{0.10 + 1.7 \times 10^{-4}} = 1.7 \times 10^{-4} \text{mol} \cdot L^{-1}$$

$[HCOO^-]$仅占$[H^+]$的几千分之几，所以$[H^+] = 0.10 \text{ mol} \cdot L^{-1}$

$$pH = 1.00$$

（2）先用最简式（4-22）处理：

$$[H^+] = c_{HCl} = 0.010 \text{ mol} \cdot L^{-1}$$

再由$[H^+]$计算$[HCOO^-]$：

$$[HCOO^-] = \frac{1.7 \times 10^{-4} \times 0.10}{0.010 + 1.7 \times 10^{-4}} = 1.7 \times 10^{-3} \text{mol} \cdot L^{-1}$$

$[HCOO^-]$占$[H^+]$的 17%，所以需改用式（4-21）重新计算

$$[H^+] = 0.010 + \frac{1.7 \times 10^{-4} \times 0.10}{[H^+] + 1.7 \times 10^{-4}}$$

$$[H^+]^2 - 0.010[H^+] - 1.9 \times 10^{-5} = 0$$

$$[H^+] = 1.2\times10^{-2}mol\cdot L^{-1}$$

$$pH = 1.92$$

3．弱酸 HA 和弱酸 HB 的混合溶液

参考水准为 HA、HB 和 H_2O，质子条件为：

$$[H^+]=[A^-]+[B^-]+[OH^-]$$

因为溶液呈酸性，$[OH^-]$项可忽略，所以$[H^+]=[A^-]+[B^-]$

根据平衡常数表达式，得到：$[H^+]=\dfrac{K_{HA}[HA]}{[H^+]}+\dfrac{K_{HB}[HB]}{[H^+]}$

$$[H^+]=\sqrt{K_{HA}[HA]+K_{HB}[HB]} \tag{4-23a}$$

可以先假设 $[HA] = c_{HA}$，$[HB] = c_{HB}$，再用迭代法作近似计算。两种弱碱的 $[OH^-]$ 也可类似计算。

若$K_{HA}c_{HA} \gg K_{HB}c_{HB}$，则：

$$[H^+]=\sqrt{K_{HA}c_{HA}} \tag{4-23b}$$

4.3.6 两性物质溶液 pH 值的计算

两性物质在溶液中既起酸的作用，能给出质子，又起碱的作用，能接受质子。如多元酸的酸式盐（$NaHCO_3$）、弱酸弱碱盐（NH_4Ac）和氨基酸等。两性物质溶液中的酸碱平衡比较复杂，应根据具体情况进行近似处理。

以二元弱酸的酸式盐 NaHA 为例，设浓度为 c。水溶液中若选 HA、H_2O 为质子参考水准，质子条件式为：

$$[H^+]=[A^{2-}]+[OH^-]-[H_2A]$$

根据解离平衡关系，可得：

$$[H^+]=\frac{[HA^-]K_{a_2}}{[H^+]}+\frac{K_w}{[H^+]}-\frac{[H^+][HA^-]}{K_{a_1}}$$

因为溶液中 HA^- 酸式解离和碱式解离倾向都很小，故溶液中 HA^- 消耗很少，所以$[HA^-]\approx c$。代入上式整理后，得：

$$[H^+]=\sqrt{\frac{K_{a_1}(K_{a_2}c+K_w)}{K_{a_1}+c}} \qquad (4\text{-}24a)$$

当$cK_{a_2}>10K_w$时，表明式（4-24a）中的K_w可忽略，即HA^-提供的H^+比水提供的多很多，得近似式：

$$[H^+]=\sqrt{\frac{K_{a_1}K_{a_2}c}{K_{a_1}+c}} \qquad (4\text{-}24b)$$

若$c>10K_{a_1}$则式（4-24b）中的$K_{a_1}+c\approx c$

$$[H^+]=\sqrt{K_{a_1}K_{a_2}} \qquad (4\text{-}24c)$$

式（4-24a）和式（4-24b）是计算酸式盐溶液$[H^+]$的近似式，式（4-24c）是最简式。在处理比较简单的两性物质溶液时，上述近似计算方法较为简便。但应注意近似的条件，尤其是式（4-24c），只有在两性物质的浓度不是很小，且水的解离可以忽略的条件下才可应用。

从式（4-24b）和式（4-24c）看出，K_{a_2}相当于两性物质(HA^-)中酸组分的酸常数，而K_{a_1}相当于两性物质(HA^-)中碱组分的共轭酸常数。这两个公式不仅适用于计算多元酸的酸盐溶液$[H^+]$，也适用于其他类型的两性物质，如弱酸弱碱盐及氨基酸等。只需找出与HA^-中相对应的K_{a_2}和K_{a_1}即可。

碳酸氢钠用途广泛，在食品工业中作为疏松剂广泛用于饼干、糕点、馒头、面包等，在汽水饮料中是二氧化碳的发生剂；与明矾复合作为碱性发酵粉，与纯碱复合可作为民用石碱；还可用做黄油保存剂。

【例4-12】计算0.050 $mol\cdot L^{-1}$ $NaHCO_3$溶液的pH值。

解：已知H_2CO_3的$pK_{a_1}=6.38$，$pK_{a_2}=10.25$，

$$K_{a_2}c=0.05\times10^{-10.25}=10^{-11.55}>10K_w$$

$$\frac{c}{K_{a_1}}=\frac{10^{-1.3}}{10^{-6.38}}=10^{5.08}\gg 100$$

可采用最简式（4-24c）计算：

$$pH = \frac{1}{2}(pK_{a_1} + pK_{a_2})$$
$$= \frac{1}{2}(6.38 + 10.25)$$
$$= 8.32$$

Na_2HPO_4 用作软水剂及食品工业中的添加剂，织物增重剂，釉药、焊药、医药，防火剂，印染工业的媒染剂，化学分析中的缓冲剂，也用于鞣革、搪瓷、陶瓷、洗涤剂等工业中，或制取其他磷酸盐。

【例 4-13】计算 $0.033\ mol \cdot L^{-1}$ Na_2HPO_4 溶液的 pH 值。

解：HPO_4^{2-} 作为两性物质，得质子成为 $H_2PO_4^-$，与 K_{a_2} 有关；失质子成为 PO_4^{3-}，与 K_{a_3} 有关。

查表得 $K_{a_2} = 6.3 \times 10^{-8}$, $K_{a_3} = 4.4 \times 10^{-13}$

$$cK_{a_3} = 0.033 \times 4.4 \times 10^{-13} < 10K_w$$

$$\frac{c}{K_{a_1}} = \frac{0.033}{6.3 \times 10^{-8}} \gg 100$$

故可用近似式（4-24c）计算：

$$[H^+] = \sqrt{\frac{K_{a_2}(K_{a_3}c + K_w)}{c}}$$
$$= \sqrt{\frac{6.3 \times 10^{-8} \times (4.4 \times 10^{-13} \times 0.033 + 10^{-14})}{0.033}}$$
$$= 2.18 \times 10^{-10}\ mol \cdot L^{-1}$$

$$pH = 9.66$$

若用最简式（4-24c）计算得 pH= 9.78，$[H^+]$ 的相对误差为 24%，这是因为 $H_2PO_4^-$ 酸性极弱，水的解离不能忽略。否则，计算的 $[H^+]$ 偏低。

4.4 缓冲溶液

分析测试中，许多反应中都要求保持在一定 pH 值范围内，如指示剂的变色范围。这些条件都需通过缓冲溶液来实现。缓冲溶液是一种能对溶液的酸度起稳定作用的溶液，即向该溶液中加入少量的酸或碱，或因溶液中发生化学反应产生了少量酸或碱，或溶液稍加稀释，溶液的酸度基本上稳定不变。缓冲溶液在实际分析工作中应用广泛。

$NaHCO_3$-H_2CO_3缓冲系统是人体血浆中主要的缓冲系统。pH缓冲系统对维持生物的正常pH值和正常生理环境起到重要作用。多数细胞仅能在很窄的pH范围内进行活动，而且需要有缓冲体系来抵抗在代谢过程中出现的pH变化。在生物体中有三种主要的pH缓冲体系，它们是蛋白质缓冲系统、碳酸盐缓冲系统以及磷酸盐缓冲系统。每种缓冲体系所占的分量在各类细胞和器官中是不同的。缓冲溶液就其作用可分为两类：一类是用于控制溶液酸碱度的一般缓冲溶液，这类缓冲溶液大多是由一定浓度的共轭酸碱对所组成。如：0.10 $mol \cdot L^{-1}$ HAc-0.10 $mol \cdot L^{-1}$ NaAc；0.10 $mol \cdot L^{-1}$ NH_3-0.10 $mol \cdot L^{-1}$ NH_4Cl等。另一类是校正pH计用的标准缓冲溶液，它是由规定浓度的某些逐级解离常数相差较小的单一两性物质或不同形态的两性物质所组成。如：0.050 $mol \cdot L^{-1}$的$KHC_8H_4O_4$溶液和浓度为0.025 $mol \cdot L^{-1}$的KH_2PO_4、Na_2HPO_4溶液等。该缓冲溶液的pH值是在一定浓度下，经过实验准确地确定的，常用作测量溶液pH值的参比溶液。

4.4.1 缓冲作用原理

缓冲溶液一般是由较高浓度的弱酸及其共轭碱组成，如醋酸-醋酸钠或铵盐-氨等。缓冲溶液之所以有缓冲作用，是因为溶液中有弱酸及其共轭碱同时存在。当加入少量强酸时，就与共轭碱反应生成弱酸，使溶液中H^+的浓度无显著增加；当加入少量强碱时，就同弱酸起作用，溶液中OH^-浓度也没有明显增大。两性化合物也有缓冲作用。高浓度强酸或强碱溶液的酸度或碱度很高，加入少量酸或碱，对其酸碱度影响不大，因此也具有缓冲作用。但强酸、强碱溶液只适用于做高酸度（pH＜2）和高碱度（pH＞12）的缓冲溶液。另外，它们对稀释不具有缓冲作用。

现以由共轭酸碱对HAc-NaAc组成的缓冲溶液为例讨论缓冲溶液的缓冲作用原理。

NaAc是强电解质，可以全部解离；HAc是弱电解质，只能部分解离，在有大量共同离子Ac^-的作用下解离得更少。

$$① \ HAc \rightleftharpoons H^+ + Ac^-$$

$$② \ NaAc \rightleftharpoons Na^+ + Ac^-$$

溶液中有大量的未解离的HAc和大量的Ac^-。若在此体系中加入少量强酸，则Ac^-与加入的H^+结合，使平衡①向左移动，实际上溶液中H^+增加不多，pH值变动不大，Ac^-成为缓冲体系的抗酸部分；如果向该体系中加入少量强碱，则溶液中的H^+与外来的OH^-结合形成水，使平衡①向右移动，弱酸HAc继续电离，以补偿溶液中减少的H^+，实际上H^+浓度减小不多，pH值变动也不大，在此，HAc成为抗碱部分。若加水将缓冲溶液稍加稀释，其中H^+浓度虽然降低，但Ac^-浓度也同时降低。于是，同离子效应减弱促使HAc的解离平衡向右移动，所以产生的H^+仍可维持溶液的pH值基本不变。其他类型缓冲溶液的作用原理与此类似。

4.4.2 缓冲溶液pH值的计算

弱酸HB和它的共轭碱NaB组成的缓冲溶液，设弱酸浓度为c_a，其共轭碱浓度为c_b，计算该溶液的pH。

根据物料平衡　　$c_a + c_b = [HB] + [B^-]$，　$c_b = [Na^+]$

根据电荷平衡　　$[Na^+] + [H^+] = [B^-] + [OH^-]$

即，　　$[B^-] = c_b + [H^+] - [OH^-]$

将电荷平衡式代入物料平衡式得：　$[HB] = c_a - [H^+] + [OH^-]$

根据弱酸解离常数表达式得：

$$[H^+] = K_a \frac{[HB]}{[B^-]} = K_a \frac{c_a - [H^+] + [OH^-]}{c_b + [H^+] - [OH^-]} \tag{4-25a}$$

这是计算缓冲溶液$[H^+]$的精确公式。用精确式计算时，数学处理较为复杂，通常进行简化处理。

当溶液pH小于6时通常可忽略OH^-，式（4-25a）可写为：

$$[H^+] = K_a \frac{[HB]}{[B^-]} = K_a \frac{c_a - [H^+]}{c_b + [H^+]} \tag{4-25b}$$

当溶液pH大于8时，可忽略$[H^+]$，式（4-25a）可写为：

$$[H^+] = K_a \frac{[HB]}{[B^-]} = K_a \frac{c_a + [OH^-]}{c_b - [OH^-]} \qquad (4\text{-}25c)$$

式（4-25b）和式（4-25c）是计算缓冲溶液中$[H^+]$的近似式。若

$$c_a \gg [OH^-] - [H^+],\quad c_b \gg [H^+] - [OH^-]$$

则式（4-25c）简化为：

$$[H^+] = K_a \frac{c_a}{c_b}$$

即，

$$pH = pK_a + \lg \frac{c_b}{c_a} \qquad (4\text{-}25d)$$

这是计算缓冲溶液$[H^+]$的最简式。作为一般控制酸度用缓冲溶液，因为缓冲剂本身浓度较大，对计算结果准确度要求不高，通常可以用此式进行计算。

同理，对于碱性缓冲溶液，最简式为：

$$[OH^-] = K_b \frac{c_b}{c_a} \qquad (4\text{-}25e)$$

【例 4-14】$0.20\ mol \cdot L^{-1}$ HAc 与 $0.2\ mol \cdot L^{-1}$ NaAc 组成的缓冲溶液的 pH 值是多少？

（1）如果向 100 mL 上述溶液中加入 0.50 mL 浓度为 $1.0\ mol \cdot L^{-1}$ 的 HCl;

（2）如果向 100 mL 上述溶液中加入 0.50 mL 浓度为 $1.0\ mol \cdot L^{-1}$ 的 NaOH;

（3）如果向 100 mL 纯水中加入同量的 HCl;

（4）将上述 100 mL 缓冲溶液稀释 10 倍。

溶液的 pH 值将各是多少？

解：溶液等体积混合，浓度均降低至原来的 1/2，即，

$$c_{HAc} = 0.10 mol \cdot L^{-1} \qquad c_{Ac^-} = 0.10 mol \cdot L^{-1}$$

根据式（4-25d）：

$$pH = pK_a + \lg \frac{c_{Ac^-}}{c_{HA}} = 4.74 + \lg \frac{0.10}{0.10} = 4.74$$

（1）向溶液中加入 0.50 mL 浓度为 $1.0\ mol \cdot L^{-1}$ 的 HCl，相当于$[H^+]$浓度增加为：

$$[H^+] = \frac{0.50 \times 1.0}{100 + 0.50} = 0.004\,98\ mol \cdot L^{-1}$$

HCl 提供的 H^+与 Ac^- 反应生成 HAc，使 c_{Ac^-} 降低了 0.004 98 mol·L^{-1}使 c_{HAc} 增加了 0.004 98 mol·L^{-1}，则：

$$c_{Ac^-} = 0.10 - 0.004\,98 = 0.095\,0 mol \cdot L^{-1}$$

$$c_{HAc} = 0.10 + 0.004\,98 = 0.104\,98 mol \cdot L^{-1}$$

$$pH = 4.74 + \lg\frac{0.095\,0}{0.104\,98} = 4.74 - 0.04 = 4.70$$

由计算可见，溶液 pH 值 4.74 降低至 4.70，变化了 0.04 个 pH 单位。

（2）100 mL 上述溶液中加入 0.50 mL 浓度为 1.0 mol·L^{-1}的 NaOH。

即　c_{HAc}降低了 0.004 98 mol·L^{-1}　c_{Ac^-} 增加了 0.004 98 mol·L^{-1}

则：

$$c_{HAc} = 0.10 - 0.004\,98 = 0.095\,0 mol \cdot L^{-1}$$

$$c_{Ac^-} = 0.10 + 0.004\,98 = 0.104\,98 mol \cdot L^{-1}$$

$$pH = 4.74 + \lg\frac{0.104\,98}{0.095\,0} = 4.74 + 0.04 = 4.78$$

pH 值也只变化了 0.04 个单位。

（3）向 100 mL 纯水中加入同量的 HCl，则：

$$[H^+] = 0.004\,98 mol \cdot L^{-1} \qquad pH = 2.30$$

纯水的 pH = 7.0，可以看出 pH 降低 4.70 个单位，所以纯水没有缓冲作用。

（4）100 mL 缓冲溶液稀释 10 倍后，HAc 和 Ac^-的浓度均相应地降低为原来的 1/10，即：

$$c_{HAc} = 0.010 mol \cdot L^{-1} \qquad c_{Ac^-} = 0.010 mol \cdot L^{-1}$$

$$pH = 4.74 + \lg\frac{0.10}{0.10} = 4.74$$

由于 c_{HAc} / c_{Ac^-} 比值不变，所以溶液的 pH 值也不变。

通过计算可以看出缓冲溶液具有抵御少量外来酸碱和稀释作用，从而保持溶液的 pH 值基本不变。

【例 4-15】在配位滴定中，常用 pH=10 的氨性缓冲溶液。其配制方法：称取 70g NH_4Cl 固体试剂，加适量水溶解后，加入 570 mL 浓氨水（密度为 $0.90g \cdot mL^{-1}$），加水稀至 1 000 mL。计算该溶液的 pH 值。

解：已知氨水的 $K_b = 1.8 \times 10^{-5}$，$M(NH_3) = 17.03g \cdot mol^{-1}$，$M(NH_4Cl) = 53.5g \cdot mol^{-1}$，配成溶液的体积为 1L，则：

$$c_{NH_4Cl} = \frac{70.0}{53.5} = 1.31\ mol \cdot L^{-1}$$

密度为 $0.90g \cdot mL^{-1}$ 的氨水，其质量分数为 28%，因此 NH_3 的物质的量浓度为：

$$c_{NH_3} = \frac{570 \times 0.90 \times 28\%}{17.03} = 8.43\ mol \cdot L^{-1}$$

于是，该溶液的 pH 值可由式（4-25e）计算：

$$[OH^-] = K_b \frac{c_{NH_3}}{c_{NH_4^+}} = 1.8 \times 10^{-5} \times \frac{8.43}{1.31} = 1.21 \times 10^{-4}$$

$$pOH=3.94 \qquad pH=10.06$$

4.4.3 缓冲溶液的缓冲容量和缓冲范围

任何缓冲溶液的缓冲能力都是有限的，只有加入少量的强酸或少量强碱或将溶液适当进行稀释时，溶液的 pH 值才能基本上保持不变。在 HAc-NaAc 缓冲溶液中，若加入强酸的浓度接近 Ac^- 离子的浓度；或者加入强碱的浓度接近 HAc 的浓度时，使 $c_{酸}$、$c_{共轭碱}$变化很大，则会使溶液中$[H^+]$发生显著变化，失去缓冲作用。因此，每一种缓冲溶液只具有一定的缓冲能力。

衡量缓冲溶液缓冲能力的大小称为缓冲容量。缓冲容量的大小与下列两个因素有关。

①与两种组分浓度比有关。当比值 $c_{酸} / c_{共轭碱}$ 为 1∶1（两种组分的浓度相等）时，该缓冲溶液的缓冲容量最大；两种组分浓度比相差越大，缓冲容量就越小。两种组分浓度比相差达到一定程度时就失去缓冲作用。

②与缓冲溶液的总浓度有关，总浓度越大缓冲容量也越大。

任何一种缓冲体系，其缓冲作用都有一定的范围。缓冲作用的有效 pH 范围，称为缓冲范围。它大约在 pK_a 或 pK_b 两侧各一个 pH 单位之内，即两种组分浓度比在 10∶1～1∶10。

由弱酸及其共轭碱组成的缓冲溶液的缓冲范围为：

$$pH=pK_a\pm 1 \qquad (4\text{-}26a)$$

由弱碱及其共轭酸组成的缓冲溶液的缓冲范围为：

$$pH=14-(pK_b\pm 1) \qquad (4\text{-}26b)$$

例如：HA-Ac^- 缓冲溶液，pK_a=4.74，其缓冲范围是：pH=3.74～5.74。又如 NH_3-NH_4Cl 缓冲溶液，pK_b=4.74，其缓冲范围是：pH=8.26～10.26。

4.4.4 缓冲溶液的选择和配制

分析化学中用于控制溶液酸度的缓冲溶液很多，通常根据实际情况，选用不同的缓冲溶液，选择缓冲溶液应遵循以下原则：

①缓冲溶液的组分应不干扰分析过程。如用于分光光度分析的缓冲溶液在所测浓度范围内，对工作波长应基本无吸收。在配位滴定中使用的缓冲溶液，其组分对所测离子无明显的副反应。

②选用的缓冲溶液要能有效地将酸度控制在所需的 pH 范围内。缓冲溶液中的弱酸组分的 pK_a 应接近所需控制的 pH。如果是由两性物质（如 NaH_2PO_4）组成的缓冲溶液，则 $\frac{1}{2}(pK_{a_1}+pK_{a_2})\approx pH$。这样，分析过程中需控制的 pH 值则在缓冲溶液的有效 pH 范围之内。

③应有较大的缓冲容量，一般缓冲溶液的总浓度在 0.01～1 $mol\cdot L^{-1}$。

④缓冲物质应廉价易得，避免污染。

实际工作中，如果需要 pH 为 4.2、5.0、5.5 的缓冲溶液时，常选择 HAc-NaAc 体系。因为 HAc 的 pKa=4.74 与所需的 pH 值接近。如果需要 pH 为 9.0、9.5、10.0 的缓冲溶液时，常选用 NH_3-NH_4Cl 体系，因为 NH_3 的 pK_b=4.74 与所需的 pOH 值接近，即 pH=14.0−4.74=9.26，与所需的 pH 值接近。

若分析反应要求溶液的酸度稳定在 pH=0～2 或 12～14，则可选择强酸或强碱控制溶液的酸度。强酸或强碱虽不是缓冲溶液，但具有抵抗少量酸碱的能力，基本维持溶液的 pH 值不变。例如，用配位滴定法测 Fe^{3+}，利用 HCl（1+1）溶液调节溶液 pH 在 1.8～2.0；配位滴定法测 Ca^{2+}是在 pH >12，常用 KOH 或 NaOH（200$g\cdot L^{-1}$）溶液调节溶液的酸度。

表 4-3 列出了一些常用缓冲溶液。简单缓冲体系的配方，可用缓冲溶液 pH 值

计算公式求出。

表 4-3 常用缓冲溶液

缓冲溶液	酸	共轭碱	pK_a
氨基乙酸-HCl	$^{+}NH_3CH_2COOH$	$+NH_3CH_2COO^-$	$2.35(pK_{a_1})$
一氯乙酸-NaOH	$CH_2ClCOOH$	CH_2ClCOO^-	2.86
邻苯二甲酸氢钾-HCl	$C_6H_4(COOH)COOH$	$C_6H_4(COOH)COO^-$	$2.95(pK_{a_1})$
甲酸-NaOH	HCOOH	$HCOO^-$	3.76
HAc-NaAc	HAc	Ac^-	4.74
六次甲基四胺-HCl	$(CH_2)_6N_4H^+$	$(CH_2)_4N_4$	5.15
NaH_2PO_4-Na_2HPO_4	$H_2PO_4^-$	HPO_4^{2-}	$7.20(pK_{a_2})$
三乙醇胺-HCl	$^{+}HN(CH_2CH_2OH)_3$	$N(CH_2CH_2OH)_3$	7.76
Tris*-HCl	$^{+}NH_3C(CH_2OH)_3$	$NH_3C(CH_2OH)_3$	8.21
$Na_2B_4O_7$-HCl	H_3BO_3	$H_2BO_3^-$	$9.24(pK_{a_1})$
NH_3-NH_4Cl	NH_4^+	NH_3	9.26
乙醇胺-HCl	$^{+}NH_3CH_2CH_2OH$	CH_2CH_2OH	9.50
氨基乙酸-NaOH	$^{+}NH_3CH_2COO^-$	$NH_3CH_2COO^-$	$9.60(pK_{a_2})$
$NaHCO_3$-Na_2CO_3	HCO_3^-	CO_3^-	$10.25(pK_{a_2})$

* 三（羟甲基）氨基甲烷。

表 4-4 列出最常用的几种标准缓冲溶液，它们的 pH 是经过准确的实验测得，目前已被国际上规定作为测定溶液 pH 时的标准参照溶液。

表 4-4 标准 pH 缓冲溶液

pH 标准溶液	pH 标准值（25℃）
0.034 $mol\cdot L^{-1}$ 饱和酒石酸氢钾	3.56
0.05 $mol\cdot L^{-1}$ 邻苯二甲酸氢钾	4.01
0.025 $mol\cdot L^{-1}KH_2PO_4$ -0.025 $mol\cdot L^{-1}Na_2HPO_4$	6.86
0.01 $mol\cdot L^{-1}$ 硼砂	9.18

4.5 酸碱指示剂

滴定分析的重要问题之一是需有合适的方法来确定反应的化学计量点。酸碱滴定过程一般不发生任何外观上的变化，故常需借助于酸碱指示剂颜色的变化指示滴定的终点。

4.5.1 酸碱指示剂的变色原理

酸碱指示剂为结构比较复杂的有机弱酸或有机弱碱，其酸式和共轭碱式有不同的颜色。当溶液中 H^+浓度发生改变时指示剂失去质子，由酸式转化为碱式；或得到质子，由碱式转化为酸式。伴随着质子的转移，指示剂的结构发生变化，从而发生了颜色的变化。

酚酞为无色的二元弱酸。在酸性溶液中以无色羧酸盐的酸式型（H_2In 或 HIn^-）存在，不显色。当溶液呈碱性时，酚酞失去所有质子转变成醌式结构的碱式离子（In^{2-}）而呈现红色。当溶液成为较浓的强碱性溶液时，又变成羧酸盐离子，而使溶液退色为无色。

甲基橙是一种偶氮类指示剂，pH≤3.1 时呈红色，pH≥4.4 时呈黄色。从下述平衡式可以看出，当酸度增大时甲基橙主要以红色醌式存在，酸度降低主要以黄色偶氮式存在。

综上所述，由于溶液 pH 值的改变引起指示剂分子结构的改变，因而呈现出不同的颜色。但并不是溶液的 pH 值稍有变化或任意改变都能引起指示剂颜色的变化，指示剂的变色是在一定的 pH 值范围内发生的。

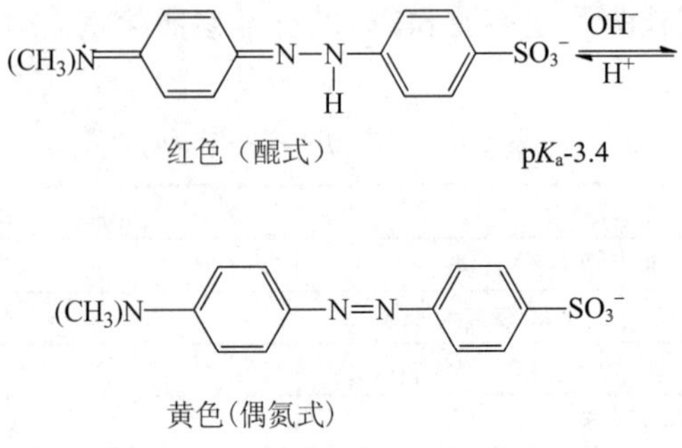

$(CH_3)\dot{N}$=⟨醌环⟩=N—N(H)—⟨苯环⟩—SO_3^- $\underset{H^+}{\overset{OH^-}{\rightleftharpoons}}$

红色（醌式） pK_a-3.4

$(CH_3)N$—⟨苯环⟩—N=N—⟨苯环⟩—SO_3^-

黄色(偶氮式)

指示剂之所以具有变色范围，可用指示剂在溶液中的平衡移动过程来解释。现以弱酸型指示剂为例，讨论指示剂的变色与溶液 pH 值间的定量关系。以 HIn 和 In^- 分别表示指示剂的酸式和碱式。酸式和碱式的颜色不同，分别称作酸式色和碱式色。它在溶液中有下列平衡：

$$\underset{（酸式色）}{HIn} \rightleftharpoons H^+ + \underset{（碱式色）}{In^-}$$

$$K_{HIn}\frac{[H^+][In^-]}{[HIn]} \qquad \frac{[In^-]}{[HIn]}=\frac{K_{HIn}}{[H^+]}$$

当 $[In^-]=[HIn]$ 时，即指示剂两种颜色各占一半，此时 $[H^+]=K_{HIn}$，溶液呈现的颜色是酸式色和碱式色的混合色（如甲基橙为橙色）。溶液 $pH=pK_{HIn}$，这一点称为指示剂的理论变色点。由于各种指示剂 K_{HIn} 不同，其理论变色点的 pH 值也各不相同。如：甲基橙的 pK_{HIn}=3.4，而酚酞 pK_{HIn}=9.1。

由上述可知，当

$$\frac{[In^-]}{[HIn]}=\frac{1}{10}\text{ 时} \qquad [H^+]=K_{HIn}\times 10 \qquad pH=pK_{HIn}-1$$

$$\frac{[In^-]}{[HIn]}=10\text{ 时} \qquad [H^+]=K_{HIn}\times\frac{1}{10} \qquad pH=pK_{HIn}+1$$

因此，指示剂的变色范围应为它的理论变色点上下各一个 pH 单位，即 $pH=pK_{HIn}\pm 1$。

现将指示剂的变色过程归纳如下：

$\frac{[In^-]}{[HIn]}$：	$<\frac{1}{10}$，	$\frac{1}{10}$，	1，	10，	>10
	纯酸色	酸色略带碱色	中间色	碱色略带酸色	纯碱色

变色范围 ←———— $pH=pK_{HIn}-1$　　　　$pH=pK_{HIn}+1$ ————→

由于各种指示剂 K_{HIn} 不同，所以各种指示剂变色范围也各不相同。表 4-5 列出了几种常用的酸碱指示剂。

表 4-5 常用酸碱指示剂

指示剂	变色范围 pH	颜色		pK_{HIn}	浓度
		酸色	碱色		
百里酚蓝（第一次变色）	1.2～2.8	红	黄	1.6	0.1%（20%乙醇溶液）
甲基黄	2.9～4.0	红	黄	3.3	0.1%（90%乙醇溶液）
甲基橙	3.1～4.4	红	黄	3.4	0.05%水溶液
溴酚蓝	3.1～4.6	黄	紫	4.1	0.1%（20%乙醇溶液）或指示剂钠盐的水溶液
溴甲酚绿	3.8～5.4	黄	蓝	5.0	0.05%水溶液，每 100 mg 指示剂加 $0.05mol\cdot L^{-1}$NaOH 2.9 mL
甲基红	4.4～6.2	红	黄	5.0	0.1%（60%乙醇溶液）或指示剂钠盐的水溶液
溴百里酚蓝	6.0～7.6	黄	蓝	7.3	0.1%（20%乙醇溶液）或指示剂钠盐的水溶液
中性红	6.8～8.0	红	黄橙	7.4	0.1%（60%乙醇溶液）
酚酞	8.0～9.6	无	红	9.1	0.1%（90%乙醇溶液）
百里酚蓝（第二次变色）	8.0～9.6	黄	蓝	8.9	0.1%（20%乙醇溶液）
百里酚酞	9.4～10.6	无	蓝	10.0	0.1%（90%乙醇溶液）

从表 4-5 中可以看出：各种指示剂的实际变色范围并非两个 pH 单位，而是在这一范围波动。这是因为人眼对各种颜色的敏感程度不同所致。例如，人眼对红色比对黄色的观察灵敏，即对黄色中出现红色就比在红色中出现黄色的辨别要敏锐得多。如按照甲基橙 pK_{HIn}=3.4，其理论变色范围应为 2.4～4.4，而实际测定甲基橙的变色范围是 3.1～4.4，在 pH 小的一边（红色端）变短了一些。这表明，甲基橙由红色变为明显的黄色，碱式色浓度$[In^-]$ 至少是酸式色[HIn]浓度的 10 倍；而由黄色变为红色，酸式色浓度只要大于碱式色浓度的 2 倍就能观察出酸式色的红色。指示剂的变色范围越窄越好，这样在化学计量点时 pH 值稍有改变，指示剂就可由一种颜色变成另一种颜色，即变色敏锐，有利于提高分析结果的准确度。

4.5.2 混合指示剂

在一些酸碱滴定中，需要把滴定终点限制在很窄的 pH 间隔内，以达到一定的准确度。单一指示剂的变色间隔约两个 pH 单位，有的难以达到要求，这时可采用混合指示剂。表4-6列出了几种常用酸碱混合指示剂。

表4-6 酸碱混合指示剂

指示剂溶液的组成	变色点pH值	颜色		备注
		酸色	碱色	
一份0.1%甲基黄乙醇溶液 一份0.1%亚甲基蓝乙醇溶液	3.25	蓝紫	绿	pH=3.4 绿色 pH=3.2 蓝紫色
一份0.1%甲基橙水溶液 一份0.25%靛蓝二磺酸钠水溶液	4.1	紫	黄绿	
三份0.1%溴甲酚绿乙醇溶液 一份0.2%甲基红乙醇溶液	5.1	酒红	绿	
一份0.1%溴甲酚绿钠水溶液 一份0.1%氯酚红钠水溶液	6.1	黄绿	蓝紫	pH=5.4 蓝紫色，pH=5.8 蓝色， pH=6.0 蓝带紫，pH=6.2 蓝紫
一份0.1%中性红乙醇溶液 一份0.1%亚甲基蓝乙醇溶液	7.0	蓝紫	绿	pH=7.0 紫蓝
一份0.1%甲酚红钠水溶液 三份0.1%百里酚蓝钠水溶液	8.3	黄	紫	pH=8.2 玫瑰色 pH=8.4 清晰的紫色
一份0.1%百里酚蓝50%乙醇溶液 三份0.1%酚酞50%乙醇溶液	9.0	黄	紫	从黄到绿再到紫
两份0.1%百里酚酞乙醇溶液 一份0.1%茜素黄乙醇溶液	10.2	黄	紫	

混合指示剂，主要是利用两种颜色的互补作用，使指示剂的变色范围变窄并且敏锐。按其配制方法不同可分为两类：一类是用一种惰性染料与一种指示剂混合而成；另一类是由两种（或多种）不同的指示剂混合而成。

例如：由甲基橙和靛蓝染料组成的混合指示剂。靛蓝在滴定过程中不变色，只作为甲基橙变色的背景，该混合指示剂随pH的改变而发生的颜色变化如下：

溶液的酸度	甲基橙的颜色	甲基橙+靛蓝的颜色
pH ≥ 4.4	黄　色	绿　色
pH = 3.1～4.4	橙　色	浅灰色（pH=4.1）
pH ≤ 3.1	红　色	紫　色

混合指示剂由绿色（或紫色）变为紫色（或绿色），中间呈近乎无色的浅灰色，变色范围变窄，变色敏锐，易于辨别。

又如，由甲基红和溴甲酚绿两种指示剂所组成的混合指示剂，在滴定过程中发生如下颜色变化：

溶液的酸度	溴甲酚绿颜色	甲基红颜色	混合指示剂颜色
pH ＜ 4.0	黄 色	红 色	橙 色
pH=4.0～6.2	绿 色	橙红色	灰 色
pH ＞ 6.2	蓝 色	黄 色	绿 色

溴甲酚绿（$1g·L^{-1}$）和甲基红（$2g·L^{-1}$）以3∶1的体积比混合后，由于共同作用的结果，使溶液在酸性条件下（pH＜5.1）显橙色（黄+红），在碱性条件下（pH＞5.1）显绿色（蓝+黄），而在pH≈5.1时，溴甲酚绿的碱性成分较多，呈绿色，甲基红的酸性成分较多，呈橙红色，这两种颜色互补，而呈浅灰色。因而使颜色在这时发生突变，变色非常敏锐。

应当指出的是，由于人眼观察颜色时判别能力的限制，对非混合指示剂，终点颜色变化约有±0.3 个 pH 单位的不确定度。如果使用混合指示剂，则有±0.2个pH单位的不确定度，一般地，以pH＝ ±0.3作为目测法判别滴定终点的界限。若采用电位法或其他仪器分析方法确定终点，能进一步提高滴定分析的准确度。

4.5.3 影响指示剂使用的因素

1．指示剂的选择

为特定酸碱滴定选择指示剂时，应使指示剂的变色范围与该滴定反应化学计量点附近的 pH 范围尽量一致，以减小滴定误差。通常应使指示剂的变色范围全部或者至少一部分落在该酸碱滴定的pH突跃范围之内。

2．指示剂的用量

滴定至终点时，指示剂必然要消耗一定量的滴定剂才能使其颜色发生变化。因此，指示剂的用量应尽可能少。由于大多数酸碱指示剂的颜色变化都比较灵敏，达到此要求并不困难。被滴定溶液中指示剂的量通常控制在0.000 1%～0.000 4%，即每100mL溶液中可加入2～8滴0.1%指示剂溶液，具体用量视滴定反应而定。

3．指示剂颜色变化的观察

人们对指示剂颜色变化的判断能力存在差异，有些人对颜色的变化很敏感，有些人则迟钝些，对于颜色视觉或颜色记忆力较差的操作人员，可在进行一系列的酸碱滴定之前，先用酸度计测量一次滴定至化学计量点的 pH，其余的滴定都应滴定至与此相同的颜色。

4．滴定温度

温度的变化会导致指示剂 K_{HIn} 和酸、碱的 K_a 或 K_b 的变化，这有可能引起误差。因此，使用某一种指示剂进行酸碱滴定时，标准溶液的标定和待测溶液的滴定应在相同温度下进行。

5．胶体的生成

由于胶体表面对离子的吸附作用，若溶液中存在胶体质点则会使滴定终点提前或推迟，这样将产生较大的误差。对此应引起足够的重视并采用相应的措施以确保滴定结果的准确性。

4.6　酸碱滴定原理

在实际分析工作中，酸碱滴定用途广泛，正确运用酸碱滴定法进行分析测定，才能获得酸碱类产品准确的分析结果。在酸碱滴定分析中，指示剂的变色点就是滴定的终点，如果指示剂指示的终点与酸碱滴定反应的化学计量点恰好重合，这是最为理想的。若选择指示剂不当，就会造成一定的滴定误差。

为了正确选择指示剂，必须了解滴定过程中溶液 pH 值的变化规律。由于各种不同类型的一元酸碱滴定过程中[H^+]的变化规律不尽相同，现分别讨论几种酸碱滴定曲线，影响滴定曲线突跃范围的因素及正确选择指示剂的方法等相关问题。

4.6.1　强酸强碱的滴定

如：HCl、HNO_3、$HClO_4$ 与 NaOH、KOH 之间的相互滴定，由于它们在溶液中全部解离，滴定时的基本反应为：

$$H^+ + OH^- \longrightarrow H_2O$$

这类滴定反应的平衡常数为：

$$K_t = \frac{1}{[H^+][OH^-]} = \frac{1}{K_w} = 1.00 \times 10^{14}$$

K_t 为滴定常数，用来衡量滴定反应的完全程度。K_t 越大，滴定反应进行得越完全，由上述的 K_t 数值可知，这类滴定反应是酸碱滴定中反应完全程度最高的。

滴定过程中溶液 pH 的变化：

以 0.100 0 $mol \cdot L^{-1}$ NaOH 溶液滴定 20.00 mL 0.100 0 $mol \cdot L^{-1}$ HCl 为例。讨论滴定过程中 pH 的变化规律。整个滴定过程 pH 的计算分为四个阶段。

（1）滴定前

溶液的酸度取决于盐酸的初始浓度，即：

$$[H^+] = 0.100\,0\ mol \cdot L^{-1} \qquad pH = 1.00$$

（2）滴定开始至计量点前

随着 NaOH 的加入，部分 HCl 被中和，溶液中 H^+浓度不断降低，溶液的酸度取决于剩余 HCl 的浓度，即：

$$[H^+] = c_{HCl} \times \frac{剩余HCl的体积}{溶液的总体积}$$

如果加入 NaOH 滴定溶液 18.00 mL 时，溶液中有 90%的 HCl 被中和，剩余 HCl 溶液 2.00 mL，这时溶液中的$[H^+]$为：

$$[H^+] = 0.100\,0 \times \frac{20.00 - 18.00}{20.00 + 18.00}$$

$$= 5.3 \times 10^{-3}$$

$$pH = 2.28$$

如果加入 NaOH 滴定溶液 19.80 mL 时，溶液中有 99%的 HCl 被中和，剩余 HCl 溶液 0.20 mL，这时溶液中的$[H^+]$为：

$$[H^+] = 0.100\,0 \times \frac{20.00 - 19.80}{20.00 + 19.80}$$

$$= 5.0 \times 10^{-4}\ mol \cdot L^{-1}$$

$$pH = 3.30$$

如果加入 NaOH 滴定溶液 19.98 mL 时，溶液中有 99.9%的 HCl 被中和，剩余 HCl 溶液仅为 0.02mL，这时溶液中的$[H^+]$为：

$$[H^+] = 0.100\,0 \times \frac{20.00 - 19.98}{20.00 + 19.98}$$

$$= 5.0 \times 10^{-5}\ mol \cdot L^{-1}$$

$$pH = 4.30$$

若指示剂在该点变色，产生的滴定误差为−0.1%。

（3）计量点时

HCl 被全部中和，溶液的$[H^+]$取决于水的解离，即：

$$[H^+]=[OH^-]=1.0\times10^{-7}\text{mol}\cdot\text{L}^{-1}$$

$$pH=7.00$$

指示剂在该点变色，恰好不产生误差。

（4）计量点后

溶液的碱度取决于过量的 NaOH，即：

$$[OH^-]=c_{NaOH}\times\frac{V_{过量NaOH}}{V_{总}}$$

如果加入 NaOH 滴定溶液 20.02 mL，过量的 NaOH 滴定溶液为 0.02 mL，即过量了 0.1%，这时溶液中

$$[OH^-]=0.1000\times\frac{0.02}{20.00+20.02}$$

$$=5.0\times10^{-5}\text{mol}\cdot\text{L}^{-1}$$

$$pOH=4.30\qquad pH=9.70$$

若指示剂在该点变色，产生的滴定误差为 +0.1%。

如果加入 NaOH 滴定溶液 22.00 mL，NaOH 过量了 2.00 mL，即过量了 10%，此时

$$[OH^-]=0.1000\times\frac{2.00}{20.00+22.00}$$

$$=4.0\times10^{-3}\text{mol}\cdot\text{L}^{-1}$$

$$pOH=2.32\qquad pH=11.68$$

如此逐一计算，计算结果见表 4-7。

表 4-7　0.100 0mol·L^{-1}NaOH 滴定 20.00 mL 0.100 0 mol·L^{-1}HCl 溶液的 pH 变化

加入 NaOH 的体积/mL	滴定分数 a	剩余 HCl 的体积/mL	过量 NaOH 的体积/mL	溶液 pH 值
0.00	0.000	20.00		1.00
18.00	0.900	2.00		2.28
19.80	0.990	0.20		3.30
19.96	0.998	0.04		4.00

加入 NaOH 的体积/mL	滴定分数 a	剩余 HCl 的体积/mL	过量 NaOH 的体积/mL	溶液 pH 值	
19.98	0.999	0.02		4.30	
20.00	1.000	0.00		化学计量点 7.00	滴定突跃
20.02	1.001		0.02	9.70	
20.04	1.002		0.04	10.00	
20.20	1.010		0.20	10.70	
22.00	1.100		2.00	11.70	
40.00	2.000		20.00	12.50	

1．滴定曲线、滴定突跃及滴定突跃范围

以滴定剂（如 NaOH）加入量（或滴定分数）为横坐标，溶液 pH 为纵坐标绘制而成的曲线，称为滴定曲线。它反映了滴定过程中滴定剂加入量与溶液 pH 的关系，是选择指示剂的主要依据。图 4-3 是 0.100 0 $mol \cdot L^{-1}$ NaOH 滴定 20.00 mL 0.100 0 $mol \cdot L^{-1}$ HCl 的滴定曲线。

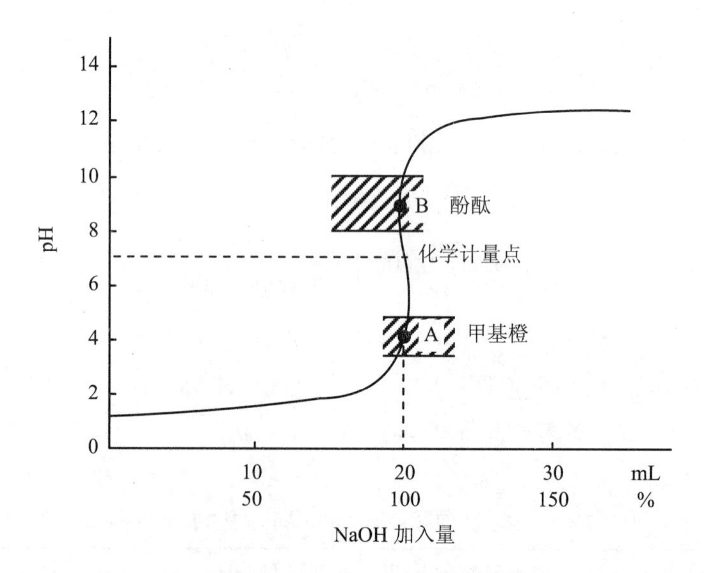

图 4-3 0.100 0 $mol \cdot L^{-1}$NaOH 滴定 20.00 mL 0.100 0 $mol \cdot L^{-1}$HCl 的滴定曲线

从图 4-3 可知，滴定开始时曲线比较平坦，随着滴定的进行，曲线逐渐向上倾斜，在化学计量点前后（±0.1%）发生急剧变化，此后又趋于缓慢。从表 4-7 可知，对于此滴定，化学计量点的 pH = 7.00。当滴定分数从 0.999（−0.1%）变化至 1.001（+0.1%）时，溶液的 pH 由 4.30 急剧增至 9.70，增大了 5.4 个 pH 单位。在滴定分析中，对于 pH 的这种急剧变化称作滴定突跃，把对应化学计量点前后 ±0.1%（$a=1.000\pm0.001$）的 pH 变化范围称为酸碱滴定的突跃范围。

2．指示剂的选择

突跃范围是选择指示剂的基本依据。显然，最理想的指示剂应该恰好在化学计量点时变色，这样就不存在滴定误差。目前选择指示剂尚无统一定量的标准。一般原则是：凡是变色范围全部或部分落在突跃范围之内的指示剂都有可以作为该滴定的指示剂，即在突跃范围以内变色的指示剂，都可以保证其滴定终点误差在±0.1%范围内。0.100 0 $mol\cdot L^{-1}$ NaOH 滴定 20.00 mL 0.100 0 $mol\cdot L^{-1}$ HCl 的滴定突跃的 pH 范围为 4.30～9.70，因此甲基红（pH 4.4～6.2）、酚酞（pH 8.0～9.6）等均可用作该滴定的指示剂。

3．影响滴定突跃大小范围的因素

图 4-4 所示为不同浓度的 NaOH 滴定不同浓度 HCl 的滴定曲线，如用 1.0 $mol\cdot L^{-1}$ NaOH 滴定 1.0 $mol\cdot L^{-1}$ HCl 溶液时，滴定突跃范围为 3.30～10.70，此时若以甲基橙作指示剂，滴定至黄色为终点，滴定误差将在±0.1%范围内。若以 0.010 $mol\cdot L^{-1}$ NaOH 滴定 0.010 $mol\cdot L^{-1}$ 的 HCl 溶液，滴定突跃范围为 5.30～8.70，由于滴定突跃小了，指示剂的选择就受到限制，要使终点误差在±0.1%范围内，最好选用甲基红作指示剂，也可用酚酞。若用甲基橙作指示剂，误差则高达±1%以上。由此可知，滴定突跃的大小与溶液的浓度有关。溶液越浓，突跃范围越大。溶液越稀，突跃范围越小。当酸碱浓度增大 10 倍时，滴定突跃部分 pH 变化范围增加两个单位。滴定计量点的 pH 仍然为 7，但计量点附近的 pH 突跃范围却不同。因此，在选择指示剂时应注意，在浓溶液滴定中可用的指示剂，在稀溶液的滴定中就不一定能用。

浓度越大，滴定突跃越宽，可供选择的指示剂越多，但浓度大时试液增多，将造成浪费和操作烦琐。另外，过浓或过稀都会导致指示剂变色不明显，滴定误差增大。因此，通常所用标准溶液的浓度在 0.1～0.5 $mol\cdot L^{-1}$。

强酸滴定强碱的滴定曲线与强碱滴定强酸的滴定曲线相对称，但 pH 值的变化方向相反。

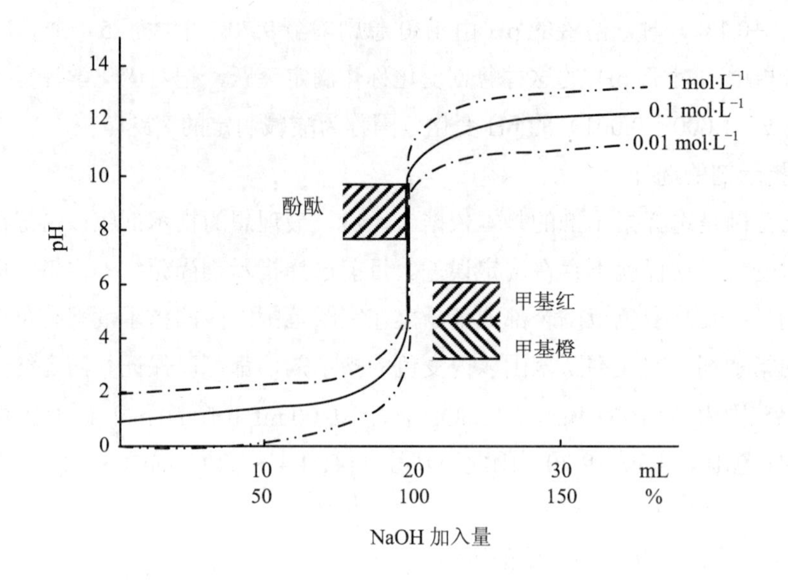

图 4-4 不同浓度的 NaOH 滴定不同浓度 HCl 的滴定曲线

4.6.2 一元弱酸、弱碱的滴定

例如，用 NaOH 滴定甲酸（HCOOH）、乙酸（CH_3COOH 常简写成 HAc）、苯甲酸（C_6H_5COOH）等，或用 HCl 滴定氨水（$NH_3 \cdot H_2O$）、甲胺（CH_3NH_2）、乙胺（$CH_3CH_2NH_2$）等。

1．滴定反应及平衡常数

滴定的基本反应为　　$OH^- + HA \rightleftharpoons A^- + H_2O$

滴定反应的平衡常数为

$$K_t = \frac{[A^-]}{[OH^-][HA]} = \frac{K_a}{K_w}$$

由上述 K_t 的表达式可知，这类滴定反应的完全程度不如强碱滴定强酸。

2．滴定过程中溶液 pH 的变化

（1）强碱滴定弱酸

以 0.100 0 mol·L^{-1} NaOH 滴定溶液滴定 20.00 mL 0.100 0 mol·L^{-1} 的 HAc 溶液为例。滴定时的基本反应为：

$$HAc + OH^- \rightleftharpoons Ac^- + H_2O$$

由于 HAc 是弱酸，K_a=1.8×10^{-5}，故溶液的 pH 值开始时就大一些。到计量点时生成的 NaAc 为弱碱，在溶液中有弱的解离，使溶液不呈中性，而是显碱性。

① 滴定前

溶液的[H$^+$]可由 HAc 的解离平衡计算：

$$K_a c = 0.100\,00 \times 1.8 \times 10^{-5} \gg 10K_w$$

$$\frac{c}{K_a} = \frac{0.100\,0}{1.8 \times 10^{-5}} > 100$$

可忽略水和弱酸本身的解离，按最简式（4-13）计算：

$$[H^+] = \sqrt{0.100\,0 \times 1.8 \times 10^{-5}}$$

$$= 1.34 \times 10^{-3} \text{mol} \cdot \text{L}^{-1}$$

$$\text{pH} = 2.87$$

② 滴定开始至化学计量点前

溶液中未中和的 HAc 和反应产物 NaAc 组成 HAc-NaAc 缓冲体系。可根据计算缓冲溶液 pH 的公式计算溶液的 pH 值。可用缓冲溶液计算 pH 值的方法计算。

$$\text{pH} = \text{pK}_a + \lg\frac{c_B}{c_A}$$

如加入 NaOH 溶液 19.98 mL 时，未中和的 HAc 为 0.02mL（即 0.1%），则：

$$c_{HAc} = 0.100\,0 \times \frac{0.02}{20.00 + 19.98}$$

$$= 5.0 \times 10^{-5} \text{mol} \cdot \text{L}^{-1}$$

$$c_{A^-} = 0.100\,0 \times \frac{19.98}{20.00 + 19.98}$$

$$= 5.0 \times 10^{-2} \text{mol} \cdot \text{L}^{-1}$$

代入式（4-25d）得，$\text{pH} = \text{p}K_a + \lg\frac{c_b}{c_a} = 1.8 \times 10^{-8}\ \text{mol} \cdot \text{L}^{-1}$

$$\text{pH} = 7.74$$

③ 化学计量点时

此时全部 HAc 被中和生成 NaAc。由于 Ac$^-$ 为弱碱，根据弱碱 pH 计算公式计算此时溶液的 pH 值。

$$c_{A^-} = 0.050\,0\text{mol} \cdot L^{-1}$$

$$pK_b = 14 - pK_a = 14 - 4.74 = 9.26$$

溶液的 $[H^+]$ 根据 Ac^-的解离平衡计算，

$$[OH^-] = \sqrt{cK_b} = \sqrt{5.6 \times 10^{-10} \times 0.05} = 5.3 \times 10^{-6}\ \text{mol} \cdot L^{-1}$$

$$pOH = 5.28 \qquad pH = 8.72$$

④ 计量点后

由于过量的 NaOH 存在，抑制了 Ac^- 的解离。溶液的 pH 主要取决于过量的 NaOH 浓度，计算方法与强碱滴定强酸相同。

例如，加入 NaOH 滴定溶液 20.02 mL，过量 0.02 mL NaOH（即 0.1%），按下式计算溶液的 pH。

$$[OH^-] = 0.100\,0 \times \frac{0.02}{20.00 + 20.02} = 5.0 \times 10^{-5}\text{mol} \cdot L^{-1}$$

$$pOH = 4.3 \qquad pH = 9.70$$

如上逐一计算，计算结果见表 4-8。并根据计算结果绘制滴定曲线，如图 4-5，该图中虚线部分为强碱滴定强酸曲线的前半部分。

表 4-8　0.100 0 mol·L^{-1} NaOH 滴定 20.00 mL 1 000 mol·L^{-1} HAc 溶液的 pH 变化

加入 NaOH 的体积/mL	滴定分数 a	剩余 HAc 的体积/mL	过量 NaOH 的体积/mL	pH 值	
0.00	0.000	20.00		2.87	
18.00	0.900	2.00		5.70	
19.80	0.990	0.20		6.74	
19.98	0.999	0.02		7.74	滴定突跃
20.00	1.000	0.00		化学计量点　8.72	滴定突跃
20.02	1.001		0.02	9.70	滴定突跃
20.20	1.002		0.20	10.70	滴定突跃
22.00	1.100		2.00	11.70	
40.00	2.000		20.00	12.50	

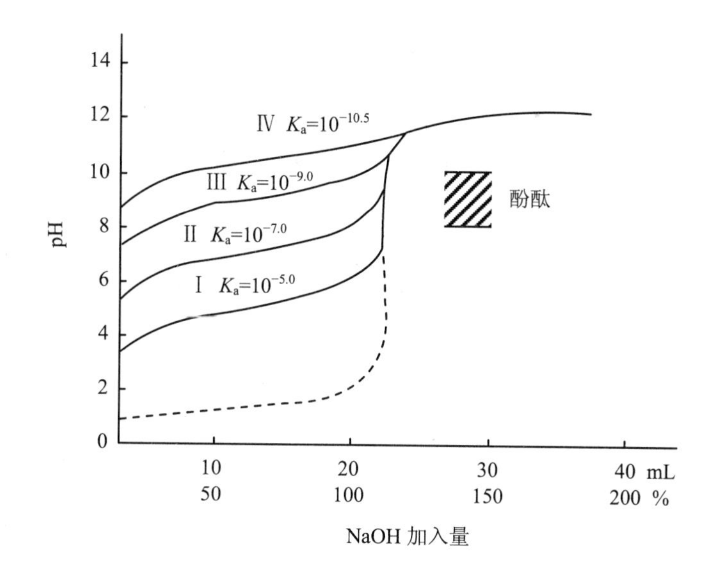

图 4-5　0.100 0 mol·L^{-1} NaOH 滴定 0.100 0 mol·L^{-1}HAc 的滴定曲线

（2）强碱滴定弱碱

以 HCl 溶液滴定 NH_3 溶液，这类滴定和 NaOH 滴定 HAc 类似，因此可根据溶液组分不同情况，求出滴定突跃和化学计量点时的 pH。

3．滴定曲线及滴定过程特点

从计算数据和滴定曲线可以看出强碱滴定弱酸有以下几个特点：

①曲线的起点比 NaOH 滴定 HCl 溶液的曲线起点高（pH 值大）约 2 个 pH 单位。这是因为 HAc 是弱酸，其解离程度比等浓度的 HCl 小得多。

②滴定开始至计量点前，曲线形成一个由倾斜到较为平坦又到倾斜的坡度。滴定开始后，由于生成的 Ac^- 能抑制 HAc 的解离，$[H^+]$较快地降低，pH 值快速升高。因此，滴定曲线开始一段的坡度比滴定 HCl 的更倾斜。继续加入 NaOH 时，由于 NaAc 不断生成，与溶液中剩余 HAc 构成缓冲体系，pH 值变化缓慢，曲线比较平坦。接近计量点时剩余的 HAc 已很少，缓冲作用减弱，$[OH^-]$增加较快，因此又形成一段较为倾斜的曲线。

③化学计量点时，由于中和产物 Ac^- 为 HAc 的共轭碱，使溶液呈碱性。所以计量点的 pH 不是 7.00 而是 8.72，处于碱性范围内。

④计量点后，溶液中存在过量的 NaOH 抑制了 Ac^- 的解离，pH 值取决于过量

的 NaOH，所以曲线与强碱滴定强酸时相同。

⑤计量点附近的 pH 突跃范围为 7.74～9.70，在碱性范围内，仅约两个 pH 单位。比滴定 HCl 的突跃范围（5 个 pH 单位）小得多。

4．影响滴定突跃范围的因素和能直接滴定的条件

由滴定的 pH 突跃范围可知，在酸性范围变色的指示剂，如甲基橙、甲基红等都不能使用。只能选择在弱碱性范围内变色的指示剂，如酚酞、百里酚蓝、百里酚酞等均可作为这一类型滴定的指示剂。

这一类滴定的突跃范围的大小，与弱酸的浓度 c 和弱酸的强度 K_a 有关。当弱酸的浓度 c 一定时，K_a 值越大，即酸越强，滴定的突跃范围也越大；K_a 越小，突跃范围也越小；浓度为 0.10 mol·L^{-1} 的弱酸 $K_a < 10^{-9}$ 时已无明显突跃（图 4-5），不可能用一般的指示剂来确定滴定终点。当 K_a 一定时，酸的浓度越大，突跃范围也越大。综合考虑弱酸的浓度 c 和解离常数 K_a 两个因素的影响，一般当 $cK_a \geqslant 10^{-8}$ 时[①]，滴定突跃≥0.3pH 单位，人眼能够辨别出指示剂颜色的改变，滴定就可以直接进行，这时滴定误差也在允许的±0.1%以内。因此，$cK_a \geqslant 10^{-8}$ 可作为判断弱酸能否目视直接滴定的条件。

5．强酸滴定弱碱

例如，用盐酸滴定氨水即属于强酸滴定一元弱减，基本反应为：

$$NH_3 + H^+ \rightleftharpoons NH_4^+$$

这种类型的滴定与强碱滴定一元弱酸相似，所不同的是 pH 值的变化方向相反，由大到小，曲线形状恰好与 NaOH 滴定 HAc 相反。由于计量点时的反应产物 NH_4^+ 是弱酸，按其解离计算 pH=5.28，偏酸性。滴定的 pH 突跃范围亦在弱酸性范围（6.26～4.30）。因此，只能选用酸性范围内变色的指示剂，如甲基红、甲基橙等。

与滴定弱酸情况相似，对于弱碱，碱性太弱或浓度太低均使突跃范围变小，不能直接滴定，只有当 $cK_b \geqslant 10^{-8}$ 时的弱碱，才能用酸标准溶液直接进行滴定。

【例 4-16】 下列弱酸、弱碱能否用酸碱滴定法直接滴定？

（1）0.10 mol·L^{-1} 苯甲酸；（2）1.0 mol·L^{-1} 的苯胺；（3）1.0 mol·L^{-1} 的乙酸钠。

---

① 关于滴定分析的可行性界限 $cKa \geqslant 10^{-8}$，可参阅：王毓芳，徐钟隽，大学化学，1987,2 (4):19。该文对配位滴定的可行性界限也有所讨论，而且酸碱滴定和配位滴定二者得出的结论一致。

解：查附表 1 知：苯甲酸（C_6H_5COOH）$K_a=6.2\times10^{-5}$；苯胺（$C_6H_5NH_2$）$K_b=4.0\times10^{-10}$；乙酸（CH_3COOH）$K_a=1.8\times10^{-5}$。

（1）苯甲酸

因为 $cK_a = 0.10\times6.2\times10^{-5} > 10^{-8}$

所以 0.10 $mol\cdot L^{-1}$ 苯甲酸可以用强碱标准滴定溶液直接滴定。

（2）苯胺为弱碱

因为 $cK_b = 1.0\times4.0\times10^{-10} < 10^{-8}$

所以 1.0 $mol\cdot L^{-1}$ 的苯胺溶液不能用强酸标准溶液直接滴定。

（3）NaAc 是 HAc 的共轭碱，即为一元弱碱，其 K_b 为

$$K_b = \frac{K_w}{K_a} = \frac{1.0\times10^{-14}}{1.8\times10^{-5}} = 5.6\times10^{-10}$$

因为 $cK_b=1.0\times5.6\times10^{-10} < 10^{-8}$

所以，1.0 $mol\cdot L^{-1}$ 的 NaAc 溶液亦不能用强酸标准滴定溶液直接滴定。

根据共轭酸碱对 K_a、K_b 的关系可知：如果弱酸的 K_a 较大，即酸性较强，能被碱标准溶液准确滴定，则其共轭碱必定是弱碱，不能用酸标准滴定溶液直接滴定。相反，如果 K_a 值很小的弱酸，不能被碱标准滴定溶液直接滴定，它的共轭碱一定是较强碱，能用酸标准滴定溶液准确滴定。

【例 4-17】用 0.100 0 $mol\cdot L^{-1}$ HCl 滴定 0.050 0 $mol\cdot L^{-1}$ 的 $Na_2B_2O_7$ 溶液时，化学计量点时溶液的 pH 值是多少？应选择何种指示剂？（已知 H_3BO_3 的 $K_a=5.7\times10^{-10}$）

解：硼砂溶于水后生成 0.100 0 $mol\cdot L^{-1}$ H_3BO_3 和 0.100 0 $mol\cdot L^{-1}$ 的 $H_2BO_3^-$，化学计量点 $H_2BO_3^-$ 也被中和成 H_3BO_3，考虑到此时溶于已稀释一倍，因此溶于中 H_3BO_3 浓度仍为 0.100 0 $mol\cdot L^{-1}$。

$$[H^+] = \sqrt{cK_a}$$

$$= \sqrt{5.7\times10^{-10}\times0.100\,0}$$

$$= 7.6\times10^{-6}\,mol\cdot L^{-1}$$

化学计量点的 pH = 5.12，可选择甲基红作指示剂。

4.6.3 多元弱酸、混合酸和多元弱碱的滴定

1．多元弱酸的滴定

多元弱酸是分级解离的，用 NaOH 滴定时，中和反应也是逐级进行。这类滴定中需要解决的问题是 H^+能否分步滴定、哪一级可被准确滴定、应选何种指示剂和滴定误差的大小。

（1）分步滴定和准确滴定的条件

一般而言，若多元酸两个相邻的 K_a 值之比 $K_{a_n}/K_{a_{n+1}} \geqslant 10^5$，就可以形成两个独立的滴定突跃，两个 H^+可以被分步滴定。进一步，多元酸的哪一级 $cK_{a_1} \geqslant 10^{-8}$，则该级 H^+可被准确滴定。

例如，H_3PO_4 的 $K_{a_1}=7.5\times10^{-3}$；$K_{a_2}=6.3\times10^{-8}$；$K_{a_3}=4.4\times10^{-13}$，用 $0.10\text{mol}\cdot\text{L}^{-1}$ NaOH 滴定同浓度的 H_3PO_4 时，因为 $K_{a_1}/K_{a_2}=10^{5.1}$、$K_{a_2}/K_{a_3}=10^{5.2}$，又 $cK_{a_1}>10^{-8}$、$cK_{a_2}>10^{-8}$、$cK_{a_3}<10^{-8}$，所以 H_3PO_4 的第一、二级解离的 H^+均可分步准确滴定，而第三级解离的 H^+不能准确滴定。

（2）化学计量点 pH 的计算和指示剂的选择

多元弱酸滴定曲线的准确计算涉及比较复杂的数学处理。在实际工作中仅计算化学计量点的 pH，为选择指示剂提供依据。

①第一计量化学点

产物为 NaH_2PO_4，浓度为 $0.05\ \text{mol}\cdot\text{L}^{-1}$，为两性物质，由于 $cK_{a_2} \gg K_w$，$c < 10K_{a_1}$，所以溶液的 pH 用近似式（4-24b）计算得：

$$
\begin{aligned}
[H^+] &= \sqrt{\frac{K_{a_1}\cdot K_{a_2}c}{K_{a_1}+c}} \\
&= \sqrt{\frac{7.5\times10^{-3}\times6.2\times10^{-6}\times0.05}{7.5\times10^{-3}+0.05}} \\
&= 2.0\times10^{-5}\text{mol}\cdot\text{L}^{-1}
\end{aligned}
$$

$$\text{pH}=4.70$$

选用甲基橙、溴酚蓝或溴甲酚绿作指示剂。若用甲基橙作指示剂滴定至pH≈4.40，终点由红变黄，滴定误差约为−0.5%。若用溴酚蓝，滴定至pH≈4.60，终点由黄变紫，滴定误差约为−0.35%。

②第二化学计量点

产物为 Na_2HPO_4，浓度为 $0.033\,\text{mol}\cdot\text{L}^{-1}$，$cK_{a_3}=0.033\times4.4\times10^{-13}\approx K_w$，$c>10K_{a_2}$，所以用近似式（4-24a）计算溶液的pH得：

$$[H^+]=\sqrt{\frac{K_{a_2}\cdot(K_{a_3}c+K_w)}{K_{a_2}+c}}$$

$$=\sqrt{\frac{6.3\times10^{-8}\times(4.4\times10^{-13}\times0.033+1.0\times10^{-14})}{0.033}}$$

$$=2.2\times10^{-10}\,\text{mol}\cdot\text{L}^{-1}$$

$$\text{pH}=9.66$$

可选用酚酞和百里酚酞混合指示剂（变色时pH≈10），终点颜色由无色变浅蓝色，分析结果的误差约为+0.3%。

由于 K_{a_3} 太小，$cK_{a_3}\ll10^{-8}$，第三个 H^+ 不能直接准确滴定，可用弱酸强化的办法滴定。

2．混合酸的滴定

混合酸的滴定与多元酸的滴定相似。设有两种一元弱酸HA和HB，浓度和解离常数分别为 c_{HA}、K_{HA} 和 c_{HB}、K_{HB}。

若 $c_{HA}K_{HA}/c_{HB}K_{HB}\geqslant10^5$，且 $c_{HA}K_{HA}\geqslant10^{-8}$、$c_{HB}K_{HB}\geqslant10^{-8}$，滴定过程中能形成两个独立的突跃，HA和HB可被分别滴定。

若 $c_{HA}K_{HA}/c_{HB}K_{HB}\leqslant10^5$，但 $c_{HA}K_{HA}\geqslant10^{-8}$、$c_{HB}K_{HB}\geqslant10^{-8}$，HA和HB不能被分别滴定，只能滴定总量。

若 $c_{HA}K_{HA}/c_{HB}K_{HB}\geqslant10^5$，$c_{HA}K_{HA}\geqslant10^{-8}$、$c_{HB}K_{HB}\leqslant10^{-8}$，滴定过程只能形成第一个突跃，只能准确滴定HA。

根据化学计量点时溶液的组成，计算滴定HA化学计量点时的 $[H^+]$ 的最简式为：

$$[H^+]=\sqrt{\frac{c_{HB}K_{HA}K_{HB}}{c_{HA}}}$$

$c_{HA}=c_{HB}$，上式简化为：

$$[H^+]=\sqrt{K_{HA}K_{HB}}$$

3．多元弱碱的滴定

和多元弱酸一样，多元弱碱也是分级解离，分步被中和。判断能否分步滴定及有几个突跃，可参照多元弱酸的滴定进行判断。

例如：Na_2CO_3是二元弱碱

$$CO_3^{2-}+H_2O \rightleftharpoons HCO_3^-+OH^- \quad K_{b_1}=10^{-3.75}$$

$$HCO_3^-+H_2O \rightleftharpoons H_2CO_3+OH^- \quad K_{b_2}=10^{-7.62}$$

用 $0.100\,0\ mol\cdot L^{-1}$ HCl 滴定 $0.100\,0\ mol\cdot L^{-1}\ Na_2CO_3$ 时，由于：

$$\frac{K_{b_1}}{K_{b_2}}=\frac{10^{-3.75}}{10^{-7.62}}<10^5$$

不满足分步滴定的要求，但如果将误差放宽为 0.5%～1%，则认为可分步滴定。

第一化学计量点时，HCl 与 CO_3^{2-} 起反应生成 HCO_3^-，溶液 pH 值为：

$$\begin{aligned}[H^+]&=\sqrt{K_{a_1}\cdot K_{a_2}}\\&=\sqrt{4.2\times10^{-7}\times5.6\times10^{-11}}\\&=4.8\times10^{-9}mol\cdot L^{-1}\end{aligned}$$

$$pH=8.32$$

可选酚酞作指示剂。

由于 HCO_3^- 具有较大缓冲作用，因此终点不很明显。通常用加有酚酞的 $NaHCO_3$ 溶液作对比或使用甲酚红-百里酚蓝混合指示剂（变色范围 pH8.2～8.4）效果较好。

第二化学计量点时，溶液的组成是 H_2CO_3（可视为 CO_2 的饱和溶液），室温下浓度约为 $0.04\ mol\cdot L^{-1}$。H_2CO_3 可按一元弱处理溶液 pH 的值为：

$$
\begin{aligned}
[H^+] &= \sqrt{cK_{a_1}} \\
&= \sqrt{4.2\times10^{-7}\times0.04} \\
&= 1.3\times10^{-4}\text{mol}\cdot\text{L}^{-1}
\end{aligned}
$$

$$pH = 3.89$$

应选甲基橙作指示剂。但是，由于此时很容易形成 CO_2 过饱和溶液，滴定过程中生成的 H_2CO_3 只能缓慢地转变为 CO_2，导致溶液的酸度略有增大，易使终点提前出现，变色不明显。因此，滴定至终点附近时应剧烈振荡溶液。

4.7　终点误差

在酸碱滴定中，利用指示剂颜色的变化来确定终点时，由于滴定终点与化学计量点不一致所产生的误差为终点误差，也称为滴定误差（E_t）。终点误差总是存在的，即使指示剂的变色点与化学计量点完全一致，人眼观察这一点时仍有±0.3 个 pH 单位的偏差。终点误差不包括滴定操作本身所引起的误差，一般用相对误差表示。

4.7.1　滴定强酸、碱的终点误差

1．用强碱滴定强酸

以 NaOH 滴定 HCl 为例。若终点在化学计量点之后，此时滴加 NaOH 过量，以 H_2O、HCl 和加入的 NaOH 为零水准，溶液的质子条件是：

$$[H^+]_{ep} + c_{过量NaOH} = [OH^-]_{ep}$$

即：

$$c_{过量NaOH} = [OH^-]_{ep} - [H^+]_{ep}$$

即过量 NaOH 的浓度应为 $[OH^-]_{ep}$ 减去水解时产生的 $[OH^-]$，而水解产生的 $[OH^-]$ 与 $[H^+]_{ep}$ 是相等的。所以，

$$E_t = \frac{\text{过量NaOH的物质的量}}{\text{化学计量点时应加入的NaOH的物质的量}} \times 100\%$$

$$= \frac{\text{过量NaOH的物质的量}}{\text{HCl的物质的量}} = \frac{([OH^-]_{ep} - [H^+]_{ep})V_{ep}}{c_{HCl}^{sp}V_{sp}} \times 100\% \tag{4-27}$$

$$= \frac{[OH^-]_{ep} - [H^+]_{ep}}{c_{HCl}^{sp}} \times 100\% = \frac{\frac{K_W}{[H^+]_{ep}} - [H^+]_{ep}}{c_{HCl}^{sp}} \times 100\%$$

在分析化学中，化学计量点和终点的酸度是用 pH 而不是用$[H^+]$表示的，酸碱指示剂的变色点和变色范围也是用pH表示的，若终点的pH_{ep}与化学计量点的pH_{sp}之差用 ΔpH 表示，即：

$$\Delta pH = pH_{ep} - pH_{sp}$$

则：

$$\Delta pH = -\lg[H^+]_{ep} + \lg[H^+]_{sp} = \lg\frac{[H^+]_{sp}}{[H^+]_{ep}}$$

由上式得：

$$[H^+]_{ep} = \frac{[H^+]_{sp}}{10^{\Delta pH}} = \sqrt{K_W} \cdot 10^{-\Delta pH}$$

代入式（4-27）得：

$$E_t = \frac{\left(\frac{K_W}{\sqrt{K_W} \cdot 10^{-\Delta pH}} - \sqrt{K_W} \cdot 10^{-\Delta pH}\right)}{c_{HCl}^{sp}} \times 100\%$$

$$= \frac{\sqrt{K_W}(10^{\Delta pH} - 10^{-\Delta pH})}{c_{HCl}^{sp}} \times 100\%$$

$$= \frac{\sqrt{\frac{1}{K_t}}(10^{\Delta pH} - 10^{-\Delta pH})}{c_{HCl}^{sp}} \times 100\%$$

$$= \frac{(10^{\Delta pH} - 10^{-\Delta pH})}{\sqrt{K_t c_{HCl}^{sp}}} \times 100\%$$

若终点在化学计量点之前，可证明上式仍成立，一般则有：

$$E_t = \frac{(10^{\Delta pH} - 10^{-\Delta pH})}{\sqrt{K_t c_{强酸}^{sp}}} \times 100\% \qquad (4\text{-}28a)$$

需要指出的是，式（4-28a）为以林邦形式表示的计算强碱滴定强酸终点误差的公式，且 $E_t > 0$ 为正误差，$E_t < 0$ 为负误差。

【例 4-18】 计算 0.1 mol·L^{-1} NaOH 滴定 HCl 至 0.1 mol·L^{-1} 甲基橙（变色点 pH 约为 4.4）和酚酞（变色点 pH 约为 9.0）变红的终点误差。

解： 强碱滴定强酸的化学计量点为 7.0，按（4-28a）计算

（1）pH=4.4

$$\Delta pH = 4.4 - 7.0 = -2.6$$

$$E_t = \frac{(10^{\Delta pH} - 10^{-\Delta pH})}{\sqrt{K_t c_{强酸}^{sp}}} \times 100\% = \frac{10^{-2.6} - 10^{2.6}}{\sqrt{10^{14} \times 0.05}} \times 100\% = -0.08\%$$

（2）pH=9.0

$$\Delta pH = 9.0 - 7.0 = 2.0$$

$$E_t = \frac{10^{\Delta pH} - 10^{-\Delta pH}}{\sqrt{K_t c}}$$

$$E_t = \frac{(10^{\Delta pH} - 10^{-\Delta pH})}{\sqrt{K_t c_{强酸}^{sp}}} \times 100\% = \frac{10^{-2.0} - 10^{2.0}}{\sqrt{10^{14} \times 0.05}} \times 100\% = -0.02\%$$

2．用强酸滴定强碱

以 HCl 滴定 NaOH 为例，若终点在化学计量点之后，此时 HCl 加多了，溶液的质子条件式为：

$$[H^+]_{ep} = c_{过量NaOH} + [OH^-]_{ep}$$

$$c_{过量NaOH} = [H^+]_{ep} - [OH^-]_{ep}$$

即过量 HCl 浓度应为$[H^+]_{ep}$减去水解离所产生的$[H^+]$，而水解的生的$[H^+]_{ep}$与

$[OH^-]$相等。

$$E_t = \frac{\text{过量HCl的物质的量}}{\text{化学计量点时应加入的HCl的物质的量}} \times 100\%$$
$$= \frac{\text{过量HCl的物质的量}}{\text{NaOH的物质的量}}$$
$$= \frac{([H^+]_{ep} - [OH^-]_{ep})V_{ep}}{c_{NaOH}^{sp} V_{sp}} \times 100\%$$
$$= \frac{([H^+]_{ep} - [OH^-]_{ep})}{c_{NaOH}^{sp}} \times 100\%$$
$$= \frac{[H^+]_{ep} - \dfrac{K_W}{[H^+]_{ep}}}{c_{NaOH}^{sp}} \times 100\%$$

因　$\Delta pH = pH_{ep} - pH_{sp}$

可证明：

$$E_t = \frac{(10^{-\Delta pH} - 10^{\Delta pH})}{\sqrt{K_t c_{NaOH}^{sp}}} \times 100\%$$

若终点在化学计量点式前，可证明上式仍成立，一般则有：

$$E_t = \frac{(10^{-\Delta pH} - 10^{\Delta pH})}{\sqrt{K_t c_{\text{强碱}}^{sp}}} \times 100\% \tag{4-28b}$$

式（4-28b）为以林邦形式表示的计算强酸滴定强碱终点误差的公式，且 $E_t > 0$ 为正误差，$E_t < 0$ 为负误差。

4.7.2　滴定弱酸、碱的终点误差

用 NaOH 滴定一元弱酸 HA，若终点在化学计量点之后，此时溶液由弱酸滴定过程中的质子条件可写成：

$$[H^+]_{ep} + c_{NaOH}^{ep} = [OH^-]_{ep} + [A^-]_{ep}$$

物料平衡式为：

$$c_{HA}^{ep} = [A^-]_{ep} + [HA]_{ep}$$

两式相减得：

$$c_{NaOH}^{ep} - c_{HA}^{ep} = [OH^-]_{ep} - [HA]_{ep} - [H^+]_{ep}$$

考虑到计算终点误差时对精确度要求不高，且滴定弱酸时的终点多为碱性，$[H^+]_{ep}$ 可忽略，所以：

$$E_t = \frac{c_{NaOH}^{ep} - c_{HA}^{ep}}{c_{HA}^{ep}} = \frac{[OH^-]_{ep} - [HA]_{ep}}{c_{HA}^{ep}} \times 100\%$$

若终点与化学计量点 pH 的差为 ΔpH，则：

$$[OH^-]_{ep} = [OH^-]_{sp} \times 10^{\Delta pH} \approx \sqrt{\frac{K_w}{K_a} c_{HA}^{sp}} \times 10^{\Delta pH}$$

而
$$K_a = \frac{[A^-]_{sp}[H^+]_{sp}}{[HA]_{sp}} = \frac{[A^-]_{ep}[H^+]_{ep}}{[HA]_{ep}}$$

因终点与化学计量点一般很接近，故 $[A^-]_{sp} \approx [A^-]_{ep}$, $[H^+]_{sp}/[H^+]_{ep} \approx [HA]_{sp}/[HA]_{ep}$

所以：
$$[HA]_{ep} = [HA]_{sp} 10^{-\Delta pH}$$

而在化学计量点时，$[OH^-]_{sp} \approx [HA]_{sp}$，即 $[HA]_{sp} = [OH]_{sp} 10^{-\Delta pH}$

将上述两式代入终点误差计算公式得：

$$E_t = \frac{[OH^-]_{ep} - [HA]_{ep}}{c_{HA}^{sp}} \times 100\% = \frac{[OH^-]_{sp} \times 10^{\Delta pH} - [OH]_{sp} 10^{-\Delta pH}}{c_{HA}^{sp}} \times 100\%$$

即：

$$E_t = \frac{\sqrt{\frac{K_w}{K_a} c_{HA}^{sp}} (10^{\Delta pH} - 10^{-\Delta pH})}{c_{HA}^{ep}} \times 100\% = \frac{10^{\Delta pH} - 10^{-\Delta pH}}{\sqrt{\frac{K_a}{K_w} c_{HA}^{sp}}} \times 100\% \quad (c_{HA}^{ep} \approx c_{HA}^{sp}) \tag{4-29}$$

式（4-29）为以林邦公式形式表示的计算强碱滴定一元弱酸终点误差公式，且当 $E_t>0$ 时，为正误差，$E_t<0$ 时，为负误差。

【例 4-19】计算 0.1 mol·L^{-1} NaOH 滴定 0.1 mol·L^{-1} HAc 至 pH 9.0 的终点误差。

解：

$$pH_{ep}=9.00$$

$$[OH^-]_{sp}=\sqrt{\frac{10^{-14}}{1.8\times10^{-5}}\times10^{-5}}\ \text{mol}\cdot\text{L}^{-1}$$

$$=5.27\times10^{-6}\text{mol}\cdot\text{L}^{-1}$$

$$pOH_{sp}=5.28 \qquad pH_{sp}=8.72$$

$$\Delta pH=pH_{ep}\ pH_{sp}=pH_{ep}-pH_{sp}=9.00-8.72=0.28$$

由式（4-29）计算：

$$E_t=\frac{100^{0.28}-100^{-0.28}}{\sqrt{\frac{1.8\times10^{-5}}{1.0\times10^{-14}\times0.05}}}=0.02\%$$

【例 4-20】用 NaOH 滴定等浓度的弱酸 HA，已知指示剂变色点与化学计量点完全一致，但由于目测法检测终点时有 $\Delta pH=0.3$ 的不确定性，因而产生误差。若希望 $E_t\leqslant0.2\%$，则 $c_{HA}^{sp}K_a$ 应大于等于多少？

解：由式（4-29）计算，

$$\sqrt{c_{HA}^{sp}K_a}\geqslant\frac{(10^{\Delta pH}-10^{-\Delta pH})}{E_t}\sqrt{K_w}$$

$$c_{HA}^{sp}K_a\geqslant\left(\frac{10^{0.3}-10^{-0.3}}{0.002}\right)^2\times10^{-14}=5.0\times10^{-9}$$

由于弱酸 HA 的初始浓度 $c_{HA}=2c_{HA}^{sp}$，所以 $c_{HA}K_a=2c_{HA}^{sp}K_a\geqslant1.0\times10^{-8}$（4-30）

式（4-30）是一元弱酸 HA 能否被准确滴定的判据。

4.7.3 滴定多元酸和混合酸的终点误差

设用 NaOH 滴定二元弱酸 H_2A。滴定至第一终点时，滴定产物为 NaHA。若此时溶液中过量（或不足的）NaOH 浓度为 b，则溶液的质子条件式为：

$$b=[OH^-]+[A^{2-}]-[H^+]-[H_2A]_{ep}$$

因此，

$$E_t = \frac{b}{c_{H_2A}^{ep}} \times 100\%$$

$$= \frac{([A^{2-}] - [H_2A] + [OH^-] - [H^+])_{ep}}{c_{H_2A}^{ep}} \times 100\%$$

$$\approx \frac{([A^{2-}] - [H_2A])_{ep}}{c_{H_2A}^{ep}} \times 100\%$$

（在第一化学计量点附近，$[OH^-]_{ep}$和$[H^+]_{ep}$均很小，可以忽略）

若终点与化学计量点 pH 的差为 ΔpH，则：

$$[H^+]_{ep} = [H^+]_{sp} \times 10^{-\Delta pH} = \sqrt{K_{a_1}K_{a_2}} \times 10^{-\Delta pH}$$

又 $[A^{2-}]_{ep} = \dfrac{K_{a_2}[HA^-]_{ep}}{[H^+]_{ep}}$, $[H_2A]_{ep} = \dfrac{[H^+]_{ep}[HA^-]_{ep}}{K_{a_1}}$, $[HA^-]_{ep} \approx c_{sp} \approx c_{ep}$

代入误差公式并整理得：

$$E_t = \frac{10^{\Delta pH} - 10^{-\Delta pH}}{\sqrt{K_{a_1}/K_{a_2}}} \times 100\% \tag{4-31}$$

第二滴定终点时，产物为 Na_2A，设过量的（或不足）的 NaOH 浓度为 b'，则终点时，溶液的质子条件式为：

$$b' = ([OH^-] - [H^+] - [HA^-] - 2[H_2A])_{ep2} \approx ([OH^-] - [HA^-])_{ep2}$$

所以：

$$E_t = \frac{V_{ep}b'}{2c_{H_2A}^{ep2}V_{ep}} \times 100\%$$

$$= \frac{([OH^-] - [HA^-])_{ep}}{2c_{H_2A}^{ep2}} \times 100\%$$

假设第二终点与化学计量点 pH 的差为 ΔpH′，则：

$$[HA^-]_{ep2} = [HA^-]_{sp2} \times 10^{-\Delta pH}, \ [OH^-]_{ep2} = [OH^-]_{sp2} \times 10^{-\Delta pH}$$

根据第二计量点时溶液的质子条件式可知：

$$[HA^-]_{ep2} + 2[H_2A]_{ep2} + [H^+]_{ep2} = [OH^-]_{ep2}$$

$$[HA^-]_{sp2} \approx [OH^-]_{sp2} = \sqrt{K_w c_{sp2} / K_{a_2}}$$

所以：

$$E_t = \frac{[OH^-]_{sp2} \times 10^{\Delta pH} - [OH^-]_{sp2} \times 10^{-\Delta pH}}{2c_{H_2A}^{ep2}}$$

$$= \frac{10^{\Delta pH} - 10^{-\Delta pH}}{2\sqrt{K_{a_2} c^{sp2} / K_w}} \times 100\% \qquad (4\text{-}32)$$

若为滴定 HA 和 HB 的混合酸，设 $K_{HA} > K_{HB}$，同样可以求得滴定至第一终点时的误差为：

$$E_t = \frac{([OH^-] + [B^-] - [HA] - [H^+])_{ep}}{c_{HA}^{ep}} \times 100\% \approx \frac{([B^-] - [HA])_{ep}}{c_{HA}^{ep}} \times 100\%$$

若终点与化学计量点的 pH 的差为 ΔpH，则

$$E_t = \frac{10^{\Delta pH} - 10^{-\Delta pH}}{\sqrt{\dfrac{K_{HA} c_{HA}^{sp}}{K_{HB} c_{HB}^{sp}}}} \times 100\% \qquad （化学计量点时，c_{HA}^{sp} \approx {}_{HA}^{ep}） \qquad (4\text{-}33)$$

弱碱的滴定与弱酸的滴定类似，可以自行推导其终点误差公式。

终点误差的一般公式有助于了解决定终点误差大小的因素，而且还可以解决酸碱滴定中的一些基本问题。若是采用仪器确定终点，检测终点的准确度可以提高。例如，用 pH 计测量可以准确到±0.05 个 pH 单位，如果允许 E_t 为±0.5%，即浓度为 $0.1mol \cdot L^{-1}$ 的一元弱酸只要 $K_a \geqslant 10^{-9.4}$ 也可用滴定法测定。

从上述讨论可知，讨论终点误差的一般步骤为：

①根据实际情况写出终点时的质子条件式，进行求出过量或不足滴定剂的表达式；

②写出误差表达式；

③合理近似，导出用 ΔpH、c、K_a、K_b 等表示的误差公式。

这些误差公式不仅具有形式简洁、易记易用等特点，而且指出了产生终点误差的主要因素，从而为减少终点误差提供理论指导。

4.8 酸碱滴定法的应用

如前所述，水溶液中酸碱平衡滴定及酸碱滴定的基本原理可以看出，酸碱反应的特点是：①反应速度快；②反应过程简单，副反应极少；③滴定过程中溶液的$[H^+]$发生变化，有多种酸碱指示剂可供选择。因此酸碱滴定法是滴定分析中重要的分析方法之一。

在实际生产研究中具有广泛的用途。一般的酸碱以及能与酸碱直接或间接反应的物质几乎都可以用酸碱滴定法测定。在许多工业部门如化工、环境、医药、食品等都具有广泛用途。可用酸碱滴定法分析的主要试样有：烧碱、矿物中的碳酸盐、清洗剂、除漆剂、除锈剂和洗涤液中的 Na_2CO_3、商业硫酸中的 H_2SO_4、盐酸中的 HCl、食用醋中的乙酸、土壤中、化肥、食品中的 N、钢铁及某些原材料中的碳、硫、硅和氮等。通过以下实例，说明酸碱滴定法的某些应用。

4.8.1 酸碱标准溶液的配制与标定

酸碱滴定法中最常用的标准溶液为 HCl 与 NaOH 溶液，有时也用 H_2SO_4 和 HNO_3 溶液。溶液浓度常为 $0.1\,mol\cdot L^{-1}$，如太浓，消耗试剂太多，造成浪费；太稀，则滴定突跃小，得不到准确的分析结果。容量分析用各标准溶液的配制和标定可见相关国家标准。下面简要列举几种常用标准溶液的配制与标定。

1．酸标准溶液

HCl 标准溶液用间接法配制，即制备所需一定浓度的 HCl 溶液，然后用基准物质标定，常用无水碳酸钠和硼砂作为基准物质标定 HCl 溶液。

（1）无水碳酸钠（Na_2CO_3）

碳酸钠容易制得很纯，价格便宜，也能得到准确的结果。但容易吸收空气中的水分和 CO_2，使用前必须在 270℃±10℃加热约 1 h，然后密闭保存于干燥器中备用。Na_2CO_3 的摩尔质量较小，称量误差相对较大。标定时可选甲基橙或甲基红作指示剂。这时 Na_2CO_3 与 HCl 反应的物质的量之比为 1∶2。

（2）硼砂（$Na_2B_4O_7\cdot 10H_2O$）

硼砂水溶液实际上是同浓度 H_3BO_3 和 $H_2BO_3^-$ 的混合液。

$$B_4O_7^{2-}+5H_2O \rightleftharpoons 2H_3BO_3+2H_2BO_3^-$$

它与 HCl 反应的物质的量之比是 1∶2，但由于其摩尔质量较大（$381.4\ g\cdot mol^{-1}$），在直接称取单份基准物作标定时，称量误差小，硼砂无吸湿性。其缺点是在空气中易风化失去部分水分，因此常保存在相对湿度为 60%的恒湿器中。用 $0.05 mol\cdot L^{-1}$ 硼砂标定 $0.1\ mol\cdot L^{-1}$ HCl 的化学计量点相当于 $0.1 mol\cdot L^{-1}$ H_3BO_3，此时：

$$[H^+]=\sqrt{cK_a}$$

$$=\sqrt{10^{-9.24-1.0}}mol\cdot L^{-1}$$

$$=10^{-5.12}mol\cdot L^{-1}$$

因此，可选用甲基红作为指示剂，终点呈橙红色。

2．碱标准溶液

NaOH 具有很强的吸湿性，也易吸收空气中的 CO_2，因此不能用它直接配制标准溶液，而是先配成大致浓度的溶液，然后用基准物进行标定。常用来标定 NaOH 溶液的基准物质有邻苯二甲酸氢钾和草酸。

（1）邻苯二钾酸氢钾（$KHC_8H_4O_4$）

不含结晶水，不吸潮，容易保存，且摩尔质量较大（204.23）。称量时误差较小。它的 $K_{a_2}=3.9\times10^{-6}$，标定时的反应为：

$$C_6H_4(COOH)(COOK) + NaOH \rightleftharpoons C_6H_4(COONa)(COOK) + H_2O$$

标定时可选酚酞作指示剂。

（2）草酸（$H_2C_2O_4\cdot10H_2O$）

基准物质草酸在相对湿度为 5%～95%时都很稳定，不吸水也不风化。标定时的反应为：

$$H_2C_2O_4+NaOH = NaC_2O_4+2\ H_2O$$

可选用酚酞作指示剂。

3．酸碱滴定中 CO_2 的影响

CO_2 是酸碱滴定误差的重要来源。市售的 NaOH 固体中常含有少量 Na_2CO_3，所配的 NaOH 溶液中含有 Na_2CO_3，且放置过程中又易吸收 CO_2 形成 Na_2CO_3。若将这种溶液作为标准溶液使用，由于滴定终点的 pH 不同时 Na_2CO_3 被中和的程度不同，所以将影响滴定的准确度。要消除这种影响，尽量使标定和测定时的 pH 一致，不仅用同一种指示剂，而且终点的颜色尽量一致，从而使得由 Na_2CO_3 引起的相对误差大致相同，计算测定结果时可基本抵消。在实际工作中需要配制不含 Na_2CO_3 的标准溶液。在保存和使用溶液 NaOH 时，应采取措施防止吸收空气中的 CO_2。

配制不含 CO_3^{2-} 的 NaOH 溶液的常用方法：先配成饱和的 NaOH 溶液（约含 50%），因为 Na_2CO_3 在饱和的 NaOH 溶液中溶解度很小，可作为不溶物沉到溶液底部，然后取上清液煮沸除去 CO_2，最后用去离子水稀释至所需浓度。在较浓的 NaOH 溶液中加入 $BaCl_2$ 或 $Ba(OH)_2$ 以沉淀 CO_3^{2-}，然后取上清液稀释（在 Ba^{2+} 不干扰测定时才能采用）。配制成的 NaOH 标准溶液应当保存在装有虹吸管或碱石灰管[含有 $Ca(OH)_2$]的瓶中，防止吸收空气中的 CO_2。若放置过久，NaOH 溶液的浓度会发生改变，应重新标定。

4.8.2　酸碱滴定法应用实例

4.8.2.1　医药领域的应用

1．二氧化碳结合力的通常测定方法

酸碱滴定法在医疗实践中有比较广泛的应用。如临床上常常利用测定血浆二氧化碳结合力作为早期诊断血浆酸碱变化的指标。

具体步骤是首先用过量的 HCl 标准溶液与血浆中的 $NaHCO_3$ 反应：

$$NaHCO_3 + HCl = NaCl + H_2O + CO_2\uparrow$$

然后再用 NaOH 标准溶液滴定过量的盐酸，

$$（过量）HCl + NaOH = NaCl + H_2O$$

根据 HCl 标准溶液和 NaOH 标准溶液的消耗量，即可算出血浆中 $NaHCO_3$ 的存在量（即二氧化碳结合力）。

2．原料药小苏打含量的测定

小苏打片为 $NaHCO_3$ 加淀粉等压制而成（药典规定：小苏打片含 $NaHCO_3$ 应为标示量的 95%～105%，所谓标示量，即每片小苏打片中 $NaHCO_3$ 的规定含量）。测定时用 HCl 标准溶液滴定，其反应式如下：

$$HCl + NaHCO_3 = NaCl + H_2O + CO_2\uparrow$$

操作：称取小苏打片约 2.5 g（称准至 1 mg），置烧杯中，用少量蒸馏水溶解后，转入 250 mL 容量瓶中，用少量蒸馏水洗涤烧杯 2～3 次，将洗液一并倒入容量瓶中，加水稀释至标线，摇匀。

用移液管吸取上述稀释液 25.00 mL，置于 250 mL 锥形瓶中，滴加甲基橙 2～3 滴，溶液即成黄色，用 HCl 标准溶液滴定，不断摇荡，直至溶液的黄色恰变橙色且在 30 s 内不褪色即为终点。记录结果，重复 2～3 次，按下式计算小苏打片中 $NaHCO_3$ 的质量分数。

$$w_{NaHCO_3}=\frac{[(cV)_{HCl}-(cV)_{NaOH}]\frac{m_{NaHCO_3}}{1\,000}}{m_s}\times100\%$$

4.8.2.2 酸碱滴定法在食品工业中的应用

凯氏定氮法是测定食品中蛋白质及氨基酸氮含量的重要方法，它是测定总有机氮最准确且较为简便的操作方法之一。

将试样同硫酸、硫酸铜和硫酸钾一同加热消化，使蛋白质分解，分解的氨与硫酸结合生成硫酸铵，然后碱化蒸馏使氨游离，用硼酸吸收后以硫酸或盐酸标准滴定溶液滴定，根据酸的消耗量乘以换算系数，即为蛋白质的含量。

凯氏定氮法可用于动植物食品中蛋白质含量的测定，但因试样中常含有核酸、生物碱、含氮类脂、卟啉以及含氮色素等非蛋白质的含氮化合物，所以将测定结果称为粗蛋白质含量。

$$X=\frac{c\cdot(V_1-V_2)\times c\times0.014\,0}{m\times\frac{10}{100}}F\times100\%$$

式中：X—— 试样中蛋白质的含量，g/100 g 或 g/100 mL；

V_1—— 试样消耗硫酸或盐酸标准滴定液的体积，mL；

V_2—— 试样空白试验消耗硫酸或盐酸标准滴定液的体积，mL；

c—— 硫酸或盐酸标准滴定溶液浓度，$mol\cdot L^{-1}$；

0.014 0 —— 1.0 mL 硫酸标准滴定溶液[c（$1/2H_2SO_4$）=0.050 0 $mol\cdot L^{-1}$]或盐酸标准滴定溶液[c（HCl）=0.050 0 $mol\cdot L^{-1}$] 相当氮的质量，g；

m —— 试样的量，g 或 mL；

F—— 氮换算为蛋白质的系数，不同种类的食品系数不同。

本方法不适用于添加无机含氮物质、有机非蛋白质含氮物质的食品测定。

4.8.2.3 酸碱滴定法在工业中的应用

1．烧碱中 NaOH 和 Na_2CO_3 含量的测定

氢氧化钠俗称烧碱，在生产和贮藏过程中，由于吸收空气中的 CO_2 而生成 Na_2CO_3，因此，经常测定烧碱中 NaOH 和 Na_2CO_3 的含量，常用氯化钡法和双指示剂两种方法。

（1）氯化钡法

准确称取一定量试样，将其溶解于已除去二氧化碳的蒸馏水中，稀释到一定体积，等分成两份溶液进行如下测定。

第一份溶液用甲基橙作作指示剂，用 HC1 标准溶液滴定至终点为橙红色，消耗 HC1 的体积为 V_1（mL）。

第二份溶液先加 $BaCl_2$ 溶液，使 Na_2CO_3 生成 $BaCO_3$ 沉淀。然后在沉淀存在的情况下以酚酞为指示剂，用 HC1 标准溶液滴定所消耗 HC1 体积为 V_2（mL）。显然 V_2 是中和 NaOH 所消耗的体积，而 Na_2CO_3 所消耗 HC1 体积为 V_1-V_2，所以：

$$w_{\mathrm{NaOH}}=\frac{c_{\mathrm{HCl}}V_2M_{\mathrm{NaOH}}}{m_{\mathrm{s}}\times 1\,000}\times 100\%$$

$$w_{\mathrm{Na_2CO_3}}=\frac{\frac{1}{2}c_{\mathrm{HCl}}\times(V_1-V_2)M_{\mathrm{Na_2CO_3}}}{m_s\times 1\,000}\times 100\%$$

（2）双指示剂法

准确称取一定量试样，溶解后先以酚酞为指示剂，用 HC1 标准溶液滴定至粉红色消失，记下用去 HCl 的体积 V_1（mL），这时 NaOH 全部被中和，而 Na_2CO_3 则中和到 $NaHCO_3$。然后加甲基橙继续用 HC1 标准溶液滴定至溶液由黄色变为橙红色，记下用去的 HC1 体积 V_2（mL）。显然 V_2（mL）是滴定 $NaHCO_3$ 所消耗的体积。而 Na_2CO_3 被中和到 $NaHCO_3$ 和 $NaHCO_3$ 被中和到 H_2CO_3，所消耗的体积是相等的。所以：

$$w_{\mathrm{Na_2CO_3}}=\frac{c_{\mathrm{HCl}}V_2M_{\mathrm{Na_2CO_3}}}{m_{\mathrm{s}}\times 1\,000}\times 100\%$$

$$w_{\mathrm{NaOH}}=\frac{c_{\mathrm{HCl}}\times(V_1-V_2)M_{\mathrm{NaOH}}}{m_{\mathrm{s}}\times 1\,000}\times 100\%$$

2．无机硅酸盐中硅的测定

矿物、岩石等硅酸盐试样中 SiO_2 含量的测定通常都采用沉淀重量法，虽然结果较准确，但费时太长。采用硅氟酸钾滴定法，快速简便，结果的准确度也能满足一般要求。

试样通过碱（KOH）熔融分解后，转化为可溶性硅酸盐。后者在强酸介质中与 HF 形成难溶的氟硅酸钾沉淀，反应如下：

$$KSiO_3 + 6HF == K_2SiF_6 \downarrow + 3H_2O$$

由于沉淀溶解度较大，沉淀时需加入固体氯化钾以降低其溶解度。沉淀用滤纸过滤，用氯化钾-乙醇溶液洗涤后，放回原烧杯中，加入氯化钾-乙醇溶液，以 NaOH 溶液中和沉淀吸附的游离酸至酚酞变红，再加入沸水使之水解而释放出 HF。反应式为：

$$K_2SiF_6 + 3H_2O == 2KF + H_2SiO_3 + 4HF \uparrow$$

立即用 NaOH 标准溶液滴定 K_2SiF_6 水解生成的 HF，根据所消耗的 NaOH 标准溶液的量计算试样中 SiO_2 含量。此处 1 mol SiO_2 消耗 4 mol NaOH。

试样中 SiO_2 质量分数为：

$$w_{SiO_2} = \frac{c_{NaOH} V_{NaOH} \times \frac{1}{4} M_{SiO_2}}{m_s} \times 100\%$$

3．极弱酸的测定（食品中硼酸的测定）

对于一些极弱的酸（碱），不能直接用 NaOH 测定，有时利用生成稳定的配合物使弱酸强化，从而可以较准确地进行滴定。例如，硼酸为极弱酸，若加入多元醇如甘露醇则发生如下反应，生成稳定的配合物：

$$\begin{matrix} R-CH-OH \\ | \\ R-CH-OH \end{matrix} + B(OH)_3 \rightleftharpoons \left[\begin{matrix} R-CH-O \\ | \\ R-CH-O \end{matrix} > B^{-} < \begin{matrix} O-CH-R \\ \\ O-CH-R \end{matrix} \right] + H^+ + 3H_2O$$

该配合物的酸性强，$pK_a = 4.26$，可以用强碱准确滴定。

4．磷的测定

磷的测定可用酸碱滴定法。试样经处理后，将磷转化为 H_3PO_4；然后在 HNO_3 介质中加入钼酸铵，使之生成黄色磷钼酸铵沉淀。其反应为：

$$PO_4^{3-}+12MO_4^{2-}+2NH_4^{+}+25H^{+} \rightleftharpoons (NH_4)_2HPMO_{12}O_{40}\cdot H_2O\downarrow+11H_2O$$

沉淀过滤后，用水洗涤至沉淀不显酸性为止。将沉淀溶于过量碱溶液中，然后以酚酞为指示剂，用 HNO_3 标准溶液返滴至红色褪去。溶解反应为：

$$(NH_4)_2HPMo_{12}O_{40}\cdot H_2O+27OH^{-} \rightleftharpoons PO_4^{3-}+12MoO_4^{2-}+2NH_3+16H_2O$$

过量的 NaOH 用 HNO_3 标准溶液返滴至酚酞刚好褪色为终点（pH≈8）。

由上述几步反应可以看出，溶解 1mol 磷钼酸铵沉淀，消耗 27mol NaOH。用 HNO_3 标准溶液返滴至 pH≈8 时，沉淀溶解后产生的 PO_4^{3-} 转变为 HPO_4^{2-}，需要消耗 1mol HNO_3；2 molNH_3 滴定至 NH_4^+ 时，消耗 2mol HNO_3；共消耗 3 mol HNO_3。所以这时 1 mol 磷钼酸铵沉淀只消耗 27−3 = 24 mol NaOH，因此，磷与 NaOH 的化学计量关系为 1∶24。试样中磷的质量分数为：

$$w_P=\frac{(c_{NaOH}V_{NaOH}-c_{HNO_3}V_{HNO_3})\frac{1}{24}M_P}{m_s\times 1000}\times 100\%$$

需要指出的是，用标准溶液 HNO_3 滴定至酚酞刚褪色时（pH≈8），溶液中的 NH_3 并未完全被中和，会引起负误差。但是溶液中有一部分 HPO_4^{2-} 被继续中和至 $H_2PO_4^-$，即 PO_4^{3-} 被中和过度，引起正误差。实际上这两种误差可基本抵消。通过计算可知，此滴定反应的化学计量点的 pH 为 8.1 左右。因此，滴定至 pH≈8，误差并不大。

总之，酸碱滴定法在许多行业用途广泛，目前仍然在生产、研究、监控等领域发挥重要作用。

4.9 非水溶液中的酸碱滴定

水是一种常用的良好溶剂，前文主要讨论水溶液中进行的酸碱滴定。但是在酸碱滴定中以水作溶剂，有时会遇到一些难以解决的问题：解离常数很小的弱酸或弱碱不能准确滴定（$K<10^{-7}$）；许多有机酸碱在水中的溶解度很小，无法滴定；一些强酸（碱）的混合液在水溶液中不能进行分别滴定。因此，水溶液中的酸碱滴定受到一定的限制。若采用非水溶剂作为滴定介质，上述滴定遇到的问题可以

迎刃而解，从而扩展了酸碱滴定的应用范围。

4.9.1　非水滴定中的溶剂

1．溶剂的分类

溶剂按其酸碱性的不同，可以分为两性溶剂和非质子传递溶剂两大类。

（1）两性溶剂

这类溶剂既可作为酸，又可作为碱。当溶质是较强的酸时，这类溶剂显碱性；当溶质是较强的碱时，这类溶剂显酸性。两性溶剂分子之间有质子的转移，即质子自递反应。根据两性溶剂给出和接受质子能力的不同，可进一步将它们分为中性溶剂、酸性溶剂、碱性溶剂。酸碱性和水相近的称为中性溶剂，其给出和接受质子的能力相当，如甲醇、乙醇等；酸性明显比水强的两性溶剂称为酸性溶剂，其给出质子的能力比水强，接受质子的能力比水弱，如甲酸、乙酸等；碱性明显比水弱的两性溶剂称为碱性溶剂，其接受质子的能力比水强，给出质子的能力比水弱，如乙二胺、丁胺和乙醇胺等。

（2）非质子传递溶剂

这类溶剂分子之间没有质子自递反应或质子自递反应极弱。它们既不能给出质子，又不能接受质子，如苯、氯仿、四氯化碳等，也被称为惰性溶剂；或者仅有接受质子的能力而不能够给出质子，即只具有碱性而不具有酸性，被称为极性非质子传递溶剂，其中有的碱性较强些（如吡啶），有的碱性很弱（如甲基异丁基酮等）。这类溶剂不具有酸碱性质或酸碱性极弱，如苯、氯仿、乙腈、甲基异丁基酮等。在惰性溶剂中溶剂不参与质子转移过程，质子转移反应直接发生在被滴定物和滴定剂之间。

2．溶剂的性质

溶解于某种溶剂的溶质，其酸碱性除了与其自身的性质有关外，还与溶剂的性质有关。影响物质酸碱性的溶剂性质主要包括溶剂的酸碱性、质子自递常数和相对介电常数。

（1）溶剂的酸碱性

酸在解离时给出质子，而溶剂接受质子，溶剂起着碱的作用。同一种酸处在不同溶剂中时，如果溶剂接受质子的能力比较强，那么酸就容易将质子转移给溶剂，即在该溶剂中的 K_a 比较大；如果溶剂接受质子的能力比较弱，那么酸就不容易将质子转移给溶剂，即在该溶剂中的 K_a 比较小。换言之、在碱性溶剂中，酸的强度增大，而在酸性溶剂中，酸的强度变小。

碱的情况类似，在酸性溶剂中，碱的强度增大，而在碱性溶剂中，碱的强度变小。因此，在水中很弱的酸如苯酚（$K_a = 10^{-10}$），不能用碱滴定，但在碱性溶剂（如乙二胺）中就变成较强的酸，可以用碱标准溶液滴定。在水中很弱的碱如苯胺（$K_b = 10^{-10}$）不能用酸滴定，但在酸性溶剂（如冰醋酸）中就变成较强的碱，可以用酸标准溶液滴定。而 HCl 在水中为强酸，在冰醋酸中变为弱酸了。溶剂由于本身酸碱性质的不同，可对不同强度的酸（碱）分别产生拉平效应或区分效应，使酸（碱）在其中显示出不同的强度，从而达到测定的目的。

（2）溶剂的质子自递反应

两性溶剂分子之间可以进行质子自递反应。用 SH 表示两性溶剂的反应通式：

$$SH+SH \rightleftharpoons SH_2^+ + S^-$$

$$K_S = \frac{a_{SH_2^+} a_S}{a_{SH}^2}$$

其反应常数 K_s 称为溶剂的质子自递常数。K_s 是溶剂的重要特性常数。

$$SH \rightleftharpoons H^+ + S^-$$

$$K_a^{SH} = \frac{a_{H^+} a_{S^-}}{a_{SH}}$$

$$SH+H^+ \rightleftharpoons SH_2^+$$

$$K_b^{SH} = \frac{a_{SH_2^+}}{a_{H^+} a_{SH}}$$

式中，K_a^{SH} 和 K_b^{SH} 分别称做溶剂的固有酸度和碱度常数，它们反映溶剂给出和接受质子能力的强弱。式中 $a_{SH} \approx 1$，所以：

$$K_a^{SH} K_b^{SH} = \frac{a_{SH_2^+} a_{S^-}}{a_{SH}^2} = a_{SH_2^+} a_{S^-} = K_S$$

溶液的酸碱性越弱，溶剂的质子自递常数越小，表示固有酸度和碱度的常数的绝对值目前无法测得，但可利用固有酸碱度的概念得出某些重要结论。

在水溶剂中，H_3O^+是能够存在的较强的酸形式，凡是有比 H_3O^+更强的酸，必将质子转移给 H_2O 生成 H_3O^+；OH^-是能够存在的最强的碱形式，凡是有比 OH^-更强的碱，必将从 H_2O 处接受质子。使 H_2O 转化为 OH^-。同样，在其他两性溶剂 SH 中，所能存在的最强酸是SH_2^+，所能存在的最强的碱是 S^-。因此，两性溶剂中的酸碱反应实际成为

$$SH_2^+ + S^- \rightleftharpoons 2SH$$

$$K = \frac{a_{SH}^2}{a_{SH_2^+} a_{S^-}} = \frac{1}{a_{SH_2^+} a_{S^-}} = \frac{1}{K_S}$$

可见，溶剂的质子自递常数 K_s 越小，酸碱反应的平衡常数越大，反应越完全，同样的滴定反应的突跃范围也越大。

质子自递常数是溶剂的重要特性，质子自递常数的大小是标志溶剂能产生区分效应范围的宽窄。例如，水是中性溶剂，其 $pK_{SH} = 14.00$，其区分酸碱强弱的范围为 14 个 pH 单位。乙醇也是中性溶剂，其 $pK_{SH} = 19.1$，其区分范围为 19.1 个 pH 单位。不同的溶剂具有不同的质子自递常数。溶剂的 pK_{SH} 越大，则滴定时溶液 pH 的变化范围越大，滴定在化学计量点前后的 pH 突跃范围越大，滴定的准确度就越高，由于可使用的 pH 范围很大，还可以连续滴定多种强度不同的酸或碱的混合物。例如，甲基异丁基酮的 pK_{SH} ＞30，以它为溶剂可以连续滴定 5 种强度不同的酸（图 4-6）。

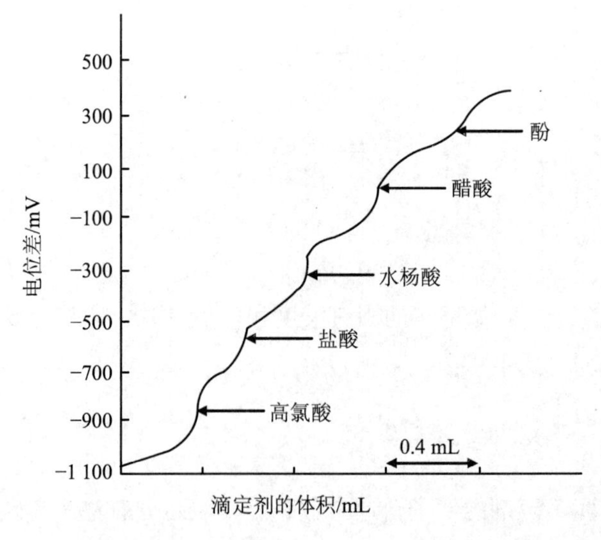

图 4-6　在甲基异丁基酮中用 $0.2\,mol \cdot L^{-1}$ 氢氧化四丁胺滴定混合酸的滴定曲线

（3）溶剂的介电常数

溶剂的极性与介电常数ε有关。正负电荷在不同介质中的相互作用力比在真空中所减弱的倍数，称为该种介质的相对介电常数。溶剂的相对介电常数能反映其极性的强弱，极性强的溶剂，其相对介电常数较大；反之，其相对介电常数较小。常见溶剂的相对介电常数见表4-9。

表4-9 几种溶剂的质子自递常数及相对介电常数（25℃）

溶剂	pK_a	ε_r	溶剂	pK_a	ε_r
水	14.00	78.5	乙腈	28. 5	36.6
甲醇	16.7	31.5	甲基异丁酮	＞30	13.1
乙醇	19.1	24.0	二甲基甲酰胺	18.0（16℃）	36.7
甲酸	6.22	58.5（16℃）	吡啶	—	12.3
冰醋酸	14.45	6.13	二氧六烷	—	2.21
醋酸酐	14.5	20.5	苯	—	2.3
乙二胺	15.3	14.2	三氯甲烷	—	4.81

在溶剂中，离子之间的静电引力遵循库仑定律，正负离子之间的静电引力可用下式表示：

$$F=\frac{q^{+}q^{-}}{r^{2}\varepsilon}$$

式中，F为正负离子间的静电引力，q^{+}、q^{-}为正负离子的电荷，r是正负离子电荷中心之间的距离，ε_r为溶剂的相对介电常数，与溶剂的极性有关。由上式可见，溶剂中两个带相反电荷的离子之间的静电引力，与溶剂的相对介电常数成反比。溶剂的相对介电常数越大，正负离子之间的静电引力越小，电解质越容易发生解离。例如，HCl是强极性共价化合物，它在相对介电常数较大的水（ε_r= 78.5）中是强酸，而在相对介电常数很小的苯（ε_r= 2.3）中却不能解离。

4.9.2 非水滴定条件的选择

1．溶剂的选择

在非水酸碱滴定中，溶剂的选择十分重要。在选择溶剂时要考虑溶剂的上述性质，但首先考虑的是溶剂的酸碱性，因为它对滴定反应能否进行完全，终点是否明显起决定性作用。例如，滴定一种弱酸（HA），通常用溶剂阴离子（S）进行滴定，其反应如下：

$$HA + S^- \rightleftharpoons SH + A^-$$

滴定反应的完全程度，可由滴定反应的平衡常数（K_t）得出：

$$K_t = \frac{a_{A^-} a_{SH}}{a_{HA} a_{S^-}} = \frac{K_a^{HA}}{K_a^{SH}}$$

平衡常数 K_t 反映滴定反应的完全度，K_t 越大，滴定反应越完全。由上式可见，HA 的固有酸度（K_a^{HA}）越大，溶剂的固有酸度（K_a^{SH}）越小，则滴定反应越完全。从另一角度讲，如果溶剂的酸性太强，则 A^- 也可能夺取 SH 中的质子，使上述反应平衡向左移动，使滴定反应不完全。因此对于酸的滴定，溶剂的酸性越弱越好，通常用碱性溶剂或非质子溶剂。同样，对于弱碱的滴定，通常用质子化溶剂（H_2A^+）进行滴定，通常选用的都是酸性溶剂或惰性溶剂。

混合酸（碱）的分步滴定，可选择酸碱性皆弱的溶剂，通常选择惰性溶剂及 pK 大的溶剂能提高终点的敏锐性。前述在甲基异丁酮介质中分别滴定 5 种酸即是一例。

所选溶剂应有利于滴定反应完全，终点明显，而又不引起副反应。如将咖啡因溶解于醋酐中，因增强了碱性，能用高氯酸标准溶液滴定，但某些伯胺或仲胺（如哌嗪）能被醋酐乙酰化，发生副反应，因此不能用醋酐作溶剂。

此外，选择溶剂时，还应考虑以下要求：溶剂应有一定的纯度、黏度小、挥发性低，易于精制回收、价廉、安全。

溶剂应能溶解试样及滴定反应的产物，一种溶剂不能溶解时，可采用混合溶剂。

常用的混合溶剂一般由惰性溶剂与质子溶剂结合而成：混合溶剂能改善试样溶解性，并且能增大滴定突跃范围，终点时指示剂变色敏说。可分为两类：①冰醋酸-醋酐、冰醋酸-苯、冰醋酸氯仿及冰醋酸-四氯化碳等，适于弱碱性物质的滴定。②苯-甲醇、苯-异丙醇、甲醇-丙酮、二甲基甲酰胺-氯仿等，适于弱酸性物质的滴定。

溶剂应不引起副反应，存在于溶剂中的水分能严重干扰滴定终点，应采用精制或加入能和水作用的试剂等方法除去。

2．滴定剂的选择

滴定碱的标准溶液常采用高氯酸的冰醋酸溶液。这是因为高氯酸在冰醋酸中有较强的酸性，且绝大多数有机碱的高氯酸盐易溶于有机溶剂，对滴定反应有利。市售高氯酸为含 $HClO_4$ 为 70.0%～72.0%的水溶液，故需加入醋酐除去水分。标定高氯酸标准溶液浓度常用邻苯二甲酸氢钾为基准物质，结晶紫为指示剂，其滴定反应如下：

$$C_6H_4(COOK)(COOH) + HClO_4 \rightleftharpoons KClO_4 + C_6H_4(COOH)_2$$

滴定酸时常用滴定剂为醇钠和醇钾，如甲醇钠，由金属钠和甲醇反应制得。

$$2CH_3OH + 2Na \longrightarrow 2CH_3ONa + H_2\uparrow$$

碱金属氢氧化物和季铵盐（如氢氧化四丁基铵）也可做滴定剂。

3．指示剂的选择

在非水酸碱滴定中，除用指示剂指示终点外，电位滴定法是确定终点的基本方法。因为非水滴定中，有许多物质的滴定目前还未找到合适的指示剂，而且在选择指示剂和确定指示剂终点颜色时都需要以电位滴定法作参照。下面介绍几种常用指示剂。

结晶紫是以冰醋酸作滴定介质，高氯酸为滴定剂滴定碱时最常用的指示剂。百里酚蓝适宜于在苯、丁胺、二甲基甲酰胺、吡啶、叔丁醇溶剂中滴定中等强度酸（在水溶液中 $pK_a \leqslant 9$）时作指示剂，变色点与电位滴定终点基本一致，其碱式色为蓝色，酸式色为黄色。偶氮紫适用于水溶液中 pK_a 为 9～10.5 较弱酸的滴定，其碱式色为蓝色，酸式色为红色。溴酚蓝适用于甲醇、苯、氯仿等溶剂中滴定羧酸、磺胺类、巴比妥类等，其碱式色为蓝色，酸式色为红色。

4.9.3 非水溶液酸碱滴定的应用

1．维生素 B_1 滴定

维生素 B_1 也称盐酸硫胺，是由氨基嘧啶和噻唑环通过亚甲基连接而成的季铵类化合物，水溶液显酸性，但分子中含有两个碱性的伯胺和季铵基团，在冰醋酸中，均可与高氯酸作用，故可用高氯酸滴定维生素 B_1。维生素 B_1 与高氯酸反应的物质的量之比为 1∶2。

用非水滴定法测定维生素 B_1 原料药。下图为维生素 B_1 结构式：

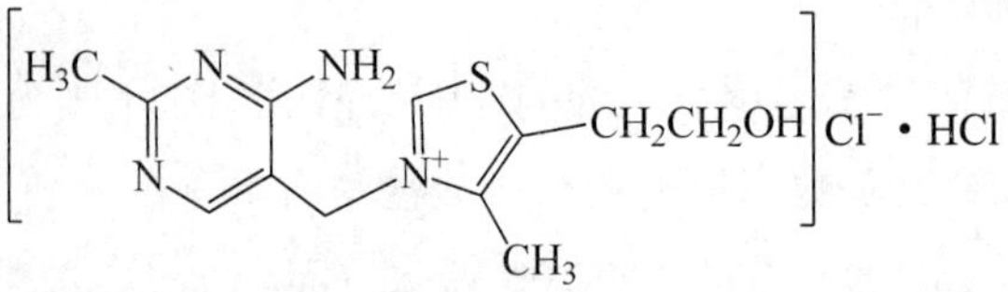

测定方法；准确称量试样约 0.12 g，加冰醋酸 20 mL，微热使其溶解，放冷，加醋酐 30 mL，用高氯酸标准溶液作滴定剂（0.100 0 mol·L^{-1}），以电位滴定法进行滴定，并作空白校正。每毫升高氯酸相当于 16.86 mg $C_{12}H_{17}ClN_4OS$ • HCl。

2．重酒石酸去甲肾上腺素

重酒石酸去甲肾上腺素（见下图）药物分子结构中具有仲胺氮，故显弱碱性。由于重酒石酸在冰醋酸溶液中酸性较弱，不干扰高氯酸的滴定和结晶紫指示剂终点颜色的变化，故可在冰醋酸介质中用高氯酸直接滴定。

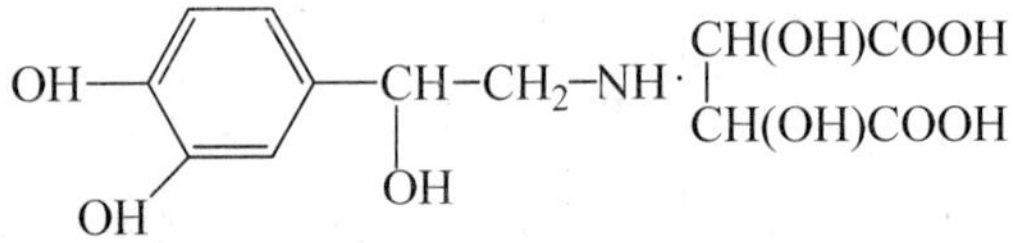

用非水滴定法测定重酒石酸去甲肾上腺素。

测定方法：准确称量试样约 0.2 g，加冰醋酸 10 mL，振荡溶解后（必要时微温），加结晶紫指示剂 1 滴，用 0.100 0 mol·L^{-1} 高氯酸标准溶液滴定至溶液显蓝绿色即为滴定终点，并作空白校正。每 1 mL 0.100 0 mol·L^{-1} 高氯酸溶液相当于 31.93 mg $C_8H_{11}NO_3 \cdot C_4H_6O_6$。

3．六氯双酚

六氯双酚是一种杀虫剂，具有较强的酸性，可以用 NaOH 标准溶液直接滴定，但它在水中的溶解度很小，可溶于乙醇等有机溶剂，结构如下图。要实现酸碱滴定法测定六氯双酚只能在非水体系中进行。

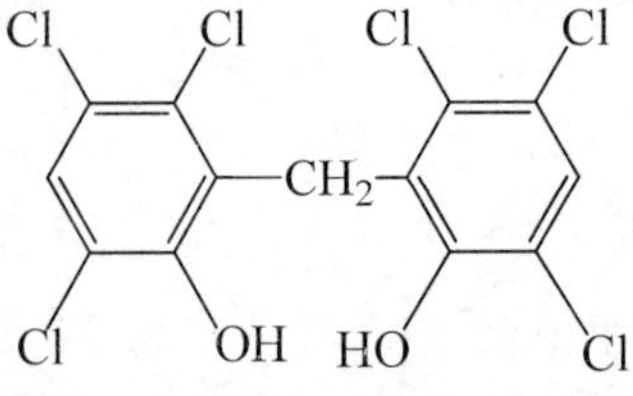

测定方法：准确称量试样约 1 g，加 25mL 乙醇溶解，加数滴百里酚蓝-酚酞（1∶3）混合指示剂，以 0.100 0 mol·L^{-1} NaOH 标准溶液滴至黄绿色即为终点。

思考题

1．分析化学中处理酸碱平衡问题时，用酸碱质子理论有什么优点？

2．什么是共轭酸碱对？ 共轭酸碱对的 K_a 和 K_b 之间有什么关系？酸碱反应的实质是什么？

3．什么是酸碱指示剂理论？ pH 变色范围？ 影响酸碱指示剂 pH 变色范围的因素有哪些？

4．为什么酸碱指示剂的 pH 变色范围与其理论 pH 变色范围不一致？

5．在酸碱滴定曲线上，滴定的 pH 突跃范围是如何规定的？ 影响酸碱滴定的 pH 突跃范围的因素有哪些？

6．用酸碱指示剂确定酸碱滴定的终点时，如何选择合适的指示剂？有些酸碱滴定的终点，为什么选用混合酸碱指示剂来指示？

7．对于一元弱酸 HA，其解离常数为 K_a，则当 pH 为多少时，$c_{HA} = c_{A^-}$？

8．对于三元酸 H_3PO_4，其解离常数分别为 $K_{a_1}, K_{a_2}, K_{a_3}$，则当 pH 为多少时，

$c_{H_2PO_4^-} = c_{HPO_4^{2-}}$？

9．下列说法是否正确？

①酸碱指示剂用量越大，则酸碱滴定终点时指示剂变色越灵敏。

②弱酸的 K_a 越大，其共轭碱的 pK_b 越大，即其共轭碱的碱性越弱。

③对于 $H_2C_2O_4$ 水溶液，当溶液 pH = pK_{a_1} 时，$c_{HC_2O_4^-} = c_{C_2O_4^{2-}}$。

④所有的酸，都可以用 NaOH 标准溶液进行准确滴定。

10．下列各组酸碱物质中，哪些属于共轭酸碱对。

①H_3PO_4—Na_2HPO_4　②H_2SO_4—SO_4^{2-}　③H_2CO_3—CO_3^{2-}

④$NH_3^+CH_2COOH$—$NH_2CH_2COO^-$　⑤H_2Ac^+—Ac^-

⑥$(CH_2)_6N_4H^+$—$(CH_2)_6N_4$

11．下列溶液以 NaOH 溶液或 HCl 溶液滴定时，在滴定曲线上会出现几次 pH 突跃？

①$H_3PO_4 + H_2SO_4$　②$HCl + H_3BO_3$　③HF + HAc

④$Na_2HPO_4 + Na_2CO_3$　⑤$NaOH + Na_3PO_4$　⑥$Na_3PO_4 + NaH_2PO_4$

12．用 HCl 溶液中和 Na_2CO_3。溶液分别为 pH = 10.50 和 pH = 6.00 时，溶液中各有哪些组分？其中主要组分是什么？ 当中和至 pH＜4.00 时，主要组分是什么？

13．判断下列情况对测定结果的影响。

①标定 NaOH 溶液的浓度时，邻苯二甲酸氢钾中混有邻苯二甲酸。

②用吸收了 CO_2 的 NaOH 溶液滴定盐酸至第一化学计量点，情况如何？若滴定至第二化学计量点时，情况又如何？

14．用双指示剂法测定混合碱试样。设酚酞变色时消耗盐酸的体积为 V_1，加入甲基橙，继续用盐酸滴定至溶液变色时，消耗盐酸 V_2，请判断下列情况混合碱试样的组成。

①$V_1 > 0$，$V_2 = 0$　　②$V_1 = 0$，$V_2 > 0$　　③$V_1 = V_2 > 0$

④$V_1 > V_2 > 0$　　⑤$V_2 > V_1 > 0$

习　题

1．计算 pH=4.00 时，0.10 $mol \cdot L^{-1}$ 水溶液中的 c_{HAc} 及 c_{Ac^-}。

2．写出下列酸碱组分的水溶液的质子条件。

①NH_3（c_1）+NaOH（c_2）　②H_3AsO_4　③KHC_2O_4

④HAc（c_1）+ H_3PO_4（c_2）　⑤HCOOH（c_1）+ H_3PO_4（c_2）

3．计算下列各组分水溶液的 pH。

①0.20 $mol \cdot L^{-1}$ NH_4Cl 溶液　　②0.020 $mol \cdot L^{-1}$ NaH_2PO_4 溶液

③0.10 $mol \cdot L^{-1}$ NaAc　　④0.1 $mol \cdot L^{-1}$ H_3PO_4 溶液

⑤0.033 $mol \cdot L^{-1}$ $Na_2C_2O_4$ 溶液　　⑥0.010 $mol \cdot L^{-1}$ Na_2HAsO_4 溶液

⑦50 mL 0.10 $mol \cdot L^{-1}$ H_3PO_4+75 mL 0.10 $mol \cdot L^{-1}$ NaOH 溶液

4．下列各组分能否用等浓度的强酸（或强碱）直接滴定？若能滴定，有几个滴定突跃？ 其滴定的化学计量点 pH 为多少？应选何种酸碱指示剂指示滴定的终点？

①0.10 $mol \cdot L^{-1}$ NaAc 溶液　　②0.10 $mol \cdot L^{-1}$ NaCN 溶液

③0.10 $mol \cdot L^{-1}$ 邻苯二甲酸溶液　　④0.40 $mol \cdot L^{-1}$ 乙二胺溶液

⑤0.10 $mol \cdot L^{-1}$ 柠檬酸溶液　　⑥0.10 $mol \cdot L^{-1}$ H_3AsO_4 溶液

5．欲使 200 mL 0.10 $mol \cdot L^{-1}$ HCl 溶液的 pH 从 1.00 增大至 4.74，需要加入固

体 NaAc 多少克？（忽略溶液体积的变化）

6．正常血浆中 $NaHCO_3$ 平均含量为 $2.02\ g\cdot L^{-1}$，H_2CO_3 为 $0.074\ g\cdot L^{-1}$，在 38℃时，$pK_{a_1}=6.38$，这时血液的 pH 为多少？

7．取 H_3PO_4 试样 2.000 g，制成 250.0 mL 溶液，吸取 25.00 mL 溶液用 $0.094\ 6\ mol\cdot L^{-1}$ NaOH 标准溶液滴定至甲基橙变色，消耗 NaOH 溶液 21.30 mL。分别计算 H_3PO_4 和 P_2O_5 的质量分数。

8．二元弱酸 H_2A 的水溶液，当溶液 pH=1.92 时，$\delta_{H_2A}=\delta_{HA^-}$；溶液 pH=6.22 时，$\delta_{HA^-}=\delta_{A^{2-}}$，计算：

①H_2A 的 K_{a_1} 和 K_{a_2}；

②主要以 HA^- 形式存在时，溶液 pH 为多少？

③若用 $0.100\ 0\ mol\cdot L^{-1}$ NaOH 溶液滴定 $0.100\ 0\ mol\cdot L^{-1}$ H_2A 有几个滴定突跃？各化学计量点的 pH 为多少？ 各选何种指示剂确定滴定的终点？

9．称取纯净的某一元弱酸 HA 0.815 0 g，溶于适量蒸馏水中，以酚酞为指示剂，以 $0.110\ 0\ mol\cdot L^{-1}$ NaoH 标准溶液 24.60 mL 滴定至终点。在滴定过程中，当加入 NaOH 标准溶液 11.00 mL 时，溶液的 pH=4.80。计算该弱酸 HA 的 K_a 值。

10．$0.10\ mol\cdot L^{-1}$ 某一元弱酸 HA 的 pH = 3.00，其等浓度的共轭碱 NaA 的 pH 为多少？

11．用 $0.10\ mol\cdot L^{-1}$ NaOH 溶液滴定相同浓度的邻苯二甲酸氢钾溶液。计算滴定至化学计量点的 pH 及计量点前后 0.1%时溶液的 pH。

12．某蛋白质试样 0.240 0 g 经消解后加浓碱蒸馏，释放出的 NH_3 用 4%的足量 H_3BO_3 吸收，然后用标准的盐酸溶液 20.24 mL 滴定至终点。计算试样中 N 的质量分数。已知 1.00 mL 该盐酸溶液相当于 0.038 14 g 的 $Na_2B_4O_7\cdot 10H_2O$。

13．称取 Na_2CO_3 和 $NaHCO_3$ 的混合试样 0.640 0 g，溶于适量的蒸馏水中。以甲基橙为指示剂，用 $0.200\ 0\ mol\cdot L^{-1}$ HCl 溶液 48.40 mL 滴定至终点。若同样质量的该混合碱试样，以酚酞为指示剂，用上述 HCl 溶液滴定至终点时，需消耗 HCl 溶液多少毫升？

14．称取仅含有 K_2CO_3 和 Na_2CO_3 的试样 1.000 g，溶于水后，以甲基橙作指示剂，用 $0.500\ 0\ mol\cdot L^{-1}$ 的 HCl 标准溶液 30.00 mL 滴定至终点，分别求试样中 K_2CO_3 和 Na_2CO_3 的质量分数。

15．用盐酸标准溶液滴定含有 8.00%Na_2CO_3 的 NaOH 溶液，如果用甲基橙作指示剂，用去 HCl 溶液 24.50 mL 滴定至终点；若以酚酞作指示剂，则需要用去该 HCl 溶液多少毫升才能滴定至终点？

16．某企业化验室进行工业硫酸含量的测定，采用 GB/T 534—2002 方法。用已称量的带磨口盖的小称量瓶称取硫酸试样 0.687 9g，小心移入盛有少量水的锥形瓶中，冷却至室温，加甲基红-亚甲基蓝混合指示剂，用 0.050 57 $mol\cdot L^{-1}$ 的 NaOH 标准滴定溶液滴定至溶液变为灰绿色为终点，用去 25.75 mL，计算工业硫酸中硫酸的含量。

17．根据下列数据判断试样组成，并计算各组分的质量分数。三种试样均称取 0.301 0 g，用 0.106 0 $mol\cdot L^{-1}$ HCl 标准溶液滴定。

①以酚酞为指示剂，消耗 HCl 溶液 20.30 mL，若取等量试样，以甲基橙作指示剂，滴定至终点时消耗 HCl 溶液 45.40 mL；

②加酚酞指示剂溶液颜色无变化，再加甲基橙指示剂，滴定至终点时消耗 HCl 溶液 30.56 mL；

③以酚酞为指示剂，滴定至终点时消耗 HCl 溶液 25.02 mL，再加入甲基橙，滴定至终点时消耗 HCl 溶液 14.32 mL。

18．用甲醛法测定工业$(NH_4)_2SO_4$中 NH_3 的质量分数。将试样溶解后用 250.0 mL 容量瓶定容，移取 25.00 mL 用 0.200 0 $mol\cdot L^{-1}$ NaOH 标准溶液滴定，若消耗 NaOH 溶液的体积为 20～30 mL，则试样称取量应在什么范围？

19．称取 0.210 0 g 的硅酸盐试样，经熔融分解，沉淀 K_2SiF_6。将沉淀过滤、洗涤后 K_2SiF_6 水解产生的 HF，用 0.200 0 $mol\cdot L^{-1}$ NaOH 标准溶液滴定，以酚酞为指示剂，消耗 NaOH 标准溶液 30.00 mL。计算硅酸盐试样中 SiO_2 的质量分数。

20．标定甲醇钠溶液时，称取基准试剂苯甲酸 0.468 0 g，滴定至终点时消耗甲醇钠溶液 25.50 mL，计算甲醇钠的浓度。

21．企业依照 GB 14889—1994 对其生产的食品添加剂柠檬酸钾进行出厂检验测定其含量：称取于（180±2）℃温度下烘干后的柠檬酸钾试样 0.247 5 g，置于干燥的锥形瓶中，加 40 mL 冰醋酸，微热溶解，冷却至室温，加结晶紫指示液，用 0.101 2 $mol\cdot L^{-1}$ 的高氯酸标准溶液滴定至溶液由紫色变为蓝色为终点，用去高氯酸标准溶液 24.72 mL，同时做空白试验，用去高氯酸标准滴定溶液 1.06 mL。试确定该批产品是否合格。（GB 14889—1994 规定柠檬酸钾（干燥后）含量（以 $C_6H_5K_3O_7$ 计）不得小于 99.0%）

第 5 章　配位滴定法

基于配位化学反应建立的分析方法称为配位滴定法，配位反应也属于路易斯酸碱反应，所以和酸碱反应有许多相似之处。但是，配位反应过程中存在许多副反应，使得配位反应较酸碱反应更加复杂。

配位滴定广泛应用于分析化学的各种测定中，配位剂分为无机和有机两种。目前应用最多的是氨羧类有机配位剂，并以 EDTA 为主要代表，因此配位滴定法实际主要是指用 EDTA 作为标准滴定溶液的滴定分析法。

5.1　配位化合物

配位化合物，简称配合物，是由中心离子与配位体以配位键结合而成的化合物。配合物的稳定性一般取决于配位体的性质，配位体分为单基配位体和多基配位体。单基配位体只含有一个配位原子，如 NH_3、F^-和 CN^-等；含有两个或两个以上键合原子的配位体称为多基配位体，如乙二胺 $H_2N—CH_2—CH_2—NH_2$。它们与金属离子形成两种类型的配合物。

单基配合物：由单基配位体与中心离子配位形成的配合物称为单基配合物。单基配位体，往往形成一系列配位数不等的配合物 ML_n，如 $Zn(NH_3)^{2+}$、$Zn(NH_3)_2{}^{2+}$、$Zn(NH_3)_3{}^{2+}$、$Zn(NH_3)_4{}^{2+}$。与多元酸相似，单基配合物是逐级形成的，这种现象称为逐级配位现象。这类配合物相邻的两级稳定常数比较接近，配合物多数不稳定，除了个别反应外大多数不能用于滴定，单基配合物在配位滴定中主要用作掩蔽剂和防止金属离子沉淀的辅助配位剂。

螯合物：由多基配位体与中心离子配位形成的环状配合物称为螯合物。相应的配位体又叫螯合剂。多基配位体含有两个以上的配位原子，例如 Ni^{2+}与乙二胺配位时，因乙二胺含有两个可提供孤对电子的氮原子，中心离子与一个分子的配位剂之间形成两个配位键，从而使配合物形成环状结构。

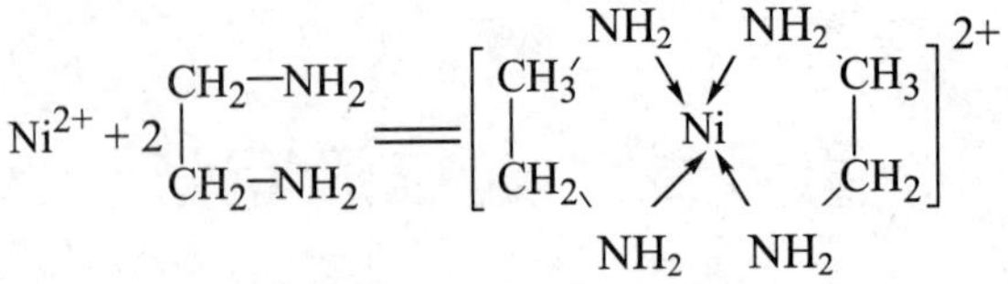

$$Ni^{2+} + 2\begin{array}{l} CH_2-NH_2 \\ | \\ CH_2-NH_2 \end{array} = \left[\begin{array}{ccccc} & NH_2 & & NH_2 & \\ CH_3 & \searrow & & \swarrow & CH_3 \\ | & & Ni & & | \\ CH_2 & \nearrow & & \nwarrow & CH_2 \\ & NH_2 & & NH_2 & \end{array}\right]^{2+}$$

在螯合物中配位体好像蟹钳一样抓住中心离子，螯合物比同种配位原子所形成的非螯合配合物稳定得多，这种因成环而使稳定性增强的现象称为螯合效应。螯合物的稳定性与螯环的大小及成环的数目有关，具有五元环或六元环的螯合物很稳定，而且所形成的环越多，螯合物越稳定。

螯合物的形成减少和消除了配合物的逐级配位现象，在螯合物中，中心离子与配位剂的配位数通常为 1∶1，其化学计量关系简单，适合于滴定分析。在滴定分析中常用的氨羧配位剂与金属离子形成的配合物就是稳定性很高的螯合物。

氨羧配位剂是指含有$-N(CH_2COOH)_2$的有机化合物。其分子中含有氨氮（$\ddot{N}$）和羧氧（$-C\begin{array}{l} =O \\ -\ddot{O}^- \end{array}$）配位原子，前者易于同$Co^{2+}$、$Ni^{2+}$、$Zn^{2+}$、$Cu^{2+}$、$Cd^{2+}$、$Hg^{2+}$等金属离子配位；后者几乎能与所有高价金属离子配位。因氨羧配位剂同时具有氨氮和羧氧的配位能力，故氨羧配位剂几乎能与所有的金属离子配位。

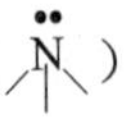

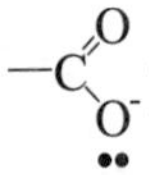

氨羧配位剂有几十种，较重要的有乙二胺四乙酸（EDTA）、环己二胺四乙酸（CyDTA）、乙二醇二乙醚二胺四乙酸（EGTA）、氨三乙酸（NTA）、乙二胺四丙酸（EDTP）、2-羟乙基乙二胺三乙酸（HEDTA），其中 EDTA 应用最广。

5.1.1 乙二胺四乙酸

乙二胺四乙酸（简称 EDTA），常用H_4Y表示，在水中的溶解度较小，不适合配制标准溶液。为了增加 EDTA 的水溶性，通常制成二钠盐，称做 EDTA 二钠盐，也简称为 EDTA，用$Na_2H_2Y \cdot 2H_2O$表示。它的溶解度较大，22℃时每 100 mL 水溶解 11.1 g，其饱和水溶液的浓度约 0.3 $mol \cdot L^{-1}$，pH 约为 4.4。

在水溶液中，两个羧基上的氢转移到氮原子上形成双偶极离子结构，其结构式为：

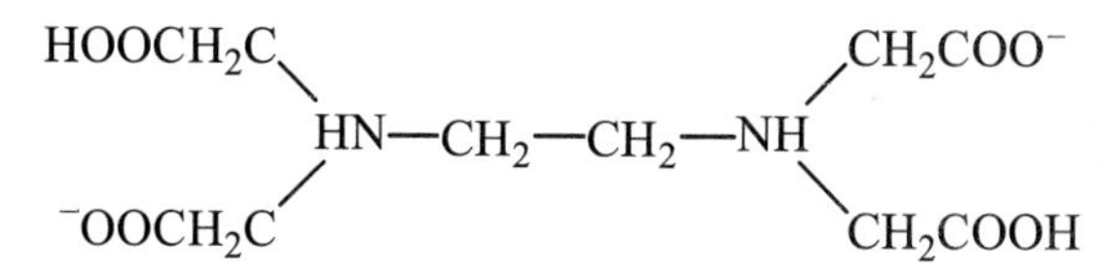

当EDTA溶于较高酸度的溶液时，2个羧基上可以再接受两个H^+，形成H_6Y^{2+}，这样EDTA相当于一个六元弱酸（EDTA本身为四元弱酸），在溶液中存在六级离解平衡：

$$H_6Y^{2+} \rightleftharpoons H_5Y^+ + H^+ \quad K_{a_1} = 1.26 \times 10^{-1} \quad pK_{a_1} = 0.90$$
$$H_5Y^+ \rightleftharpoons H_4Y + H^+ \quad K_{a_2} = 2.51 \times 10^{-2} \quad pK_{a_2} = 1.60$$
$$H_4Y \rightleftharpoons H_3Y^- + H^+ \quad K_{a_3} = 1.00 \times 10^{-2} \quad pK_{a_3} = 2.00$$
$$H_3Y^- \rightleftharpoons H_2Y^{2-} + H^+ \quad K_{a_4} = 2.14 \times 10^{-3} \quad pK_{a_4} = 2.67$$
$$H_2Y^{2-} \rightleftharpoons HY^{3-} + H^+ \quad K_{a_5} = 6.92 \times 10^{-7} \quad pK_{a_5} = 6.61$$
$$HY^{3-} \rightleftharpoons Y^{4-} + H^+ \quad K_{a_6} = 5.50 \times 10^{-11} \quad pK_{a_6} = 10.26$$

在任何水溶液中，EDTA 总是以 H_6Y^{2+}、H_5Y^+、H_4Y、H_3Y^-、H_2Y^{2-}、HY^{3-}和Y^{4-}七种形式存在。其各存在形体的分布与酸度的关系如图5-1所示。

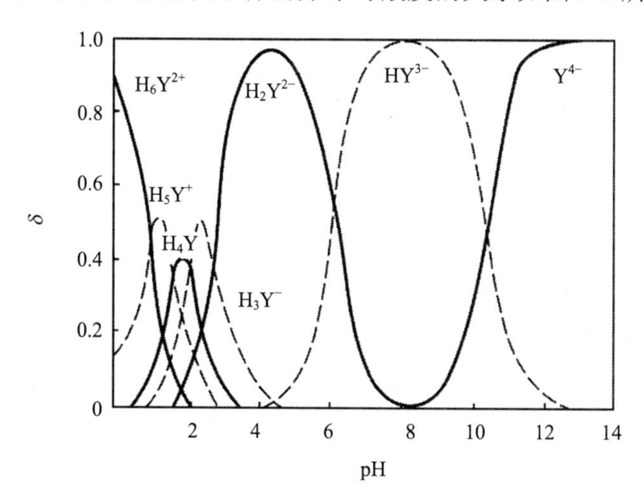

图5-1 EDTA各存在形体的分布

可以看出，各存在形体的分布取决于溶液的pH，只有在pH值大于10.3时才主要以Y^{4-}形式存在，EDTA七种存在形式中，只有Y^{4-}能与金属离子形成配合物。为了书写方便，一般将Y^{4-}简写为Y。

5.1.2 EDTA 配合物的特点

（1）范围广泛

EDTA 具有广泛的配位性能，几乎能与所有的金属离子形成配合物，其绝大多数配合物相当稳定。

（2）配合比简单

EDTA 与金属离子大多数形成 1∶1 的配合物，配合比简单。EDTA 分子中含有两个可键合的氮原子和四个可键合的氧原子，即含有六个配位原子，因大多数金属离子的配位数不超过 6，所以一般形成 1∶1 的配合物。

由于 EDTA 具有六个配位原子，它与金属离子配位时，形成两个或四个 $\overbrace{\mathrm{O{-}C{-}C{-}N}}^{\mathrm{M}}$ 五元环及一个 $\overbrace{\mathrm{N{-}C{-}C{-}N}}^{\mathrm{M}}$ 五元环，因此 EDTA 与大多数金属离子所形成的螯合物具有较大的稳定性。例如 Fe^{3+}与 EDTA 所形成的配合物，其结构如图 5-2 所示。

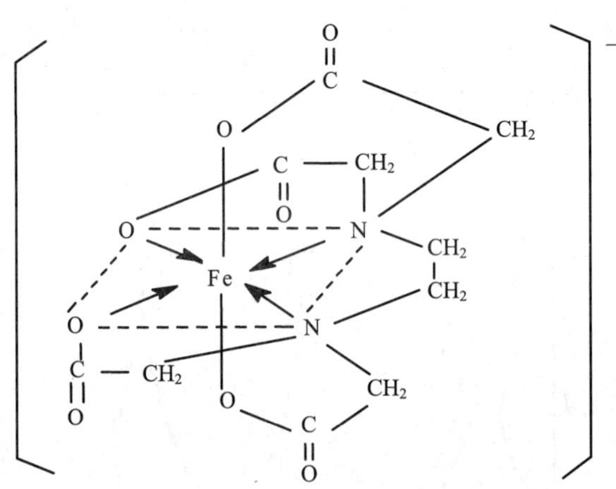

图 5-2　EDTA 与 Fe^{3+}配合物的结构示意

（3）水溶性好

EDTA 与金属离子形成的配合物大多带电荷，因此能溶于水中，配合反应速度大多较快，从而使配位滴定能在水溶液中进行。

（4）配合物的颜色加深

EDTA 与无色金属离子形成的配合物也为无色，这便于终点观察；与有色金属离子形成的配合物颜色更深。例如：

FeY^{-}	CoY^{2-}	CrY^{-}	CuY^{2-}	NiY^{2-}
黄	紫红	深紫	深蓝	蓝绿

因此滴定这些离子时，其浓度不能过大，否则使终点难以确定。

5.1.3 EDTA 配合物的离解平衡

在配位反应中，配合物的形成与离解同处于相对的平衡状态中，常用配合物形成的平衡常数，即稳定常数或形成常数来表示该配合物的稳定程度。以下分别介绍各类型配合物的平衡常数。

1．ML_n 型配合物

（1）逐级稳定常数

若金属离子与配位剂形成 ML_n 型配合物，ML_n 型配合物是逐级形成的，其逐级反应与相应的逐级稳定常数为：

$$M + L \rightleftharpoons ML \qquad \text{第一级稳定常数}\ K_1 = \frac{[ML]}{[M][L]}$$

$$ML + L \rightleftharpoons ML_2 \qquad \text{第二级稳定常数}\ K_2 = \frac{[ML_2]}{[ML][L]}$$

……

$$ML_{n-1} + L \rightleftharpoons ML_n \qquad \text{第}\ n\ \text{级稳定常数}\ K_n = \frac{[ML_n]}{[ML_{n-1}][L]}$$

（2）累积稳定常数

在研究配位平衡时，常使用累积稳定常数，它是指配合物各级稳定常数的渐次乘积，是将某一级配合物直接同金属离子和配位体联系在一起的平衡常数。累积稳定常数与逐级稳定常数的关系为：

$$\beta_1 = K_1 = \frac{[ML]}{[M][L]} \qquad \text{或}\ \lg\beta_1 = \lg K_1$$

$$\beta_2 = K_1 \cdot K_2 = \frac{[ML_2]}{[M][L]^2} \qquad \text{或}\ \lg\beta_2 = \lg K_1 + \lg K_2$$

……

$$\beta_n = K_1 \cdot K_2 \cdots K_n = \frac{[\mathrm{ML}_n]}{[\mathrm{M}][\mathrm{L}]^n} \qquad \text{或 } \lg\beta_n = \lg K_1 + \lg K_2 + \cdots + \lg K_n$$

（3）分布分数 δ

由上式可以导出各级配合物的浓度为：

$[\mathrm{ML}] = \beta_1[\mathrm{M}][\mathrm{L}]$

$[\mathrm{ML}_2] = \beta_2[\mathrm{M}][\mathrm{L}]^2$

……

$[\mathrm{ML}_n] = \beta_n[\mathrm{M}][\mathrm{L}]^n$

根据物料平衡：

$$\begin{aligned} c_M &= [\mathrm{M}]+[\mathrm{ML}]+[\mathrm{ML}_2]+\cdots+[\mathrm{ML}_n] \\ &= [\mathrm{M}]+\beta_1[\mathrm{M}][\mathrm{L}]+\beta_2[\mathrm{M}][\mathrm{L}]^2+\beta_3[\mathrm{M}][\mathrm{L}]^3+\cdots+\beta_n[\mathrm{M}][\mathrm{L}]^n \\ &= [\mathrm{M}]\left(1+\beta_1[\mathrm{L}]+\beta_2[\mathrm{L}]^2+\beta_3[\mathrm{L}]^3\cdots+\beta_n[\mathrm{L}]^n\right) \\ &= [\mathrm{M}]\left(1+\sum_{i=1}^{n}\beta_i[\mathrm{L}]^i\right) \end{aligned}$$

按照分布分数 δ 的定义：

$$\delta_{\mathrm{M}} = \frac{[\mathrm{M}]}{c_{\mathrm{M}}} = \frac{1}{1+\sum_{i=1}^{n}\beta_i[\mathrm{L}]^i}$$

$$\delta_{\mathrm{ML}} = \frac{[\mathrm{ML}]}{c_{\mathrm{M}}} = \frac{\beta_1[L]}{1+\sum_{i=1}^{n}\beta_i[\mathrm{L}]^i}$$

……

$$\delta_{\mathrm{ML}_n} = \frac{[\mathrm{ML}_n]}{c_{\mathrm{M}}} = \frac{\beta_n[L]^n}{1+\sum_{i=1}^{n}\beta_i[\mathrm{L}]^i}$$

可见，δ 只与[L]有关，而与 c_{M} 无关。

【例 5-1】在铜离子的氨性溶液中，当$[NH_3]=1.00\times10^{-3}\ \mathrm{mol\cdot L^{-1}}$，计算$\delta\,Cu^{2+}$、$\delta\,Cu(NH_3)^{2+}$、$\delta\,Cu(NH_3)_2^{2+}$、$\delta\,Cu(NH_3)_3^{2+}\cdots\delta\,Cu(NH_3)_5^{2+}$。已知$\lg\beta_1\cdots\lg\beta_5$分别为 4.31、7.98、11.02、13.32、12.86。

解：根据分布分数公式

$$1+\sum_{i=1}^{n}\beta_i[L]^i=1+\beta_1[L]+\beta_2[L]^2+\beta_3[L]^3+\cdots+\beta_n[L]^n$$
$$=1+20.24+95.5+105+20.9+0.0072=242.8$$
$$\delta_0=\frac{1}{242.8}=0.41\% \qquad \delta_1=\frac{20.24}{242.8}=8.40\%$$

同理，$\delta_2=39.3\%$　$\delta_3=43.2\%$　$\delta_4=8.6\%$　$\delta_5=0.003\%$

可见，由于相邻两级配合物的稳定常数相差不大，因而各级配合物中没有一种配合物的存在形式的分布分数接近于 1，所以不能用 NH_3 滴定 Cu^{2+}。

2．ML 型配合物

在配位滴定反应中，金属离子与 EDTA 的配位反应大多数形成 1∶1 的配合物，其反应通常在不表示出酸度和电荷的情况下书写，可以简单地表示成：

$$M + Y \rightleftharpoons MY$$

其稳定常数（或形成常数）记为 K_{MY}，根据平衡关系可以表示成：

$$K_{MY}=\frac{[MY]}{[M][Y]}$$

K_{MY} 越大，配合物越稳定，反之越不稳定。由于配合物的稳定常数大多都较大，因此常用其对数值表示，即 $\lg K_{MY}$。例如，$\lg K_{FeY}=25.10$、$\lg K_{AlY}=16.30$、$\lg K_{CaY}=10.69$、$\lg K_{MgY}=8.70$ 等。

一些常见金属离子配合物的稳定常数参见表 5-1。

表 5-1　EDTA 与一些常见金属离子的配合物的稳定常数

（溶液离子强度 $I=0.1\ mol\cdot L^{-1}$，温度 293 K）

阳离子	$\lg K_{MY}$	阳离子	$\lg K_{MY}$	阳离子	$\lg K_{MY}$
Na^+	1.66	Ce^{4+}	15.98	Cu^{2+}	18.80
Li^+	2.79	Al^{3+}	16.3	Ga^{2+}	20.3
Ag^+	7.32	Co^{2+}	16.31	Tl^{3+}	21.3
Ba^{2+}	7.86	Pt^2	16.31	Hg^{2+}	21.8
Mg^{2+}	8.69	Cd^{2+}	16.46	Sn^{2+}	22.1
Sr^{2+}	8.73	Zn^{2+}	16.50	Th^{4+}	23.2
Be^{2+}	9.20	Pb^{2+}	18.04	Cr^{3+}	23.4
Ca^{2+}	10.69	Y^{3+}	18.09	Fe^{3+}	25.1
Mn^{2+}	13.87	VO_2^+	18.1	U^{4+}	25.8
Fe^{2+}	14.33	Ni^{2+}	18.60	Bi^{3+}	27.94
La^{3+}	15.50	VO^{2+}	18.8	Co^{3+}	36.0

由表 5-1 可见，金属离子与 EDTA 形成的配合物的稳定性与金属离子的种类有关。碱金属离子的配合物最不稳定；碱土金属离子的配合物 $\lg K_{MY}=8\sim11$；过渡元素、稀土元素、Al^{3+}的配合物 $\lg K_{MY}=15\sim19$；其他三价、四价金属离子和 Hg^{2+}的配合物 $\lg K_{MY}>20$。这些配合物稳定性的差别主要取决于金属离子本身的离子电荷、离子半径和电子层结构。

5.2 副反应及副反应系数

在配位滴定中，除了被测离子与滴定剂 EDTA 之间的主反应外，金属离子或滴定剂的其他副反应也可能同时发生，溶液中可能存在的平衡关系可表示为（省去电荷）：

$$
\begin{array}{ccccccc}
M & + & Y & \rightleftharpoons & & MY & \text{主反应} \\
\swarrow A & \searrow OH & \swarrow H & \searrow N & & \swarrow H \quad \searrow OH & \\
MA & M(OH) & HY & NY & & MHY \quad M(OH)Y & \text{副反应} \\
\vdots & \vdots & \vdots & & & & \\
MA_n & M(OH)_n & H_6Y & & & &
\end{array}
$$

式中，A 为辅助配位剂，N 为干扰离子。

这些副反应都将影响主反应的进行程度。从平衡关系可以看出，反应物（M、Y）的副反应不利于主反应的进行。而产物 MY 的副反应则有利于主反应的进行，但其产物大多数不太稳定，其影响可以忽略不计。为了定量地表示副反应进行的程度，简便地处理副反应存在时的平衡关系，引入副反应系数α 。

副反应系数是指未参加主反应组分总浓度（[M′]、[Y′]、[MY′]）分别与平衡浓度（[M]、[Y]、[MY]）比值。即：

$$a_{M}=\frac{[M']}{[M]} \qquad a_{Y}=\frac{[Y']}{[Y]} \qquad a_{MY}=\frac{[MY']}{[MY]}$$

5.2.1　EDTA 的副反应及副反应系数

1．酸效应及酸效应系数

EDTA 在水溶液中相当于一个六元酸，在溶液存在 7 种形式，直接与金属离子配位的是 Y^{4-}，而不是其他形式。Y^{4-}除了与金属离子发生主反应外，Y^{4-}还与 H^{+}发生反应，显然影响 Y^{4-}与金属离子的反应。

酸度对配位剂的副反应称为酸效应。衡量其副反应程度的系数称为酸效应系数，用$\alpha_{Y(H)}$表示

$$\alpha_{Y(H)}=\frac{[Y']}{[Y]}=\frac{[Y]+[HY]+[H_2Y]+[H_3Y]+[H_4Y]+[H_5Y]+[H_6Y]}{[Y]} \tag{5-1}$$

式中：$[Y']$——未参加主反应的 EDTA 各种存在形式的总浓度；

$[Y]$——游离的 Y 存在形式的浓度。

因为：

$$\delta_Y=\frac{\left[Y^{4-}\right]}{\left[H_6Y^{2+}\right]+\left[H_5Y^{+}\right]+\left[H_4Y\right]+\left[H_3Y^{-}\right]+\left[H_2Y^{2-}\right]+\left[HY^{3-}\right]+\left[Y^{4-}\right]}$$

$$=\frac{[K_{a1}K_{a2}K_{a3}K_{a4}K_{a5}K_{a6}]}{\left[H^{+}\right]^6+\left[H^{+}\right]^5K_{a1}+\left[H^{+}\right]^4K_{a1}K_{a2}+\cdots+K_{a1}K_{a2}K_{a3}K_{a4}K_{a5}K_{a6}}$$

所以：

$$\alpha_{Y(H)}=\frac{1}{\delta_Y}=\frac{\left[H^{+}\right]^6+\left[H^{+}\right]^5K_{a1}+\cdots+K_{a1}K_{a2}K_{a3}K_{a4}K_{a5}K_{a6}}{K_{a1}K_{a2}K_{a3}K_{a4}K_{a5}K_{a6}}$$

由上式可以看出，$\alpha_{Y(H)}$仅是$[H^{+}]$的函数，它反映了酸度对滴定剂的影响程度。酸度越高，$\alpha_{Y(H)}$值越大，表示酸效应引起的副反应越严重，反之，$\alpha_{Y(H)}$越小。当$\alpha_{Y(H)}=1$时，不存在酸效应的影响。

【例 5-2】计算 pH=1.00 时 HF 的酸效应系数及其对数值，已知 HF 的 $K_a=6.6\times10^{-4}$或 $pK_a=3.18$。

解：根据副反应系数定义，可得：

$$\alpha_{F(H)}=\delta_{F^-}=\frac{[H]+K_a}{K_a}=\frac{10^{-1}+6.6\times10^{-4}}{6.6\times10^{-4}}=1.51\times10^{2}$$

$$\lg\alpha_{F(H)}=2.18$$

【例 5-3】计算 pH=5.00 和 pH=12.00 时 EDTA 的酸效应系数及其对数值。

解：根据

$$\alpha_{Y(H)}=\frac{\left[H^+\right]^6+\left[H^+\right]^5K_{a1}+\cdots+K_{a1}K_{a2}K_{a3}K_{a4}K_{a5}K_{a6}}{K_{a1}K_{a2}K_{a3}K_{a4}K_{a5}K_{a6}}$$

计算可得:

pH= 5.00 时，$\alpha_{Y(H)}=2.82\times10^6$　　$\lg\alpha_{Y(H)}=6.45$

pH=12.00 时，$\alpha_{Y(H)}=1.02$　　$\lg\alpha_{Y(H)}=0.01$

配位滴定中 $\alpha_{Y(H)}$ 是一个重要的数值，为了应用方便，可以计算出在不同 pH 值时 EDTA 的 $\lg\alpha_{Y(H)}$，见表 5-2。

表 5-2　不同 pH 时 EDTA 的 $\lg\alpha_{Y(H)}$ 值

pH	$\lg\alpha_{Y(H)}$	pH	$\lg\alpha_{Y(H)}$	pH	$\lg\alpha_{Y(H)}$	pH	$\lg\alpha_{Y(H)}$	pH	$\lg\alpha_{Y(H)}$
0.0	23.64	2.5	11.90	5.0	6.45	7.5	2.78	10.	0.45
0.1	23.06	2.6	11.62	5.1	6.26	7.6	2.68	10.1	0.39
0.2	22.47	2.7	11.35	5.2	6.07	7.7	2.57	10.2	0.33
0.3	21.89	2.8	11.09	5.3	5.88	7.8	2.47	10.3	0.28
0.4	21.32	2.9	10.84	5.4	5.69	7.9	2.37	10.4	0.24
0.5	20.75	3.0	10.60	5.5	5.51	8.0	2.27	10.5	0.20
0.6	20.18	3.1	10.37	5.6	5.33	8.1	2.17	10.6	0.16
0.7	19.62	3.2	10.14	5.7	5.15	8.2	2.07	10.7	0.13
0.8	19.08	3.3	9.92	5.8	4.98	8.3	1.97	10.8	0.11
0.9	18.54	3.4	9.70	5.9	4.81	8.4	1.87	10.9	0.09
1.0	18.01	3.5	9.48	6.0	4.65	8.5	1.77	11.0	0.07
1.1	17.49	3.6	9.27	6.1	4.49	8.6	1.67	11.1	0.06
1.2	16.98	3.7	9.06	6.2	4.34	8.7	1.57	11.2	0.05
1.3	16.49	3.8	8.85	6.3	4.20	8.8	1.48	11.3	0.04
1.4	16.02	3.9	8.65	6.4	4.06	8.9	1.38	11.4	0.03
1.5	15.55	4.0	8.44	6.5	3.92	9.0	1.28	11.5	0.02
1.6	15.11	4.1	8.24	6.6	3.79	9.1	1.19	11.6	0.02
1.7	14.68	4.2	8.04	6.7	3.67	9.2	1.10	11.7	0.02
1.8	14.27	4.3	7.84	6.8	3.55	9.3	1.01	11.8	0.01
1.9	13.88	4.4	7.64	6.9	3.43	9.4	0.92	11.9	0.01

pH	$\lg\alpha_{Y(H)}$	pH	$\lg\alpha_{Y(H)}$	pH	$\lg\alpha_{Y(H)}$	pH	$\lg\alpha_{Y(H)}$	pH	$\lg\alpha_{Y(H)}$
2.0	13.51	4.5	7.44	7.0	3.32	9.5	0.83	12.0	0.01
2.1	13.16	4.6	7.24	7.1	3.21	9.6	0.75	12.1	0.01
2.2	12.82	4.7	7.04	7.2	3.10	9.7	0.67	12.2	0.005
2.3	12.50	4.8	6.84	7.3	2.99	9.8	0.59	13.0	0.000 8
2.4	12.19	4.9	6.65	7.4	2.88	9.9	0.52	13.9	0.000 1

2．共存离子效应及共存离子效应系数

溶液中除了 M 与 Y 反应外，共存离子 N 也与 Y 反应，该副反应导致[Y]降低，共存离子引起的副反应称为共存离子效应，其副反应系数称为共存离子效应系数。

$$\alpha_{Y(N)}=\frac{[Y']}{[Y]}=\frac{[NY]+[Y]}{[Y]}=1+K_{NY}[N] \tag{5-2}$$

若有 n 种共存离子 N_1、N_2、N_3、…、N_n 存在，则有：

$$\begin{aligned}\alpha_{Y(N)}&=\frac{[Y']}{[Y]}=\frac{[Y]+[N_1Y]+[N_2Y]+[N_3Y]+LL+[N_nY]}{[Y]}\\&=1+K_{N_1Y}[N_1]+K_{N_2Y}[N_2]+K_{N_3Y}[N_3]+\cdots+K_{N_nY}[N_n]\\&=1+\alpha_{Y(N_1)}+\alpha_{Y(N_2)}+\alpha_{Y(N_3)}+\cdots+\alpha_{Y(N_4)}-n\\&=\alpha_{Y(N_1)}+\alpha_{Y(N_2)}+\alpha_{Y(N_3)}+\cdots+\alpha_{Y(N_4)}-(n-1)\end{aligned}$$

3．EDTA 总副反应系数

当体系中既有共存离子 N，又有酸效应时，Y 的总的副反应系数为：

$$\alpha_Y=\frac{[Y']}{[Y]}=\alpha_{Y(H)}+\alpha_{Y(N)}-1$$

5.2.2　金属离子的副反应及副反应系数

1．辅助配位效应及辅助配位效应系数

当溶液中存在其他能与金属离子 M 形成配合物的另外的配位剂 A 时，因生成 MA、MA_2……MA_n 配合物，从而影响了主反应的进行，降低了反应程度，这一现象称为金属离子的辅助配位效应，衡量其反应程度的系数称为金属离子的辅助配位效应系数，用 $\alpha_{M(A)}$ 表示。

金属离子的辅助配位效应系数可按下式进行计算：

$$\alpha_{M(L)}=\frac{[M']}{[M]}=\frac{[M]+[ML]+[ML_2]+\cdots+[ML_n]}{[M]}$$
$$=1+K_1[L]+K_1K_2[L]^2+\cdots+K_1K_2\cdots K_n[L]^n$$
$$=1+\beta_1[L]+\beta_2[L]^2+\cdots+\beta_n[L]^n=\frac{1}{\delta_M} \quad (5\text{-}3)$$

$\alpha_{M(L)}$与游离金属 M 的分布分数δ_M互为倒数，$\alpha_{M(L)}$是配位剂平衡浓度[L]的函数，[L]越大，副反应越严重，$\alpha_{M(L)}$值也越大。

一般情况下，A 是为了防止金属离子水解所加的辅助配位剂或是滴定所用的缓冲剂，也可能是为了消除干扰而加入的掩蔽剂。例如在 pH=10 时滴定 Zn^{2+}，加入氨-氯化铵缓冲溶液，在控制 pH 的同时又因 NH_3 与 Zn^{2+}配位形成了 $Zn(NH_3)^{2+}$、$Zn(NH_3)_2{}^{2+}$、$Zn(NH_3)_3{}^{2+}$、$Zn(NH_3)_4{}^{2+}$等，从而防止 $Zn(OH)_2$ 沉淀析出。该反应是 Zn^{2+}的副反应，它影响 Zn^{2+}与 EDTA 的主反应。这种影响可以通过控制辅助配位剂、缓冲溶液、掩蔽剂等试剂的用量或选择不同种类掩蔽剂来降低或消除。

2．水解效应及水解效应系数

对于某些易水解的金属离子，酸度越低越易水解生成一系列羟基配位离子，甚至生成氢氧化物沉淀，例如 Fe^{3+}能水解形成 $Fe(OH)^{2+}$、$Fe(OH)_2{}^{+}$……羟基配位离子，从而使游离金属离子的浓度降低，影响主反应的进行。这种因溶液酸度所引起的金属离子的副反应称为金属离子的水解效应，衡量其副反应程度的系数称做水解效应系数，用$\alpha_{M(OH)}$表示。可按下式进行计算：

$$\alpha_{M(OH)}=\frac{[M']}{[M]}=1+\beta_1[OH]+\beta_2[OH]^2+\cdots+\beta_n[OH]^n \quad (5\text{-}4)$$

式中：[M']——未参加主反应的金属离子的各存在形式的总浓度；

[M]——游离金属离子的浓度。

$\alpha_{M(OH)}$值越大，金属离子的水解效应越严重。

3．金属离子的总的副反应系数

若溶液中同时存在水解效应和辅助配位效应，此时应该用金属离子的总的副反应系数α_M表示，它包括$\alpha_{M(OH)}$和$\alpha_{M(A)}$，则：

$$\alpha_M=\frac{[M']}{[M]}=\alpha_{M(L)}+\alpha_{M(OH)}-1$$

同理，当溶液中含有多种络合剂 L_1、L_2、L_3、…、L_n 同时与 M 发生副反应时，则 M 总的副反应系数为：

$$\alpha_M = \alpha_{M(L_1)} + \alpha_{M(L_2)} + \alpha_{M(L_3)} + \cdots + \alpha_{M(L_n)} - (n-1)$$

【例 5-4】 计算 pH 为 5、10、11、12 时，当溶液中游离的氨的平衡浓度均为 0.1 $mol \cdot L^{-1}$时，Zn^{2+}的总副反应系数。已知，$Zn(OH)_4^{2+}$的 $\lg\beta_1 \sim \lg\beta_4$ 分别为 4.4，10.1，14.2，15.5；$Zn(NH_3)_4^{2+}$的 $\lg\beta_1 \sim \lg\beta_4$ 分别为 2.37，4.81，7.31，9.46。

解：溶液中可能存在金属离子的水解效应及辅助配位效应。

（1）pH=5 时，$[OH^-] = 10^{-9.0}$，$[NH_3] = 0.1 = 10^{-1.0}$

$$\alpha_{Zn(OH)} = 1 + \beta_1[OH^-] + \beta_2[OH^-]^2 + \beta_3[OH^-]^3 + \beta_4[OH^-]^4$$
$$= 1 + 10^{4.4-9.0} + 10^{10.1-18.0} + 10^{14.2-2.0} + 10^{15.5-36.0} = 1$$

即可忽略水解效应

$$\alpha_{Zn(NH_3)} = 1 + \beta_1[NH_3] + \beta_2[NH_3]^2 + \beta_3[NH_3]^3 + \beta_4[NH_3]^4$$
$$= 1 + 10^{2.37-1.00} + 10^{4.81-2.00} + 10^{7.31-3.00} + 10^{9.46-4.00} - 10^{5.49}$$

则$\alpha_{Zn} = \alpha_{Zn(OH)} + \alpha_{Zn(NH_3)} - 1 = \alpha_{Zn(NH_3)} = 10^{5.49}$ $\lg\alpha_{Zn} = 5.49$

（2）pH=10 时，用上述方法计算出$\alpha_{Zn(OH)} = 10^{2.4,}$ $\alpha_{Zn(NH_3)} = 10^{5.49}$

则$\alpha_{Zn} = \alpha_{Zn(OH)} + \alpha_{Zn(NH_3)} - 1 = 10^{2.4} + 10^{5.49} - 1 = 10^{5.49}$

（3）pH=11 时，用上述方法计算出$\alpha_{Zn(OH)} = 10^{5.40}$，$\alpha_{Zn(NH_3)} = 10^{5.49}$

则$\alpha_{Zn} = \alpha_{Zn(OH)} + \alpha_{Zn(NH_3)} - 1 = 10^{5.40} + 10^{5.49} - 1 = 10^{5.75}$

（4）pH=12 时，同理可得$\alpha_{Zn(OH)} = 10^{8.50}$，$\alpha_{Zn(NH_3)} = 10^{5.49}$

则$\alpha_{Zn} = \alpha_{Zn(OH)} + \alpha_{Zn(NH_3)} - 1 = 10^{8.50} + 10^{5.49} - 1 = 10^{8.50}$

计算表明，在 pH 为 5、10 的情况下可以忽略金属离子的水解效应的影响，尽管在 pH=10 时水解效应增加，但相对配位效应仍可以忽略；在 pH=11 时两种效应势均力敌，必须同时考虑它们的影响；当 pH 升至 12 时，主要以 Zn^{2+}的水解效应为主。

5.3 条件稳定常数

金属离子 M 与滴定剂 EDTA 形成 MY 配合物，当无任何副反应发生时，可以用稳定常数 K_{MY} 来衡量配位反应进行的程度。但是实际情况较为复杂，除主反应外往往伴随着副反应的发生，此时再用稳定常数 K_{MY} 来表示反应进行的程度，已不符合实际情况，必须用副反应校正后的条件稳定常数 K'_{MY} 来进行衡量，才能反映副反应存在下的实际情况。

无副反应发生时，反应及平衡常数可以表示为：

$$M + Y \rightleftharpoons MY$$

$$K_{MY}=\frac{[MY]}{[M][Y]}$$

有副反应发生时，反应及平衡常数可以表示为：

$$M' + Y' \rightleftharpoons MY'$$

$$K'_{MY}=\frac{[MY']}{[M'][Y']}$$

因为：$[M']=\alpha_M[M]\quad [Y']=\alpha_Y[Y]\quad [MY']=\alpha_{MY}[MY]$

所以：$K'_{MY}=\frac{[MY']}{[M'][Y']}=\frac{\alpha_{MY}[MY]}{\alpha_M[M]\cdot\alpha_Y[Y]}=K_{MY}\frac{\alpha_{MY}}{\alpha_M\cdot\alpha_Y}$

$$\lg K'_{MY}=\frac{[MY']}{[M'][Y']}=\frac{\alpha_{MY}[MY]}{\alpha_M[M]\cdot\alpha_Y[Y]}$$

$$=\lg K_{MY}-\lg\alpha_M-\lg\alpha_Y+\lg\alpha_{MY} \tag{5-5}$$

在一定条件下，如溶液的 pH 及各试剂的浓度一定时，α_Y、α_M 均为定值，因此 K'_{MY} 在一定条件下是个常数。因其随条件改变而变化，故称为条件稳定常数，简称条件常数。根据其特点又称为有效稳定常数或表观稳定常数。

条件常数 K'_{MY} 是用副反应系数校正后的稳定常数，它反映了副反应存在下 M 与 Y 形成配合物的实际反应程度，即表示了 MY 配合物的实际稳定性。只有当溶液中不存在副反应时，才与稳定常数 K_{MY} 相等，此时 K_{MY} 才能反映 M 与 Y 的实际反应程度。

在多数情况下，MHY 和 MOHY 可以忽略，故式（5-5）可以简化为

$$\lg K'_{MY}=\frac{[MY']}{[M'][Y']}=\frac{\alpha_{MY}[MY]}{\alpha_M[M]\cdot\alpha_Y[Y]}=\lg K_{MY}-\lg\alpha_M-\lg\alpha_Y$$

若仅存在 EDTA 酸效应的影响，则进一步简化为：

$$\lg K'_{MY}=\lg K_{MY}-\lg\alpha_{Y(H)}$$

【例 5-5】计算 pH 为 4.0、10.0 时的 CaY 的条件稳定常数。

解：（1）pH =4.0 时，查表 5-2，$\lg\alpha_{Y(H)}=8.44$

$$\lg K'_{CaY} = \lg K_{CaY} - \lg\alpha_{Y(H)} = 10.69-8.44 = 2.25$$

（2）pH=10.0 时，查表 5-2，$\lg\alpha_{Y(H)} = 0.45$

$$\lg K'_{CaY} = \lg K_{CaY} - \lg\alpha_{Y(H)} = 10.69-0.45 = 10.24$$

【例 5-6】计算 pH=2、5、12 时 ZnY 的条件稳定常数。

解：可能存在的副反应是 EDTA 的酸效应及 Zn^{2+}离子的水解效应。

（1）pH=2 时，查得 $\lg\alpha_{Y(H)} = 13.51$，$\lg\alpha_{Zn(OH)} = 0$，

$\lg K'_{ZnY} = \lg K_{ZnY} - \lg\alpha_{Y(H)} =16.50-13.51 = 2.99$

（2）pH=5 时，查得 $\lg\alpha_{Y(H)} = 6.45$，$\lg\alpha_{Zn(OH)} = 0$

$\lg K'_{ZnY} = \lg K_{ZnY} - \lg\alpha_{Y(H)} =16.50-6.45 = 10.05$

（3）pH=10 时，查得 $\lg\alpha_{Y(H)} = 0.45$，$\lg\alpha_{Zn(OH)} = 2.40$

$\lg K'_{ZnY} = \lg K_{ZnY} - \lg\alpha_{Y(H)} - \lg\alpha_{Zn(OH)} = 16.50-0.45-2.40 =13.65$

（4）pH=12 时，查得 $\lg\alpha_{Y(H)} = 0.01$，$\lg\alpha_{Zn(OH)} = 8.5$

$\lg K'_{ZnY} = \lg K_{ZnY} - \lg\alpha_{Y(H)} - \lg\alpha_{Zn(OH)} = 16.50-0.01-8.5 = 7.99$

由以上计算可以看出，在配位滴定中，酸度直接影响反应的完全程度。在低 pH 区，配位剂的酸效应增强，配合物极不稳定；在高 pH 区酸效应的影响降低，但 pH 升至一定值后，又出现金属离子的水解效应，因此在配位滴定中控制酸度是非常重要的。

5.4 金属指示剂

配位滴定中，能与金属离子生成有色配合物从而指示滴定过程中金属离子浓度变化的显色剂称为金属离子指示剂，简称金属指示剂。在配位滴定中，金属离子指示剂是一种应用最广的判断配位滴定终点的方法。

5.4.1 金属指示剂作用原理

金属指示剂也是一种有机配位剂，在一定条件下与金属离子形成一种既稳定而颜色又与本身颜色显著不同的配合物，因而能指示滴定过程中金属离子浓度的变化情况。

滴定前，加入指示剂形成MIn，溶液呈颜色乙。

$$M + In \rightleftharpoons MIn$$

（颜色甲）（颜色乙）

滴定过程中，随着EDTA滴定剂的加入，M离子逐渐与Y发生配位反应，形成无色或浅色的MY配合物，溶液仍呈MIn的颜色。直至近终点时，溶液中的金属离子几乎全部反应，再加入稍过量的EDTA即可夺取MIn中的M离子，使指示剂游离出来，溶液变成指示剂In的颜色，从而指示滴定终点的到达。

金属指示剂多为有机弱酸，具有酸碱指示剂的性质，在不同酸度的溶液中呈现不同的颜色。而金属制试剂与金属离子配合物的颜色一般为紫红色。因此，为了使终点变色敏锐，应在某个酸度范围内使用金属指示剂，在该酸度范围内指示剂自身的颜色与紫红色有明显的颜色差别。

5.4.2 金属指示剂应具备的条件

①颜色对比度要大。在滴定的pH范围内，指示剂本身的颜色应与指示剂与金属离子形成配合物的颜色有明显不同，这样才能使终点颜色变化明显。

②MIn配合物的稳定性要适当。指示剂与金属离子形成的配合物的稳定性既不能太强，又不能太弱。若稳定性太强，则在终点时指示剂就不能被EDTA从MIn中置换出来而变色；若稳定性太弱，容易解离，则终点不敏锐或提前到达。

③MIn水溶性要好，显色反应灵敏、迅速，有良好的变色可逆性。

④金属指示剂要有良好选择性。

5.4.3 金属指示剂的封闭、僵化、氧化变质现象

1. 金属指示剂封闭

当某些指示剂与金属离子形成极稳定的配合物，该配合物比相应的EDTA配合物还要稳定，以致到达化学计量点时，滴入过量的EDTA仍不能夺取MIn中的M离子使指示剂游离出来，因而看不到终点颜色的变化，这种现象称为指示剂的封闭。产生原因主要包括干扰离子和待测离子。

干扰离子$K_{NIn} > K_{NY}$，指示剂无法改变颜色，消除方法就是加入掩蔽剂，例如滴定Ca^{2+}和Mg^{2+}时加入三乙醇胺掩蔽Fe^{3+}，AL^{3+}，可以消除其对金属指示剂铬黑T（EBT）的封闭。

待测离子 $K_{MIn} > K_{MY}$，M 与 In 反应不可逆或过慢，可采用返滴定法消除。例如以 EBT 作指示剂，EDTA 直接滴定 Al^{3+}，Al^{3+}对 EBT 产生封闭，可采用返滴定法消除，即先加入过量 EDTA，反应完全后再加入 EBT，用 Zn^{2+}标准溶液回滴。

2．金属指示剂僵化

有些金属指示剂本身及其与金属离子形成的配合物的溶解度很小，滴定终点变化不明显，终点拖长，这种现象称为金属指示剂的僵化。例如，用 PAN 作指示剂，在温度较低时，易发生僵化。通常采用加热或加入适当的有机溶剂，增加金属指示剂及其金属指示剂配合物的溶解度，从而加快反应速度，使终点变化敏锐。

3．金属指示剂的氧化变质

金属指示剂大多数具有双键基团，易被日光、空气、氧化剂等氧化，在水溶液中稳定性更差，日久会变质，在使用时会出现反常现象。

为了防止指示剂变质，可以采用中性盐如 KNO_3 或 NaCl 按照一定的比例稀释后配成固体指示剂；或者在指示剂的溶液中加入一些防止变质的试剂，如配制铬黑 T 时可以加入适量的盐酸羟胺或三乙醇胺等。一般金属指示剂溶液都不能久放，最好是临用时配制。

5.4.4 常用的金属指示剂

1．磺基水杨酸钠

磺基水杨酸钠简称 SS，为白色结晶，与 Fe^{3+}在不同的酸度范围内形成不同配位比且颜色差别较大的配合物。

pH=1.8～2.5	$FeIn^{+}$	紫红色
pH=4～8	$FeIn_2^{-}$	橘红色
pH=8～11	$FeIn_3^{3-}$	黄色

通常在 pH =1.8～2.0 时，以磺基水杨酸钠作指示剂，用 EDTA 标准溶液滴定试样中的铁，终点由紫红色变为黄色，若铁含量较低时终点为淡黄色或无色。还可利用磺基水杨酸钠与 Fe^{3+}在 pH= 4～8 溶液中生成稳定的橘红色配合物，或在 pH = 8～11 溶液中生成稳定的黄色配合物，进行玻璃、石英砂、高纯石灰石等试样中的微量铁的测定。

由于指示剂溶液为无色，对于铁的测定是低灵敏度的单色指示剂，因此可适当多加一些，故在分析中常配成 $100\,g\cdot L^{-1}$ 的水溶液。当采用磺基水杨酸作指示剂时，由于其水溶液酸性较强，配制时应以氨水溶液中和至 pH = 2 左右使用。

2．铬黑 T

铬黑 T 简称 EBT，为黑色粉末，易溶于水及醇，与 Ca^{2+}、Mg^{2+}、Zn^{2+}、Cd^{2+}等形成紫红色的配合物。在 pH＜6.3 或 pH＞11.6 时，指示剂本身呈紫红色或橙色，在 pH=6.3～11.6 时呈蓝色。EBT 指示剂的适宜酸度范围为 pH=9～10.5。例如，在 pH=10 的氨-氯化铵缓冲溶液中，用 EDTA 滴定 Zn^{2+}、Cd^{2+}、Pb^{2+}、Hg^{2+}以及钙镁总量时，EBT 是良好的指示剂。但 Fe^{3+}、Al^{3+}、Cu^{2+}、Co^{2+}、Ni^{2+}等有封闭作用，应预先消除。

由于聚合反应及氧化反应使 EBT 水溶液不稳定，例如，在 pH＜6.5 的酸性溶液中，指示剂聚合严重，加入三乙醇胺可减缓聚合速度。在碱性溶液中指示剂易氧化变质，加入盐酸羟胺或抗坏血酸等还原剂可以防止其氧化。也可配成固体指示剂。具体可采用以下三种方法配制指示剂：

①以 EBT 与 NaCl 按 1∶100 的质量比，研磨后装入棕色瓶中，有效期为一年。

②1.0 g EBT，加入 40 mL 三乙醇胺，稀释至 200 mL，稳定一周。

③0.5 g EBT 和 0.45 g 盐酸羟胺溶于 100 mL 乙醇中，稳定一周。

3．PAN

PAN 的化学名称为 1-（2-吡啶偶氮）-2-萘酚，为橙红色针状结晶，难溶于水，易溶于有机溶剂（甲醇、乙醇、氯仿等）及碱性溶液中。PAN 在 pH =1.9～12.2 时呈黄色。

以 PAN 为指示剂，用铜盐返滴法测定矿物试样中的铝，或以 PAN 为指示剂，再加入适量 CuY，利用 Cu 和 PAN 显色敏锐性，用 EDTA 直接滴定法测定铝。

通常配成 $2\,g\cdot L^{-1}$的乙醇溶液使用。由于 PAN 及其与金属离子的配合物的水溶性差，滴定过程中，应加热或加入乙醇溶液，增加溶解度，防止僵化现象。

4．酸性铬蓝 K

酸性铬蓝 K 为棕黑色粉末，可溶于水，在酸性溶液中呈玫瑰色，在碱性溶液中呈蓝灰色，若有萘酚绿 B 衬托则呈蓝绿色。在碱性溶液中与 Ca^{2+}、Mg^{2+}、Mn^{2+}、Zn^{2+}、Cu^{2+}等离子形成玫瑰红色配合物。在实际应用中，酸性铬蓝 K 与萘酚绿 B 配制成质量比为 1∶2.5 的混合物，然后用 KNO_3稀释 50 倍，简称 K·B 指示剂。K·B 指示剂常用于 pH=10 时滴定水样中 Ca^{2+}、Mg^{2+}合量；pH＞12 时滴定 Ca^{2+}。

5. 二甲酚橙

二甲酚橙简称 XO，为紫红色结晶粉末，易溶于水，不溶于乙醇，与金属离子形成紫红色配合物，而指示剂本身在 pH＜6.3 时呈黄色，在 pH＞6.3 时呈红色，因此 XO 指示剂仅适用于在 pH＜6 的酸性溶液中使用。

在玻璃及耐火材料分析中，常用 XO 作指示剂，用锌盐返滴法测定铝或铝铁钛合量。二甲酚橙指示剂通常配成 2～5 $g \cdot L^{-1}$ 的水溶液，可稳定 2～3 周。

6. 钙黄绿素

钙黄绿素是一种具有金属光泽的橙色结晶粉末，易溶于水，溶液为黄色并带有绿色荧光。在 pH＜11 时，具有黄绿色荧光；pH＞12 时，呈橘红色，无黄绿色荧光，而与 Ca^{2+}、Sr^{2+}、Ba^{2+}配位时才呈黄绿色荧光，其中对 Ca^{2+}尤为灵敏，在镁含量较高时，滴定 Ca^{2+}的良好指示剂。在调整溶液 pH 值时，应采用 KOH 而不用 NaOH，这是因为碱金属离子与钙黄绿素产生微弱的荧光，但其中 Na^{+}最强，而 K^{+}最弱。

钙黄绿素在合成或储存过程中因分解而含有少量的荧光黄，致使滴定终点仍有微弱的荧光。为了改善滴定终点，常将钙黄绿素（用“C”表示）、甲基百里香酚蓝（用“M”表示）、酚酞（用“P”表示），按照 1∶1∶0.2 的比例配成混合物，再用 KNO_3 固体稀释 50 倍，贮存于磨口试剂瓶中保存。该试剂又称 CMP 三混指示剂（或称为荧光指示剂）。终点时钙黄绿素的残余荧光被游离的酚酞与甲基百里香酚蓝的混合色（紫红色）所遮蔽；终点时 Mg^{2+}离子的返色可利用甲基百里香酚蓝与之形成的蓝色配合物而予以消除，使终点由黄绿色荧光消失变为红色，非常敏锐。该指示剂不受 SiO_3^{2-} 和 $Mg(OH)_2$ 的影响，常用于试样中 Ca^{2+}的测定。

7. 钙指示剂

钙指示剂简称 NN，为紫黑色粉末，在水溶液或乙醇溶液中均不稳定，通常用干燥的 NaCl 或 KNO_3 等固体盐稀释 100 倍后再使用。

钙指示剂在 pH=9.2～13.6 时呈蓝色，在 pH=12～13 时，钙指示剂与 Ca^{2+}形成稳定的酒红色配合物，因此用 EDTA 标准溶液滴定 Ca^{2+}终点为酒红色变为纯蓝色。$Mg(OH)_2$ 沉淀吸附钙指示剂，因此应先调 pH≈12.5，使 $Mg(OH)_2$ 沉淀后，再加入钙指示剂。

在高镁样品中，由于大量 $Mg(OH)_2$ 吸附指示剂而产生误差，应使用 CMP 荧光指示剂或 MTB 指示剂。

8．甲基百里香酚蓝

甲基百里香酚蓝简称 MTB，是一种具有金属光泽的黑色粉末，溶于水，但水溶液不稳定，通常用 KNO_3 固体稀释 100 倍后使用。在酸性或碱性溶液中，MTB 与金属离子形成的配合物均呈蓝色。在酸性溶液中滴定终点由蓝色变为黄色；在碱性溶液中滴定终点是由蓝色变为无色或淡灰色。在 pH＞13.4 的溶液中，因指示剂本身的颜色为蓝色，故滴定终点无颜色变化。

MTB 是用于滴定 Ca^{2+}的良好指示剂，特别是镁含量较高时，该指示剂不被 $Mg(OH)_2$ 沉淀所吸附，终点变色敏锐。在实际应用中，用 MTB 作指示剂滴定 Ca^{2+} 时，溶液的最佳 pH 值为 12.8±0.1，此时终点颜色为无色或淡灰色，底色浅、返色慢、易于观察。若 pH 过高，指示剂本身的颜色加深，影响终点观察；若 pH＜12.5，由于 $Mg(OH)_2$ 沉淀不完全，终点返色快，测定值偏高。还应注意，调整溶液 pH 时，NaOH 比 KOH 所得溶液的底色深，因此采用 KOH 调整溶液碱度。

5.5 EDTA 滴定法基本原理

5.5.1 滴定曲线

在配位滴定中，随着滴定剂的加入，溶液中金属离子 M 的浓度逐渐减小。在化学计量点附近，金属离子浓度发生突变，即 pM（金属离子浓度的负对数）发生突变。由 pM 值对滴定剂的加入量作图，即可得到配位滴定曲线。

现以 pH=12 时，用 0.010 00 $mol \cdot L^{-1}$ EDTA 标准溶液滴定 20.00 mL 0.010 00 $mol \cdot L^{-1}$ Ca^{2+}溶液为例，计算 pCa 的变化情况并绘制成滴定曲线。

pH=12.0 时，EDTA 主要存在形式是 Y，其 $\alpha_{Y(H)} \approx 1$，可忽略酸效应，则 $\lg K'_{CaY} = \lg K_{CaY} = 10.69$，此种情况下 $[Y] = [Y'] = 0.010\,00\ mol \cdot L^{-1}$。

（1）滴定前

$[Ca^{2+}] = 0.010\,00\ mol \cdot L^{-1}$　　$pM = -\lg[Ca^{2+}] = -\lg 0.010\,00 = 2.00$

（2）滴定开始至化学计量点前

在该阶段，溶液中未被滴定的 Ca^{2+}与反应产物 CaY^{2-}同时存在，考虑到 $\lg K'_{CaY}$ 较大，CaY^{2-}离解甚微，可以忽略不计，近似地用剩余的 Ca^{2+}浓度代替溶液中的$[Ca^{2+}]$。

若加入 19.98 mLEDTA 标准溶液（α =99.9%）：

则 $[Ca^{2+}]=\dfrac{20.00-19.98}{20.00+19.98}\times 0.010\,00=5.0\times 10^{-6}\ mol\cdot L^{-1}$

$pCa=5.30$

同理，可以计算出其他滴定度下$[Ca^{2+}]$和 pCa。

（3）化学计量点

化学计量点时，Ca^{2+}与 EDTA 几乎全部配位成 CaY：

则$[CaY]=\dfrac{20.00}{20.00+20.00}\times 0.010\,00=5.0\times 10^{-3}\ mol\cdot L^{-1}$

在化学计量点时，因 CaY 的离解而产生的Ca^{2+}和Y^{4-}是相等的，即 $[Ca^{2+}]=[Y^{4-}]$，因不存在酸效应，有 $\lg K'_{CaY}=\lg K_{CaY}=10.69$

则 $K_{CaY}=K'_{CaY}=\dfrac{[CaY]}{[Ca^{2+}][Y]}=\dfrac{[CaY]}{[Ca^{2+}]^2}$

故$[Ca^{2+}]=\sqrt{\dfrac{[CaY]}{K_{CaY}}}=\sqrt{\dfrac{5.0\times 10^{-3}}{10^{10.69}}}=10^{-6.50}$　　$pCa=6.50$

当存在副反应时，需要考虑副反应系数对 K'_{MY} 值的影响，以及 K'_{MY} 值的大小对化学计量点 pM′ 值的影响。

【例 5-7】在 pH=10 的氨性缓冲溶液中，$[NH_3]$=0.20 $mol\cdot L^{-1}$，以 0.02 $mol\cdot L^{-1}$ EDTA 溶液滴定 0.02 $mol\cdot L^{-1}$ Cu^{2+}，计算化学计量点时 pCu′。如被滴定的是 0.02 $mol\cdot L^{-1}$ Mg^{2+}，化学计量点时的 pMg′ 又是多少？

解：化学计量点时，$c_{Cu}^{sp}=0.01\ mol\cdot L^{-1}$，$[NH_3]_{SP}=0.10\ mol\cdot L^{-1}$

$$\begin{aligned}\alpha_{Cu(NH_3)}&=1+\beta_1[NH_3]+\beta_2[NH_3]^2+\beta_3[NH_3]^3+\beta_4[NH_3]^4+\beta_5[NH_3]^5\\&=1+10^{4.31}\times 0.10+10^{7.98}\times 0.10^2+10^{11.02}\times 0.10^3+10^{13.82}\times 0.10^4+10^{12.86}\times 0.10^5\\&=1.8\times 10^9=10^{9.36}\end{aligned}$$

pH=10 时，$\alpha_{Cu(OH)}=10^{1.7}\ll 10^{9.36}$，所以$\alpha_{Cu(OH)}$可以忽略。

pH=10 时，$\lg\alpha_{Y(H)}$=0.45 故

$\lg K'_{CuY}=\lg K_{CuY}-\lg\alpha_{Y(H)}-\lg\alpha_{Cu(NH_3)}=18.80-0.45-9.36=8.99$

$pCu'=\dfrac{1}{2}(pc_{Cu}^{sp}+\lg K'_{CuY})=\dfrac{1}{2}(2.00+8.99)=5.50$

滴定 Mg^{2+}时，Mg^{2+}不形成配合物，形成氢氧基配合物的倾向也很小，故 $\lg\alpha_{Mg}$=0，因此$\lg K'_{MgY}=\lg K_{MgY}-\lg\alpha_{Y(H)}=8.7-0.45=8.25$

$$pMg' = \frac{1}{2}(pc_{Mg}^{sp} + \lg K'_{MgY}) = \frac{1}{2}(2.00 + 8.25) = 5.13$$

计算结果表明，尽管 K_{CuY} 与 K_{MgY} 相差颇大，但在氨性溶液中，由于 Cu^{2+}的副反应，使 K'_{CuY} 与 K'_{MgY} 相差很小，计量点时的pM′也很接近。因此，如果溶液中同时存在 Cu^{2+}和 Mg^{2+}，将一起被 EDTA 滴定，得到 Cu^{2+}和 Mg^{2+}的总量。

（4）化学计量点后

计量点后，溶液中因加入过量 EDTA，抑制了 CaY 的离解，因此可近似认为 $[CaY] = 5.0\times10^{-3} mol\cdot L^{-1}$。

若滴入 20.02 mL EDTA 标准溶液（α=100.1%），过量的 EDTA 的浓度为

$$[Y] = \frac{20.02 - 20.00}{20.00 + 20.02} \times 0.01000 = 5.0 \times 10^{-6} mol \cdot L^{-1}$$

$$\frac{[CaY]}{[Ca][Y]} = \frac{5.0 \times 10^{-3}}{[Ca^{2+}]5.0 \times 10^{-6}} = 4.9 \times 10^{10}$$

$[Ca^{2+}] = 2.0\times10^{-8}\ mol \cdot L^{-1}$　　pCa = 7.70

滴定过程中其他各点可按同样的方法计算出 pCa 值，所得数据列于表 5-3 中。

表 5-3　0.010 00 mol·L^{-1}EDTA 滴定 20.00 mL 0.010 00 mol·L^{-1}Ca^{2+}溶液

加入 EDTA 的体积/mL	滴定度/%	pH=12.0 pCa
0.00	0.0	2.00
18.00	90.0	3.30
19.80	99.0	4.30
19.98	99.9	5.30
20.00	100.0	6.50
20.02	100.1	7.70
20.20	101.1	8.70
22.00	110.0	9.70
40.00	200.0	10.70

根据表 5-3 中的数据，以 pCa 为纵坐标，EDTA 加入量为横坐标作图，得到一配位滴定曲线，如图 5-3 所示。

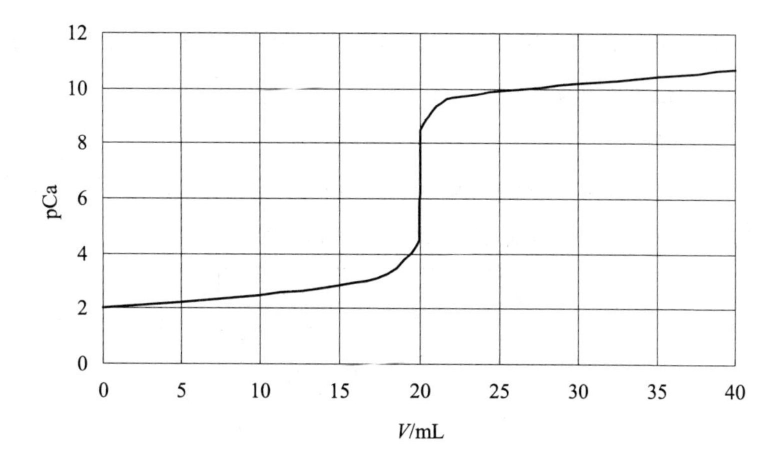

图 5-3　0.010 00 mol·L^{-1} EDTA 滴定 0.010 00 mol·L^{-1} Ca^{2+}溶液的滴定曲线

5.5.2　影响突跃范围大小的因素

滴定突跃范围的大小是决定配位滴定准确度的重要依据，pM' 突跃范围越大越有利于滴定。影响滴定突跃范围大小的因素主要有以下几个方面。

1．被测金属离子的浓度

当 $\lg K'_{MY}=10$，c_M 分别是 $10^{-1}\sim10^{-4}$ mol·L^{-1}，分别用等浓度的 EDTA 滴定，所得滴定曲线如图 5-4 所示。

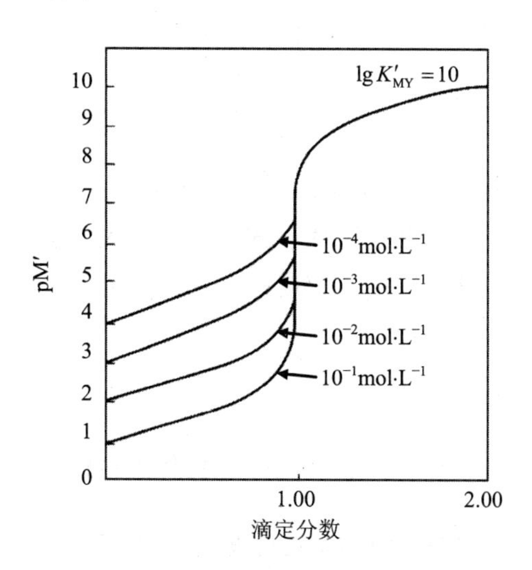

图 5-4　不同浓度 EDTA 与 M 的滴定曲线

金属离子的浓度越大，滴定曲线的起始点的pM′越小，滴定突跃范围也就越大。反之，突跃范围也就越小。

2．K'_{MY}的影响

设c_M=0.01 mol·L^{-1}，用0.01 mol·L^{-1} EDTA滴定，若$\lg K'_{MY}$分别是2、4、6、8、10、12、14，计算相应的滴定曲线，如图5-5所示。

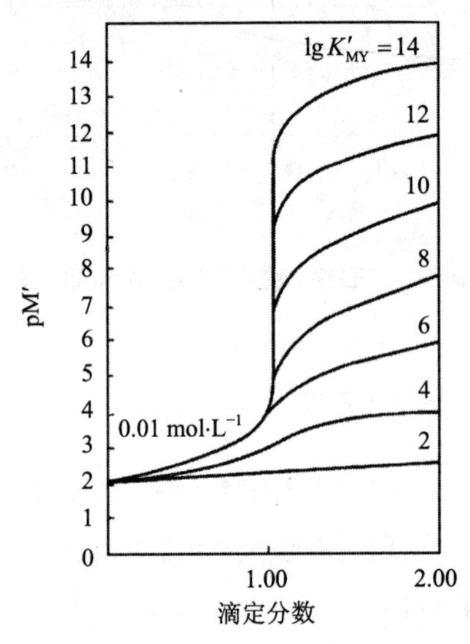

图5-5 不同$\lg K'_{MY}$时的滴定曲线

由图5-5可知，K'_{MY}值的大小是影响突跃的重要因素之一，然而：

$$\lg K'_{MY}=\lg K_{MY}-\lg\alpha_M-\lg\alpha_{Y(H)}$$

可见，K'_{MY}值由K_{MY}、α_M和$\alpha_{Y(H)}$的值决定：

①K_{MY}值越大，K'_{MY}值相应增大，pM′突跃也大，反之就小。

②滴定体系的酸度越大，$\alpha_{Y(H)}$值就越大，K'_{MY}值就越小，引起滴定曲线尾部平台下降，使pM′突跃变小。

其次，滴定反应为：

$$M^{n+}+H_2Y^{2-}\rightleftharpoons MY^{(4-n)-}+2H^+$$

反应过程中会释放出H^+，使体系酸度变大，造成K'_{MY}在滴定过程中逐渐变小。因此，一般在配位滴定中需要使用缓冲溶液，使体系的pH值基本不变。

3．缓冲溶液及辅助配位剂的影响

为了维持滴定体系的酸度基本不变而加入缓冲溶液，有时缓冲剂对 M 有配位效应。如在 pH=10 氨性缓冲溶液中，用 EDTA 滴定 Zn^{2+}时，NH_3对 Zn^{2+}有配位效应。有时为了防止 M 水解，加入辅助配位剂 L 阻止 M 水解析出沉淀。此时，OH^-和 L 对 M 就有配位效应。由于 L 对 M 产生配位效应，使$\alpha_{M(L)}$值增大，且缓冲剂或辅助配位剂浓度越大，$\alpha_{M(L)}$值就越大，K'_{MY}值就越小，pM'使突跃变小。

其次，这种滴定体系在滴定过程中，随着滴定剂的加入，体系的总体积逐渐增大，对配位剂有稀释作用，引起$\alpha_{M(L)}$值逐渐变小，K'_{MY}逐渐增大，但在化学计量点附近可认为基本不变。所以 pM′突跃大小可应用计量点的K'_{MY}值来考虑。

最后，辅助配位剂或缓冲剂的配位作用降低了 M 的游离浓度，使 pM′值增大，从而抬升了滴定曲线的起点，使 pM′突跃范围变小。辅助配位剂浓度越大，滴定曲线的起点就越高，pM′突跃越小。

5.6　单一离子准确滴定

5.6.1　准确滴定判别式

由表 5-2 和式（5-5）可以看出，随着 pH 的升高，$\alpha_{Y(H)}$值降低，$\lg K'_{MY}$增大，配位反应完全。但当 pH 值升至某一数值时，水解效应严重甚至产生氢氧化物沉淀，无法进行滴定；当 pH 降低时，$\lg\alpha_{Y(H)}$值升高，$\lg K'_{MY}$减小，减小至一定数值后，将因酸效应的影响而无法准确滴定。因此对每一种金属离子都有一满足准确滴定所允许的最低 pH 值。

配位滴定的准确滴定条件及所允许的最低 pH 值，取决于滴定所允许的误差及检测终点的准确度。一般配位滴定目测终点有±0.2～0.5 ΔpM 的出入，若ΔpM 至少有±0.2，允许的相对误差 TE 为±0.1%，则根据林邦的终点误差公式：

$$\mathrm{TE}=\frac{10^{\Delta pM'}-10^{-\Delta pM'}}{\sqrt{K'_{MY}c_M^{SP}}}\times 100\% \qquad 设\ f=\left|10^{\Delta pM'}-10^{-\Delta pM'}\right|$$

$$\mathrm{TE}=\frac{f}{\sqrt{K'_{MY}c_M^{SP}}}\times 100\%$$

对上式取对数，整理得到：

$$\lg K'_{MY}c_M^{SP} = 2pT + 2\lg f$$

式中，pT 为终点误差的负对数，由于 f 取绝对值，所以式中求出的 T 都是正误差，实际上，实际上 T 的正负取决于 $\Delta pM'$ 的正负。

当终点误差要求小于或等于 T 时，则上式变为：

$$\lg K'_{MY}c_M^{SP} \geqslant 2pT + 2\lg f \tag{5-6}$$

这是准确进行配位滴定的判别式。

式中，$\lg f$ 值表示检验终点方法的灵敏度，$\lg f$ 值越大，检验终点方法的灵敏度越差。反之，就越灵敏。

在配位滴定中，一般采用金属指示剂确定终点，在最好的情况下，即使指示剂的变色点与化学计量点一致，但由于人眼判断颜色的局限性，仍可能造成 $\Delta pM'$ 有±（0.0～0.5）单位的不确定性。现设 $\Delta pM' = \pm 0.2$ pM 单位，查表 5-4，得 f=0.954，$\lg f$=0，则上式变为

$$\lg K'_{MY}c_M^{SP} \geqslant 2pT$$

$$T \leqslant 0.1\% \quad \cdots\cdots \quad \lg K'_{MY}c_M^{SP} \geqslant 6$$

$$T \leqslant 0.3\% \quad \cdots\cdots \quad \lg K'_{MY}c_M^{SP} \geqslant 5$$

$$T \leqslant 1.0\% \quad \cdots\cdots \quad \lg K'_{MY}c_M^{SP} \geqslant 4$$

当 $c_M = 0.02\,\text{mol}\cdot\text{L}^{-1}$，$c_M^{sp} = 0.01\,\text{mol}\cdot\text{L}^{-1}$，上式变为：

$$T \leqslant 0.1\% \quad \cdots\cdots \quad \lg K'_{MY} \geqslant 8$$

$$T \leqslant 0.3\% \quad \cdots\cdots \quad \lg K'_{MY} \geqslant 7$$

$$T \leqslant 1.0\% \quad \cdots\cdots \quad \lg K'_{MY} \geqslant 6$$

需要注意的是，上式是指示剂处于最佳情况（$\Delta pM' = \pm 0.2$pM 单位）下得到的，而实际上出现这种情况极少。因此，配位滴定的终点误差往往会增大，一般在千分之几到百分之一。

若采用多元混配指示剂或应用仪器分析方法检测终点，可使 $\Delta pM'$ 的不确定性减小，相应地使终点误差也变小。

表 5-4　ΔpM 与（$10^{\Delta pM}-10^{-\Delta pM}$）的换算

$f=|10^{\Delta pM}-10^{-\Delta pM}|$

	0.00	0.01	0.02	0.03	0.04	0.05	0.06	0.07	0.08	0.09
0.00	0.00	0.04	0.09	0.13	0.18	0.23	0.27	0.32	0.37	0.41
0.10	0.46	0.51	0.56	0.60	0.65	0.70	0.75	0.80	0.85	0.90
0.20	0.95	1.01	1.06	1.11	1.16	1.22	1.28	1.33	1.38	1.44
0.30	1.49	1.55	1.61	1.67	1.73	1.79	1.85	1.92	1.98	2.05
0.40	2.11	2.18	2.25	2.32	2.39	2.46	2.54	2.61	2.69	2.77
0.50	2.85	2.93	3.01	3.09	3.18	3.27	3.36	3.45	3.54	3.63
0.60	3.73	3.83	3.93	4.03	4.14	4.24	4.35	4.46	4.58	4.69
0.70	4.81	4.93	5.06	5.18	5.31	5.45	5.58	5.72	5.86	6.00
0.80	6.15	6.30	6.64	6.61	6.77	6.94	7.11	7.28	7.45	7.63
0.90	7.82	8.01	8.20	8.39	8.60	8.80	9.01	9.23	9.45	9.67
1.00	9.90	10.1	10.4	10.6	10.9	11.1	11.4	11.7	11.9	12.2
1.10	12.5	12.8	13.1	13.4	13.7	14.1	14.4	14.7	15.1	15.4
1.20	15.8	16.2	16.5	16.9	17.3	17.7	18.1	18.6	19.0	19.5
1.30	19.9	20.4	20.9	21.3	21.8	22.3	22.9	23.4	24.0	24.5
1.40	25.1	25.7	26.3	26.9	27.5	28.2	28.8	29.5	30.2	30.9
1.50	31.6	32.3	33.1	33.9	34.6	35.5	36.3	37.1	38.0	38.9

5.6.2　配位滴定的适宜酸度范围

1．最高酸度

假设配位滴定中，除 EDTA 酸效应和 M 水解效应外，没有其他副反应，则：

$$\lg K'_{MY}=\lg K_{MY}-\lg\alpha_{Y(H)}-\lg\alpha_{M(OH)}$$

在高酸度下，$\alpha_{M(OH)}$ 很小，可忽略不计，所以：

$$\lg\alpha_{Y(H)}=\lg K_{MY}-\lg K'_{MY} \tag{5-7}$$

当 c_M=0.02 mol·L^{-1}，可得：

$$T\leqslant0.1\%\ \cdots\cdots\lg\alpha_{Y(H)}\leqslant\lg K_{MY}-8$$

$$T\leqslant0.3\%\ \cdots\cdots\lg\alpha_{Y(H)}\leqslant\lg K_{MY}-7$$

$$T\leqslant1.0\%\ \cdots\cdots\lg\alpha_{Y(H)}\leqslant\lg K_{MY}-6$$

根据式（5-7）得出的 $\lg\alpha_{Y(H)}$ 值所对应的酸度，就称为“最高酸度”。当超过此酸度时，$\lg\alpha_{Y(H)}$ 值变大，$\lg K'_{MY}$ 值变小，TE 就增大。

【例 5-8】为什么用 EDTA 标准溶液滴定 Ca^{2+}时，可在 pH=10.0 而不是 pH=5.0

的溶液中进行，但滴定 Zn^{2+}时，则可在 pH=5.0 的溶液中进行？

解：查表 5-2，pH=5.0 时，$\lg\alpha_{Y(H)}=6.45$；pH=10.0 时，$\lg\alpha_{Y(H)}=0.45$

根据 $\lg K'_{MY}=\lg K_{MY}-\lg\alpha_{Y(H)}$

则 pH = 5.0 时，$\lg K'_{CaY}=10.69-6.45=4.24<8$

$\lg K'_{ZnY}=16.50-6.45=10.05>8$

pH=10.0 时，$\lg K'_{CaY}=10.69-0.45=10.24>8$

$\lg K'_{ZnY}=16.50-0.45=16.05>8$

由此可见，pH=5.0 时，EDTA 标准溶液不能准确滴定 Ca^{2+}，但可以准确滴定 Zn^{2+}；在 pH=10.0 时，Ca^{2+}、Zn^{2+}均可用 EDTA 标准溶液准确滴定。

【例 5-9】 试计算 EDTA 滴定 0.02 $mol\cdot L^{-1}$ Ca^{2+} 溶液允许的最低 pH（$\lg K_{CaY}=10.69$）。

解：已知 $c=0.02\ mol\cdot L^{-1}$，$\lg K_{CaY}=10.69$

可得 $\lg\alpha_{Y(H)}\leqslant\lg K_{CaY}-8=10.69-8=2.69$

查表 5-2，用内插法求得 pH ⩾7.6。

所以，用 EDTA 滴定 0.02 $mol\cdot L^{-1}$ Ca^{2+}溶液允许的最低 pH 为 7.6。

同样的方法可计算出滴定各种金属离子所允许的最低 pH 值。若将金属离子的最低 pH 值对其 $\lg K_{MY}$ 值（或最低 pH 值对其相应的最大 $\lg\alpha_{Y(H)}$ 值）作图，所得的曲线称为 EDTA 的酸效应曲线。如图 5-6 所示。

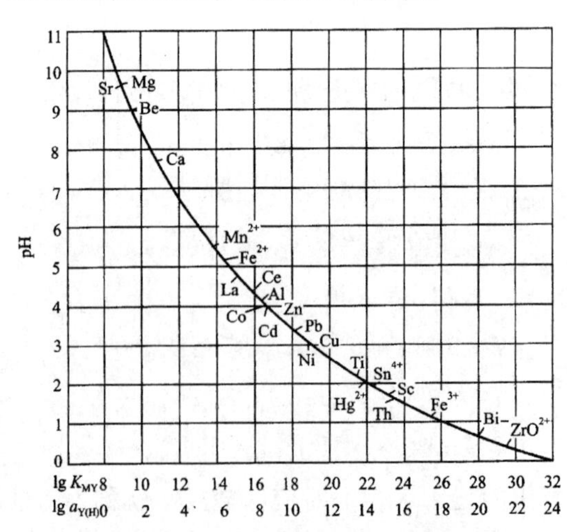

图 5-6 EDTA 的酸效应曲线

（$c_M=0.020\ mol\cdot L^{-1}$，$\Delta pM=0.20$，TE=±0.1%）

酸效应曲线有如下用途：

①可粗略地确定各种单一金属离子进行准确滴定所允许的最低 pH 值。若要准确滴定必须大于其最低值，图中金属离子位置所对应的 pH，就是滴定该金属离子 $c = 0.02\ mol \cdot L^{-1}$ 时所允许的最低 pH。例如 Fe^{3+}：pH≥1.2；Mn^{2+}：pH≥5.4；Ca^{2+}：pH≥7.6；Mg^{2+}：pH≥9.6。

在满足滴定允许的最低 pH 的条件下，若溶液的 pH 升高，则 $\lg K'_{MY}$ 增大，配位反应的完全程度也增大。但若溶液的 pH 太高，对某些金属离子则会促进其形成羟基配合物，致使其水解效应增大，最终反而影响滴定的主反应。因此配位滴定还应考虑不使金属离子发生水解反应的 pH 条件，这个允许的最高 pH 通常由金属离子氢氧化物的溶度积常数估算求得。

②可以判断出某一酸度下各共存离子相互间的干扰情况。例如，在 pH=10.0 时，滴定钙镁总量时，溶液中共存的 Fe^{3+}、Al^{3+}、Mn^{2+}、TiO^{2+}等离子，位于 Ca^{2+}、Mg^{2+}离子的下面，干扰测定，必须消除其影响。

③可确定出滴定 M 离子而 N 离子不干扰的 pH 值，以便利用控制溶液酸度的方法，在同一溶液中进行选择滴定或连续滴定。例如，当溶液中有 Bi^{3+}、Zn^{2+}、Mg^{2+}三种离子共存时，可采用 MTB 作指示剂，首先在 pH=1.0 时用 EDTA 溶液滴定 Bi^{3+}，然后在 pH=5～6 时滴定 Zn^{2+}，最后在 pH=10 时滴定 Mg^{2+}。

2．最低酸度

$\lg\alpha_{Y(H)}$ 降低，$\lg\alpha_{M(OH)}$ 升高，金属离子发生水解，析出沉淀。所以在配位滴定中必须考虑使金属离子不水解的最低酸度。

在无辅助配位剂存在的条件下，金属离子不水解的最低酸度可由金属离子氢氧化物 $M(OH)_n$ 的溶度积计算。

所以在配位滴定中，必须控制酸度在最高酸度和最低酸度之间，我们把这个酸度范围称为配位滴定的“适宜酸度范围”。

【例 5-10】计算用 $2.0\times10^{-2}\ mol \cdot L^{-1}$ EDTA 溶液滴定 $2.0\times10^{-2}\ mol \cdot L^{-1}$ Fe^{3+}溶液的适宜酸度范围（$\Delta pM = 0.20$，TE= ± 0.1%）。

解： $\lg\alpha_{Y(H)} = \lg K_{FeY} - 8 = 25.1 - 8 = 17.1$

查表当 $\lg\alpha_{Y(H)} = 17.1$ 时 pH =1.2。

又当 $[Fe^{3+}][OH^-]^3 = K_{SP}$（$Fe(OH)_3$）时，$Fe^{3+}$开始水解析出沉淀，此时：

$$[OH^-]=\sqrt[3]{\frac{K_{SP\ Fe(OH)_3}}{[Fe^{3+}]}}=\sqrt[3]{\frac{4\times10^{-38}}{2.0\times10^{-2}}}=10^{-11.9}$$

pOH=11.9，pH= 2.1，即滴定 Fe^{3+}的最低酸度为 pH=1.2，适宜酸度范围为 pH=1.2 ~ 2.1。

5.7 提高配位滴定选择性的方法

5.7.1 选择性滴定中的酸度控制

由于 EDTA 和许多金属离子形成配合物，而试样中往往同时存在多种金属离子，在滴定时相互间发生干扰，因此采取有效措施消除干扰，提高配位滴定的选择性，是配位滴定需要解决的主要问题。

在配位滴定中提高滴定选择性的途径，主要是设法降低干扰离子与 EDTA 形成配合物的稳定性，或者降低干扰离子的浓度，即减少干扰离子与 EDTA 所形成配合物的条件稳定常数，从而消除干扰。其方法一般有如下三种。

1. 分别滴定的判别式

当滴定单独一种金属离子时，只要满足 $\lg K'_{MY}c_M^{sp}\geqslant6$ 的条件，就可以准确滴定，TE≤0.1%。

但当溶液中有两种或两种以上的金属离子，当它们配合物稳定常数的差别足够大时，则可通过调整溶液的酸度使其仅满足一种离子的最低 pH 值，但又不会使该离子发生水解而析出沉淀，此时就只有该种离子能形成稳定配合物（$\lg K'_{MY}\geqslant8$），而其他离子不易反应，从而不产生干扰，达到分别滴定的目的。

假设试液中有两种金属离子 M 和 N，且 $K_{MY}>K_{NY}$，在化学计量点的分析浓度分别为 C_M^{sp} 和 C_N^{sp}。讨论准确滴定 M 而不受 N 干扰的条件，在混合离子中选择滴定的允许误差较大，TE=0.3%，且 $\Delta pM'=\pm0.20$，根据准确滴定判别式 $\lg K'_{MY}c_M^{sp}\geqslant5$ 可知 M 能被准确滴定，而 N 不干扰。由于：

$$\lg K'_{MY}c_M^{sp}=\lg K_{MY}c_M^{sp}-\lg\alpha_M-\lg\alpha_Y$$

$$=\lg K_{MY}c_M^{sp}-\lg\alpha_M-\lg(\alpha_{Y(H)}+\alpha_{Y(N)})$$

能否选择性滴定 M，而 N 不干扰滴定的关键，是 $\lg(\alpha_{Y(H)}+\alpha_{Y(N)})$ 项，此项有

三种情况，即：

$$\alpha_{Y(H)} > \alpha_{Y(N)}$$

$$\alpha_{Y(H)} = \alpha_{Y(N)}$$

$$\alpha_{Y(H)} < \alpha_{Y(N)}$$

其中$\alpha_{Y(H)} < \alpha_{Y(N)}$，N 干扰严重，若$\alpha_{Y(H)} << \alpha_{Y(N)}$，即$\alpha_{Y(H)} + \alpha_{Y(N)} \approx \alpha_{Y(N)}$，干扰最严重。

$$\alpha_{Y(H)} + \alpha_{Y(N)} \approx \alpha_{Y(N)} = 1 + K_{NY}c_N^{sp} \approx K_{NY}c_N^{sp}$$

若不考虑$\lg\alpha_M$，则：

$\lg K'_{MY}c_M^{sp} = \lg K_{MY}c_M^{sp} - \lg K_{NY}c_N^{sp} \geqslant 5$，即：

$$\Delta\lg K \cdot c \geqslant 5 \qquad (5\text{-}8)$$

此式是配位滴定的分别滴定判别式。

同理可得：

当 $T \leqslant 0.1\%$且$\Delta pM = 0.2 \quad \Delta\lg K \cdot c \geqslant 6$

当 $T \leqslant 1.0\%$且$\Delta pM = 0.2 \quad \Delta\lg K \cdot c \geqslant 4$

如需要用 0.02 $mol \cdot L^{-1}$ EDTA 滴定浓度均为 0.02 $mol \cdot L^{-1}$的 Bi^{3+}和 Pb^{2+}混合液，当 TE=0.3%，且 $\Delta pM' = \pm 0.2pM$ 时，

$$\lg K_{MY}c_M^{sp} - \lg K_{NY}c_N^{sp} = (29.74 - 2) - (18.04 - 2) = 9.9 > 5$$

故可利用酸效应选择滴定 Bi^{3+}，而 Pb^{2+}不干扰。

2．分别滴定的酸度范围

当$\alpha_{Y(H)} < \alpha_{Y(N)}$时，假设$\alpha_{Y(H)} = \frac{1}{10}\alpha_{Y(N)} \approx \frac{1}{10}K_{NY}c_N^{sp}$，即：

$$\lg\alpha_{Y(H)} = \lg K_{NY} \cdot c_N^{sp} - 1 \qquad (5\text{-}9)$$

由$\alpha_{Y(H)}$值所对应的酸度可作为选择滴定 M 离子适宜酸度范围的下限（最高允许 pH 值），因为：

$$\lg\alpha_Y = \lg(\alpha_{Y(H)} + \alpha_{Y(N)}) = \lg(\frac{11}{10} \times K_{NY}c_N^{sp}) = \lg K_{NY} \cdot c_N^{sp} + 0.04$$

则$\Delta\lg K \cdot c - 0.04 \geqslant 5 - 0.04 = 4.96 = 2pT$

则 TE = ±0.33%

终点误差仅增加了±0.03%，说明上述假设 $\alpha_{Y(H)}=\frac{1}{10}\alpha_{Y(N)}$ 是合理的，应用指示剂指示滴定终点，选择滴定 M 离子的酸度适宜范围为 M 离子的最高酸度至 $\alpha_{Y(H)}=\frac{1}{10}K_{NY}\cdot c_{N}^{sp}$ 值所对应的酸度区间。

【例 5-11】 用 0.02 $mol\cdot L^{-1}$ EDTA 滴定浓度均为 0.02 $mol\cdot L^{-1}$ 的 Bi^{3+}和 Pb^{2+}混合液，当 TE= 0.3%，且 $\Delta pM'=\pm0.20$ 时的滴定 Bi^{3+}的适宜酸度范围。

解： 允许最高酸度（最小 pH 值）

$\lg\alpha_{Y(H)}=\lg K_{BiY}-\lg K'_{BiY}=29.74-7=20.94$，pH 约为 0.5。

允许最高酸度（最大 pH 值）

$\lg\alpha_{Y(H)}=\lg K_{Pb}c_{Pb}^{sp}-1=18.04-2-1=15.04$，pH 约为 1.6。

因此滴定 Bi^{3+}的适宜酸度范围为 pH = 0.5～1.6，一般控制在 1.0 左右。但通过学生实验，把酸度控制在 pH=1.0 左右，滴定结果准确度不高，这时应考虑指示剂的酸效应影响。但是金属离子指示剂的常数很不齐全，有时无法计算，只能在实验工作中采用实验方法来选择指示剂。

5.7.2 掩蔽效应的利用

当溶液中存在两种金属离子 M 和 N，存在以下三种情况：

$$K_{MY}>K_{NY} \quad \Delta\lg K\cdot c>6$$
$$K_{MY}>K_{NY} \quad \Delta\lg K\cdot c<6$$
$$K_{NY}<K_{MY}$$

在滴定 M 时，当 $K_{MY}>K_{NY}$，且 $\Delta\lg K\cdot c>6$，可以采用控制酸度的方法消除 N 的干扰。但是当 $K_{MY}>K_{NY}$ 且 $\Delta\lg K\cdot c<6$ 或 $K_{NY}<K_{MY}$ 时，就不能利用控制酸度的方法进行分别滴定。此时可利用掩蔽剂来降低干扰离子浓度以消除干扰。但须注意干扰离子存在的量不能太大，否则不能得到满意的结果。

掩蔽方法按所用反应类型不同，可分为配位掩蔽法、沉淀掩蔽法和氧化还原掩蔽法等。其中使用最多的是配位掩蔽法。

1．配位掩蔽法

利用某一配位剂与干扰离子形成稳定配合物，降低干扰离子浓度，消除其干扰的方法。例如，在上例中，测定Ca^{2+}、Mg^{2+}离子含量时，Fe^{3+}、Al^{3+}对测定有干扰。若在酸性溶液中加入三乙醇胺掩蔽Fe^{3+}、Al^{3+}，然后调pH至10滴定Ca^{2+}、Mg^{2+}离子含量，即可消除其影响。

又如，在Al^{3+}与Zn^{2+}两种离子共存时，可用NH_4F掩蔽Al^{3+}，使其生成稳定的AlF_6^{3-}配离子；在pH=5～6时，用EDTA滴定Zn^{2+}。

2．沉淀掩蔽法

利用沉淀反应降低干扰离子浓度的方法称为沉淀掩蔽法。例如葡萄糖酸钙含量测定，采用200 g·L^{-1}的KOH溶液调整溶液pH ＞12，Mg^{2+}形成$Mg(OH)_2$沉淀，则不干扰Ca^{2+}的滴定。

3．氧化还原掩蔽法

利用氧化还原反应，通过改变干扰离子价态消除干扰的方法称为氧化还原掩蔽法。例如，在pH=1.0时，用EDTA滴定Zr^{4+}，若溶液中存在Fe^{3+}，将会干扰测定。可以加入适量的盐酸羟胺或抗坏血酸等还原剂将Fe^{3+}还原成Fe^{2+}，消除干扰，这是因为$\lg K_{FeY^-}=25.1$，$\lg K_{FeY^{2-}}=14.3$，FeY^{2-}的稳定性远小于FeY^-的缘故。

氧化还原掩蔽法的应用范围比较窄，只限于那些易发生氧化还原反应的金属离子，其氧化型物质或还原型物质又不干扰测定的情况，因此目前只有少数几种离子可用这种方法来消除干扰。

应该指出，一些掩蔽剂的使用，除明确它的使用条件外，还需注意它的性质和加入时的条件。如三乙醇胺应在酸性条件下加入，之后调整碱度。如果溶液已是碱性，Fe^{3+}、Al^{3+}离子会发生水解，加入三乙醇胺则不易掩蔽。

此外，掩蔽剂的用量必须适当，既要稍过量，使干扰离子能被完全掩蔽，又不能过量太多，以免被测离子也可能部分被掩蔽。

4．解蔽作用的利用

在金属离子的EDTA溶液中，加入适当的试剂，将已配位的配位剂或金属离子释放出来，从而解除掩蔽，这一方法称为解蔽，所用的试剂称为解蔽剂。例如，Zn^{2+}与Mg^{2+}共存时，为了分别测定两者的含量，可以先在pH=10的溶液中，加入KCN，使Zn^{2+}形成$[Zn(CN)_4]^{2-}$配合离子而掩蔽，用EDTA滴定Mg^{2+}。然后在滴定完Mg^{2+}后的溶液中加入甲醛，破坏$[Zn(CN)_4]^{2-}$配合离子，使Zn^{2+}重新释放出来，用 EDTA 滴定 Zn^{2+}。解蔽反应如下：

$$[Zn(CN)_4]^{2-} + 4HCHO + 4H_2O = Zn^{2+} + 4OH^- + 4HOCH_2CN$$

当利用酸效应、掩蔽效应及解蔽效应均不能消除干扰时，可以采用沉淀分离或选用其他滴定剂，还可结合其他方法，消除干扰。

例如，由于 EGTA（阴离子简写为 X）与 Ca^{2+}的配位能力较 EDTA 稍强（$\lg K_{CaX}=11.0$，$\lg K_{CaY}=10.69$），而与 Mg^{2+}的配位能力却比 EDTA 弱得多（$\lg K_{MgX}=5.21$，$\lg K_{MgY}=8.69$），因此可以利用 EGTA 与 Ca^{2+}、Mg^{2+}离子配位能力的差别在 Mg^{2+}存在下直接滴定 Ca^{2+}，其效果要比用 EDTA 优越，尤其是对高镁含量的硅酸盐试样，即使 MgO 含量达到 20%以上，仍能获得满意的结果。

5.8 配位滴定方式

在配位滴定中，采用不同的滴定方式可以扩大配位滴定的应用范围，同时可以提高配位滴定的选择性。常用的滴定方式有直接滴定、返滴定、置换滴定和间接滴定等四种。

5.8.1 直接滴定法

直接滴定法是在适宜的酸度下，加入必要的其他试剂和指示剂，用 EDTA 直接进行滴定的方法。直接滴定法是配位滴定中最基本的滴定方式。采用直接滴定法必须具备如下条件：

①条件稳定常数要满足 $\lg K'_{MY} \cdot c \geqslant 8$；

②被测金属离子与 EDTA 配位反应速度应很快，并且有变色敏锐的指示剂；

③干扰离子应预先掩蔽或分离；

④在选定的滴定条件下，被测金属离子不发生水解及沉淀反应。

直接滴定法具有简便、迅速、引入误差少的优点。用直接滴定法难以实现准确滴定时，才会用其他方式。在硅酸盐试样的化学分析中，Fe^{3+}、Ca^{2+}、Mg^{2+}、Mn^{2+}、TiO^{2+}等离子可用直接滴定方式进行测定。

5.8.2 返滴定法

返滴定法是在试样溶液中加入过量且已知量的 EDTA 标准溶液，用另外一种金属离子标准溶液返滴定剩余的 EDTA，由实际消耗的 EDTA 的量计算被测离子含量的方法。

通常在下列情况下采用返滴定法：

①用直接滴定法时，尚无敏锐的指示剂，或对指示剂有封闭作用；

②被测金属离子与 EDTA 的配位作用很慢；

③被测金属离子在选定的滴定条件下发生水解。

例如，用直接滴定法滴定 Al^{3+}，对二甲酚橙指示剂有封闭作用；Al^{3+}与 EDTA 配位反应缓慢；溶液酸度不高时（如 pH＞4），Al^{3+}易发生水解形成一系列多核羟基配合物，这时可采用返滴定法解决上述问题。又如，测定 Ba^{2+}时没有变色敏锐的指示剂，可加入过量 EDTA 溶液，与 Ba^{2+}反应后，用铬黑 T 作指示剂，再用 Mg^{2+}标准溶液返滴定过量的 EDTA。

5.8.3 置换滴定法

置换滴定法是利用置换反应，置换出等物质的量的另一种金属离子或 EDTA，然后进行滴定的方法。当直接滴定法和返滴定法存在困难时，可用此法。

例如测定含有 Cu^{2+}、Zn^{2+}、Al^{3+} 等离子的试液中的 Al^{3+}时，首先加入过量的 EDTA，加热使这些离子都与 EDTA 配位；然后在 pH=5～6 时，以二甲酚橙作指示剂，锌盐标准溶液滴定剩余的 EDTA；最后加入适量的 NH_4F，使 AlY^- 转化为更稳定的配合物 AlF_6^{2-}，置换出等物质的量的 EDTA，再用锌盐标准溶液滴定，由此可以计算出 Al^{3+}的含量。反应如下：

$$AlY^- + 6F^- = AlF_6^{3-} + Y^{4-}$$

$$Y^{4-} + Cu^{2+} = CuY^{2-}$$

此外，还可以用待测金属离子置换出另一配合物中的金属离子，然后用 EDTA 滴定之。例如 Ag^+与 EDTA 的配合物不稳定（$\lg K_{AgY}$=7.32），因而不能用 EDTA 直接滴定 Ag^+。但于含 Ag^+试液中加入过量的 $Ni(CN)_4^{2-}$，就发生如下置换反应：

$$2Ag^+ + Ni(CN)_4^{2-} = 2\,Ag(CN)_2^- + Ni^{2+}$$

用 EDTA 滴定置换出的 Ni^{2+}，即可求得 Ag^+的含量。

5.8.4 间接滴定法

有些金属离子（如 K^+、Na^+等），形成的配合物不稳定，可用间接滴定法。有些非金属离子（如SO_4^{2-}、PO_4^{3-}等），通过转化也可采用间接滴定法进行测定。

例如，K^+可沉淀为$K_2Na[Co(NO_2)_6]\cdot 6H_2O$，沉淀过滤溶解后，用 EDTA 标准溶液滴定其中的Co^{2+}，以此间接测定K^+的含量。又如，PO_4^{3-}可用碱镁混合剂沉淀成$MgNH_4PO_4\cdot 6H_2O$，沉淀过滤溶解后用 EDTA 标准溶液滴定其中的Mg^{2+}，以此间接测定PO_4^{3-}的含量。间接滴定方式操作烦琐，引入误差的机会也较多，不是最优的分析测定方法。

5.9 配位滴定法的特点及其应用

5.9.1 配位滴定法的特点

配位滴定的相对误差一般可达 0.1%～0.2%，适用于测定含量 1%～95%的一般元素。配位滴定法具有快速的特点，采用掩蔽、解蔽、置换等方法或采用不同的酸度、不同的指示剂、有时可采用不同的氨羧配位剂来避免共存组分的干扰影响，无须分离，只要几分钟或几十分钟就可测出结果。配位滴定操作简单，可以节约时间、劳动力、试样、试剂及玻璃仪器损耗。测定方法简便，易于掌握。

虽然配位滴定法因具有许多优点而得到广泛应用，但也存在一些缺点。如因滴定剂反应的广泛性使得干扰元素较多，某些滴定尽管也采取了以上措施，但选择性仍然较差；配位滴定要求的实验条件，如酸度的控制等比较严格；因某些指示剂的返色而使滴定终点不易掌握等。以上缺点只存在于某些金属离子的配位滴定中，随着分析技术的发展，配位滴定法会更趋完善和简便。

5.9.2 配位滴定法的应用

1．测定水硬度

水硬度分为总硬度和钙、镁硬度两种，前者是指水中Ca^{2+}、Mg^{2+}的总浓度。后者分别为Ca^{2+}和Mg^{2+}的含量。硬度对工业用水关系很大，各种工业对水的硬度都有一定的要求，尤其是像锅炉用水对这一指标要求十分严格。饮用水硬度过高也会影响人的肠胃消化功能，因此硬度是水质分析的重要指标。各国表示水硬度的方法不尽相同，我国采用 mmol（$CaCO_3$）/L 或 mg（$CaCO_3$）/L 为单位表示水的硬度。

EDTA 配位滴定法是测定硬度的标准分析方法，适用于饮用水、锅炉水、冷却水、地下水及没有严重污染的地表水。

总硬度的测定，一般用三乙醇胺掩蔽 Fe^{3+}、Al^{3+}、Cu^{2+}、Pb^{2+}、Zn^{2+}等干扰离子，在 pH=10 的 NH_3-NH_4Cl 缓冲溶液中，以 EBT 为指示剂，EDTA 标准溶液滴定至溶液刚好由红色变为蓝色，反应如下：

显色反应 $Ca^{2+} + EBT \longrightarrow$ Ca-EBT（红色）

$Mg^{2+} + EBT \longrightarrow$ Mg-EBT（红色）

滴定反应 $Ca^{2+} + H_2Y^{2-} \longrightarrow CaY^{2-} + 2H^+$

$Mg^{2+} + H_2Y^{2-} \longrightarrow MgY^{2-} + 2H^+$

终点反应 $Ca\text{-}EBT + H_2Y^{2-} \longrightarrow CaY^{2-} + 2H^+ + EBT$

$Mg\text{-}EBT + H_2Y^{2-} \longrightarrow MgY^{2-} + 2H^+ + EBT$

红色　　　　　　　　　　　蓝色

总硬度$=c \cdot V_{EDTA} \cdot M_{CaCO_3} / V$

在测定钙硬度时，以 NaOH 溶液调溶液的 pH 值至 12～13，使 Mg^{2+}沉淀为 $Mg(OH)_2$，加入钙指示剂，EDTA 标准溶液滴定至溶液刚好由红色变为蓝色，根据 EDTA 用量计算钙硬度，反应如下：

显色反应 Ca^{2+} + NN（蓝色）$\longrightarrow$ Ca-NN（红色）

滴定反应 $Ca^{2+} + H_2Y^{2-} \longrightarrow CaY^{2-} + 2H^+$

终点突变 $Ca\text{-}NN + H_2Y^{2-} \longrightarrow CaY^{2-} + NN + 2H^+$

红色　　　　　　　　蓝色

从相应的钙镁总硬度中减去钙硬度，即得镁硬度。

2．合金中铅铋的连续测定

称取 0.5～0.6 g 合金于烧杯中，加入 7mL HNO_3（1+1），盖上表面皿，加热溶解，用洗瓶表面皿和烧杯壁。将溶液转移至 100 mL 容量瓶中，用 0.1 $mol \cdot L^{-1}$ HNO_3 稀释至刻度。

移去上述溶液 25.00 mL 于锥形瓶中，加入 10 mL 0.1 $mol \cdot L^{-1}$ HNO_3，两滴二甲酚橙指示剂，用 0.1 $mol \cdot L^{-1}$ EDTA 标准滴定溶液滴定，Bi^{3+}的滴定终点是溶液由紫红色变为亮黄色，消耗 EDTA 标准滴定溶液记为 V_1。然后加入 10 mL 200 $g \cdot L^{-1}$ 六次甲基四胺溶液，溶液变为紫红色，继续用 0.1 $mol \cdot L^{-1}$ EDTA 标准滴定溶液滴定，Pb^{2+}的滴定终点是溶液由紫红色变为亮黄色，消耗 EDTA 标准滴定溶液记

为 V_2。平行测定 3 次，计算铅铋合金中 Bi^{3+}和 Pb^{2+}的质量分数。

3．测定氧化淀粉羧基含量

羧基（－COOH）含量是氧化淀粉的一个重要指标，可采用配位滴定法分析。在氧化淀粉中加入 EDTA 溶液。过滤、洗涤。以消除氧化淀粉中所含二价金属离子的影响。再加入过量的 $CaCl_2$ 溶液，将淀粉中的羧基转化成钙盐[$St(COO)_2Ca$]。过滤后，用 EDTA 标准溶液滴定滤液中过量的钙，从而计算出羧基含量。具体测定步骤如下：

称取 5.000 g 氧化淀粉样品于 150 mL 烧杯中，加 0.05 $mol\cdot L^{-1}$ EDTA 溶液 10 mL 及 NH_3-NH_4Cl 缓冲溶液 2 mL，混合物不断摇动放置 10 min，然后用玻璃砂芯漏斗过滤，用蒸馏水洗至滤液为中性为止。

将滤饼转移至烧杯中，加 0.050 00 $mol\cdot L^{-1}$ $CaCl_2$ 溶液 25.00 mL，混合物不断摇动，放置 30 min，用玻璃砂芯漏斗过滤，用无氨蒸馏水洗至无 Cl^- 为止（用 $AgNO_3$ 溶液检验）。

将滤液转移到锥形瓶中，加 10 mL NH_3-NH_4Cl 缓冲溶液及 4 滴铬黑 T 指示剂，用 0.500 0 $mol\cdot L^{-1}$ EDTA 标准溶液滴定，溶液由紫红色变为纯蓝色为终点，消耗 EDTA 溶液的体积为 V_1。

量取 0.5 $mol\cdot L^{-1}$ $CaCl_2$ 溶液 25.00 mL 做空白实验，消耗 EDTA 溶液的体积为 V_0。用下式计算羧基含量：

$$\text{羧基含量} = \frac{2c\times(V_0-V_1)\times 45}{m\times 1\,000}\times 100\%$$

式中：V_0、V_1 —— 分别为空白、试样消耗 EDTA 标准溶液的体积，mL；

m —— 氧化淀粉的称样量，g；

c —— EDTA 标准溶液的浓度，$mol\cdot L^{-1}$。

4．测定化妆品中铋含量

铋和硫脲反应生成黄色配合物，此络合物不稳定。用 EDTA 滴定时，配合物中铋和 EDTA 反应生成无色络合物，黄色消失即为反应终点。

称取 1.000 0 g 经充分混匀样品，置 150 mL 三角瓶中，加数粒玻璃珠及少许水和 10 mL 硝酸，加热，待黄烟冒尽后冷却，加 3 mL 高氯酸、5 mL 硫酸，加热，至溶液澄清后，冷却，加 20 mL 水，加热至冒白烟，反复处理 2 次，移入发生瓶中，用水稀释至总体积 50.00 mL。

移取50.00 mL消解液，置于100 mL三角瓶中，加氨水调pH值至1.8，加10 mL硫脲，用0.005 000 mol·L^{-1} EDTA滴定至黄色消失，根据EDTA用量计算铋含量。

思考题

1. 何谓单基配合物、螯合物、螯合效应？

2. EDTA与金属离子形成的配合物有哪些特点？

3. 配合物 ML_n 的逐级稳定常数、逐级离解常数、累积稳定常数、总稳定常数、总稳定常数的意义及它们相互间的关系是什么？

4. 试说明酸效应的意义。对所有的弱酸或多元酸来讲，是否都有酸效应？

5. 试说明各副反应系数的意义。

6. 配合物的稳定常数与条件稳定常数有什么不同？两者之间有何关系？

7. 影响EDTA配位滴定的滴定突跃的因素有哪些？

8. 试述金属指示剂的作用原理。金属指示剂应具备哪些条件？

9. 为什么使用金属指示剂时要限制pH范围？为什么同一种金属指示剂用于不同的金属离子滴定时，其pH条件不同？

10. 提高配位滴定选择性的方法有哪些？根据何种情况来确定所用的方法？

11. 配位滴定法为什么要使用缓冲溶液？举例说明。

12. 一硅酸盐试样溶液含有 1×10^{-2} mol·L^{-1}左右的Fe^{3+}、Al^{3+}、Ca^{2+}、Mg^{2+}，试利用所学知识拟定出测定这四种离子的主要条件。

13. 用PAN为指示剂铜盐返滴定法测定铝含量时，在滴定Fe^{3+}后的溶液中，加入过量的EDTA后先加热至70～80℃，再调整溶液的pH值，试说明选择这种调整pH方法的理由。

习　题

1. 计算pH=3.0、pH=9.0时，EDTA的酸效应系数及相应酸度时的[Y]。

2. 计算下列情况下 Zn^{2+}离子的副反应系数：（1）pH=10.0；（2）pH=10.0，溶液中游离的NH_3的浓度$[NH_3]$=0.10 mol·L^{-1}。

3. 计算pH=5.0时，能否用EDTA标准溶液滴定Mg^{2+}离子？在pH=10.0的情况下如何？若继续调整溶液pH值大于12.0时，情况又如何？

4. 计算 pH=6.0、pH=10.0 时，ZnY 的条件稳定常数，假设 Zn^{2+}和 EDTA 的浓度均为 $1.0\times10^{-2}\,mol\cdot L^{-1}$。

5. 在 pH=5 的六次甲基四胺缓冲溶液中，用 $0.020\,00\,mol\cdot L^{-1}$的 EDTA 溶液滴定同浓度的 Pb^{2+}溶液，化学计量点时，计算 pY 值（已知 pH=5 时，$\lg\alpha_{Y(H)}=6.4$，$\lg K_{PbY}=18.0$）。

6. 若滴定剂及被测离子的浓度均为 $1.0\times10^{-2}\,mol\cdot L^{-1}$，用 EDTA 标准溶液分别滴定 Fe^{3+}、Fe^{2+}、Zn^{2+}、Cu^{2+}、Ca^{2+}、Mg^{2+}离子时，分别计算各种离子允许的最低 pH 值。

7. 称取基准 $CaCO_3$ 0.100 5 g，溶解后转入 100 mL 容量瓶中定容。吸取 25.00 mL，于 pH＞12 时，以钙指示剂指示终点，用 EDTA 标准溶液滴定用去 20.90 mL。试计算：(1) EDTA 溶液的浓度；(2) EDTA 溶液对 Fe_2O_3、Al_2O_3、CaO、MgO 的滴定度。

8. 称取石灰石试样 0.250 3 g，用盐酸分解，将溶液转入 100 mL 的容量瓶中定容，移取 25.00 mL 试样溶液，调整溶液 pH=12，以 K·B 指示剂，用 $0.025\,00\,mol\cdot L^{-1}$ 的 EDTA 标准溶液滴定，消耗 24.00 mL，计算试样中的含钙量，结果分别以 CaO 和 $CaCO_3$ 形式表示。

9. 称取 0.500 0 g 黏土试样，用碱熔融后分离除去 SiO_2，将滤液转入 250 mL 容量瓶中定容。准确移取 100.00 mL 试样溶液在 pH=2.0 的热溶液中，以磺基水杨酸钠为指示剂，用 $0.020\,00\,mol\cdot L^{-1}$的 EDTA 标准溶液滴定 Fe^{3+}，用去 7.20 mL。滴完 Fe^{3+}后的溶液在 pH=3 时，加入过量的 EDTA 溶液，煮沸后调至 pH=4.0，以 PAN 为指示剂，用硫酸铜标准溶液（含纯 $CuSO_4\cdot5H_2O$ 5.000 $g\cdot L^{-1}$）滴定至紫红色终点。再加入 NH_4F，煮沸后，又用硫酸铜标准溶液滴定，用去 25.20 mL。试计算黏土试样中 Fe_2O_3 与 Al_2O_3 的质量分数。

10. 称取白云石试样 0.500 0 g，用酸分解后转入 250 mL 容量瓶中定容。准确移取 25.00 mL 试样溶液，加入掩蔽剂掩蔽干扰离子，调整溶液 pH=10，以 K·B 为指示剂，用 $0.020\,10\,mol\cdot L^{-1}$ 的 EDTA 标准溶液滴定，消耗了 24.10 mL；另取一份 25.00 mL 溶液，加掩蔽剂后在 pH＞12 时，以 CMP 三混指示剂指示，用同样浓度的 EDTA 标准溶液滴定，消耗了 16.50 mL。试计算试样中 $CaCO_3$ 和 $MgCO_3$ 的质量分数。

11．某铁厂化验室常需要分析铁矿中铁的含量。若 $c\left(\frac{1}{6}K_2Cr_2O_7\right)=$ 0.120 0mol·L^{-1}，为避免计算，直接从所消耗的 $K_2Cr_2O_7$ 溶液的毫升数表示出铁的含量（%），应当称取铁矿多少克？（Fe=55.85）

12．称取含铝试样 0.201 8g，溶解后加入 0.020 81 mol·L^{-1} EDTA 标准溶液 30.00mL。调节酸度并加热使 Al^{3+} 定量络合，过量的 EDTA 用 0.020 35 mol·L^{-1} Zn^{2+} 标准溶液返滴，消耗 Zn^{2+} 溶液 6.50mL。计算试样中 Al_2O_3 的质量分数。

13．移取 $KHC_2O_4 \cdot H_2C_2O_4$ 溶液 25.00mL，以 0.150 0 mol·L^{-1} NaOH 溶液滴定至终点时消耗 25.00mL。现移取上述 $KHC_2O_4 \cdot H_2C_2O_4$ 溶液 20.00mL，酸化后用 0.040 00 mol·L^{-1} $KMnO_4$ 溶液滴定至终点时需要多少毫升？

14．用 $K_2Cr_2O_7$ 法测定铁矿石中的铁时，问：（1）配制 0.060 00 mol·L^{-1} 1/6$K_2Cr_2O_7$ 标准滴定溶液 1 L，应称取 $K_2Cr_2O_7$ 多少克？（2）此溶液对铁的滴定度等于多少？（分子量：$K_2Cr_2O_7$ 294.20，Fe 55.85）（3）称取铁矿石 0.200 0g，滴定时用去 0.060 00 mol·L^{-1} 1/6 $K_2Cr_2O_7$ 标准滴定溶液 35.82 mL，计算铁的质量分数。

第 6 章　氧化还原滴定法

基于氧化还原反应建立起来的测定方法即为氧化还原滴定法。由于氧化还原反应是基于电子转移的反应，反应机理复杂。因此，在氧化还原滴定中，除了从平衡的观点判断反应的可行性外，还应考虑反应机理、反应速率、反应条件以及滴定条件控制等问题。

6.1　氧化还原平衡

6.1.1　概述

在氧化还原反应的任一瞬间，可逆电对都能迅速地建立起氧化还原反应平衡，其电极电位可由能斯特方程式求得。

设氧化还原半反应如下：

$$\text{Ox（氧化态）} + ne^- \Longrightarrow \text{Red（还原态）}$$

其电极电位 $\varphi_{\text{Ox/Red}}$ 可用能斯特方程式表示：

$$\varphi_{\text{Ox/Red}} = \varphi^{\ominus}_{\text{Ox/Red}} + \frac{2.303RT}{nF}\lg\frac{a_{\text{Ox}}}{a_{\text{Red}}} \tag{6-1}$$

式中：R —— 气体常数，8.315　$\text{J}\cdot\text{mol}^{-1}\cdot\text{K}^{-1}$；

F —— 法拉第常数，96 500　$\text{C}\cdot\text{mol}^{-1}$；

T —— 热力学温度，K；

n —— 半反应中转移的电子数；

a_{Ox} —— 氧化态的活度；

a_{Red} —— 还原态的活度；

$\varphi^{\ominus}_{\text{Ox/Red}}$ —— 电对的标准电极电位。

标准电极电位即参与电极反应的物质均处于标准态时电对的电极电位。标准态是指组成电极的离子其活度均为 1 mol·L^{-1}，气体的分压为 100 kPa，液体和固体都是纯净的物质，温度可以任意指定，但通常为 298.15 K。常见电对的标准电极电位值列于附表 9。

温度为 298.15 K 时，将上述各常数代入式（6-1），可得：

$$\varphi_{\mathrm{Ox/Red}}=\varphi^{\ominus}_{\mathrm{Ox/Red}}+\frac{0.059\mathrm{V}}{n}\lg\frac{a_{\mathrm{Ox}}}{a_{\mathrm{Red}}} \qquad (6\text{-}2)$$

不可逆电对因不能在氧化还原反应的任一瞬间立即建立起符合能斯特方程的平衡，实际电极电位与理论电极电位相差较大。以能斯特公式计算的结果仅能作初步判断。

【例 6-1】 $K_2Cr_2O_7$ 在酸性溶液中的半反应为：

$$Cr_2O_7^{2-}+14H^{+}+6e^{-} \; == \; 2Cr^{3+}+7H_2O \qquad \varphi^{\ominus}_{Cr_2O_7^{2-}/Cr^{3+}}=1.33\ \mathrm{V}$$

若 $[Cr_2O_7^{2-}]=[Cr^{3+}]=1\ \mathrm{mol\cdot L^{-1}}$，试分别计算 $[H^{+}]=1\ \mathrm{mol\cdot L^{-1}}$ 和 $[H^{+}]=10^{-6}\ \mathrm{mol\cdot L^{-1}}$ 时 $\varphi_{Cr_2O_7^{2-}/Cr^{3+}}$ 的值。

解：根据能斯特方程式

$$\varphi_{Cr_2O_7^{2-}/Cr^{3+}}=\varphi^{\ominus}_{Cr_2O_7^{2-}/Cr^{3+}}+\frac{0.059\mathrm{V}}{6}\lg\frac{c_{Cr_2O_7^{2-}}\cdot c_{H^{+}}^{14}}{c_{Cr^{3+}}^{2}}$$

当 $[Cr_2O_7^{2-}]=[Cr^{3+}]=1\ \mathrm{mol\cdot L^{-1}}$，$[H^{+}]=1\ \mathrm{mol\cdot L^{-1}}$ 时

$$\begin{aligned}\varphi_{Cr_2O_7^{2-}/Cr^{3+}}&=\varphi^{\ominus}_{Cr_2O_7^{2-}/Cr^{3+}}\\&=1.33\ \mathrm{V}\end{aligned}$$

当 $[Cr_2O_7^{2-}]=[Cr^{3+}]=1\ \mathrm{mol\cdot L^{-1}}$，$[H^{+}]=10^{-6}\ \mathrm{mol\cdot L^{-1}}$ 时：

$$\begin{aligned}\varphi_{Cr_2O_7^{2-}/Cr^{3+}}&=1.33\mathrm{V}+\frac{0.059\mathrm{V}}{6}\times(-6)\times 14\\&=1.33\mathrm{V}-0.83\mathrm{V}\\&=0.50\mathrm{V}\end{aligned}$$

6.1.2 条件电极电位

在【例 6-1】计算中，忽略了溶液中离子强度的影响，用浓度代替活度进行

计算，但在浓度较大的溶液中，离子强度的影响不能忽略。另外，若溶液中的组分发生副反应也会引起电对的电极电势的变化。

当浓度较大，尤其是高价离子参与电极反应时，或有其他强电解质存在时，计算结果就会与实际测定值发生较大偏差。因此，若以浓度代替活度，应引入相应的活度系数 γ_{Ox} 及 γ_{Red}。

即：$a_{Ox} = \gamma_{Ox}[Ox]$　　　$a_{Red} = \gamma_{Red}[Red]$

此外，当溶液中的介质不同时，氧化态、还原态还会发生某些副反应。如酸效应、沉淀反应、配位效应等而影响电极电位的大小，所以必须考虑这些副反应的发生，引入相应的副反应系数 α_{Ox} 和 α_{Red}。

则　$a_{Ox} = \gamma_{Ox}[Ox] = \gamma_{Ox}\dfrac{c_{Ox}}{\alpha_{Ox}}$；$a_{Red} = \gamma_{Red}[Red] = \gamma_{Red}\dfrac{c_{Red}}{\alpha_{Red}}$

将上述关系式代入能斯特方程式得：

$$\varphi_{Ox/Red} = \varphi^{\ominus}_{Ox/Red} + \frac{0.059V}{n}\lg\frac{\gamma_{Ox}\alpha_{Red}c_{Ox}}{\gamma_{Red}\alpha_{Ox}c_{Red}}$$

当 $c_{Ox} = c_{Red} = 1\ mol \cdot L^{-1}$ 时，得：

$$\varphi^{\ominus'}_{Ox/Red} = \varphi^{\ominus}_{Ox/Red} + \frac{0.059V}{n}\lg\frac{\gamma_{Ox}\alpha_{Red}}{\gamma_{Red}\alpha_{Ox}}$$

$\varphi^{\ominus'}_{Ox/Red}$ 称为条件电极电位，它是在特定条件下，氧化态和还原态的总浓度均为 $1\ mol \cdot L^{-1}$ 时的实际电极电位，它在条件一定时为一常数。因此计算氧化还原反应电对电极电位的通式可写为：

$$\varphi_{Ox/Red} = \varphi^{\ominus'}_{Ox/Red} + \frac{0.059V}{n}\lg\frac{c_{Ox}}{c_{Red}} \tag{6-3}$$

条件电极电位反映了离子强度和各种副反应影响的总结果，反映的是氧化还原电对在一定条件下的实际氧化还原能力。$\varphi_{Ox/Red}$ 与 $\varphi^{\ominus'}_{Ox/Red}$ 的关系与配位反应中的稳定常数 K 和条件稳定常数 K' 的关系相似。因此应用条件电极电位比用标准电极电位更符合实际情况。部分电对的条件电极电位见附表 10。目前条件电极电位的数据还较少，若缺乏相同条件的 $\varphi^{\ominus'}_{Ox/Red}$ 数值，可采用介质条件相近的条件电极电位数据。对于没有相应条件电极电位的氧化还原电对，则采用标准电极电位。

【例 6-2】在 3 mol·L^{-1} 的 HCl 溶液中，当 $[Cr_2O_7^{2-}]=1.00\times10^{-2}$ mol·L^{-1}，$[Cr^{3+}]=0.100$ mol·L^{-1} 时，计算 $\varphi^{\ominus}_{Cr_2O_7^{2-}/Cr^{3+}}$ 的值。

解：在 3 mol·L^{-1} 的 HCl 溶液中，$\varphi^{\ominus\prime}_{Cr_2O_7^{2-}/Cr^{3+}}=1.08$ V

则：

$$
\begin{aligned}
\varphi_{Cr_2O_7^{2-}/Cr^{3+}} &= \varphi^{\ominus\prime}_{Cr_2O_7^{2-}/Cr^{3+}} + \frac{0.059\ \text{V}}{6}\lg\frac{c_{Cr_2O_7^{2-}}\cdot c^{14}_{H^+}}{c^2_{Cr^{3+}}} \\
&= 1.08\ \text{V} + \frac{0.059\ \text{V}}{6}\times\lg\frac{1.00\times10^{-2}\times3^{14}}{0.100\,0^2} \\
&= 1.15\ \text{V}
\end{aligned}
$$

6.1.3 氧化还原反应进行的程度

氧化还原滴定要求氧化还原反应定量进行完全。反应进行的完全程度常用反应的平衡常数的大小来衡量，平衡常数可根据能斯特方程式，从有关电对的条件电极电位或标准电极电位求出。

若发生氧化还原反应的两电对均为对称电对，如：

$$n_2\text{Ox}_1 + n_1\text{Red}_2 \Longrightarrow n_2\text{Red}_1 + n_1\text{Ox}_2$$

25℃时，两电对的半反应及相应的能斯特方程分别为：

$$\text{Ox}_1 + z_1\text{e}^- \Longrightarrow \text{Red}_1 \qquad \varphi_1=\varphi_1^{\ominus}+\frac{0.059\text{V}}{z_1}\lg\frac{c_{\text{Ox}_1}}{c_{\text{Red}_1}}$$

$$\text{Ox}_2 + z_2\text{e}^- \Longrightarrow \text{Red}_2 \qquad \varphi_2=\varphi_2^{\ominus}+\frac{0.059\text{V}}{z_2}\lg\frac{c_{\text{Ox}_2}}{c_{\text{Red}_2}}$$

当反应达到平衡时，两电对的电位相等，即：

$$\varphi_1^{\ominus}+\frac{0.059\text{V}}{z_1}\lg\frac{c_{\text{Ox}_1}}{c_{\text{Red}_1}}=\varphi_2^{\ominus}+\frac{0.059\text{V}}{z_2}\lg\frac{c_{\text{Ox}_2}}{c_{\text{Red}_2}}$$

假设 n 是反应中转移的电子数 z_1 和 z_2 的最小公倍数，则有 $n=z_1n_2=z_2n_1$，将上式整理后得：

$$\lg\frac{c^{n_1}_{\text{Ox}_2}c^{n_2}_{\text{Red}_1}}{c^{n_1}_{\text{Red}_2}c^{n_2}_{\text{Ox}_1}}=\lg K^{\ominus}=\frac{n(\varphi_1^{\ominus}-\varphi_2^{\ominus})}{0.059\text{V}} \tag{6-4}$$

若引用的是条件电极电位，则因为考虑了溶液中各种副反应的影响，则求得的是条件平衡常数。

$$\lg K' = \frac{n\left(\varphi_1^{\ominus} - \varphi_2^{\ominus}\right)}{0.059\text{V}}$$

可见，两电对的电极电位相差越大，氧化还原反应的平衡常数就越大，反应进行也越完全。对于氧化还原滴定反应，平衡常数多大或两电对的条件电位相差多大反应才算定量进行呢？

对于氧化还原滴定分析，要求反应的完全程度应当在 99.9%以上。即在化学计量点时，

$$\frac{[\text{Red}_1]}{[\text{Ox}_1]} \geqslant 10^3 \qquad \frac{[\text{Ox}_2]}{[\text{Red}_2]} \geqslant 10^3$$

结合式（6-4）可得：

$$\varphi_1^{\ominus} - \varphi_2^{\ominus} = \frac{0.059\text{V}}{n}\lg K^{\ominus} \geqslant \frac{0.059\text{V}}{n}\lg 10^{3(n_1+n_2)} = \frac{0.059\text{V} \times 3(n_1+n_2)}{n}$$

当 $z_1 = z_2 = 1$ 时，$n_1 = n_2 = 1$，$n=1$ 则 $\Delta\varphi = \varphi_1^{\ominus'} - \varphi_2^{\ominus'} \geqslant \frac{0.059\text{V} \times 6}{1} \approx 0.35$ V

当 $z_1 = z_2 = 2$ 时，$n_1 = n_2 = 1$，$n=2$ 则 $\Delta\varphi = \varphi_1^{\ominus'} - \varphi_2^{\ominus'} \geqslant \frac{0.059\text{V} \times 6}{2} \approx 0.18$ V

当 $z_1 = 1$，$z_2 = 2$ 时，$n_1 = 2$，$n_2 = 1$，$n=2$ 则 $\Delta\varphi = \varphi_1^{\ominus'} - \varphi_2^{\ominus'} \geqslant \frac{0.059\text{V} \times 9}{2} \approx 0.27$ V

可见，当反应类型不同时，对平衡常数大小的要求也不同，实际运用中要根据反应平衡常数和两电对的电极电位大小进行判断。一般认为两电对的条件电极电位之差大于 0.4 V，反应就能定量进行。在氧化还原滴定中往往通过选择强氧化剂作滴定剂或控制介质改变电对电位来满足这个条件。

6.2 氧化还原反应速率及影响因素

根据有关电对的条件电位来判断氧化还原反应的方向和完全程度，这只能说明反应发生的可能性，无法说明反应进行的速率。而在滴定分析中，要求滴定反应具有较快的反应速率。实际上，各种氧化还原反应的反应速率差别很大，有的

反应从理论上反应进行得很完全，但实际上由于反应速率很慢可以认为反应几乎没有发生。例如：

$$O_2 + 4H^+ + 4e^- \rightleftharpoons 2H_2O \qquad \varphi^{\ominus}_{O_2/H_2O} = 1.229\ V$$

其标准电极电位较高，说明水中的溶解氧应该很容易氧化一些较强的还原剂，如 Sn^{2+}：

$$Sn^{4+} + 2e^- \rightleftharpoons Sn^{2+} \qquad \varphi^{\ominus}_{Sn^{4+}/Sn^{2+}} = 0.151\ V$$

但实际上 Sn^{2+} 溶液却有一定的稳定性。它与水中的溶解氧或空气中氧的氧化还原反应是缓慢的。

所以，在氧化还原滴定分析中，不能只考虑反应进行的可能性、反应进行的程度，还要考虑反应的现实性。

6.2.1　氧化还原反应的复杂性

氧化还原反应中，电子的转移往往会遇到很多阻力，如溶液中溶剂分子和各种配体的阻碍，物质之间的静电作用等。此外，价态的改变引起的电子层结构、化学键性质和物质组成的变化等也会阻碍电子的转移。氧化还原反应的机理比较复杂。氧化还原反应大多经历了一系列中间步骤，反应分步进行，总的反应式是一系列反应的总的结果，在这一系列反应中，只要有一步反应速率较慢，总的反应速率就会受到影响。

6.2.2　影响氧化还原反应速率的因素

影响氧化还原反应速率的因素，除了氧化还原电对本身的性质外，还有反应时的外界条件，如反应物的浓度、反应温度、催化剂等。

1. 反应物浓度

根据质量作用定律，反应速率与反应物浓度幂的乘积成正比。但氧化还原反应机理复杂，总的反应速率取决于反应速率最慢的一步反应，因此，不能从总的反应式中反应物的计量数来判断反应物浓度对反应速率的影响。大多数情况下增加反应物的浓度，可以提高氧化还原反应的速率。如用 $K_2Cr_2O_7$ 标定 $Na_2S_2O_3$ 溶液浓度时，常利用下面的反应：

$$Cr_2O_7^{2-} + 6\,I^- + 14\,H^+ = 2\,Cr^{3+} + 3\,I_2 + 7\,H_2O$$

增大I^-的浓度或提高酸度，都可以加快反应速率。但酸度不能太高，否则会促使空气中的氧氧化I^-，给测定结果带来误差。一般使 H^+ 浓度维持在 0.2～0.4 mol·L^{-1}。实验证明，在0.4 mol·L^{-1}酸度下I^-过量约2倍时，只需5 min反应即可完全。

不过通过增加反应物浓度来加快反应速率的方法只适用于滴定前预氧化还原处理中的一些反应。在直接滴定时不能用此法来加快反应速率。

2．温度

对大多数反应来说，升高溶液的温度可以加快反应速率，实验证明，温度每升高10℃，反应速率可增加2～4倍。如用草酸钠（在稀H_2SO_4溶液中）标定$KMnO_4$溶液的浓度时，反应如下：

$$2\,MnO_4^- + 5\,C_2O_4^{2-} + 16H^+ = 2Mn^{2+} + 10CO_2\uparrow + 8H_2O$$

在常温下此反应很慢，可通过加热加快反应速率，但温度过高时，会引起草酸分解。因此，用$KMnO_4$滴定$H_2C_2O_4$溶液时，常将溶液加热到75～85℃。

对于易挥发性物质或易被空气中氧氧化的物质，不能采用加热的方法提高反应速率。如I_2，加热会引起挥发损失从而引起误差；Fe^{2+}、Sn^{2+}等，加热溶液会促进它们的氧化，从而引起误差，只能采用其他的方法。

3．催化剂

对于反应速率慢的氧化还原反应，可利用催化剂来改变反应速率。催化剂可分为正催化剂和负催化剂。正催化剂加快反应速率，负催化剂减慢反应速率。

上述MnO_4^-与$C_2O_4^{2-}$的反应，反应速率较慢，若加入少许Mn^{2+}，则由于Mn^{2+}的催化作用反应速率立即加快。在实际测定中，一般不另加Mn^{2+}离子，而是利用反应生成的 Mn^{2+}作催化剂。这种生成物本身就起催化作用的反应叫自动催化反应。自动催化反应的特点就是滴定开始时，由于溶液中Mn^{2+}含量极少，所以总的反应速率很慢，而一旦有Mn^{2+}离子生成，反应速率就变得非常快。随后由于反应物$C_2O_4^{2-}$浓度减小，则反应速率又重新变慢。氧化还原反应中，借加入催化剂以促进反应速率的例子还有很多。如用$S_2O_8^{2-}$作氧化剂氧化Mn^{2+}、Cr^{3+}、V^{3+}，常用Ag^+作催化剂；用空气中的氧氧化$TiCl_3$时，加入Cu^{2+}盐，则可加快反应速率。

在分析化学中，还经常应用负催化剂。例如，加入多元醇可减慢 $SnCl_2$ 被空气中的氧氧化；加入AsO_3^{3-}可以防止SO_3^{2-}与空气中的氧起作用等。

4．诱导作用

在氧化还原反应中，可以利用正催化剂加快反应的速率，有的氧化还原反应的发生可以促进另一种氧化还原反应的进行，这种现象称为诱导作用。

例如，在酸性溶液中 $KMnO_4$ 氧化 Cl^- 的反应速率极慢，反应式如下：

$$2\,MnO_4^- + 10\,Cl^- + 16\,H^+ == 2\,Mn^{2+} + 5\,Cl_2 + 8\,H_2O$$

当溶液中有 Fe^{2+} 存在时，MnO_4^- 与 Fe^2 发生如下反应：

$$MnO_4^- + 5\,Fe^{2+} + 8\,H^+ == Mn^{2+} + 5\,Fe^{3+} + 4\,H_2O$$

MnO_4^- 与 Fe^{2+}的反应，可以加快 $KMnO_4$ 氧化 Cl^- 的反应速率。在这一过程中，MnO_4^- 与 Fe^{2+}的反应称为诱导反应，$KMnO_4$ 氧化 Cl^- 的反应称为受诱反应。MnO_4^- 是作用体，Fe^{2+}是诱导体，Cl^-是接受体。由于诱导作用，当用 $KMnO_4$ 滴定 Fe^{2+} 时，不宜直接在 HCl 介质中进行，由于诱导反应使 HCl 中 Cl^- 也消耗 $KMnO_4$ 标准溶液，从而使测定结果偏高。但是在溶液中加入 $MnSO_4$-H_3PO_4-H_2SO_4 混合液，高锰酸钾法测定铁的反应则可以在稀盐酸溶液中进行。

诱导反应和催化反应不同。催化剂在反应后仍恢复到原来的状态，而诱导体参加反应后则变为其他物质。诱导反应与副反应也不同，副反应不受主反应的影响，而诱导反应则受主反应所诱导。

虽然影响氧化还原反应的因素较多，但只要控制适当的反应条件（温度、酸度、浓度等），就可使反应定量快速地向所需方向进行。因此在氧化还原反应滴定过程中选择和控制适当的反应条件是十分重要的。

6.3 氧化还原滴定法基本原理

6.3.1 氧化还原滴定曲线

在氧化还原滴定的过程中，反应物和生成物的浓度不断改变，使有关电对的电位也发生变化，这种电位改变的情况可以用滴定曲线来表示。滴定过程中各点的电位一般通过实验仪器测量得到，对于可逆氧化还原体系也可以根据能斯特方程计算得到。氧化还原滴定过程中化学计量点的电位以及滴定突跃电位，是选择氧化还原指示剂的重要依据。

以溶液的电极电位为纵坐标，加入的滴定剂为横坐标所绘制的曲线为氧化还原滴定曲线。由平衡原理可知，滴定过程中，体系达到平衡时，体系中两电对的电极电位相等。因此，溶液中各个平衡点的电极电位可以选择参与反应的任何一个电对来计算，一般选取便于计算的电对。

对于 $n_1 \neq n_2$ 的对称电对的氧化还原反应：

$$n_2\mathrm{Ox}_1 + n_1\,\mathrm{Red}_2 \rightleftharpoons n_1\mathrm{Ox}_2 + n_2\mathrm{Red}_1$$

两个半反应及对应的能斯特方程式分别为：

$$\mathrm{Ox}_1 + n_1\,\mathrm{e}^- = \mathrm{Red}_1 \qquad \varphi_1 = \varphi_1^{\ominus} + \frac{0.059}{n_1}\lg\frac{[\mathrm{Ox}_1]}{[\mathrm{Red}_1]}$$

$$\mathrm{Ox}_2 + n_2\,\mathrm{e}^- = \mathrm{Red}_2 \qquad \varphi_2 = \varphi_2^{\ominus} + \frac{0.059}{n_2}\lg\frac{[\mathrm{Ox}_2]}{[\mathrm{Red}_2]}$$

滴定开始至化学计量点前，溶液中加入的滴定剂几乎全部反应，浓度极小，不宜直接求得其电极电位。相反，知道了滴定百分数，可用被测物电对的电位计算。若被测物为 Red_2，溶液中的电势计算如下：

$$\varphi_{\mathrm{Ox}_2/\mathrm{Red}_2} = \varphi_{\mathrm{Ox}_2/\mathrm{Red}_2}^{\ominus} + \frac{0.059}{n_2}\lg\frac{[\mathrm{Ox}_2]}{[\mathrm{Red}_2]}$$

化学计量点时，$\varphi_{\mathrm{sp}} = \varphi_1 = \varphi_2$，则有

$$(n_1 + n_2)\varphi_{\mathrm{sp}} = n_1\varphi_1^{\ominus} + n_2\varphi_2^{\ominus} + 0.059\lg\frac{[\mathrm{Ox}_1][\mathrm{Ox}_2]}{[\mathrm{Red}_1][\mathrm{Red}_2]}$$

因为化学计量点时，

$$[\mathrm{Ox}_1]/[\mathrm{Red}_2] = n_2 / n_1\text{；} \qquad [\mathrm{Ox}_2]/[\mathrm{Red}_1] = n_1 / n_2$$

则

$$\lg\frac{[\mathrm{Ox}_1][\mathrm{Ox}_2]}{[\mathrm{Red}_1][\mathrm{Red}_2]} = 0$$

所以

$$\varphi_{\mathrm{sp}} = \frac{n_1\varphi_1^{\ominus} + n_2\varphi_2^{\ominus}}{n_1 + n_2} \tag{6-5}$$

若为 $n_1 = n_2 = 1$ 的电对，则：

$$\varphi_{\mathrm{sp}} = \frac{\varphi_1^{\ominus} + \varphi_2^{\ominus}}{2} \tag{6-6}$$

同理，化学计量点后，由于溶液中的被测物几乎全部反应，浓度极小，因此可用滴定剂电对的电位计算，若滴定剂为 Ox_1，则：

$$\varphi_{Ox_1/Red_1}=\varphi^{\ominus}_{Ox_1/Red_1}+\frac{0.059}{n_1}\lg\frac{[Ox_1]}{[Red_1]}$$

当滴定分析的误差要求在±0.1%以内，由能斯特方程式导出的滴定的突跃范围为：

$$\left(\varphi^{\ominus}_{Ox_2/Red_2}+\frac{0.059}{n_2}\lg10^{3}\right)\sim\left(\varphi^{\ominus}_{Ox_1/Red_1}+\frac{0.059}{n_1}\lg10^{-3}\right) \tag{6-7}$$

例如在 1 mol·L^{-1} H_2SO_4溶液中，用 0.100 0 mol·L^{-1} $Ce(SO_4)_2$ 滴定 20.00 mL 0.100 0 mol·L^{-1} $FeSO_4$溶液，滴定反应如下

$$Ce^{4+}+Fe^{2+}\rightleftharpoons Ce^{3+}+Fe^{3+}$$

滴定开始后，溶液中存在两个电对，根据能斯特方程式，两个电对的电极电位分别为：

$$\varphi_{Fe^{3+}/Fe^{2+}}=0.68+0.059\lg\frac{c_{Fe^{3+}}}{c_{Fe^{2+}}}\qquad \varphi^{\ominus'}_{Fe^{3+}/Fe^{2+}}=0.68V$$

$$\varphi_{Ce^{4+}/Ce^{3+}}=1.44+0.059\lg\frac{c_{Ce^{4+}}}{c_{Ce^{3+}}}\qquad \varphi^{\ominus'}_{Ce^{4+}/Ce^{3+}}=1.44V$$

（1）化学计量点前

加入的 Ce^{4+}几乎全部被 Fe^{2+}还原为 Ce^{3+}，到达平衡时$c_{Ce^{4+}}$很小，电位值不易直接求得。若滴定的百分数已知，就可求得$c_{Fe^{3+}}/c_{Fe^{2+}}$，进而计算出电位值。假设Fe^{2+}被滴定了$a\%$，则：

$$\varphi_{Fe^{3+}/Fe^{2+}}=\varphi^{\ominus'}_{Fe^{3+}/Fe^{2+}}+0.059\lg\frac{a}{100-a}$$

（2）化学计量点后

Fe^{2+}几乎全部被 Ce^{4+}氧化为 Fe^{3+}，$c_{Fe^{2+}}$很小不易直接求得，但只要知道加入过量的 Ce^{4+}的百分数，就可以用$c_{Ce^{4+}}/c_{Ce^{3+}}$计算电位值。设加入了$b\%$ Ce^{4+}，则过量的Ce^{4+}为$(b-100)\%$，得：

$$\varphi_{Ce^{4+}/Ce^{3+}}=\varphi^{\ominus'}_{Ce^{4+}/Ce^{3+}}+0.059\lg\frac{b-100}{100}$$

（3）化学计量点时

Ce^{4+}和 Fe^{2+}分别定量地转变为 Ce^{3+}和 Fe^{3+}，未反应的$c_{Ce^{4+}}$和$c_{Fe^{2+}}$很小不能直接求得，可根据式（6-6）求得：

$$\varphi_{sp}=\frac{\varphi^{\ominus'}_{Fe^{3+}/Fe^{2+}}+\varphi^{\ominus'}_{Ce^{4+}/Ce^{3+}}}{2}$$

（4）滴定突跃范围

滴定突跃范围的大小与浓度无关，根据式（6-7）计算其滴定突跃范围为：

（0.68+0.059×3）～（1.44-0.059×3）V

即　　　　　　　0.86～1.26V

将加入不同体积滴定剂对应的计算结果列于表 6-1。

表 6-1　在 1 mol·L^{-1} H_2SO_4 溶液中，用 0.100 0mol·L^{-1} $Ce(SO_4)_2$ 滴定 20.00mL 0.100 0mol·L^{-1} $FeSO_4$ 溶液

加入 Ce^{4+} 溶液体积 V/mL	Fe^{2+} 被滴定的百分率 a/%	电位 φ/V	
1.00	5.0	0.60	
2.00	10.0	0.62	
4.00	20.0	0.64	
8.00	40.0	0.67	
10.00	50.0	0.68	
12.00	60.0	0.69	
18.00	90.0	0.74	
19.80	99.0	0.80	
19.98	99.9	0.86	突跃范围
20.00	100.0	1.06	
20.02	100.1	1.26	
22.00	110.0	1.38	
30.00	150.0	1.42	
40.00	200.0	1.44	

以滴定剂加入的百分数为横坐标，电对的电位为纵坐标作图，可得到如图 6-1 所示滴定曲线。

另由式（6-7）可知，滴定突跃范围的大小取决于氧化剂与还原剂两电对的电位差与电子转移数。两电对的条件电极电势相差越大，突跃越大；反之越小。同时电对的电子转移数越小，滴定突跃越大。如 Ce^{4+} 滴定 Fe^{2+} 的突跃大于 MnO_4^- 滴定 Fe^{2+}。

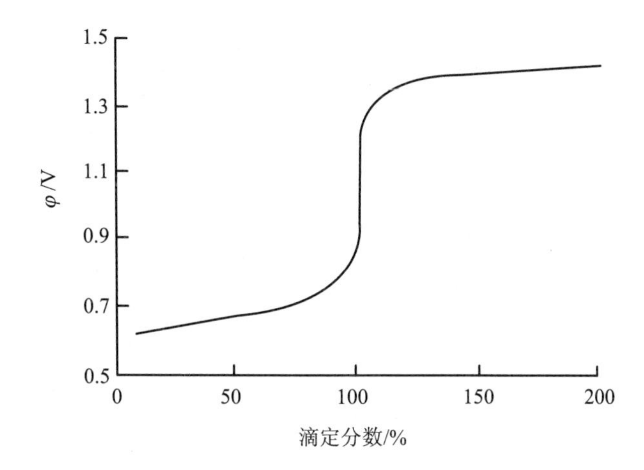

图 6-1　0.100 0 mol·L^{-1} Ce^{4+} 滴定 0.100 0 mol·L^{-1}Fe^{2+} 的滴定曲线

对于滴定体系中的两电对的电子转移数相等（$n_1=n_2=1$）的氧化还原反应，化学计量点恰好处于滴定突跃的中间，在化学计量点附近滴定曲线是对称的。

对于 $n_1 \neq n_2$ 不对称电对的氧化还原反应，化学计量点不在滴定突跃的中心而是偏向电子得失较多的电对一方。

氧化还原滴定曲线常因滴定介质的不同改变其位置和突跃的大小。例如图 6-2 是用高锰酸钾在不同介质中滴定铁的滴定曲线。这主要是在不同介质条件下，相关电对的条件电极电势不同。因此，在滴定时应选择合适的介质。

不可逆电对（如 MnO_4^-/Mn^{2+}、$Cr_2O_7^{2-}/Cr^{3+}$、$S_4O_6^{2-}/S_2O_3^{2-}$）电位的计算不遵从能斯特方程式，滴定曲线由实验测得（可参阅相关文献资料）。

当氧化还原体系中有不可逆氧化还原电对（如 $Cr_2O_7^{2-}/Cr^{3+}$、MnO_4^-/Mn^{2+}、$S_4O_6^{2-}/S_2O_3^{2-}$ 等）参加反应时，实测的滴定曲线与理论计算所得的滴定曲线常有差别。这种差别通常出现在电势主要由不可逆氧化还原电对控制时。例如在 H_2SO_4 溶液中用 $KMnO_4$ 滴定 Fe^{2+}，MnO_4^-/Mn^{2+}为不可逆氧化还原电对，Fe^{3+}/Fe^{2+}为可逆的氧化还原电对。在化学计量点前，电势主要由 Fe^{3+}/Fe^{2+}控制，故实测滴定曲线与理论滴定曲线并无明显的差别。但在化学计量点后，当电势主要由 MnO_4^-/Mn^{2+} 电对控制时，它们两者无论在形状及数值上均有较明显的差别，见图 6-2。

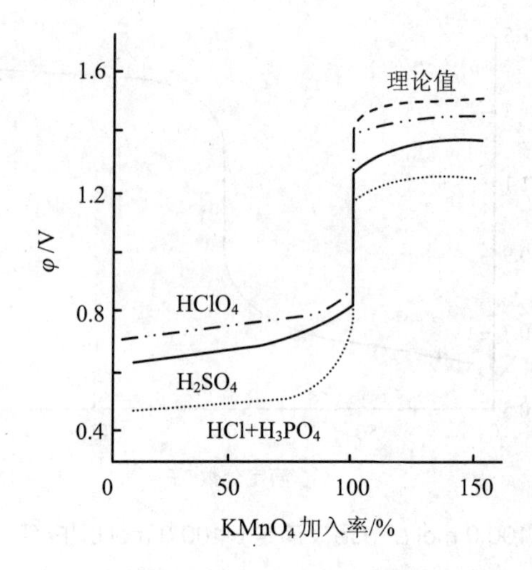

图 6-2 使用高锰酸钾在不同介质中滴定铁的滴定曲线

6.3.2 检测终点的方法

在氧化还原滴定中除了用电位法确定终点外，还可以利用下面各类指示剂，在化学计量点附近的颜色变化来指示滴定终点。

1．氧化还原指示剂

氧化还原指示剂本身具有氧化还原性质，其氧化型和还原型具有不同的颜色。在滴定过程中指示剂由氧化型得电子转变为还原型，或由还原型失电子转变为氧化型，根据颜色的突变来指示终点。如用 $K_2Cr_2O_7$ 溶液滴定 Fe^{2+}，常用二苯胺磺酸钠作指示剂。二苯胺磺酸钠的还原型为无色，氧化型为紫色。滴定到化学计量点时，少许过量的 $K_2Cr_2O_7$ 就能使二苯胺磺酸钠氧化，溶液由无色变为紫红色，以指示滴定终点的到达。

现用 In（Ox）和 In（Red）分别表示指示剂的氧化型和还原型，其氧化还原电对为 $In_{(Ox)}/In_{(Red)}$，电极反应为：

$$\underset{\text{氧化型颜色}}{In(Ox)} + n\,e^- \rightleftharpoons \underset{\text{还原型颜色}}{In(Red)}$$

随着滴定过程中溶液电位的变化，指示剂的 $c_{In(Ox)}/c_{In(Red)}$ 也按能斯特方程式关系而变化。

$$\varphi = \varphi_{In}^{\ominus} + \frac{0.059}{n}\lg\frac{c_{In(Ox)}}{c_{In(Red)}}$$

与酸碱指示剂的变化情况相似，当 $c_{In(Ox)} = c_{In(Red)} = 1$ 时，In（Ox）和 In（Red）各占 50%，溶液显中间色，$\varphi = \varphi_{In}^{\ominus}$，此时溶液的电位称为指示剂的理论变色点，其值等于指示剂的标准电极电位（或条件电极电位）。

当 $c_{In(Ox)}/c_{In(Red)} \geqslant 10$ 时，溶液呈现氧化型颜色，此时：

$$\varphi \geqslant \varphi_{In}^{\ominus} + \frac{0.059}{n}\lg 10 = \varphi_{In}^{\ominus} + \frac{0.059}{n}$$

当 $c_{In(Ox)}/c_{In(Red)} \leqslant 1/10$ 时，溶液呈现还原型颜色，此时：

$$\varphi \leqslant \varphi_{In}^{\ominus} + \frac{0.059}{n}\lg 0.1 = \varphi_{In}^{\ominus} - \frac{0.059}{n}$$

故指示剂的变色范围为：　$\varphi_{In}^{\ominus} \pm \frac{0.059}{n}$

若采用条件电极电位则为：　$\varphi_{In}^{\ominus\prime} \pm \frac{0.059}{n}$

在实际应用时采用条件电极电位比较合适。选择指示剂的原则是：滴定曲线的突跃范围应全部或部分地包括指示剂的变色范围。但由于指示剂的变色范围实际上都很小，故一般在选择指示剂时只需选择变色点的电位 $\varphi_{In}^{\ominus}$ 在氧化还原滴定的突跃范围内或与反应的计量点的电位接近的指示剂，以减小终点误差。如 $1\ mol \cdot L^{-1}$ H_2SO_4 溶液中，用 Ce^{4+} 滴定 Fe^{2+}，滴定突跃为 0.86～1.26 V，选择邻苯胺基苯甲酸（$\varphi_{In}^{\ominus}$=0.89 V）或邻二氮菲亚铁盐（$\varphi_{In}^{\ominus}$=1.06 V）为指示剂，都是适宜的。

常用的氧化还原指示剂如表 6-2 所示。

表 6-2　常用的氧化还原指示剂

指示剂	$\varphi_{In}^{\ominus}$/V	颜色变化		配制方法
		氧化型	还原型	
次甲基蓝	0.36	蓝	无色	0.05 g 指示剂溶于少量水中，稀释至 100 mL
二苯胺	0.76	紫红	无色	1 g 指示剂溶于 100 mL 浓 H_2SO_4 溶液中

指示剂	$\varphi_{In}^{\ominus}$/V	颜色变化		配制方法
		氧化型	还原型	
二苯胺磺酸钠	0.85	紫红	无色	0.8 g 指示剂加 2 g Na_2CO_3，加水稀释至 100 mL
邻苯氨基苯甲酸	0.89	紫红	无色	0.11 g 指示剂溶于 20 mL 5 g/100 mL Na_2CO_3 溶液，用水稀释至 100 mL
邻二氮菲亚铁盐	1.06	浅蓝	红	0.695 g $FeSO_4 \cdot 7H_2O$ 和 1.624 g 邻二氮菲溶于少量水中，稀释至 100 mL
5-硝基邻二氮菲亚铁盐	1.25	浅蓝	红	1.7 g 硝基邻二氮菲溶于 100 mL 0.025 $mol \cdot L^{-1}$ 的 $FeSO_4$ 溶液

2．自身氧化还原指示剂

有的标准溶液或被测物本身具有颜色，在滴定过程中可以根据这些物质本身在反应前后的颜色变化来指示终点，滴定时无须另外加入指示剂，这些物质叫做自身氧化还原指示剂。例如 $KMnO_4$ 作滴定剂滴定无色或浅色的还原性物质溶液时，由于 MnO_4^- 本身呈深紫红色，反应后被还原成无色的 Mn^{2+}，因而滴定到计量点后稍过量的 MnO_4^-，就可使溶液呈粉红色，指示终点的到达。如在 100 mL 水溶液中加入浓度为 0.02 $mol \cdot L^{-1}$ $KMnO_4$ 溶液 0.05 mL 就可使溶液显粉红色，非常灵敏。同时由于过量的 $KMnO_4$ 的量很小，对分析结果影响不大。

3．专属指示剂

有些物质本身并不具有氧化还原性，但能与滴定剂或被测定物质发生显色反应，而且显色反应是可逆的，因而可以指示滴定终点。这类指示剂最常用的是淀粉，如可溶性淀粉与碘溶液反应生成深蓝色的化合物，当 I_2 被还原为 I^- 时，蓝色就突然褪去。因此，在碘量法中，多用淀粉溶液作指示液。用淀粉指示液可以检出约 10^{-5} $mol \cdot L^{-1}$ 的碘溶液，但淀粉指示液与 I_2 的显色灵敏度与淀粉的性质和加入时间、温度及反应介质等条件有关，如温度升高，显色灵敏度下降（详见碘量法）。

除此之外，Fe^{3+}溶液滴定 Sn^{2+}时，可用 KCNS 为指示剂，当溶液出现红色（Fe^{3+}与 CNS^-形成的硫氰配合物的颜色）即为终点。

6.4 氧化还原滴定前的预处理

6.4.1 预氧化和预还原

氧化还原滴定法中，分析某些具体试样时，待测组分往往存在不同氧化态，或待测物质的氧化态不满足滴定要求，因此必须在滴定前将欲测组分预先处理成特定的价态，以便进行测定和定量计算。例如，测定铁矿石中总铁量时，将 Fe^{3+} 预先还原为 Fe^{2+}，然后用氧化剂 $K_2Cr_2O_7$ 滴定；测定锰和铬时，先将试样溶解，如果它们是以 Mn^{2+}或 Cr^{3+}形式存在，就很难找到合适的强氧化剂直接滴定。可先用（NH_4）$_2S_2O_8$ 将它们氧化成 MnO_4^-、$Cr_2O_7^{2-}$，再选用合适的还原剂（如 $FeSO_4$ 溶液）进行滴定；这种测定前的氧化还原步骤，称为预氧化或预还原。

6.4.1.1 预氧化剂和预还原剂

预处理时所选用的氧化剂或还原剂必须满足如下条件：

①必须将欲测组分定量地氧化（或还原）成一定的价态。

②过剩的氧化剂或还原剂必须易于完全除去。除去的方法有：

i 加热分解。例如，$(NH_4)_2S_2O_8$、H_2O_2、Cl_2 等易分解或易挥发的物质可借加热煮沸分解除去。

ii 过滤。如 $NaBiO_3$、Zn 等难溶于水的物质，可过滤除去。

iii 利用化学反应。如用 $HgCl_2$ 除去过量 $SnCl_2$。

$$2HgCl_2 + SnCl_2 = SnCl_4 + Hg_2Cl_2\downarrow$$

Hg_2Cl_2 沉淀一般不被滴定剂氧化，不必过滤除去。

③氧化或还原反应的选择性要好，以避免试样中其他组分干扰。

例如，钛铁矿中铁的测定，若用金属锌（$\varphi^\ominus_{Zn^{2+}/Zn}=-0.763V$）为预还原剂，则不仅还原 Fe^{3+}，而且也还原 Ti^{4+}（$\varphi^\ominus_{Ti^{4+}/Ti^{3+}}= 0.10V$），此时用 $K_2Cr_2O_7$ 滴定测出的则是两者的合量。如若用 $SnCl_2$（$\varphi^\ominus_{Sn^{4+}/Sn^{2+}} = 0.151V$）为预还原剂，则仅还原 Fe^{3+}，因而提高了反应的选择性。

④反应速率要快。

6.4.1.2 常用的预氧化剂和预还原剂

1．氧化剂

（1）过硫酸铵$[(NH_4)_2S_2O_8]$

在酸性溶液中，有催化剂银盐存在时，过硫酸铵是一种很强的氧化剂。

$$S_2O_8^{2-} + 2e^- \rightleftharpoons 2SO_4^{2-} \qquad \varphi^{\ominus}_{S_2O_8^{2-}/SO_4^{2-}} = 2.01\ V$$

$S_2O_8^{2-}$可以定量将Ce^{3+}氧化为Ce^{4+}，将V（Ⅳ）氧化成V（Ⅴ），以及W（Ⅴ）氧化成W（Ⅵ）。在硝酸-磷酸或硫酸-磷酸介质中，过硫酸铵能将Mn（Ⅱ）氧化成Mn（Ⅶ）。磷酸的存在，可以防止锰被氧化成MnO_2沉淀析出，并保证全部氧化成MnO_4^-。

如果Mn^{2+}溶液中含有Cl^-，应该先加H_2SO_4蒸发并加热至冒SO_3白烟，以除尽HCl，然后再加入H_3PO_4，用过硫酸铵进行氧化。Cr（Ⅲ）和Mn（Ⅱ）共存时，能同时被氧化成Cr（Ⅵ）和Mn（Ⅶ）。如果在Cr^{3+}氧化完全后，加入盐酸或氯化钠煮沸，则Mn（Ⅶ）被还原，而Cr（Ⅵ）不被还原，可以提高选择性。过量的$(NH_4)_2S_2O_8$可用煮沸的方法除去，其反应如下：

$$2S_2O_8^{2-} + 2H_2O \xrightarrow{\text{煮沸}} 4HSO_4^- + O_2$$

（2）过氧化氢（H_2O_2）

在碱性溶液中，过氧化氢是较强的氧化剂，可以把Cr^{3+}氧化成CrO_4^{2-}。在酸性溶液中过氧化氢既可作氧化剂，也可作还原剂。例如在酸性溶液中它可以把Fe^{2+}氧化成Fe^{3+}，其反应式如下：

$$2Fe^{2+} + H_2O_2 + 2H^+ = 2Fe^{3+} + 2H_2O$$

也可将MnO_4^-还原为Mn^{2+}：

$$2MnO_4^- + 5H_2O_2 + 6H^+ = 2Mn^{2+} + 5O_2\uparrow + 8H_2O$$

因此，如果在碱性溶液中利用过氧化氢进行预氧化处理样品，过量的过氧化氢应该在碱性溶液中除去，否则在酸化后已经被氧化的产物可能再次被还原。例如，Cr^{3+}在碱性条件下被H_2O_2氧化成CrO_4^{2-}，当溶液被酸化后，CrO_4^{2-}能被剩余的H_2O_2还原成Cr^{3+}。

（3）高锰酸钾（$KMnO_4$）

高锰酸钾（$KMnO_4$）是一种很强的氧化剂，在冷的酸性介质中，可以在Cr

(Ⅲ) 存在时将 V (Ⅳ) 氧化成 V (Ⅴ)，此时 Cr^{3+}被氧化的速度很慢。但在加热煮沸的硫酸溶液中，Cr (Ⅲ) 可以定量地被氧化成 Cr (Ⅵ)。

$$2MnO_4^- + 2Cr^{3+} + 3H_2O = MnO_2\downarrow + Cr_2O_7^{2-} + 6H^+$$

过量的 MnO_4^- 和生成的 MnO_2 可以加入盐酸或氯化钠一起煮沸破坏。当有氟化物或磷酸存在时，$KMnO_4$ 可选择性地将 Ce^{3+}氧化成 Ce^{4+}，过量的 MnO_4^- 可以用亚硝酸盐将它还原，而多余的亚硝酸盐用尿素使之分解除去。

$$2MnO_4^- + 5NO_2^- + 6H^+ = 2Mn^{2+} + 5NO_3^- + 3H_2O$$

$$2NO_2^- + CO(NH_2)_2 + 2H^+ = 2N_2\uparrow + CO_2\uparrow + 3H_2O$$

(4) 高氯酸 ($HClO_4$)

$HClO_4$ 既是最强的酸，在热而浓度很高时又是很强的氧化剂。其电对半反应如下：

$$ClO_4^- + 8H^+ + 8e^- = Cl^- + 4H_2O \qquad \varphi^\ominus_{ClO_4^-/Cl^-} = 1.38V$$

在钢铁分析中，通常用它来分解试样并同时将铬氧化成 CrO_4^{2-}，钒氧化成 VO_3^-，而 Mn^{2+}不被氧化。当有 H_3PO_4 存在时，$HClO_4$ 可将 Mn^{2+}定量地氧化成 $Mn(H_2P_2O_7)_3^{3-}$ (其中锰为三价状态)。在预氧化结束后，冷却并稀释溶液，$HClO_4$ 就失去氧化能力。

应当注意的是，热而浓的高氯酸遇到有机物会发生爆炸。因此，在处理含有机物的试样时，必须先用浓 HNO_3 加热破坏试样中的有机物，然后再使用 $HClO_4$ 氧化。

还有其他的预氧化剂见表 6-3。

表 6-3　部分常用的预氧化剂

氧化剂	用途	使用条件	过量氧化剂除去的方法
$NaBiO_3$	$Mn^{2+} \rightarrow MnO_4^-$ $Cr^{3+} \rightarrow Cr_2O_7^{2-}$ $Ce^{3+} \rightarrow Ce^{4+}$	在 HNO_3 溶液中	$NaBiO_3$ 微溶于水，过量时可过滤除去
KIO_4	$Ce^{3+} \rightarrow Ce^{4+}$ $VO^{2+} \rightarrow VO^{3+}$ $Cr^{3+} \rightarrow Cr_2O_7^{2-}$	在酸性介质中加热	加入 Hg^{2+}与过量的 KIO_4 作用生成 $Hg(IO_4)_2$ 沉淀，过滤除去
Cl_2 或 Br_2	$I^- \rightarrow IO_3^-$	酸性或中性	煮沸或通空气流
H_2O_2	$Cr^{3+} \rightarrow CrO_4^{2-}$	碱性介质	碱性溶液中煮沸

2．还原剂

在氧化还原滴定中由于还原剂的保存比较困难，因而氧化剂标准溶液的使用比较广泛，这就要求待测组分必须处于还原状态，因而预先还原更显重要。常用的预还原剂有如下几种。

（1）二氯化锡（$SnCl_2$）

$SnCl_2$是中等强度的还原剂，在1 mol·L^{-1}HCl中$\varphi^{\ominus'}_{Sn^{4+}/Sn^{2+}} = 0.14V$。$SnCl_2$常用于预先还原$Fe^{3+}$，还原反应速率随氯离子浓度的增高而加快。在热的盐酸溶液中，$SnCl_2$可以将Fe^{3+}定量并迅速地还原为Fe^{2+}，过量的$SnCl_2$加入$HgCl_2$除去。

$$SnCl_2 + 2HgCl_2 = SnCl_4 + Hg_2Cl_2 \downarrow$$

但要注意，如果加入$SnCl_2$的量过多，就会进一步将Hg_2Cl_2还原为Hg，而Hg将与氧化剂作用，使分析结果产生误差。所以预先还原Fe^{3+}时$SnCl_2$不能过量太多。

$SnCl_2$也可将Mo（Ⅵ）还原为Mo（Ⅴ）及Mo（Ⅳ），将As（Ⅴ）还原为As（Ⅲ）等。

（2）三氯化钛（$TiCl_3$）

$TiCl_3$是一种强还原剂，在1 mol·L^{-1}HCl中$\varphi^{\ominus'}_{Ti^{4+}/Ti^{3+}}$为−0.04 V，在测定铁时，为了避免使用剧毒的$HgCl_2$，可以采用$TiCl_3$还原$Fe^{3+}$。此法的缺点是选择性不如$SnCl_2$好。

（3）金属还原剂

常用的金属还原剂有铁、铝和锌等，它们都是非常强的还原剂。

在HCl介质中，铝可以将Ti^{4+} 还原为Ti^{3+}，将Sn^{4+}还原为Sn^{2+}，过量的金属可以过滤除去。为了方便，通常将金属装入柱内使用，一般称为还原器，例如常用的有锌汞齐还原器（琼斯还原器）、银还原器（瓦尔登还原器）、铅还原器等。溶液以一定的流速通过还原器，流出时待测组分已被还原至一定的价态，还原器可以连续长期使用。表6-4列出了部分常用的预还原剂，供选择时参考。

表 6-4　常见的预还原剂

还原剂	用途	使用条件	过量还原剂除去的办法
SO_2	$Fe^{3+}\rightarrow Fe^{2+}$ $AsO_4^{3-}\rightarrow AsO_3^{3-}$ $Sb^{5+}\rightarrow Sb^{3+}$ $V^{5+}\rightarrow V^{4+}$ $Cu^{2+}\rightarrow Cu^{+}$	H_2SO_4 溶液 SCN^- 催化 SCN^- 存在下	煮沸或通 CO_2 气流
联胺	$As^{5+}\rightarrow As^{3+}$ $Sb^{5+}\rightarrow Sb^{3+}$		浓 H_2SO_4 中煮沸
Al	$Sn^{4+}\rightarrow Sn^{2+}$ $Ti^{4+}\rightarrow Ti^{3+}$	在 HCl 溶液	
H_2S	$Fe^{3+}\rightarrow Fe^{2+}$ $MnO_4^-\rightarrow Mn^{2+}$ $Ce^{4+}\rightarrow Ce^{3+}$ $Cr_2O_7^{2-}\rightarrow Cr^{3+}$	强酸性溶液	煮沸

6.4.2　有机物的除去

试样中存在的有机物往往会干扰氧化还原滴定，应在滴定前除去。常用的方法有干法灰化和湿法灰化等。干法灰化是在高温下使有机物被空气中的氧或纯氧氧化而破坏。湿法灰化是使用氧化性酸例如 HNO_3、H_2SO_4 或 $HClO_4$，使有机物分解除去。

6.5　常用的氧化还原滴定法

利用氧化还原滴定法进行测定时，可根据待测物的性质来选择合适的滴定剂，通常根据所用滴定剂的名称来命名，其中以氧化剂为滴定剂的氧化还原滴定法应用较广泛，如常用的有高锰酸钾法、重铬酸钾法、碘量法、铈量法、溴酸钾法等。

6.5.1　高锰酸钾法

1．方法概述

以 $KMnO_4$ 作为滴定剂。$KMnO_4$ 是强氧化剂，在强酸性溶液中与还原性物质作用时，其半反应为：

$$MnO_4^- + 8H^+ + 5e^- \rightleftharpoons Mn^{2+} + 4H_2O \qquad \varphi^{\ominus}_{MnO_4^-/Mn^{2+}} = 1.51\ V$$

在微酸性、中性或弱碱性溶液中，MnO_4^-被还原为MnO_2（褐色），其半电池反应为：

$$MnO_4^- + 2H_2O + 3e^- \rightleftharpoons MnO_2 + 4OH^- \qquad \varphi^{\ominus}_{MnO_4^-/MnO_2} = 0.595\ V$$

在强碱性介质中（2 mol·L^{-1}NaOH），MnO_4^-被还原为MnO_4^{2-}其半电池反应为：

$$MnO_4^{2-} + e^- \rightleftharpoons MnO_4^{2-} \qquad \varphi^{\ominus}_{MnO_4^-/MnO_4^{2-}} = 0.558\ V$$

由于$KMnO_4$在强酸性溶液中φ值较高，氧化能力强，同时生成的Mn^{2+}接近无色，便于终点观察，因此$KMnO_4$滴定多在强酸性溶液中进行。在pH＞12的强碱性溶液中，高锰酸钾氧化有机物的反应速率比在酸性条件下更快，所以常利用$KMnO_4$在强碱性溶液中与有机物的反应来测定有机物。

由于在强酸性溶液中$KMnO_4$有更强的氧化性，因而高锰酸钾滴定法一般多在0.5～1 mol·L^{-1} H_2SO_4强酸性介质下使用，而不使用盐酸介质，这是由于盐酸具有还原性，能诱发一些副反应干扰滴定。硝酸由于含有氮氧化物容易产生副反应也很少采用。

2．$KMnO_4$法的特点

①氧化能力强。可直接或间接测定许多物质，应用广泛。如利用$KMnO_4$可以直接测定许多还原性物质。如Fe^{2+}、As^{3+}、Sb^{3+}、H_2O_2、$C_2O_4^{2-}$、TiO^{2+}；也可以用返滴定法测定某些氧化性物质，如MnO_2、PbO_2或Pb_3O_4等。如测定MnO_2时，可在H_2SO_4介质中加入过量$Na_2C_2O_4$溶液，MnO_2与$C_2O_4^{2-}$作用后，过量的$C_2O_4^{2-}$用$KMnO_4$标准滴定溶液返滴定；也可利用间接法测定非氧化还原性物质，如硅质耐火材料中的CaO等。

②一般不需要另加指示剂。$KMnO_4$溶液呈紫红色，当试液为无色或颜色很浅时，滴定不需要外加指示剂；

③由于$KMnO_4$氧化能力强，可以与很多还原性物质发生反应，因此方法的选择性欠佳，而且$KMnO_4$与还原性物质的反应历程比较复杂，易发生副反应。

④$KMnO_4$试剂常含少量杂质，标准溶液不能直接配制，且标准溶液见光易分解，不够稳定，不能久置，需经常标定。

3．高锰酸钾标准溶液的配制与标定

（1）配制

市售高锰酸钾试剂常含有少量的 MnO_2 及其他杂质，使用的蒸馏水中也含有少量如尘埃、有机物等还原性物质。这些物质都能使 $KMnO_4$ 还原，$KMnO_4$ 还能自行分解，Mn^{2+}和 MnO_2 存在时会加速其分解，见光分解速度更快，因此 $KMnO_4$ 标准滴定溶液不能直接配制。

配制 $KMnO_4$ 溶液，可称取稍多于理论计算量的 $KMnO_4$ 固体，溶解于一定体积的蒸馏水中，加热煮沸并保持微沸 1h，之后放置 2～3 d，使溶液中的还原性物质彻底分解。最后用微孔玻璃漏斗过滤该溶液以除去沉淀物，滤液贮存在洁净并干燥的棕色试剂瓶中，并存放于暗处，待标定。

（2）标定

标定 $KMnO_4$ 溶液的基准物有很多，如 $Na_2C_2O_4$、$H_2C_2O_4 \cdot 2H_2O$、$(NH_4)_2Fe(SO_4)_2 \cdot 6H_2O$、$As_2O_3$ 和纯铁丝等。其中常用的是 $Na_2C_2O_4$，这是因为它易提纯且性质稳定，不含结晶水，在 105～110℃烘至恒重（约 2 h），即可使用。

MnO_4^- 与 $C_2O_4^{2-}$ 的标定反应在 H_2SO_4 介质中进行，其反应如下：

$$2MnO_4^- + 5C_2O_4^{2-} + 16H^+ \longequal 2Mn^{2+} + 10CO_2\uparrow + 8H_2O$$

为了使标定反应能定量地较快进行，标定时应注意下列滴定条件：

①温度。此反应在室温下进行得很慢，通常将 $Na_2C_2O_4$ 溶液加热至 70～85℃再进行滴定。不能使温度超过 90℃，否则 $H_2C_2O_4$ 会分解，导致标定结果偏高。

$$H_2C_2O_4 \longrightarrow H_2O + CO_2\uparrow + CO\uparrow$$

②酸度。溶液应保持足够大的酸度，一般开始滴定时控制酸度为 0.5～1.0 $mol \cdot L^{-1}$。如果酸度不足，易生成 MnO_2 沉淀，酸度过高则又会使 $H_2C_2O_4$ 分解。

③滴定速度。MnO_4^- 与 $C_2O_4^{2-}$ 反应开始时速度很慢，开始滴定时，第一滴 $KMnO_4$ 溶液褪色很慢，所以开始滴定时滴定速度要慢，在 $KMnO_4$ 溶液褪色之后再加入第二滴。此后，因反应生成的 Mn^{2+}有自动催化作用而加快了反应速率，滴定速度可逐渐加快，但不宜过快，否则加入的 $KMnO_4$ 溶液会因来不及与 $C_2O_4^{2-}$ 反应，就在热的酸性溶液中分解，导致标定结果偏低。

$$4MnO_4^- + 12H^+ \longequal 4Mn^{2+} + 6H_2O + 5O_2\uparrow$$

若滴定前加入少量的 $MnSO_4$ 为催化剂，则在滴定的最初阶段就可以较快的速度进行。

④滴定终点。用 $KMnO_4$ 溶液滴定至溶液呈淡粉红色并保持 30 s 不褪色即为终点。$KMnO_4$ 法滴定终点不太稳定，放置时间过长，空气中还原性物质及尘埃等杂质落入溶液中能使 $KMnO_4$ 还原而褪色。

标定好的 $KMnO_4$ 溶液在放置一段时间后，若发现有 $MnO(OH)_2$ 沉淀析出，应重新过滤并标定。

3．$KMnO_4$ 法的应用示例

（1）直接法测定 H_2O_2

在酸性溶液中 H_2O_2 被 MnO_4^- 定量氧化，反应如下：

$$2MnO_4^- + 5H_2O_2 + 6H^+ \longrightarrow 2Mn^{2+} + 5O_2\uparrow + 8H_2O$$

此反应可在室温下进行。滴定开始时反应较慢，随着 Mn^{2+} 生成反应速率加快，也可先加入少量 Mn^{2+} 为催化剂。

若 H_2O_2 中含有机物质，后者会消耗 $KMnO_4$，使测定结果偏高。这时，应改用碘量法或铈量法测定 H_2O_2。

碱金属、碱土金属的过氧化物也可采用同样的方法进行测定。

（2）间接滴定法测定 Ca^{2+}

Ca^{2+}、Th^{4+} 等在溶液中没有可变价态，通过生成草酸盐沉淀，可用高锰酸钾法间接测定。

以 Ca^{2+} 测定为例，先将 Ca^{2+} 离子沉淀为 CaC_2O_4，再经过滤、洗涤后将沉淀溶于热的稀 H_2SO_4 溶液中，最后用 $KMnO_4$ 标准溶液滴定 $H_2C_2O_4$。根据所消耗的 $KMnO_4$ 的量，间接求得 Ca^{2+} 的含量。

为了保证 Ca^{2+} 与 $C_2O_4^{2-}$ 间 1∶1 的计量关系，以及获得颗粒较大的 CaC_2O_4 沉淀以便于过滤和洗涤，必须采取相应的措施：

① 在酸性试液中先加入过量 $(NH_4)_2C_2O_4$，后用稀氨水慢慢中和溶液至甲基橙显黄色，使沉淀缓慢地生成。若在中性或弱碱性溶液中沉淀，会有部分 $Ca(OH)_2$ 或碱式草酸钙生成，使测定结果偏低。

② 沉淀完全后须放置陈化一段时间；陈化时控制溶液 pH 值在 3.5～4.5 之间，保温为 30 min。

③用蒸馏水洗去沉淀表面吸附的 $C_2O_4^{2-}$。为减少沉淀溶解损失，应使用尽可能少的冷水洗涤沉淀。

凡能与 $C_2O_4^{2-}$ 定量生成沉淀的金属离子，只要其本身不与 $KMnO_4$ 反应，均可用此间接法测定。

（3）返滴定法测定软锰矿中 MnO_2 的含量

软锰矿中 MnO_2 的测定是利用 MnO_2 的氧化性。在酸性溶液中 MnO_2 与 $C_2O_4^{2-}$ 的反应如下：

$$MnO_2 + C_2O_4^{2-} + 4H^+ = Mn^{2+} + 2CO_2\uparrow + 2H_2O$$

加入一定量且过量的 $Na_2C_2O_4$ 于磨细的矿样中，加入 H_2SO_4 并加热，当样品中无棕黑色颗粒存在时，表示试样分解完全。再用 $KMnO_4$ 标准溶液趁热返滴定剩余的草酸。可根据 $Na_2C_2O_4$ 的加入量和 $KMnO_4$ 溶液的消耗量求出 MnO_2 的含量。

此法还可用于测定其他氧化物，如 PbO_2 等的含量。

（4）高锰酸盐指数的测定

测定方法如下：在酸性条件下，加入过量的 $KMnO_4$ 溶液，将水样中的某些有机物及还原性物质氧化，反应如下：

$$4MnO_4^- + 5C + 12H^+ \longrightarrow 4Mn^{2+} + 5CO_2\uparrow + 6H_2O$$

反应后在溶液中加入过量的 $Na_2C_2O_4$ 还原剩余的 $KMnO_4$，再用 $KMnO_4$ 标准溶液回滴过量的 $Na_2C_2O_4$，从而计算出水样中所含还原性物质所消耗的 $KMnO_4$，再换算为高锰酸盐指数。高锰酸盐指数适用于地表水、饮用水和生活污水的测定。

（5）一些有机物的测定

氧化有机物的反应在碱性溶液中比在酸性溶液中迅速，采用加入过量 $KMnO_4$ 并加热的方法可进一步加速反应进行。例如测定甘油时，加入一定量且过量的 $KMnO_4$ 标准溶液到含有试样的 $2\ mol\cdot L^{-1}$ NaOH 溶液中，放置片刻，溶液中发生如下反应：

$$\begin{array}{l} H_2C—OH \\ \quad | \\ HC—OH \\ \quad | \\ H_2C—OH \end{array} + 14MnO_4^- + 20OH^- = 3CO_3^{2-} + 14MnO_4^{2-} + 14H_2O$$

待溶液中反应完全后将溶液酸化，MnO_4^{2-} 歧化成 MnO_4^- 和 MnO_2，加入过量的 $Na_2C_2O_4$ 标准溶液还原所有高价锰为 Mn^{2+}。最后再以 $KMnO_4$ 标准溶液滴定剩余的 $Na_2C_2O_4$。根据两次加入的 $KMnO_4$ 量和 $Na_2C_2O_4$ 的量可计算出甘油的质量分数。甲醛、甲酸、酒石酸、柠檬酸、苯酚、葡萄糖等都可按此法测定。

【例 6-3】配制 1.5L，$c_{\frac{1}{5}KMnO_4}=0.20\ mol\cdot L^{-1}$ 的 $KMnO_4$ 溶液，应称取 $KMnO_4$ 多少克？ 已知溶液的滴定度 $T_{Fe/KMnO_4}$=0.006 000 $g\cdot mL^{-1}$，求 $KMnO_4$ 溶液的浓度。

解：已知 $M_{KMnO_4}=158.03\ g\cdot mol^{-1}$；$M_{Fe}=55.85\ g\cdot mol^{-1}$

（1）根据题意，得：

$$
\begin{aligned}
m_{KMnO_4} &= n_{\frac{1}{5}KMnO_4}M_{\frac{1}{5}KMnO_4}\\
&= c_{\frac{1}{5}KMnO_4}VM_{\frac{1}{5}KMnO_4}\\
&= 1.5\times 0.20\times \frac{1}{5}\times 158.03\\
&= 9.5\ g
\end{aligned}
$$

（2）按题意，$KMnO_4$ 与 Fe^{2+} 的反应为：

$$KMnO_4 + 5\,Fe^{2+} + 8H^{+} === Mn^{2+} + 5Fe^{3+} + 4H_2O$$

根据滴定度与物质的量浓度之间的换算关系得：

$$c_{\frac{1}{5}KMnO_4} = \frac{T\times 1\,000}{M_{Fe}}$$

$$
\begin{aligned}
c_{\frac{1}{5}KMnO_4} &= \frac{0.006\,000\times 1\,000}{55.85\times 1}\\
&= 0.108\,0\ mol\cdot L^{-1}
\end{aligned}
$$

6.5.2 重铬酸钾法

6.5.2.1 方法概述

用 $K_2Cr_2O_7$ 溶液作滴定剂的方法称为重铬酸钾法。$K_2Cr_2O_7$ 也是一种较强的氧化剂，在酸性介质中得到 6 个电子被还原为 Cr^{3+}。

$$Cr_2O_7^{2-} + 14H^{+} + 6e^{-} \longrightarrow 2Cr^{3+} + 7H_2O \quad \varphi^{\ominus}_{Cr_2O_7^{2-}/Cr^{3+}} = 1.33\ V$$

实际上在酸性溶液中，电对 $Cr_2O_7^{2-}/Cr^{3+}$ 的条件电极电位比标准电极电位低得多，如在 1 $mol\cdot L^{-1}$ HCl 中 $\varphi^{\ominus'}_{Cr_2O_7^{2-}/Cr^{3+}}=1.00$ V；在 0.5 $mol\cdot L^{-1}$ H_2SO_4 中 $\varphi^{\ominus'}_{Cr_2O_7^{2-}/Cr^{3+}}=$ 1.08 V；在 1 $mol\cdot L^{-1}$ $HClO_4$ 中 $\varphi^{\ominus'}_{Cr_2O_7^{2-}/Cr^{3+}}=1.02$ V。由于 $K_2Cr_2O_7$ 的氧化能力较 $KMnO_4$ 低，所以应用范围不及高锰酸钾法广泛。其重要的应用是测定铁的含量。

与 $KMnO_4$ 法相比，$K_2Cr_2O_7$ 法具有突出的优点：

①$K_2Cr_2O_7$ 易提纯，可制成 99.99%纯度的 $K_2Cr_2O_7$。在通常条件下很稳定，在 150～180℃下干燥 2 h 即可直接配制成一定浓度的标准溶液。

②$K_2Cr_2O_7$ 标准滴定溶液相当稳定，只要保存在密闭容器内，浓度可长期保持不变。

③$K_2Cr_2O_7$ 法可以在盐酸介质中滴定铁。因为在 3 $mol \cdot L^{-1}$ HCl 溶液中，$\varphi^{\ominus'}_{Cr_2O_7^{2-}/Cr^{3+}}=1.08$ V，比 $\varphi^{\ominus'}_{Cl_2/Cl^-}=1.36$ V 小得多，在浓度小于 3 $mol \cdot L^{-1}$ 的 HCl 介质中，$K_2Cr_2O_7$ 不与 Cl^- 反应，故可在 HCl 介质中滴定。但如果盐酸浓度太大或溶液温度过高，部分 $K_2Cr_2O_7$ 将会被 Cl^- 还原。

$K_2Cr_2O_7$ 溶液为橘黄色，不是很深，且还原产物 Cr^{3+} 为绿色，在绿色的背景中不易观察微过量 $K_2Cr_2O_7$ 的橘黄色，需要外加指示剂，常采用二苯胺磺酸钠作指示剂。$K_2Cr_2O_7$ 有毒，使用时应注意废液的处理，以免污染环境。

6.5.2.2 $K_2Cr_2O_7$ 标准滴定溶液的制备

（1）直接配制法

$K_2Cr_2O_7$ 标准滴定溶液可用直接法配制，但在配制前应将 $K_2Cr_2O_7$ 基准试剂在 105～110 ℃温度下烘至恒重。

（2）间接配制法

若使用分析纯 $K_2Cr_2O_7$ 试剂配制标准溶液，则需进行标定，其标定原理是：移取一定体积的 $K_2Cr_2O_7$ 溶液，加入过量的 KI 和 H_2SO_4，用已知浓度的 $Na_2S_2O_3$ 标准滴定溶液进行滴定，以淀粉指示液指示滴定终点，其反应如下：

$$Cr_2O_7^{2-} + 6\,I^- + 14\,H^+ = 2\,Cr^{3+} + 3\,I_2 + 7\,H_2O$$

$$I_2 + 2S_2O_3^{2-} = S_4O_6^{2-} + 2I^-$$

6.5.2.3 $K_2Cr_2O_7$ 法应用示例

1．铁的测定

（1）铁矿石中全铁量的测定

重铬酸钾法是测定矿石中全铁量的标准方法。根据预氧化还原方法的不同，分为 $SnCl_2$-$HgCl_2$ 法和 $SnCl_2$-$TiCl_3$（无汞测定法）。

①$SnCl_2$-$HgCl_2$ 法。试样用热浓 HCl 溶解，用 $SnCl_2$ 趁热将 Fe^{3+} 还原为 Fe^{2+}。

冷却后，过量的 $SnCl_2$ 用 $HgCl_2$ 氧化，再用水稀释，并加入 H_2SO_4-H_3PO_4 混合酸和二苯胺磺酸钠指示剂，立即用 $K_2Cr_2O_7$ 标准溶液滴定至溶液由浅绿（Cr^{3+}色）变为紫红色。

溶解反应为 $Fe_2O_3 + 6HCl = 2FeCl_3 + 3H_2O$

滴定反应为 $Cr_2O_7^{2-} + 6Fe^{2+} + 14H^+ = 2Cr^{3+} + 6Fe^{3+} + 7H_2O$

测定中加入 H_3PO_4 的目的有两个：一是降低 Fe^{3+}/Fe^{2+} 电对的电极电位，使滴定突跃范围增大，让二苯胺磺酸钠变色点的电位落在滴定突跃范围之内；二是使滴定反应的产物生成无色的 $[Fe(HPO_4)_2]^-$，消除 Fe^{3+} 离子黄色的干扰，有利于滴定终点的观察。

该法简便准确，但在预还原中使用了 $HgCl_2$，造成环境污染。因此现提倡采用无汞测铁法。

②无汞测定法。样品用酸溶解后，用 $SnCl_2$ 趁热将大部分 Fe^{3+} 还原为 Fe^{2+}，再以钨酸钠为指示剂，用 $TiCl_3$ 还原剩余的 Fe^{3+}，反应为：

$$2Fe^{3+} + Sn^{2+} = 2Fe^{2+} + Sn^{4+}$$

$$Fe^{3+} + Ti^{3+} = Fe^{2+} + Ti^{4+}$$

当 Fe^{3+} 定量还原为 Fe^{2+} 之后，稍过量的 $TiCl_3$ 即可使溶液中作为指示剂的六价钨还原为蓝色的五价钨合物（俗称“钨蓝”），此时溶液呈现蓝色。然后滴入重铬酸钾溶液，使钨蓝刚好褪色，或者以 Cu^{2+} 为催化剂使稍过量的 Ti^{3+} 被水中溶解的氧所氧化，从而消除少量的还原剂的影响。最后以二苯胺磺酸钠为指示剂，用重铬酸钾标准滴定溶液滴定溶液中的 Fe^{2+}，即可求出全铁含量。

（2）水泥生料中 Fe_2O_3 的测定

应用金属铝还原法测定水泥生料中 Fe_2O_3 的含量，是目前一些水泥厂生产控制中常采用的一种方法。

水泥生料中含铁量较低，主要是由校正原料铁粉（或铁矿石）引入。生产过程中对 Fe_2O_3 的控制是为了及时调整铁质原料的加入量，使生料的铁率相对稳定，以达到控制熟料铁率、稳定窑的热工制度、提高熟料质量的目的。

由于水泥生料中常含有少量有机物，测定时必须预先加入 $KMnO_4$ 氧化除去。之后再用浓 H_3PO_4 加热分解试样，在被分解的试样溶液中加入足够量的盐酸，以除去过量 $KMnO_4$ 并破坏 $[Fe(PO_4)_2]^{3-}$ 配离子。然后一次加入足量的金属铝（99.9%的铝片或铝丝），将 Fe^{3+} 还原为 Fe^{2+}。

熔样　　　$Fe_2O_3 + 4H_3PO_4 = 2[Fe(PO_4)_2]^{3-} + 3H_2O + 6H^+$

$$[Fe(PO_4)_2]^{3-} + 6HCl = FeCl_6^{3-} + 2H_3PO_4$$

Fe^{3+}的还原　　　$3Fe^{3+}$（黄色）$+ Al = 3Fe^{2+}$（无色）$+ Al^{3+}$

最后加入指示剂二苯胺磺酸钠和硫磷混酸，用 $K_2Cr_2O_7$ 标准滴定溶液滴定 Fe^{2+}，至出现蓝紫色为终点。根据 $K_2Cr_2O_7$ 标准滴定溶液的消耗量和浓度，即可计算水泥生料中 Fe_2O_3 的质量分数。

该方法简单快速，过量的金属铝在酸性溶液中完全溶解，生成的 Al^{3+}对测定无影响，不存在除去过量还原剂的问题。但由于加热时间较长，没有过量还原剂的保护，被还原的 Fe^{2+}易被空气中的氧所氧化，造成测定结果偏低，所以应在还原后立即加水稀释滴定。

【例 6-4】 用 $K_2Cr_2O_7$ 法测水泥生料中的 Fe_2O_3，称取试料的质量为 0.450 0 g，最后所测得的 Fe_2O_3 质量分数的 100 倍正好等于滴定管读数，问 $K_2Cr_2O_7$ 标准溶液的浓度为多少？ 若配制 1000mL 此浓度的标准滴定溶液，需称取基准试剂 $K_2Cr_2O_7$ 多少克？

解： 已知 m=0.450 0 g　　$M_{\frac{1}{2}Fe_2O_3} = 79.85\ g \cdot mol^{-1}$

由题意可得：

$$c_{\frac{1}{6}K_2Cr_2O_7} = \frac{0.450\,0 \times 10}{79.85} = 0.056\,36\ mol \cdot L^{-1}$$

配制 1 000 mL 此浓度的 $K_2Cr_2O_7$ 标准滴定溶液，需称取基准 $K_2Cr_2O_7$ 试剂的质量为：

$$m = 0.056\,36 \times 1.000\ L \times 49.03 = 2.763\ g$$

2．利用 $Cr_2O_7^{2-}$-Fe^{2+}反应测定其他物质

$Cr_2O_7^{2-}$ 与 Fe^{2+}的反应可逆性强，速率快，计量关系好，无副反应发生，指示剂变色明显。此反应不仅用于测定铁含量，还可利用它间接地测定多种物质。

（1）测定氧化剂

NO_3^-（或 ClO_3^-）等氧化剂被还原的反应速率较慢，测定时可加入过量的 Fe^{2+} 标准溶液与其反应：

$$3Fe^{2+} + NO_3^- + 4H^+ = 3Fe^{3+} + NO + 2H_2O$$

待反应完全后用 $K_2Cr_2O_7$ 标准溶液返滴定剩余的 Fe^{2+}，即可求得 NO_3^- 的含量。

（2）测定还原剂

一些强还原剂如 Ti^{3+}等极不稳定，易被空气中氧所氧化。为使测定准确，可将 Ti^{4+}流经还原柱后，用盛有 Fe^{3+}溶液的锥形瓶接收，此时发生如下反应：

$$Ti^{3+} + Fe^{3+} \rightleftharpoons Ti^{4+} + Fe^{2+}$$

置换出的 Fe^{2+}，再用 $K_2Cr_2O_7$ 标准溶液滴定。

（3）测定非氧化、还原性物质

测定 Pb^{2+}（或 Ba^{2+}）等物质时，一般先将其沉淀为 $PbCrO_4$，然后过滤沉淀，沉淀经洗涤后溶解于酸中，再以 Fe^{2+}标准溶液滴定 $Cr_2O_7^{2-}$，从而间接求出 Pb^{2+}的含量。

3．测定污水的化学需氧量（COD）

在酸性介质中用 $K_2Cr_2O_7$ 法测定的化学需氧量记为 COD_{Cr}，以 $mg \cdot L^{-1}$ 表示。此法用于测定污染严重的生活污水和工业废水的化学需氧量 COD_{Cr}，是衡量污水被污染程度的重要指标，是水质分析的一项重要内容。

其测定原理是：水样中加入一定量的重铬酸钾标准溶液，在强酸性（H_2SO_4）条件下，以 Ag_2SO_4 为催化剂，加热回流 2 h，使重铬酸钾与有机物和还原性物质充分作用。过量的重铬酸钾以试亚铁灵为指示剂，用硫酸亚铁铵标准滴定溶液返滴定。

由所消耗的硫酸亚铁铵标准滴定溶液的量及加入水样中的重铬酸钾标准溶液的量，便可计算出水样中还原性物质消耗氧的量。

6.5.3 碘量法

6.5.3.1 方法概述

碘量法是利用 I_2 的氧化性和 I^- 的还原性进行滴定分析的方法。由于固体 I_2 在水中溶解度很小，容易挥发，通常将 I_2 溶解在 KI 溶液中，此时 I_2 以 I_3^- 配离子形式存在，但为方便起见，常将 I_3^- 写成 I_2。

半电池反应为：

$$I_2 + 2e^- \longrightarrow 2I^- \quad 或 \quad I_3^- + 2e^- \longrightarrow 3I^- \quad \varphi^{\ominus}_{I_2/I^-} = 0.545\ V$$

从 $\varphi^{\ominus}$ 值可以看出，I_2 是较弱的氧化剂，能与较强的还原剂作用；I^-是中等强度的还原剂，能与许多氧化剂作用，因此碘量法可以用直接和间接两种方式进行。

1．直接碘量法

直接碘量法也称碘滴定法，是利用 I_2 作氧化剂进行滴定的方法。其半反应为：

$$I_2 + 2e^- \longrightarrow 2I^-$$

由于 I_2 是较弱的氧化剂，只能直接滴定较强的还原剂，如 S^{2-}、SO_3^{2-}、Sn^{2+}、$S_2O_3^{2-}$、维生素 C 等。因受溶液中 H^+浓度的影响较大，所以直接碘量法的应用受到限制。

在碱性溶液中，碘与碱发生歧化反应：

$$I_2 + 2OH^- = IO^- + I^- + H_2O$$

$$3IO^- = IO_3^- + 2I^-$$

所以直接碘量法不能在碱性溶液中进行。

2．间接碘量法

间接碘量法也称滴定碘法。是在一定条件下利用 I^-和氧化剂作用析出 I_2，然后用 $Na_2S_2O_3$ 标准溶液滴定生成的 I_2，间接测定一些氧化性物质的含量。凡是能与 KI 作用定量析出 I_2 的氧化性物质及能与过量 I_2 在碱性介质中作用的有机物，都可以用间接碘量法测定。

间接法的基本反应为：

$$2I^- - 2e^- \longrightarrow I_2$$

产生的 I_2 用 $Na_2S_2O_3$ 标准滴定溶液滴定：

$$I_2 + 2S_2O_3^{2-} = 2I^- + S_4O_6^{2-}$$

利用这一方法可以测定很多氧化性物质，如 Cu^{2+}、$Cr_2O_7^{2-}$、IO_3^-、BrO_3^-、AsO_4^{3-}、ClO^-、NO_2^-、H_2O_2、MnO_4^-、Fe^{3+}等。

I_2 与 $Na_2S_2O_3$ 的反应必须在中性或弱酸性溶液中进行。在强酸性溶液中，$S_2O_3^{2-}$ 会发生分解，I^- 容易被空气中的 O_2 氧化。

$$S_2O_3^{2-} + 2H^+ = SO_2 + S\downarrow + H_2O$$

$$4I^- + 4H^+ + O_2 = 2I_2 + 2H_2O$$

在碱性溶液中，I_2 与 $S_2O_3^{2-}$ 将发生如下反应：

$$S_2O_3^{2-} + 4I_2 + 10OH^- = 2SO_4^{2-} + 8I^- + 5H_2O$$

同时，I_2 在碱性溶液中还会发生如上所述歧化反应。如需在弱碱性溶液中滴定 I_2，应用 Na_3AsO_3 代替 $Na_2S_2O_3$。

3．碘量法终点的确定——淀粉指示剂法

在少量I^-的存在下，I_2与淀粉反应形成蓝色物质，根据蓝色的出现或消失来指示终点，其显色灵敏度除与I_2的浓度有关以外，还与淀粉的性质、加入的时间、温度及反应介质等条件有关。因此，在使用淀粉指示液指示终点时要注意以下几点：

①所用的淀粉必须是可溶性淀粉。

②不能在热溶液中进行滴定。在室温下，I_3^-与淀粉形成蓝色吸附配合物反应的灵敏度随溶液温度升高而降低（50℃时的灵敏度只有25℃时的1/10）。

③要注意反应介质的条件，淀粉在弱酸性溶液中灵敏度很高，显蓝色；当pH＜2时，淀粉会水解成糊精，与I_2作用显红色；若pH＞9时，I_2转变为IO^-离子与淀粉不显色。无I^-存在时，I_2与淀粉反应形成蓝色物质反应的灵敏度降低，乙醇及甲醇的存在均会降低其灵敏度（醇含量超过50%的溶液不产生蓝色，小于5%无影响）。

④直接碘量法用淀粉指示液指示终点时，应在滴定开始时加入。终点时，溶液由无色突变为蓝色。间接碘量法用淀粉指示液指示终点时，待滴至I_2的黄色很浅时再加入淀粉指示液（若过早加入淀粉，它与I_2形成的蓝色配合物会吸留部分I_2，往往易使终点提前且不明显）。终点时，溶液由蓝色转无色。

⑤淀粉指示液的用量一般为2～5 mL（$5\,g \cdot L^{-1}$淀粉指示液）。

⑥淀粉溶液应是新配制的，若放置过久，则与I_2形成的配合物不呈蓝色而呈紫红色。这种紫红色吸附配合物在用$Na_2S_2O_3$滴定时褪色慢，终点不敏锐。

综上所述，碘量法测定对象广泛，既可测定氧化剂，又可测定还原剂；I_3^- / I^-电对可逆性好，副反应少；与很多氧化还原反应不同，碘量法既可以在酸性液中滴定，又可在中性或弱碱性介质中滴定。因此，碘量法的应用十分广泛。

4．碘量法的主要误差来源

碘量法中两种主要误差来源是I_2的挥发和I^-的氧化，为了防止I_2的挥发和I^-的氧化，一般采取以下措施：加入过量的KI（一般比理论量大2～3倍）使I_2变成I_3^-配离子；低温下进行滴定（＜25℃）；析出碘的反应最好在带塞的碘量瓶中进行；反应完全后立即滴定，滴定时不要剧烈摇动。光及Cu^{2+}、NO_2^-等杂质催化空气氧化I^-，因此应将析出碘的反应瓶置于暗处，反应完毕后将溶液稀释，降低酸度并立即滴定。采取以上措施后，碘量法可以得到很准确的结果。

6.5.3.2　标准溶液的配制

碘量法中需要配制和标定 I_2 和 $Na_2S_2O_3$ 两种标准溶液。

1．$Na_2S_2O_3$ 标准滴定溶液的配制与标定

市售硫代硫酸钠（$Na_2S_2O_3 \cdot 5H_2O$）一般都含有少量杂质，因此配制 $Na_2S_2O_3$ 标准溶液不能用直接法，只能用间接法。

配制好的 $Na_2S_2O_3$ 溶液在空气中不稳定，容易分解，这是由于在水中的微生物、CO_2、空气中 O_2 作用下，发生下列反应：

$$Na_2S_2O_3 \xrightarrow{\text{微生物}} Na_2SO_3 + S\downarrow$$

$$Na_2S_2O_3 + CO_2 + H_2O \longrightarrow NaHSO_4 + NaHCO_3 + S\downarrow$$

$$Na_2S_2O_3 + O_2 \longrightarrow 2Na_2SO_4 + 2S\downarrow$$

此外，水中微量的 Cu^{2+} 或 Fe^{3+} 等也能促进 $Na_2S_2O_3$ 溶液分解，因此配制 $Na_2S_2O_3$ 溶液时，应当用新煮沸并冷却的蒸馏水，并加入少量 Na_2CO_3，使溶液呈弱碱性，以抑制细菌生长（细菌的作用是 $Na_2S_2O_3$ 分解的主要原因）。配制好的 $Na_2S_2O_3$ 溶液应贮于棕色瓶中，于暗处放置 2 周后，过滤除去沉淀，然后再标定。贮存过程中如发现溶液变混浊，应重新标定或弃去重配。

标定 $Na_2S_2O_3$ 溶液的基准物质有 $K_2Cr_2O_7$、KIO_3、$KBrO_3$ 及升华 I_2 等。除 I_2 外，其他物质都需在酸性溶液中与 KI 作用析出 I_2 后，再用配制的 $Na_2S_2O_3$ 溶液滴定。如以 $K_2Cr_2O_7$ 作基准物为例，则 $K_2Cr_2O_7$ 在酸性溶液中与 I^- 发生如下反应：

$$Cr_2O_7^{2-} + 6I^- + 14H^+ = 2Cr^{3+} + 3I_2 + 7H_2O$$

反应析出的 I_2 以淀粉为指示剂用待标定的 $Na_2S_2O_3$ 溶液滴定。

用 $K_2Cr_2O_7$ 标定 $Na_2S_2O_3$ 溶液时应注意：$Cr_2O_7^{2-}$ 与 I^- 反应较慢，为加速反应，须加入过量的 KI 并提高酸度，不过酸度过高会加速空气氧化 I^-。因此，一般应控制酸度为 0.2～0.4 $mol \cdot L^{-1}$，并在暗处放置 10 min，以保证反应顺利完成。（开始滴定时，酸度一般以 0.8～1.0 $mol \cdot L^{-1}$ 为宜）。

2．I_2 标准滴定溶液的配制与标定

用升华法制得的纯碘，可直接配制成标准溶液，但操作不便，通常是用市售的碘先配成近似浓度的碘溶液，然后用基准试剂或已知准确浓度的 $Na_2S_2O_3$ 标准溶液来标定碘溶液的准确浓度。由于 I_2 难溶于水，易溶于 KI 溶液，故配制时应将 I_2、KI 与少量水一起研磨后再用水稀释，并保存在棕色试剂瓶中待标定。碘溶液应避免与橡皮等有机物接触，也须防止见光、遇热，否则浓度将发生变化。

I_2溶液可用As_2O_3基准物标定。As_2O_3难溶于水，多用 NaOH 溶解，使之生成亚砷酸钠，再用I_2溶液滴定AsO_3^{3-}。

$$As_2O_3 + 6NaOH \longrightarrow 2Na_3AsO_3 + 3H_2O$$

$$AsO_3^{3-} + I_2 + H_2O \longrightarrow AsO_4^{3-} + 2I^- + 2H^+$$

此反应为可逆反应，为使反应快速定量地向右进行，可加$NaHCO_3$，以保持溶液 pH≈8 左右。

由于As_2O_3为剧毒物，一般常用已知浓度的$Na_2S_2O_3$标准滴定溶液标定I_2溶液。

6.5.3.3 碘量法应用实例

1．碘量法测定水中溶解氧

碘量法测定溶解氧的原理是：往水样中加入硫酸锰和碱性碘化钾溶液，使生成氢氧化亚锰沉淀。氢氧化亚锰性质极不稳定，迅速与水中溶解氧化合生成棕色锰酸锰沉淀。

$$MnSO_4 + 2NaOH \longrightarrow \underset{\text{白色沉淀}}{Mn(OH)_2\downarrow} + Na_2SO_4$$

$$2\,Mn(OH)_2 + O_2 \longrightarrow \underset{\text{棕色沉淀}}{2H_2MnO_3\downarrow}$$

$$Mn(OH)_2 + H_2MnO_3 \longrightarrow \underset{\text{棕色沉淀}}{MnMnO_3\downarrow} + 2H_2O$$

加入硫酸酸化，使已经化合的溶解氧与溶液中所加入的I^-发生氧化还原反应，析出与溶解氧相当量的I_2。溶解氧越多，析出的碘也就越多，溶液的颜色也就越深。

$$MnO_3 + 3H_2SO_4 + 4KI \longrightarrow MnSO_4 + 2K_2SO_4 + 2I_2 + 3H_2O$$

最后取出一定量反应完毕的水样，以淀粉为指示剂，用$Na_2S_2O_3$标准溶液滴定至终点。根据数据计算水中溶解氧的量。

2．有机物的测定

（1）直接碘量法测维生素 C 含量

维生素 C 又称抗坏血酸（$C_6H_8O_6$）。由于维生素 C 分子中的烯二醇基具有还原性，所以它能被I_2定量地氧化成二酮基，其反应如下：

$$C_6H_8O_6 + I_2 \rightleftharpoons C_6H_6O_6 + 2HI$$

维生素 C 的半反应式为：

$$C_6H_6O_6 + 2H^+ + 2e^- \longrightarrow C_6H_8O_6 \qquad \varphi^{\ominus}_{C_6H_6O_6/C_6H_8O_6} = 0.18\ V$$

维生素 C 含量的测定方法是：准确称取含维生素 C 试样，溶解在新煮沸且冷却的蒸馏水中，以 HAc 酸化，加入淀粉指示剂，迅速用 I_2 标准溶液滴定至终点（呈现稳定的蓝色）。

维生素 C 的还原性很强，在空气中极易被氧化，尤其在碱性介质中更甚，因此蒸馏水必须事先煮沸，否则会使测定结果偏低。测定时加入 HAc 使溶液呈现弱酸性，以减少维生素 C 的副反应。因此在 HAc 酸化后应立即滴定。如果试液中有能被 I_2 直接氧化的物质存在，则对测定有干扰。

（2）间接碘量法

间接碘量法的应用更为广泛，可以用于葡萄糖、甲醛、丙酮等的测定。如葡萄糖的测定方法如下：在碱性试液中加入一定量且过量的 I_2 标准溶液，I_2 发生歧化反应：

$$I_2 + 2OH^- = IO^- + I^- + H_2O$$

反应生成的 IO^- 可以将葡萄糖的醛基定量氧化为羧基：

$$CH_2OH(CHOH)_4CHO + IO^- + OH^- = CH_2OH(CHOH)_4COO^- + I^- + H_2O$$

反应剩余的 IO^- 可在碱性溶液中进一步歧化：

$$3IO^- = IO_3^- + 2I^-$$

酸化试液后 $$IO_3^- + 5I^- + 6H^+ = 3I_2 + 3H_2O$$

再用 $Na_2S_2O_3$ 标准溶液滴定反应生成的 I_2。可根据加入的 I_2 标准溶液和消耗的 $Na_2S_2O_3$ 标准溶液的量计算葡萄糖的含量。

3．直接碘量法测定海波（$Na_2S_2O_3$）的含量

$Na_2S_2O_3$ 俗称大苏打或海波，是无色透明的单斜晶体，易溶于水，水溶液呈弱碱性反应，有还原作用，可用作定影剂、去氯剂和分析试剂。

$Na_2S_2O_3$ 的含量可在 pH=5 的 HAc-NaAc 缓冲溶液存在下，用 I_2 标准溶液直接滴定测得。样品中可能存在的杂质（亚硫酸钠）的干扰，可借加入甲醛来消除。

4．高温超导体成分分析

高温超导体钇钡铜氧是一种新型节能材料。对其进行成分分析表明，其组成为$(Y^{3+})(Ba^{2+})_2(Cu^{2+})_2(Cu^{3+})(O^{2-})_7$，其中三分之二的铜以$Cu^{2+}$的形式存在，三分之一的铜以罕见的$Cu^{3+}$的形式存在。可用间接碘量法测定$Cu^{2+}$和$Cu^{3+}$。

在成分分析时，可通过间接碘量法确定铜的价态。

①若将试样溶于稀酸，则Cu^{3+}将全部被还原为Cu^{2+}，之后再加入过量的KI，反应如下：

$$2Cu^{2+} + 4I^- = 2CuI\downarrow + I_2$$

②若将试样直接溶于含有过量KI的稀酸溶液中，则有关铜的反应如下：

$$2Cu^{2+} + 4I^- = 2CuI\downarrow + I_2$$

$$Cu^{3+} + 3I^- = CuI\downarrow + I_2$$

用$Na_2S_2O_3$标准溶液滴定生成上述过程中生成的I_2。

取相同质量的试样，进行分析，可由①测得试样中铜的总含量。可由两次测定所消耗的$Na_2S_2O_3$之差计算出Cu^{3+}的量。

这是传统的氧化还原滴定法在新兴的高科技研究领域的应用。

6.6 氧化还原滴定计算示例

氧化还原滴定中涉及的化学反应比较复杂，在进行计算时，首先必须明确滴定剂与待测物之间的计量关系。

【例 6-5】准确称取5.860 0 g NaClO试样配制成250 mL溶液后，移取25.00 mL于碘量瓶中，加水稀释并加入适量HAc溶液和KI，盖紧碘量瓶塞子后静置片刻。以淀粉作指示剂，用$Na_2S_2O_3$标准溶液（$T_{I_2/Na_2S_2O_3} = 0.013\,35\ g\cdot mL^{-1}$）滴定至终点，用去20.64 mL，计算试样中Cl的质量分数。（已知：$M_{I_2} = 253.8\ g\cdot mol^{-1}$；$M_{Cl} = 35.45\ g\cdot mol^{-1}$）

解：根据题意，测定中有关的反应式如下：

$$2ClO^- + 4H^+ = Cl_2 + 2H_2O$$

$$Cl_2 + 2I^- = 2Cl^- + I_2$$

$$I_2 + 2S_2O_3^{2-} \longrightarrow S_4O_6^{2-} + 2I^-$$

分别选取$S_2O_3^{2-}$、$\frac{1}{2}I_2$和Cl为基本单元。

$$c_{Na_2S_2O_3} = \frac{0.013\,35 \times 1\,000}{126.9} = 0.105\,2\ \mathrm{mol \cdot L^{-1}}$$

因此

$$\omega_{Cl} = \frac{c_{Na_2S_2O_3} \cdot V \cdot M_{Cl}}{m_s \times \frac{25.00}{250.0}} \times 100\% = \frac{0.105\,2 \times 20.64 \times 10^{-3} \times 35.45}{5.860\,0 \times \frac{25.00}{250}} \times 100\% = 13.14\%$$

【例 6-6】准确称取$Na_2SO_3 \cdot 5H_2O$试样 0.387 8 g，将其溶解于水，后加入50.00 mL $c_{\frac{1}{2}I_2} = 0.097\,00\ \mathrm{mol \cdot L^{-1}}$的 I_2 溶液处理，剩余的 I_2 需要用浓度为0.100 8 $\mathrm{mol \cdot L^{-1}}$ 的 $Na_2S_2O_3$标准溶液 25.40 mL 滴定至终点。计算试样中 Na_2SO_3的质量分数。（已知：$M_{Na_2SO_3} = 126.04\ \mathrm{g \cdot mol^{-1}}$）

解：根据题意，有关反应式如下：

$$I_2 + SO_3^{2-} + H_2O \longrightarrow 2H^+ + 2I^- + SO_4^{2-}$$

$$I_2 + 2S_2O_3^{2-} \longrightarrow S_4O_6^{2-} + 2I^-$$

分别选取$\frac{1}{2}Na_2SO_3$、$S_2O_3^{2-}$、$\frac{1}{2}I_2$为基本单元，结合等物质的量的规则，得：

$$\omega_{Na_2SO_3} = \frac{(c_{\frac{1}{2}I_2} \cdot V_{I_2} - c_{Na_2S_2O_3} \cdot V_{Na_2S_2O_3}) M_{\frac{1}{2}Na_2SO_3}}{m_s \times 1\,000} \times 100\%$$

代入数据得：

$$\omega_{Na_2SO_3} = 37.78\%$$

【例 6-7】称取含少量水的甲酸（HCOOH）试样 0.204 0 g，溶解于碱性溶液中后，加入浓度为 0.020 10 $\mathrm{mol \cdot L^{-1}}$ 的 $KMnO_4$溶液 25.00 mL，待反应完全后，酸化，加入过量的KI，还原过剩的MnO_4^-以及MnO_4^{2-}歧化生成的MnO_4^-和MnO_2，

最后用 0.100 2 $mol \cdot L^{-1}$ $Na_2S_2O_3$标准溶液滴定析出的I_2，消耗$Na_2S_2O_3$标准溶液21.02 mL。计算试样中甲酸的质量分数。（已知：$M_{HCOOH} = 46.04\ g \cdot mol^{-1}$）

解：按题意，测定过程发生如下反应：

$$HCOOH + 2MnO_4^- + 6OH^- \rlap{=}{=}= CO_3^{2-} + 2MnO_4^{2-} + 4H_2O$$

$$3MnO_4^{2-} + 4H^+ \rlap{=}{=}= 2MnO_4^- + MnO_2 \downarrow + 2H_2O$$

然后I^-将MnO_4^-和MnO_4^{2-}全部还原为Mn^{2+}。

$Na_2S_2O_3$滴定I^-的反应为：

$$I_2 + 2S_2O_3^{2-} \rlap{=}{=}= S_4O_6^{2-} + 2I^-$$

该测定中的氧化剂是$KMnO_4$，还原剂有 HCOOH 与$Na_2S_2O_3$。$KMnO_4$虽经多步反应，但最终产物为Mn^{2+}，故选取$\frac{1}{5}KMnO_4$为基本单元为；HCOOH 因最终产物是CO_3^{2-}，故选取$\frac{1}{2}HCOOH$为基本单元；而对于$Na_2S_2O_3$选取基本单元为$Na_2S_2O_3$。

按等物质量的规则：

$$n_{\frac{1}{5}KMnO_4} = n_{\frac{1}{2}HCOOH} + n_{Na_2S_2O_3}$$

故

$$\omega_{HCOOH} = \frac{n_{\frac{1}{2}HCOOH} \cdot M_{\frac{1}{2}HCOOH}}{m_s} \times 100\%$$

$$= \frac{(c_{\frac{1}{5}KMnO_4} \cdot V_{KMnO_4} - c_{Na_2S_2O_3} \cdot V_{Na_2S_2O_3}) \cdot M_{\frac{1}{2}HCOOH}}{m_s \times 1000} \times 100\%$$

代入数据得：

$$\omega_{HCOOH} = 4.58\%$$

【例 6-8】取废水样 100 mL，用H_2SO_4酸化后，加 25.00 mL 0.016 67 $mol \cdot L^{-1}$的$K_2Cr_2O_7$标准溶液，以Ag_2SO_4做催化剂煮沸，待水样中还原性物质完全被氧化后，以试亚铁灵为指示剂，用 0.100 0 $mol \cdot L^{-1}$ $FeSO_4$标准溶液滴定剩余的$K_2Cr_2O_7$溶液，用去 15.00 mL。计算水样中化学需氧量。

解：按题意：

$$Cr_2O_7^{2-} + 6Fe^{2+} + 14H^+ \rlap{=}{=}= 2Cr^{3+} + 6Fe^{3+} + 7H_2O$$

选取$\frac{1}{6}K_2Cr_2O_7$、$FeSO_4$、$\frac{1}{4}O_2$为基本单元，根据等物质的量的规则得：

$$n_{\frac{1}{4}O_2} = n_{\frac{1}{6}K_2Cr_2O_7} - n_{FeSO_4}$$

所以：

$$\rho_{O_2} = \frac{m_{O_2}}{V_{水}} = \frac{(c_{\frac{1}{6}K_2Cr_2O_7}V_{K_2Cr_2O_7} - c_{FeSO_4}V_{FeSO_4}) \times M_{\frac{1}{4}O_2}}{V_{水}}$$

代入数据得：

$$\rho_{O_2} = 0.080\,0\ g \cdot L^{-1}$$

【例6-9】用$KBrO_3$法测定苯酚。取苯酚试液10.00 mL于250 mL容量瓶中，加水稀释至标线。摇匀后准确移取25.00 mL试液，加入$\frac{1}{6}KBrO_3$浓度为0.110 2 $mol \cdot L^{-1}$ $KBrO_3$-KBr标准溶液35.00 mL（其中$c_{\frac{1}{6}KBrO_3} = 0.110\,2\ mol \cdot L^{-1}$），再加HCl酸化，放置片刻后再加KI溶液，使未反应的Br_2还原并析出I_2，然后用0.087 30 $mol \cdot L^{-1}$ $Na_2S_2O_3$标准溶液滴定，用去28.55 mL。计算每升苯酚试液中含有苯酚多少克？（已知：$M_{C_6H_5OH} = 94.68\ g \cdot mol^{-1}$）

解：测定过程中发生以下化学反应：

$$KBrO_3 + 5KBr + 6HCl = 3Br_2 + 6KCl + 3H_2O$$

$$C_6H_5OH + 3Br_2 = C_6H_2Br_3OH + 3HBr$$

$$Br_2 + 2KI = KBr + I_2$$

$$I_2 + 2S_2O_3^{2-} = S_4O_6^{2-} + 2I^-$$

选取$\frac{1}{6}C_6H_5OH$、$\frac{1}{6}KBrO_3$、$\frac{1}{2}Br_2$、$\frac{1}{2}I_2$、$Na_2S_2O_3$为基本单元，根据等物质的量的规则，得：

$$n_{\frac{1}{6}C_6H_5OH} = n_{\frac{1}{6}KBrO_3} - n_{Na_2S_2O_3}$$

$$\rho_{C_6H_5OH} = \frac{(c_{\frac{1}{6}KBrO_3}V_{KBrO_3} - c_{Na_2S_2O_3}V_{Na_2S_2O_3})M_{\frac{1}{6}C_6H_5OH}}{V_s}$$

代入数据得:

$$\rho_{C_6H_5OH} = 21.40\ g \cdot L^{-1}$$

思考题

1. 什么是条件电极电位？为什么条件电极电位比标准电极电位更具有实际意义？影响条件电极电位的因素有哪些？

2. 如何判断氧化还原反应的完全程度？条件平衡常数大的氧化还原反应是否都可用于氧化还原滴定？为什么？

3. 用于氧化还原滴定法的反应必须具备什么条件？

4. 影响氧化还原反应速率的主要因素有哪些？加快反应速率可采取哪些措施？

5. 在进行氧化还原滴定之前，为什么要进行预氧化或预还原的处理？预处理时对所用的预氧化剂或预还原剂有哪些要求？

6. 影响氧化还原滴定突跃范围大小的因素有哪些？怎样计算化学计量电势的电极电位？

7. 重铬酸钾法测 Fe^{2+}时，加入硫磷混酸的作用？

8. 检测氧化还原滴定终点的方法有哪些？常用的指示剂有几种类型？说明氧化还原指示剂的原理和特点。

9. 常用的氧化还原滴定方法有哪些？

10. 碘量法的主要误差来源有哪些？应采取哪些措施？

11. 在 Cl^-、Br^-和 I^-三种离子的混合物溶液中，欲将 I^-氧化为 I_2，而又不使 Br^-和 Cl^-氧化在常用的氧化剂 $Fe_2(SO_4)_3$和 $KMnO_4$中应选择哪一种？

习　题

1. 分别计算$[H^+]$=1 mol·L^{-1}和 pH=2.0 时，$Cr_2O_7^{2-}/Cr^{3+}$电对的条件电极电位。

2. 计算在 pH=10，总浓度为 0.20 mol·L^{-1}的 NH_3-NH_4Cl 缓冲溶液中，Zn^{2+}/Zn电对的电极电位。(忽略离子强度的影响)

3. 准确称取 0.151 7 g $K_2Cr_2O_7$ 基准物质，溶于水后酸化，再加入过量的 KI，用 $Na_2S_2O_3$ 标准溶液滴定至终点，共用去 30.02 mL $Na_2S_2O_3$。计算 $Na_2S_2O_3$ 标准溶液的物质的量浓度。（$M_{K_2Cr_2O_7}$=294.2 g·mol^{-1}）

4. 分别计算 0.020 0 mol·L^{-1} $K_2Cr_2O_7$ 和 0.020 0 mol·L^{-1} $KMnO_4$ 在 1 mol·L^{-1} $HClO_4$ 溶液中用固体亚铁盐还原至一半时的电位。（已知$\varphi^{\ominus'}_{Cr_2O_7^{2-}/Cr^{3+}}$=1.02 V，$\varphi^{\ominus'}_{MnO_4^-/Mn^{2+}}$=1.45 V）

5. 对于下述氧化还原反应：

$$BrO_3^- + 5Br^- + 6H^+ = 3Br_2 + 3H_2O$$

（1）求此反应的平衡常数。

（2）计算当溶液 pH= 7.0，$[HBrO_3]$=0.100 mol·L^{-1}，[KBr]=0.700 mol·L^{-1}时，游离溴的浓度。

6. 有不纯的 KI 试样 0.518 0 g，用 0.194 0 g $K_2Cr_2O_7$（过量）处理后，将溶液煮沸，除去析出的碘，然后再用过量 KI 处理，使之与剩余的 $K_2Cr_2O_7$ 作用，析出的碘用 0.100 0 mol·L^{-1} $Na_2S_2O_3$ 标准溶液滴定，用去 10.00 mL，求试样中 KI 的含量。

7. 计算在 1 mol·L^{-1} HCl 溶液中用 Fe^{3+}滴定 Sn^{2+}的电势突跃范围。在此滴定中应选用什么指示剂？若用所选指示剂，滴定终点是否和化学计量点符合？

8. 测定某样品中 $CaCO_3$ 含量时，称取试样 0.230 3 g，溶于酸后加入过量$(NH_4)_2C_2O_4$ 使 Ca^{2+}离子沉淀为 CaC_2O_4，过滤洗涤后用硫酸溶解，再用 0.040 24 mol·L^{-1} $KMnO_4$ 溶液 22.30 mL 完成滴定，计算试样中 $CaCO_3$ 的质量分数。

9. 10.00 mL 市售的 H_2O_2 需用 35.15 mL 0.025 17 mol·L^{-1} $KMnO_4$ 溶液滴定，计算试液中 H_2O_2 的浓度。

10. 大桥钢梁的衬漆用红丹（Pb_3O_4）作填料，称取 0.100 0 g 红丹加 HCl 处理成溶液后再加入 K_2CrO_4，使定量沉淀为 $PbCrO_4$：

$$Pb^{2+} + CrO_4^{2-} \longrightarrow PbCrO_4\downarrow$$

将沉淀过滤、洗涤后溶于酸并加入过量的 KI，析出的 I_2 以淀粉作指示剂用 0.100 0 $mol \cdot L^{-1}$ $Na_2S_2O_3$ 溶液滴定用去 12.00 mL，求试样中 Pb_3O_4 的质量分数。

11．测定水中硫化物，在 50.00 mL 微酸性水样中加入 20.00 mL 0.050 20 $mol \cdot L^{-1}$ 的 I_2 溶液，待反应完全后，剩余的 I_2 需用 21.16 mL 0.050 32 $mol \cdot L^{-1}$ 的 $Na_2S_2O_3$ 溶液滴定至终点。求每升废水中含 H_2S 的克数。

12．称取 Pb_3O_4 试样 0.100 0 g，用 HCl 溶解，在热时加入 0.020 00 $mol \cdot L^{-1}$ 的 $K_2Cr_2O_7$ 溶液 25.00 mL，析出 $PbCrO_4$ 沉淀；冷后过滤，将 $PbCrO_4$ 沉淀溶解，加入 KI 和淀粉溶液，用 0.100 0 $mol \cdot L^{-1}$ $Na_2S_2O_3$ 溶液滴定时消耗 12.00 mL，求试样中 $PbCrO_4$ 的含量。

13．测定钢样中铬的含量。称取 0.165 0 g 不锈钢样，溶解并将其中的铬氧化成 $Cr_2O_7^{2-}$，然后加入 $c_{Fe^{2+}}$=0.105 0 $mol \cdot L^{-1}$ 的 $FeSO_4$ 标准溶液 40.00 mL，过量的 Fe^{2+} 在酸性溶液中用 0.020 04 $mol \cdot L^{-1}$ 的 $KMnO_4$ 溶液滴定，用去 25.10 mL，计算试样中铬的含量。

14．碘量法测定漂白粉中的有效氯。称取漂白粉样品 0.300 0 g，在微酸性的溶液中加入过量 KI，立即用 0.120 8 $mol \cdot L^{-1}$ 的 $Na_2S_2O_3$ 标准溶液滴定，到达终点时用去 29.54 mL，计算样品中有效氯的含量。

15．用碘量法测定铬铁矿中铬的含量时，试液中共存的 Fe^{3+} 有干扰。此时若溶液的 pH=2.0，Fe^{3+} 的浓度为 0.10 $mol \cdot L^{-1}$，Fe^{2+} 的浓度为 1.0×10^{-5} $mol \cdot L^{-1}$，加入 EDTA 并使其浓度为 0.10 $mol \cdot L^{-1}$。问此条件下，Fe^{3+} 的干扰能否被消除？

16．准确称取铁矿石试样 0.500 0 g，用酸溶解后加入 $SnCl_2$，使 Fe^{3+} 还原为 Fe^{2+}，然后用 24.50 mL $KMnO_4$ 标准溶液滴定。已知 1 mL $KMnO_4$ 相当于 0.012 60 g $H_2C_2O_4 \cdot 2H_2O$。试问：

（1）矿样中 Fe 及 Fe_2O_3 的质量分数各为多少？

（2）取市售双氧水 3.00 mL 稀释定容至 250.0 mL，从中取出 20.00 mL 试液，需用上述溶液 $KMnO_4$ 21.18 mL 滴定至终点。计算每 100.0 mL 市售双氧水所含 H_2O_2 的质量。

17．化学需氧量的测定。取废水样 100.0 mL，用 H_2SO_4 酸化后，加入 25.00mL 0.016 67 $mol \cdot L^{-1}$ $K_2Cr_2O_7$ 溶液，以 Ag_2SO_4 为催化剂，煮沸一定时间，待水样中还原性物质较完全地氧化后，以邻二氮菲-亚铁为指示剂，用 0.100 0 $mol \cdot L^{-1}$ $FeSO_4$

溶液滴定剩余的 $K_2Cr_2O_7$，用去 15.00mL。计算废水样的化学需氧量，以 $mg \cdot L^{-1}$ 表示。

18. 矿物中铀的含量可以通过间接的氧化还原滴定反应来确定。先把矿石溶解在 H_2SO_4 中，再用 Walden 还原剂还原，使 UO_2^{2+} 变为 U^{4+}。向溶液中加入过量 Fe^{3+}，形成 Fe^{2+}和 U^{6+}，然后用 $K_2Cr_2O_7$ 标准溶液滴定 Fe^{2+}。在一次分析中，0.315g 矿石试样通过上述 Walded 还原和 Fe^{3+}氧化过程，用 0.009 78 $mol \cdot L^{-1}$ 的 $K_2Cr_2O_7$ 溶液滴定 Fe^{2+}时共消耗 10.52 mL。试计算试样中铀的含量。

19. 称取丙酮试样 1.000 g，定容于 250 mL 容量瓶中，移取 25.00 mL 于盛有 NaOH 溶液的碘量瓶中，准确加入 50.00 mL 0.050 00 $mol \cdot L^{-1}$ I_2 标准溶液，放置一定时间后，加 H_2SO_4 调节溶液呈弱酸性，立即用 0.100 0 $mol \cdot L^{-1}$ $Na_2S_2O_3$ 溶液滴定过量的 I_2，消耗 10.00 mL。计算试样中丙酮的质量分数。

（提示：丙酮与碘的反应为 $CH_3COCH_3 + 3I_2 + 4NaOH == CH_3COONa + 3NaI + 3H_2O + CHI_3$）

20. 25.00 mL KI 用稀盐酸及 10.00 mL 0.050 00 $mol \cdot L^{-1}$ KIO_3 溶液处理，煮沸以挥发除去释出的 I_2，冷却后，加入过量的 KI 溶液使之与剩余的 KIO_3 反应。释出的 I_2 需用 21.14mL 0.100 8 $mol \cdot L^{-1}$ $Na_2S_2O_3$ 溶液滴定，计算 KI 溶液的浓度。

21. 抗坏血酸（摩尔质量为 176.1 $g \cdot mol^{-1}$）是一种还原剂，它的半反应为：

$$C_6H_6O_6 + 2H^+ + 2e^- == C_6H_8O_6$$

它能被 I_2 氧化。如果 10.00 mL 柠檬汁样品用 HAc 酸化，并加入 20.00 mL 0.025 00 $mol \cdot L^{-1}$ I_2 溶液，待反应完全后，过量的 I_2 用 10.00 mL 0.010 0 $mol \cdot L^{-1}$ $Na_2S_2O_3$ 溶液滴定，计算每毫升柠檬汁中抗坏血酸的质量。

22. 称取软锰矿试样 0.500 0 g，在酸性溶液中将试样与 0.670 0 g 纯 $Na_2C_2O_4$ 充分反应，最后以 0.020 00 $mol \cdot L^{-1}$ $KMnO_4$ 溶液滴定剩余的 $Na_2C_2O_4$，至终点时消耗 30.00 mL。计算试样中 MnO_2 的质量分数。

第7章 重量分析法及沉淀滴定法

重量分析法是最经典的化学分析法，和沉淀滴定法一样，均以沉淀反应为基础。

沉淀滴定法是滴定分析方法的基本组成部分，是常用的化学分析法之一。

重量分析法不同于沉淀滴定法，需用适当的方法将被测组分转化为一定的称量形式，与其他组分分离后，通过称重计算该组分的含量。而沉淀滴定法是以消耗的标准溶液体积计算被测组分含量。

7.1 重量分析法概述

7.1.1 重量分析法分类和特点

根据被测组分与其他组分分离方法的不同，重量分析法可分为：沉淀重量法、挥发（气化）重量法和电解重量法等。其中以沉淀重量法比较重要、应用较为广泛。

1．沉淀法

沉淀重量法是重量分析的主要方法。即利用沉淀反应使待测组分以难溶化合物的形式沉淀下来，再将沉淀过滤、洗涤、烘干或灼烧成为组成一定的物质，然后称重，计算被测组分的含量。

例如石膏中SO_4^{2-}含量的测定，试样溶解后，加入$BaCl_2$溶液，反应析出$BaSO_4$沉淀，经过滤、洗涤、烘干、灼烧和恒重，由$BaSO_4$沉淀的质量计算出试样中SO_4^{2-}的质量分数。

2．挥发法（又称气化法）

利用物质的挥发性质，通过加热或其他方法使被测组分从试样中挥发逸出，然后根据试样质量的减少计算被测组分的含量；或者采用某一特性吸收剂，定量吸收逸出的被测组分的气体，然后根据吸收剂质量的增加计算该组分的含量。

例如土壤试样中 SiO_2 的测定，采用 HF 挥发法，在加热情况下使 SiO_2 以 SiF_4 的形式挥发，所失去的质量即是试样中 SiO_2 的质量。另外，在工业生产控制分析中，测定原料、燃料的附着水或结晶水的含量及煤的挥发组分，也常用此法测定。

3．电解法

利用电解的方法使被测金属离子在电极上还原析出，然后称量电极增加的质量即为被测金属的质量。

重量法作为一种经典的化学分析方法，其优点是直接采用分析天平称量的数据来获得分析结果，在分析过程中一般不需要基准物质和容量器皿引入数据，且称量误差一般较小，因此分析结果准确度较高。对于常量组分的测定，相对误差一般为±（0.1%～0.2%）。但该方法烦琐、费时，灵敏度低，不适用于微量及痕量组分的测定，不适用于现代生产中的控制分析，已逐渐被其他较快速的分析检测方法取代。尽管如此，目前仍有一些分析项目需用重量法，如我国药典中药品的干燥失重、炽灼残渣以及中药灰分等测定，煤中全硫的测定、水泥中 SO_4^{2-} 的测定都是应用硫酸钡重量法；水泥中 SiO_2 测定的基准法也是硅胶沉淀重量法。

此外重量法的分离理论和操作技术也经常应用于其他分析方法中，并且是建立分析方法时所需的对照法和校正法，因此重量法仍是分析化学中必不可少的基本方法。

7.1.2　沉淀重量法对沉淀形式和称量形式的要求

利用沉淀反应进行重量分析时，沉淀形式和称量形式可能相同，也可能不同。例如，用 $BaSO_4$ 重量分析法测定 Ba^{2+} 或 SO_4^{2-} 时，沉淀形式和称量形式都是 $BaSO_4$，两者相同；在重量分析 Ca^{2+} 含量时，若沉淀形式是 $CaC_2O_4 \cdot H_2O$，灼烧后所得称量形式是 CaO，两者不同。

为了获得准确的分析结果并便于操作，重量分析对沉淀形式和称量形式有一定的要求，并对沉淀剂也提出了相应的要求。

1．重量分析对沉淀形式的要求

①沉淀的溶解度必须很小，这样才能保证被测组分沉淀完全。

例如，$CaSO_4$ 与 CaC_2O_4 的溶度积 K_{sp} 分别为 2.45×10^{-5} 和 1.78×10^{-9}，CaC_2O_4

的 K_{sp} 比 $CaSO_4$ 的 K_{sp} 小，因此测定 Ca^{2+}时，常采用草酸铵作为沉淀剂，使 Ca^{2+} 生成溶解度很小 CaC_2O_4 沉淀。

②沉淀应易于过滤与洗涤，尽可能获得粗大的晶形沉淀。如果是无定形沉淀，应注意掌握好沉淀条件，改善沉淀的性质。

例如用重量分析法测定 Mg^{2+}含量，生成 $MgNH_4PO_4 \cdot 6H_2O$ 的晶形沉淀形式，在过滤时不会塞住滤纸的小孔，过滤速度快；沉淀的总表面积较小，吸附杂质的机会少，沉淀比较纯净，洗涤也比较容易。在重量分析测定 Al^{3+}含量，生成 $Al(OH)_3$ 的非晶形沉淀形式，体积庞大疏松，吸附杂质的机会较多，洗涤比较困难，过滤速度慢，需要改善沉淀形式。

③沉淀力求纯净，尽量避免其他杂质的玷污。

④沉淀应易于转化为称量形式。

2．重量分析对称量形式的要求

①称量形式必须有确定的化学组成。化学组成必须与化学式完全符合，这是计算分析结果的依据。

②称量形式的性质十分稳定。不易受空气中水分、CO_2 和 O_2 等的影响，而且在干燥或灼烧过程中不易分解等。

③称量形式的摩尔质量要大。称量形式的摩尔质量应尽可能大，被测组分在称量形式中的质量分数要小，这样，可以提高待测组分的分析灵敏度，减少称量误差。例如，重量法测定 Al^{3+}时，可以用氨水沉淀为 $Al(OH)_3$ 后灼烧成 Al_2O_3 称量，也可用 8-羟基喹啉沉淀为 8-羟基喹啉铝($(C_9H_6NO)_3Al$）烘干后称量。按这两种称量形式计算，0.100 0 g Al 可获得 0.188 8 g Al_2O_3 或 1.704 g $(C_9H_6NO)_3Al$。万分之一的分析天平的称量误差一般为±0.2 mg，显然，用 8-羟基喹琳重量法测定铝的准确度要比氨水法高。

3．重量分析对沉淀剂的要求

①挥发性。沉淀剂应具有一定的挥发性，过量的沉淀剂易于在干燥或灼烧过程中挥发除去，不影响称量的准确性。

②选择性。沉淀剂应具有较好的选择性，要求沉淀剂仅与被测组分生成沉淀，而不与试液中的其他组分作用，减少分离干扰物质。

③溶解度。要求沉淀剂本身具有较大的溶解度，这样可以减少沉淀对沉淀剂的吸附，易于获得较纯净的沉淀。

由此可知，许多有机沉淀剂较无机沉淀剂具有一定的优越性。有机沉淀剂选择性较高，组成固定，称量形式的摩尔质量较大，能形成溶解度较小的粗晶形沉淀，便于过滤和洗涤，而且多数情况下沉淀只需烘干不必灼烧，因此在沉淀分离中，有机沉淀剂的应用越来越广泛。

7.2　沉淀的溶解度及影响因素

利用沉淀反应进行重量分析时，要求沉淀反应进行完全，一般可以根据沉淀溶解度的大小衡量，通常，在重量分析中，要求被测组分在溶液中的残留量在 0.1 mg 以内即小于分析天平称量时允许的读数误差。但是很多沉淀无法满足这一条件。例如，在 1 000 mL 水中，$BaSO_4$ 的溶解度为 0.002 3 g，故沉淀的溶解损失会造成重量分析误差。因此，在重量分析中，必须了解各种影响沉淀溶解度的主要因素。

7.2.1　沉淀溶解度

1．溶解度和固有溶解度

当水中存在 1∶1 型难溶化合物 MA 时，MA 溶解并达到饱和时，存在下列平衡关系：

$$MA_{(固)} \rightleftharpoons MA_{(水)} \rightleftharpoons M^+ + A^-$$

水溶液中，除了 M^+、A^- 外，还有未解离的 $MA_{(水)}$。这些未解离的成分可以是分子状态的 $MA_{(水)}$，如 AgCl 溶于水中，

$$AgCl_{(固)} \rightleftharpoons AgCl_{(水)} \rightleftharpoons Ag^+ + Cl^-$$

也可能是离子对，化合物如 $CaSO_4$ 溶于水中，

$$CaSO_{4(固)} \rightleftharpoons CaSO_{4(水)} \rightleftharpoons Ca^{2+} + SO_4^{2-}$$

根据 $MA_{(固)}$ 与 $MA_{(水)}$ 之间的沉淀平衡可得：

$$s^0 = \frac{a_{MA_{(水)}}}{a_{MA_{(固)}}}$$

因纯固体的活度等于 1，所以：

$$s^0 = a_{MA_{(水)}}$$

上式表明溶液中分子状态或离子对状态 $MA_{(水)}$ 的浓度在一定温度下是一常数 s^0，s^0 称为该物质的固有溶解度或分子溶解度。

固有溶解度与物质的属性有关，且可能差别很大。如 AgCl、AgBr、AgI 和 $AgIO_3$ 的固有溶解度就比较小，仅占总溶解度的 0.1%～1%，但有些化合物却具有较大固有溶解度，例如，25℃时 $HgCl_2$ 在水中的实际溶解度（总溶解度）为 $0.25\ mol \cdot L^{-1}$，而按其溶度积（2×10^{-14}）计算，其溶解度仅为 $1.35 \times 10^{-5} mol \cdot L^{-1}$，这说明在 $HgCl_2$ 饱和溶液中，溶解部分主要以 $HgCl_2$ 分子形式存在。一种微溶化合物的溶解度应该是所有溶解出来的组分的浓度总和，即：

$$s = [Hg^{2+}] + [HgCl^{+}] + [HgCl^{2+}] \approx [Hg^{2+}] + s^0$$

对于微溶化合物，若溶液中不存在其他副反应，微溶化合物 MA 的溶解度 s 等于固有溶解度和 M^+（或 A^-）离子浓度之和，即：

$$s = s^0 + [M^+] = s^0 + [A^-] \tag{7-1}$$

在处理微溶化合物的溶解平衡时，考虑到其中大多数的固有溶解度都比较小，因此可忽略其分子（离子对）形式，只考虑简单的水合离子，上式可进一步简化为：

$$s = [M^+] = [A^-]$$

该式表明，微溶化合物的溶解度等于溶解平衡时构晶离子浓度。

2．活度积和溶度积

当微溶化合物溶解于水，如果除简单的水合离子外，其他各种形式的化合物均可忽略，则根据 MA 在水溶液中的沉淀平衡关系，得到：

$$a_{M^+} \cdot a_{A^-} = K_{ap} \tag{7-2}$$

式中，K_{ap} 为该微溶化合物的活度积常数，简称活度积常数，仅与温度有关。

常见难溶化合物的活度积常数见附表 11。一般仅在计算沉淀在纯水中的溶解度时才采用活度积。

若溶液中电解质浓度较大，需要考虑离子强度的影响时，则应采用浓度来表示沉淀的溶解度，考虑到活度与浓度之间的关系，可得出：

$$a_{M^+} \cdot a_{A^-} = \gamma_{M^+}[M^+]\gamma_{A^-}[A^-] = K_{ap}$$

$$[M^+][A^-]=\frac{K_{ap}}{\gamma_{M^+}\gamma_{A^-}}=K_{sp} \tag{7-3}$$

式中，K_{sp} 称为溶度积常数，简称溶度积。它除了受温度影响外，还与溶液的离子强度有关。常用的 K_{sp}（$I=0.1\,mol\cdot L^{-1}$）可在分析化学手册中查到。因此，微溶化合物 MA 的溶解度 s 与 K_{ap} 或 K_{sp} 的关系可表示如下：

$$s=[M^+]=[A^-]=\sqrt{K_{sp}}=\sqrt{\frac{K_{ap}}{\gamma_{M^+}\gamma_{A^-}}}$$

通常情况下，由于难溶化合物的溶解度一般都较小，溶液中的离子强度不大，可不考虑离子强度的影响，不加区别地将 K_{ap} 代替 K_{sp} 使用。

对其他类型的沉淀如 M_mA_n 型的沉淀，其溶解度可按下式计算：

$$s=\frac{[M^{n+}]}{m}=\frac{[A^{m-}]}{n}=\sqrt[m+n]{\frac{K_{sp}}{[M^{n+}]^m[A^{m-}]^n}}$$

3．条件溶度积

对于形成 MA 沉淀的主反应，还可能存在多种副反应：

$$\begin{array}{ccccc} MA_{(固)} & \rightleftharpoons & M & + & L \\ & OH\swarrow\!\!\nearrow & & \searrow\!\!\nwarrow L & \searrow\!\!\nwarrow H \\ & MO & & ML & HA \\ & \vdots & & \vdots & \vdots \end{array}$$

此时，溶液中金属离子总浓度 $[M']$ 和沉淀剂总浓度 $[A']$ 分别为：

$$[M']=[M]+[ML]+[ML]_2+\cdots+[M(OH)]+[M(OH)_2]+\cdots$$

$$[A']=[A]+[HA]+[H_2A]+\cdots$$

引入相应的副反应系数 α_M、α_A，则：

$$K_{sp}=[M][A]=\frac{[M'][A']}{\alpha_M\alpha_A}=\frac{K'_{sp}}{\alpha_M\alpha_A}$$

即

$$K'_{sp}=[M'][A']=K_{sp}\alpha_M\alpha_A \tag{7-4}$$

K'_{sp} 称为条件溶度积。当考虑了温度、离子强度或副反应等具体条件的影响后，能反映出溶液沉淀溶解平衡的实际情况，用它进行计算较之用溶度积 K_{sp} 更能真实地反映沉淀反应的完全程度。

7.2.2 影响沉淀溶解度的因素

影响沉淀溶解度的因素很多，如同离子效应、盐效应、酸效应和配位效应等。此外，温度、介质、沉淀颗粒大小和晶体结构对溶解度也有一定的影响。

1．同离子效应

组成沉淀晶体的离子称为构晶离子。当沉淀反应达到平衡后，如果向溶液中加入适当过量的含有某一构晶离子的试剂或溶液，会使难溶化合物的溶解度减小，这就是同离子效应。

25℃时，$BaSO_4$在水中的溶解度为：

$$s = [Ba^{2+}] = [SO_4^{2-}] = K_{sp}$$

则

$$s = \sqrt{1.1\times10^{-10}}$$
$$= 1.0\times10^{-5}\,mol\cdot L^{-1}$$

如果使溶液中的SO_4^{2-}增至$1.0\ mol\cdot L^{-1}$/L 此时

此时 $BaSO_4$的溶解度为：

$$s = [Ba^{2+}] = \frac{K_{sp}}{[SO_4^{2-}]} = \frac{1.1\times10^{-10}}{0.10} = 1.1\times10^{-9}\,mol\cdot L^{-1}$$

即溶解度减少万分之一。

在重量分析法中，通常利用同离子效应，即加大沉淀剂用量，可以降低溶解度，使沉淀完全。但沉淀剂的加入量是有限度的，否则加入过多，有时会引起盐效应、酸效应等其他副反应，反而会使溶解度增大。根据重量分析对沉淀溶解度的要求，沉淀剂一般过量 50%～100%；对于灼烧时不易挥发除去的沉淀剂，则一般以过量 20%～30%为宜，以免影响沉淀的纯度。

2．盐效应

在难溶化合物的饱和溶液中，加入其他强电解质，会使沉淀溶解度比同温度时在水中的溶解度增大，这种现象称为盐效应。以 MA 型沉淀为例，产生盐效应的原因是由于强电解质的存在，溶液中离子浓度增大，离子强度也相应增大，从而使活度系数减小。但在一定温度下，K_{ap}是常数，由式（7-3）可知，当活度系数γ_{M^+}、γ_{A^-}减小时，必将引起$[M^+]$、$[A^-]$增大，致使沉淀的溶解度增大。强电解质盐类的浓度越大，沉淀构晶离子的电荷越高，盐效应的影响越严重。

【例 7-1】计算在 0.008 0 $mol \cdot L^{-1}$ $MgCl_2$ 溶液中 $BaSO_4$ 的溶解度。

解：

$$I = \frac{1}{2}\sum c_i z_i^2$$

$$I = \frac{1}{2}(c_{Mg^{2+}} \times 2^2 + c_{Cl^-} \times 1^2 + c_{Ba^{2+}} \times 2^2 + c_{SO_4^{2-}} \times 2^2)$$

$$\approx \frac{1}{2}(0.008\,0 \times 2^2 + 0.016 \times 1^2)$$

$$= 0.024\ (mol \cdot L^{-1})$$

查附表 1 得 Ba^{2+}的 $\mathring{a}$ 为 500，SO_4^{2-} 的 $\mathring{a}$ 为 400，活度系数为：

$$\gamma_{Ba^{2+}} \approx 0.56, \qquad \gamma_{SO_4^{2-}} \approx 0.55$$

设 $BaSO_4$ 在 0.008 0 $mol \cdot L^{-1}$ $MgCl_2$ 溶液中的溶解度为 s，则：

$$s = [Ba^{2+}] = [SO_4^{2-}] = \sqrt{K_{sp}} = \sqrt{\frac{K_{ap}}{\gamma_{Ba^{2+}}\gamma_{SO_4^{2-}}}}$$

$$= \sqrt{\frac{1.1 \times 10^{-10}}{0.56 \times 0.55}} = 1.9 \times 10^{-5}\,mol \cdot L^{-1}$$

盐效应增大沉淀的溶解度，构晶离子的电荷越高，影响也越严重。这是由于高价离子的活度系数受离子强度的影响较大的缘故。

实验结果表明在 KNO_3、Na_2SO_4、$NaNO_3$ 等强电解质存在的情况下，$PbSO_4$、AgCl 的溶解度较在纯水中的大。表 7-1 是 $PbSO_4$ 在 Na_2SO 溶液中溶解度的变化情况。

表 7-1　$PbSO_4$ 在 Na_2SO_4 溶液中的溶解度

Na_2SO_4 的浓度/（$mol \cdot L^{-1}$）	0	0.001	0.01	0.02	0.04	0.100	0.200
$PbSO_4$ 的溶解/（$10^{-3} mol \cdot L^{-1}$）	0.15	0.024	0.016	0.014	0.013	0.016	0.019

由表 7-1 可看出，$PbSO_4$ 的溶解度随着 Na_2SO_4 浓度的增大而减少，此时同离子效应占优势，但当 Na_2SO_4 的浓度达到并超过 0.04 $mol \cdot L^{-1}$ 以后，$PbSO_4$ 的溶解

度反而随之增大，此时盐效应占优势。

3．酸效应

溶液的酸度对沉淀溶解度的影响，称为酸效应。酸效应的产生，是由于沉淀的构晶离子与溶液中的H^+或OH^-发生了副反应，使溶液中构晶离子的浓度降低，导致沉淀的溶解度增大。

例如，对于M_mA_n沉淀，其中的阴离子多为弱酸根，如硫化物、铬酸盐、草酸盐、磷酸盐等。增大溶液，可促使A^{m-}与H^+结合，生成解离度较小的共轭酸；降低溶液的酸度，M^{n+}可能水解，这两种情况都会导致沉淀溶解度增大。

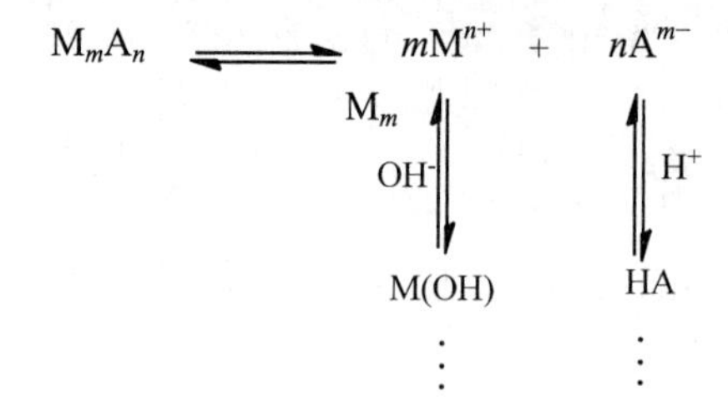

酸效应对沉淀溶解度的影响，可用相应的副反应系数和条件溶度积K'_{sp}的大小来描述。例如，二元弱酸H_2A与某二价金属阳离子形成的弱酸强碱盐MA（忽略金属离子的水解），设其溶解度为s（$mol \cdot L^{-1}$），则：

$$[M^{2+}]=s$$

$$[A^{2-}]+[HA^-]+[H_2A]=[(A^{2-})']=s$$

A^{2-}的酸效应系数为： $\alpha_{A(H)}=1+\beta_1^H[H^+]+\beta_2^H[H^+]^2$

根据溶度积公式计算，得到：

$$K'_{sp}=K_{sp}\alpha_{A(H)}$$

$$s=[M^{2+}]=[(A^{2-})']=\sqrt{K'_{sp}}$$

【例7-2】 比较CaC_2O_4沉淀在pH=2.00和pH=7.00时的溶解度。

解： 设CaC_2O_4在pH=7.00溶液中的溶解度为s，已知$K_{sp}=2.0\times10^{-9}$，

$H_2C_2O_4$的$K_{a_1}=5.9\times10^{-2}$， $K_{a_2}=6.4\times10^{-5}$，此时：

$$\begin{aligned}\alpha_{C_2O_4^{2-}(H)} &= 1+\beta_1^H[H^+]+\beta_2^H[H^+]^2\\ &= 1+10^{4.19-7.00}+10^{4.19+1.22-14.00}\\ &\approx 1\end{aligned}$$

即在此条件下，并未发生副反应，所以：

$$s=\sqrt{K_{sp}}=\sqrt{10^{-8.7}}=4.5\times10^{-5}\ \text{mol}\cdot\text{L}^{-1}$$

同理设 CaC_2O_4 在 pH = 2.00 的溶液中的溶解度为 s'，计算可得：

$$\alpha_{C_2O_4^{2-}(H)}=10^{2.26}$$

$$s'=\sqrt{K_{sp}\alpha_{C_2O_4^{2-}(H)}}=\sqrt{10^{-8.7}\times10^{2.26}}=6.0\times10^{-4}\ \text{mol}\cdot\text{L}^{-1}$$

计算表明，CaC_2O_4 在 pH = 2.00 的溶液中的溶解度比在 pH = 7.00 时增加了10倍以上。

当溶液的酸度高到一定程度后，甚至可以使沉淀完全溶解。因此，正确控制酸度是使其能沉淀完全的重要条件。

【例 7-3】 计算在 pH = 2.00，$C_2O_4^{2-}$ 总浓度为 0.010 $\text{mol}\cdot\text{L}^{-1}$ 溶液中 CaC_2O_4 的溶解度。

解：在这种情况下，需同时考虑酸效应和同离子效应，设 CaC_2O_4 的溶解度为 s，

则
$$[Ca^{2+}]=s$$
$$[(C_2O_4^{2-})']=0.010+s\approx0.010\ \text{mol}\cdot\text{L}^{-1}$$

由例【7-2】可知，pH = 2.00 时，

$$\alpha_{C_2O_4^{2-}(H)}=10^{2.26}$$

因为：
$$[Ca^{2+}][(C_2O_4^{2-})']=K'_{sp}=K_{sp}\alpha_{C_2O_4^{2-}(H)}$$

所以：
$$\begin{aligned}s=[Ca^{2+}]&=\frac{K_{sp}\alpha_{C_2O_4^{2-}(H)}}{[(C_2O_4^{2-})']}=\frac{2.0\times10^{-9}\times10^{2.26}}{0.01+s}\\ &\approx\frac{2.0\times10^{-9}\times10^{2.26}}{0.01}\\ &=3.6\times10^{-5}\ \text{mol}\cdot\text{L}^{-1}\end{aligned}$$

与例【7-2】相比，由于同离子效应，CaC_2O_4 的溶解度仍然很小。

【例 7-4】计算 CuS 在纯水中的溶解度。(1)不考虑 S^{2-}的水解;(2)考虑 S^{2-}的水解。

解:已知 $K_{sp}=6.0\times10^{-36}$ H_2S 的 $K_{a_1}=1.3\times10^{-7}$, $K_{a_2}=1.2\times10^{-15}$

(1)不考虑S^{2-}水解时 CuS 的溶解度为 s_1

$$s_1=[Cu^{2+}]=[S^{2-}]=\sqrt{K_{sp}}$$
$$=\sqrt{6.0\times10^{-36}}=2.4\times10^{-18}\,mol\cdot L^{-1}$$

(2)考虑S^{2-}水解后,CuS 的溶解度为 s_2, S^{2-} 的水解反应:

$$S^{2-}+H_2O \rightleftharpoons HS^- + OH^-$$

$$HS^- + H_2O \rightleftharpoons H_2S + OH^-$$

因为 K_{sp}很小,虽然S^{2-}的水解,然而产生的OH^-浓度很小,不致引起溶液 pH 的改变,仍可以认为 pH ≈ 7.00,因此:

$$\alpha_{S(H)}=1+\beta_1^H[H^+]+\beta_2^H[H^+]^2$$
$$=1+10^{14.92-7.00}+10^{21.80-14.00}$$
$$=8.9\times10^7$$

$$s_2=\sqrt{K_{sp}\alpha_{S(H)}}$$
$$=\sqrt{6.0\times10^{-36}\times8.9\times10^7}$$
$$=2.31\times10^{-15}\,mol\cdot L^{-1}$$

$$\frac{s_2}{s_1}=\frac{2.31\times10^{-15}}{2.4\times10^{-18}}=9.6\times10^2$$

可见,由于水解作用使 CuS 溶解度增大了近 1 000 倍。

酸效应对于不同类型沉淀的影响程度也不同。对于弱酸盐类沉淀,如 CaC_2O_4、$CaCO_3$、MnS、CuS、CdS 和 $MgNH_4PO_4$ 等应在酸度较低溶液中进行沉淀。如果沉淀本身为弱酸型,如硅酸和钨酸等,应在强酸性溶液中进行沉淀。沉淀若为强酸盐,如 AgCl、$BaSO_4$ 等,溶液的酸度对其溶解度影响不大。对于硫酸盐沉淀,由于硫酸存在二级解离平衡,所以酸度对其溶解度有一定的影响;酸度较高时,影响也应予以考虑。如 $PbSO_4$ 在酸度较高的溶液中，因酸效应生成 $Pb(HSO_4)_2$ 使溶解度增大，如在 0.10 mol·L^{-1} 的硝酸溶液中，其溶解度是纯水中的 3 倍。

一些弱碱盐中的阳离子也易发生水解，特别是高价金属离子的盐类，因水解可生成一系列羟基配合物[如 $FeOH^{2+}$、$Al_9(OH)_2^+$ 等]或多核羟基配合物[$Fe_2(OH)_2^{4+}$，$Al_6(OH)_{15}^{3+}$ 等]，使沉淀溶解度增大。

4．配位效应

进行沉淀反应时，若溶液中存在能与构晶离子生成可溶性配合物的配位剂，则反应向沉淀溶解的方向进行，影响沉淀的完全程度，甚至不产生沉淀，这种现象称为配位效应。

配位效应对沉淀溶解度的影响，与配位剂的浓度及配合物的稳定性有关。配位剂的浓度越高，生成的配合物越稳定，则沉淀的溶解度越大。

进行沉淀反应时，有时沉淀剂本身就是配位剂，那么，反应中既有同离子效应，降低沉淀的溶解度，又有配位效应，增大沉淀的溶解度。如果沉淀剂适当过量，同离子效应起主导作用，沉淀的溶解度降低；如果沉淀剂过量太多，则配位效应起主导作用，沉淀的溶解度反而增大。

设有沉淀 MA 存在于配位剂 L 的溶液中，此时的平衡关系如下

$$MA \rightleftharpoons M^+ + A^-$$

$$M^+ \overset{L}{\rightleftharpoons} ML \cdots ML_n$$

在这一平衡体系中，沉淀溶解度为 $s=[M']=[M]\alpha_{M(L)}$ 或 $s=[A]$

所以，$s=\sqrt{[A][M']}=\sqrt{[A][M]\alpha_{M(L)}}=\sqrt{K_{sp}\alpha_{M(L)}}=\sqrt{K'_{sp}}$

故配位剂的浓度越大，形成的配合物越稳定，配位效应的影响就越大，因此，沉淀溶解度增加越多。

例如，用 Cl^- 沉淀 Ag^+ 时，存在如下平衡：

$$AgCl \rightleftharpoons Ag^+ + Cl^-$$

若溶液中有氨水，则由于 NH_3 能与 Ag^+ 配位形成比 AgCl 更稳定的银氨配离

子 $Ag(NH_3)_2^+$，此时 AgCl 沉淀的溶解度远大于在纯水中的溶解度。实验证明，AgCl 沉淀在 0.01 $mol\cdot L^{-1}$ 氨水中的溶解度比在纯水中的溶解度大 40 倍。若氨水的浓度足够高，AgCl 沉淀可以完全溶解。

【例 7-5】计算 AgCl 在 0.10 $mol\cdot L^{-1}$ Cl^- 溶液中的溶解度。忽略配位效应对 Cl^- 浓度的影响。

解：已知 $K_{sp}=1.8\times10^{-10}$，$AgCl_4^{3-}$ 的累稳定常数为 $\beta_1=10^{3.04}$，$\beta_2=10^{5.04}$，$\beta_3=10^{5.04}$，$\beta_4=10^{5.30}$。

$$
\begin{aligned}
K'_{sp} &= K_{sp}\alpha_{Ag(Cl)} \\
&= K_{sp}(1+\beta_1[Cl^-]+\beta_2[Cl^-]^2+\beta_3[Cl^-]^3+\beta_4[Cl^-]^4) \\
&= 10^{-9.75}(1+10^{3.04}\times0.10+10^{5.04}\times0.10^2+10^{5.04}\times0.10^3+10^{5.30}\times0.10^4) \\
&= 10^{-6.63}
\end{aligned}
$$

$$s=\frac{K'_{sp}}{[Cl^-]}=\frac{10^{-6.63}}{0.10}=2.3\times10^{-6}\ mol\cdot L^{-1}$$

同理，可计算出 AgCl 在不同氯离子溶液的溶解度，结果见下表：

$[Cl^-]$/（$mol\cdot L^{-1}$）	0	0.001	0.010	0.1	1.0	2.0
s_{AgCl}/（$mol\cdot L^{-1}$）	1.3×10^{-5}	7.6×10^{-7}	8.7×10^{-7}	4.5×10^{-6}	1.6×10^{-4}	7.1×10^{-4}

由表中数据可以看出，AgCl 的溶解度首先随 Cl^- 浓度的增大而减小，即同离子效应占优势；当其溶解度降低到一定程度后，又随着 Cl^- 的浓度的增大而增大，即配位效应占优势，所以沉淀时必须控制沉淀剂的用量，才能达到沉淀完全的目的。

5. 影响沉淀溶解度的其他因素

除上述因素外，温度、其他溶剂的存在及沉淀本身颗粒大小和结构，对沉淀的溶解度也有影响。

（1）温度的影响

沉淀的溶解反应绝大部分是吸热反应。因此绝大多数沉淀的溶解度一般随着温度的升高而增大。图 7-1 列出了温度对于 $BaSO_4$、$CaC_2O_4\cdot H_2O$ 和 AgCl 的溶解度的影响。由此可见，沉淀的性质不同，其影响程度也不一样。

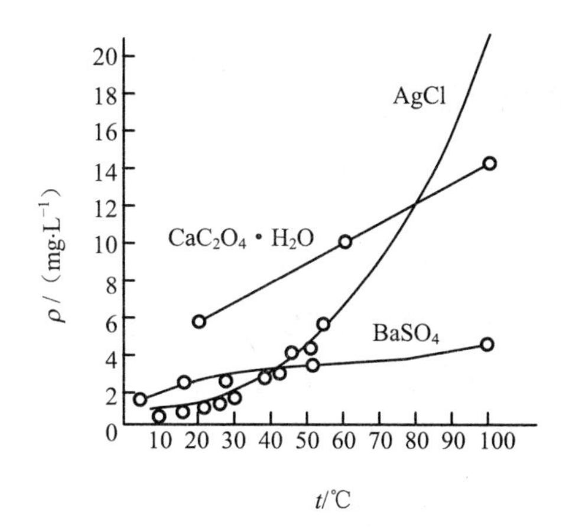

图 7-1　温度对几种沉淀溶解度的影响

(2) 溶剂的影响

无机物沉淀大部分是离子型晶体沉淀，它们在水中的溶解度一般比在有机溶剂中的溶解度大一些。例如 $PbSO_4$ 沉淀在水中的溶解度为 4.5 mg/100 mL，而在30%乙醇的水溶液中，溶解度降低为 0.23 mg/100 mL。在分析测定中，经常在水溶液中加入乙醇、丙酮等有机溶剂来降低沉淀的溶解度。对于有机沉淀剂形成的沉淀，在有机溶剂中的溶解度反而大于在水中的溶解度。

(3) 沉淀粒径大小的影响

同一沉淀，晶体颗粒大，溶解度小；晶体颗粒小，溶解度大。例如 $SrSO_4$ 沉淀，晶粒直径为 0.05 μm 时，溶解度为 $6.7\times10^{-4}\,mol\cdot L^{-1}$；当晶粒直径减小至 0.01 μm，溶解度为 $9.3\times10^{-4}\,mol\cdot L^{-1}$，增大近 40%。

(4) 沉淀结构的影响

有许多沉淀，初生成时为“亚稳态”，放置后逐渐转化为“稳定态”。亚稳态沉淀的溶解度比稳定态大，所以沉淀能自发地由亚稳态转化为稳定态。例如，初生态的 CoS 为α型沉淀，当放置后转变成β型沉淀，它们的 K_{sp} 分别是 4×10^{-21} 和 2×10^{-25}，显然亚稳态的溶解度较大。

(5) 形成胶体溶液的影响

无定形沉淀很容易形成胶体溶液，甚至使已经凝聚的胶状沉淀还会因“胶溶”作用而重新分散在溶液中。胶体的粒径很小，容易透过滤纸而引起损失，因此，通常加入大量电解质，以破坏胶体的形成。

7.3 沉淀的类型和沉淀的形成过程

7.3.1 沉淀的类型

沉淀按照物理性质不同，通常可粗略分为两类：晶形沉淀和无定型沉淀。

从外观看，晶形沉淀具有粗大颗粒，其直径约为 0.1～1 μm，内部排列规则，结构紧密，因而沉淀体积较小，极易沉降于容器底部，晶形沉淀易于分离，且沉淀不易玷污，是重量分析中最期望得到的沉淀形式，如 $BaSO_4$、$MgNH_4PO_4$ 等属于典型的晶形沉淀。

无定型沉淀又称非晶形沉淀或胶状沉淀。颗粒很小，直径一般小于 0.02 μm。许多微小沉淀颗粒疏松地聚集组成无定形沉淀，沉淀颗粒的排列杂乱无章，颗粒中还含有大量数目不等的溶剂分子，因此沉淀的结构松散，呈絮状。整个沉淀体积庞大，不易沉降于容器底部，过滤与洗涤较为困难。如 $Fe_2O_3 \cdot nH_2O$、$Al_2O_3 \cdot nH_2O$ 等都属于典型的无定形沉淀。在重量分析法中，如果是此类形式的沉淀，应控制沉淀条件，以改善沉淀的物理性质。

少数沉淀的物理性质介于上述两种类型之间，如 AgCl，通常根据其外观称为凝乳状沉淀。

7.3.2 沉淀的形成过程

1．晶核的形成——均相成核和异相成核

沉淀的形成过程是一个较为复杂的过程，目前尚无成熟的理论。关于晶形沉淀的形成目前研究得较多。一般认为在沉淀形成过程中首先是构晶离子在过饱和溶液中形成晶核，然后进一步成长为按一定晶格排列的晶形沉淀。

晶核的形成过程分为两种：均相成核作用和异相成核作用。

均相成核作用是指构晶离子在过饱和溶液中通过离子间的缔合作用自发聚集形成晶核。例如 $BaSO_4$ 的均相成核是在过饱和溶液中，由于静电作用，Ba^{2+} 和 SO_4^{2-} 缔合为离子对（$Ba^{2+}\ SO_4^{2-}$），离子对进一步缔合为离子群，当离子群生长到一定大小时，就构成晶核。一个 $BaSO_4$ 晶核就是由八个构晶离子即四个离子对（$Ba^{2+}\ SO_4^{2-}$）组成。不同沉淀，组成晶核的离子对数目也不同，例如，Ag_2CrO_4

的晶核是由6个构晶离子组成，CaF_2的晶核是由9个构晶离子组成。

异相成核作用是指在溶液中混有外来固体微粒，这些微粒在沉淀的形成过程中起着晶种的作用，诱导沉淀的形成。一般情况下，溶液中不可避免地含有大量外来的固体微粒，如尘埃、试剂中的不溶杂质以及黏附在容器壁上的细小颗粒等，因此异相成核作用总是存在的。在某些情况下，溶液中甚至只有异相成核作用，此时溶液中晶核数目只取决于混入的固体颗粒数目，不再形成新的晶核。

在沉淀形成过程中，起作用的是均相成核作用还是异相成核作用，这与溶液的相对过饱和度（RSS）有关，相对过饱和度定义如下：

$$RSS = (c_Q - s)/s$$

式中，c_Q为加入沉淀剂瞬间沉淀物质的实际浓度；s为沉淀平衡时沉淀物质的溶解度；$c_Q - s$为沉淀开始时沉淀物质的过饱和度。溶液的相对过饱和度与沉淀形成的初始速度成正比关系。当溶液的相对过饱和度较小时，沉淀生成的初速度很慢，此时异相成核是主要的成核过程。由于溶液中外来固体微粒的数目是有限的，构晶离子只能在这有限的晶核上沉积长大，从而有可能得到较大的沉淀颗粒。而当溶液的相对过饱和度较大时，由于溶液不稳定，构晶离子极易自发聚集形成晶核（即均相成核速度快），使获得的沉淀晶粒数目多而颗粒小，趋于形成含有大量微粒的沉淀。图7-2是沉淀$BaSO_4$时晶核的数目与溶液浓度的关系曲线。从图中可以看出，曲线上一个拐点，该点对应的硫酸钡的浓度为10^{-2} mol·L^{-1}，开始沉淀时，若溶液中$BaSO_4$的瞬时浓度在10^{-2} mol·L^{-1}以下时，其晶核的数目基本不变，沉淀的形成主要靠异相成核作用。而当$BaSO_4$的瞬时浓度增大至10^{-2} mol·L^{-1}以上时，晶核数目直线增加，显然是由于相对过饱和度增加，均相成核作用导致产生了大量新的晶核。曲线上出现的转折点，相当于沉淀反应由异相成核作用转化为既有异相成核作用也有均相成核作用，该点对应的硫酸钡的浓度c_{Q_c}与其溶解度s的比值c_{Q_c}/s称为临界过饱和比。

沉淀的临界过饱和比越大，表明该沉淀越不易发生均相成核，即只有在较大相对过饱和度的情况下才出现均相成核作用。例如，与$BaSO_4$与AgCl的溶解度接近（即浓度相同时，相对过饱和比接近），但开始发生均相成核作用时的临界过饱和比有较大差别，前者为1 000，而后者仅为5.5。因此，通常情况下，AgCl的均相成核作用比较显著，所以生成的是晶核数目较多而颗粒小的凝乳状沉淀，而$BaSO_4$通过异相成核作用生成的是较大颗粒的晶形沉淀。

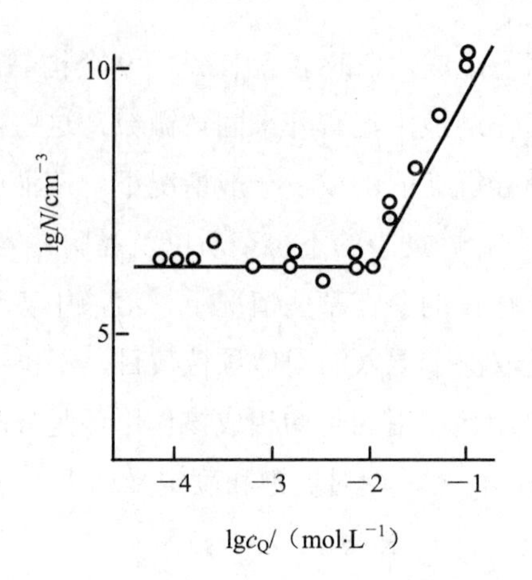

图 7-2　沉淀 $BaSO_4$ 时溶液浓度 c_Q（$mol \cdot L^{-1}$）与晶核数目（N）的对数关系

总之，控制相对过饱和度在临界过饱和比以下，沉淀就以异相成核作用为主，就能得到大颗粒沉淀；若超过临界过饱和比，均相成核作用占优势，导致产生大量的细小微晶。

2. 晶核的生成——定向和聚集

沉淀过程首先是晶核形成的过程，而后溶液中的构晶离子不断向晶核表面扩散并沉积在晶核上，使晶核逐渐长大，到一定程度后形成沉淀微粒。这种沉淀微粒有聚集为更大聚集体的倾向，称为聚集过程；同时，沉淀微粒又有按一定的晶格整齐排列，形成更大晶粒的倾向，称为定向过程。

聚集速度主要与溶液的相对过饱和度有关，相对过饱和度越大，聚集速度也越大。定向速度的大小主要与物质的性质有关，极性较强的盐类一般具有较大的定向速度，如 $BaSO_4$、$MgNH_4PO_4$ 等。沉淀的类型取决于这两个过程速度的相对快慢：聚集速度慢，定向速度快，形成晶形沉淀；反之，构晶离子来不及在在晶核表面进行有序排列，则易形成无定形沉淀，如高价金属离子的氢氧化物 $Al(OH)_3$ 和 $Fe(OH)_3$ 等。

形成沉淀的类型并不是绝对的，对同一沉淀改变沉淀条件也可以改变沉淀的类型。例如对 $BaSO_4$ 而言，在稀溶液中沉淀通常获得晶形沉淀，但当 $BaSO_4$ 沉淀从较浓的溶液（如 0.75～3 $mol \cdot L^{-1}$）中析出时，得到的却是无定形沉淀。由此可见，沉淀的类型不仅取决于沉淀的本质，也取决于沉淀的条件。

7.4　影响沉淀纯度的主要因素

重量分析中，不仅要求沉淀的溶解度小，而且要求沉淀必须是纯净的。但是，沉淀从溶液中析出时，或多或少地会夹杂着溶液中的其他组分。因此必须了解沉淀生成过程中混入杂质的各种原因，找出减少杂质混入的方法，以求获得符合重量分析要求的沉淀。

7.4.1　共沉淀现象

当一种沉淀从溶液中沉淀析出时，溶液中的某些其他组分（可溶性杂质），在该条件下本来是可溶的，但它们却被沉淀带下来而混杂于沉淀之中，这种现象称为共沉淀。由于共沉淀现象，使沉淀被玷污，这也是重量分析中误差的主要来源之一。例如，测定 SO_4^{2-} 时，以 $BaCl_2$ 为沉淀剂，如果试液中有 Fe^{3+} 存在，当析出 $BaSO_4$ 沉淀时，本来是可溶的 $Fe_2(SO_4)_3$ 也被夹在 $BaSO_4$ 中沉淀下来。$BaSO_4$ 应该是白色的，如果有铁盐共沉淀，则灼烧后的 $BaSO_4$ 中混有黄棕色的 Fe_2O_3。显然，这将给分析结果带来正误差。

共沉淀现象主要由表面吸附、混晶和吸留造成的结果。

1．表面吸附引起的共沉淀

沉淀中的构晶离子按一定规律排列，在晶体内部处于电荷平衡状态，但在晶体表面、边和角的离子电荷则不完全平衡，带一定量的正或负电荷。这样就导致沉淀表面吸附杂质。图 7-3 所示为 $BaSO_4$ 沉淀表面吸附杂质示意图。在 $BaSO_4$ 沉淀表面，Ba^{2+} 或 SO_4^{2-} 至少有一面未被相反电荷的离子所包围，静电引力不平衡，由于静电引力作用，使它们具有吸附带相反电荷离子的能力，$BaSO_4$ 在过量 Na_2SO_4 溶液中，沉淀表面的 Ba^{2+} 比较强烈地吸附溶液中 SO_4^{2-}，组成吸附层。然后 SO_4^{2-} 再通过静电引力作用进一步吸附溶液中的 Na^+ 或 H^+ 等阳离子（抗衡离子），组成扩散层。吸附层和扩散层共同组成包围在沉淀表面的双电层，从而使电荷达到平衡，双电层导致 Na_2SO_4 随 $BaSO_4$ 沉淀颗粒一起沉降，玷污沉淀。这种由于沉淀表面被吸附所引起的杂质共沉淀现象叫表面吸附共沉淀。

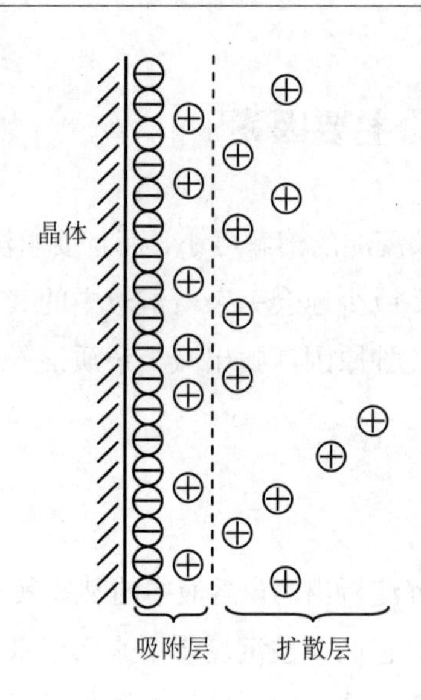

图 7-3 $BaSO_4$ 晶体表面吸附示意

静电引力作用下，吸附在沉淀表面的离子可以是溶液中任何带相反电荷的离子。通常，由于沉淀过量，沉淀首先吸附溶液中的构晶离子，实际上表面吸附也遵循一定的规则。

①凡能与构晶离子生成微溶或解离度很小的化合物的离子优先被吸附。例如，用 SO_4^{2-} 沉淀 Ba^{2+}时，若溶液中 SO_4^{2-} 过量，则 $BaSO_4$ 沉淀表面吸附带负电的 SO_4^{2-}，若溶液中存在 Ca^{2+}和 Hg^{2+}，则扩散层的抗衡离子主要是 Ca^{2+}，因为 $CaSO_4$ 的溶解度比 $HgSO_4$ 的小。如果 Ba^{2+}过量，$BaSO_4$ 沉淀表面吸附 Ba^{2+}，若溶液中存在 Cl^- 和 NO_3^-，则扩散层的抗衡离子主要是 NO_3^-。因 $Ba(NO_3)_2$ 的溶解度比 $BaCl_2$ 的小。

②离子的价态越高，溶液浓度越大，越容易被吸附。如溶液中同时存在 Fe^{3+} 和 Fe^{2+}，Fe^{3+}较易被吸附。抗衡离子是靠静电引力被吸附在沉淀表面，不是很牢固，可被溶液中的其他离子置换，利用这一性质，可采用洗涤方法将沉淀表面上的抗衡部分除去。

③质量相同的沉淀，颗粒越小，比表面积越大，与溶液的接触面也越大，吸附杂质的量也越多。无定形沉淀的颗粒很小，比表面特别大，所以表面吸附现象很严重。

④溶液的温度越高，杂质被吸附得越少，因为吸附过程是放热过程。

2．吸留和包夹引起的共沉淀

沉淀颗粒在生长过程中，沉淀表面吸附的杂质离子来不及离开就被随后沉积上来的构晶离子所覆盖，杂质离子就会被包藏在沉淀内部，引起共沉淀，这种现象称为吸留。吸留引起的共沉淀也符合吸附规律。由于沉淀形成的过程太快，少量母液被包裹在已经形成的沉淀内部，这种情况称为包夹。包夹有别于吸留，前者无选择性，包夹可能有母液中的各种离子，分子以及溶剂水。吸留、包夹与表面吸附最显著的区别是前者发生在沉淀内部，而后者只发生在沉淀的表面，所以吸留、包夹的杂质离子不能用洗涤的方法除去，只能用陈化或重结晶的方法进行纯化。

3．生成混晶或固溶体引起的共沉淀

每种晶形沉淀，都有其一定的晶体结构。如果杂质离子的半径与构晶离子的半径相近，所形成的晶体结构相同，则它们极易生成混晶。混晶是固溶体的一种。在有些混晶中，杂质离子或原子并不位于正常晶格的离子或原子位置上，而是位于晶格的空隙中，这种混晶称为异型混晶。混晶的生成，使沉淀严重不纯。例如，$BaSO_4$ 与 $PbSO_4$，AgCl 与 AgBr，$MgNH_4PO_4 \cdot 6H_2O$ 与 $MgNH_4AsO_4 \cdot 6H_2O$ 等都可形成混晶。

生成混晶的选择性是比较高的，很难避免，因为不论杂质的浓度多少，只要构晶离子形成了沉淀，杂质就一定会在沉淀过程中取代某一构晶离子而进入沉淀中。所以，应提前分离杂质离子。

7.4.2　后沉淀现象

后沉淀也称为继沉淀，是指溶液中某些组分析出沉淀后，存在于溶液中的某种可溶性杂质会缓慢沉淀到原沉淀表面的现象。这类情况大多发生在该组分的过饱和溶液中。例如，在 Mg^{2+}存在下沉淀 CaC_2O_4 时，如果 CaC_2O_4 沉淀立即过滤并没有发现 MgC_2O_4 沉淀析出。如果将草酸钙沉淀在含镁的母液中长时间放置，则 CaC_2O_4 沉淀表面选择性地吸附了构晶离子 $C_2O_4^{2-}$，从而使沉淀表面上 $C_2O_4^{2-}$ 的浓度增加，$C_2O_4^{2-}$ 和 Mg^{2+}浓度的乘积大于 MgC_2O_4 沉淀的溶度积，于是在 CaC_2O_4 沉淀表面析出了较多 MgC_2O_4 沉淀。

后沉淀现象和前述三种共沉淀现象是有区别的，前者引入杂质的量随沉淀在试液中放置时间的延长而增多，而共沉淀引入杂质的量受放置时间的影响较小。

所以避免或减少后沉淀的主要方法是缩短沉淀在母液中的放置时间。随温度升高后沉淀有时会更为严重，其引入杂质的程度有时比共沉淀严重得多。

在分析化学中利用共沉淀原理可以将溶液中的痕量组分富集于某一沉淀中，也即共沉淀分离法。

7.4.3 减少沉淀玷污的方法

共沉淀和后沉淀现象是造成沉淀玷污的主要原因。为了提高沉淀的纯度，减少玷污，可以采用下列措施：

①选择适当的分析步骤。当溶液中被测组分含量较低而杂质含量较高时，应先沉淀低含量的被测组分。否则，若先沉淀高含量的杂质组分，会因共沉淀现象，将低含量的被测组分部分带走，从而引起较大的误差。

②选择适当的沉淀剂。有机沉淀剂常可以减少共沉淀现象，可减少杂质的吸附量。

③改变杂质离子的存在状态。例如，沉淀 $BaSO_4$ 时，溶液中如果存在易被吸附的 Fe^{3+} 时，可将 Fe^{3+} 还原为不易被吸附的 Fe^{2+}，或加入 EDTA、酒石酸、柠檬酸等使 Fe^{3+} 形成稳定的配合物，Fe^{3+} 的共沉淀就会大为降低。

④选择适当的沉淀条件。沉淀条件包括溶液浓度、温度、试剂加入的次序和速度、陈化与否等，它们对沉淀纯度的影响情况，参见表 7-2。

表 7-2　沉淀条件对沉淀纯度的影响

沉淀条件	混晶	表面吸附	吸留或包夹	后沉淀
稀释溶液	0	+	+	0
慢沉淀	不定	+	+	−
搅拌	0	+	+	0
陈化	不定	+	+	−
加热	不定	+	+	0
洗涤沉淀	0	+	0	0
再沉淀	+	+	+	+

注：+：提高纯度；−：降低纯度；0：影响不大。

⑤选择适当的洗涤剂。由于吸附作用是可逆过程，因此洗涤可使沉淀表面上吸附的杂质进入溶液而与沉淀分离，达到提高沉淀纯度的目的。所选洗涤液在烘

干或灼烧过程中能够除去。

⑥再沉淀。将沉淀过滤、洗涤、再重新溶解，使沉淀中残留的杂质进入溶液，进行第二次沉淀。再沉淀对除去吸留的杂质特别有效。

有时采用上述措施后，沉淀的纯度仍然不高，则可对沉淀中的杂质进行测定，再对分析结果加以校正。

在重量分析中，共沉淀或继沉淀现象对分析结果的影响程度，随具体情况的不同而不同。例如，用 $BaSO_4$ 重量法测定 Ba^{2+}时，如果沉淀吸附 $Fe_2(SO_4)_3$ 等外来杂质，灼烧后不能除去，则引起正误差。如果沉淀中夹有 $BaCl_2$，最后按 $BaSO_4$ 计算，必然引起负误差。如果沉淀吸附的是挥发性的盐类，灼烧后能完全除去，则不引起误差。

7.5 沉淀条件的选择

在重量分析法中，为了获得准确的分析结果，要求沉淀完全、纯净、易于过滤和洗涤，并减少沉淀溶解损失。因此，针对不同类型的沉淀，选择适当的沉淀条件，以获得符合重量分析所要求的沉淀。

7.5.1 晶形沉淀的沉淀条件

对晶形沉淀而言，主要应考虑如何获得较大颗粒的沉淀。与小颗粒沉淀相比，大颗粒沉淀溶解度较小因而沉淀更加完全；总比表面积较小，表面吸附的杂质小，沉淀纯净且易于过滤和洗涤。但晶形沉淀的溶解度一般较大，应注意减小沉淀的溶解损失。

①沉淀应在适当稀的溶液中进行，并加入沉淀剂的稀溶液，以降低溶液中溶液的相对过饱和度，均相成核作用不显著，容易得到大颗粒晶形沉淀。但对于溶解度较大的沉淀，溶液浓度也不宜过稀以减小沉淀的溶解损失。

②应在不断搅拌下，缓慢加入沉淀剂。若沉淀剂加入过快，由于来不及扩散，使得两种溶液混合处沉淀剂的浓度比溶液中其他地方的浓度大，造成局部过浓现象，会使溶液的相对过饱和度增大，导致均相成核加快，得到的沉淀颗粒小，纯度低。

③沉淀应在热溶液中进行，可使沉淀的溶解度稍增大一些，既可以降低相对

过饱和度，以利于生成大晶粒，同时又可减少沉淀对杂质的吸附量，此外，升高溶液的温度，可增加构晶离子的扩散速度，加快晶体的生长。但是，对于溶解度受温度影响较大的沉淀，应在热溶液中析出沉淀，宜冷却至室温后再进行过滤和洗涤，以减小沉淀溶解的损失。

④陈化。沉淀完全后，将初生成的沉淀和母液放置一段时间，这一过程称为陈化。陈化可以使小晶体逐渐转变成较大晶体，同时又可使晶体变得更加完整和纯净，从而获得大而纯的完整晶体。

陈化过程中，因小晶体比大晶体的边和角多，小晶体具有较大的溶解度。当大小晶体同处于相同溶液中，对大晶体为饱和溶液时，对小晶体则为不饱和溶液，因此小晶体就会不断地溶解。溶解到一定程度，对小晶体为饱和溶液，对大晶体则为过饱和溶液，于是溶液中的构晶离子就不断地沉积在大晶体上，直至饱和为止。此时对小晶体又为不饱和溶液，小晶体继续溶解。如此反复进行下去，小晶体逐渐消失，大晶体不断长大。

陈化过程中，不完整的小颗粒转化为完整的晶粒，亚稳态的沉淀转化为稳态的沉淀。同时逐出已吸附的杂质，即陈化作用。总之，经过陈化后可以得到比较完整、纯净和溶解度较小的沉淀。但是若有混晶共沉淀作用时，陈化不能显著提高沉淀的纯度。若有后沉淀现象发生时，反而会降低沉淀的纯度。根据具体情况，采用加热和搅拌的方法来缩短陈化时间。

7.5.2 无定形沉淀的沉淀条件

无定形沉淀溶解度小、含水量大、结构松散、比表面积大、吸附的杂质多，而且难以过滤和洗涤，甚至形成胶体溶液。因此对无定形沉淀，主要考虑破坏胶体、加速沉淀微粒的凝聚，便于过滤和减少杂质的吸附。因此，无定形沉淀的沉淀条件为：

①沉淀应在较浓溶液中进行，溶液浓度大，离子的水化程度减小，可以获得结构较为紧密的沉淀。但因此吸附的杂质增多，增大了杂质被溶液吸附的可能性，所以在反应完毕后，应立即加入大量热水适当稀释，充分搅拌，使大部分被吸附在沉淀表面上的杂质转移到溶液中。

②沉淀应在热溶液中进行，这样可以减少离子的水化程度，有利于得到含水量少、结构紧密的沉淀，可以促进沉淀微粒的凝聚，防止生成胶体溶液，减少沉

淀表面对杂质的吸附。

③沉淀时加入大量的强电解质或某些能引起沉淀微粒凝聚的胶体。电解质能中和胶体微粒的电荷，降低其水化程度，利于胶体微粒的凝聚。

④不必陈化。沉淀完毕后，趁热过滤，无需陈化。该类沉淀一经放置，就会失去水分而聚集得十分紧密，不易洗涤除去所吸附的杂质，同时也给下步操作带来困难。必要时进行再沉淀，无定形沉淀的杂质含量较高，再沉淀可以降低其含量。此外，沉淀时不断搅拌也有利于无定形沉淀的形成。

7.5.3　均匀沉淀法

在一般沉淀过程中，沉淀剂尽管是在不断搅拌下缓慢加入，但是在加入沉淀剂的瞬间，沉淀局部过浓现象仍然难以避免。因此，可采用均匀沉淀法。在这种方法中，加入到溶液中的沉淀通过化学反应过程，逐步地、均匀地在溶液内部产生构晶阳离子或阴离子，使沉淀在整个溶液中缓慢地、均匀地析出，避免沉淀局部过浓现象。

例如，用均匀沉淀法沉淀 Ca^{2+}时，在其酸性溶液中加入$(NH_4)_2C_2O_4$，则由于酸效应，沉淀剂主要以$HC_2O_4^-$和 $H_2C_2O_4$ 形式存在，且游离的$C_2O_4^{2-}$很小，此时CaC_2O_4沉淀生成。在溶液中加入尿素，加热煮沸，尿素发生水解产生NH_3：

$$CO(NH_2)_2 + H_2O \;=\!=\; 2NH_3 + CO_2\uparrow$$

NH_3 逐步中和酸，溶液酸度逐渐降低，$C_2O_4^{2-}$浓度逐渐增大，缓慢地、均匀地析出 CaC_2O_4沉淀，沉淀过程中，溶液的相对过饱度始终是比较小的，从而获得粗大晶粒的 CaC_2O_4沉淀。

用均匀沉淀法得到的沉淀，颗粒较大，表面吸附杂质少，易过滤洗涤，甚至可以得到晶形的 $Fe_2O_3\cdot nH_2O$、$Al_2O_3\cdot nH_2O$ 等水合氧化物沉淀。但仍不能避免后沉淀和混晶共沉淀现象。

均匀沉淀法除了利用中和反应产生沉淀外，还可用相应的有机酯类化合物或其他化合物水解而获得，也可以利用配合物分解反应和氧化还原反应进行均匀沉淀。

7.6 有机沉淀剂

1．有机沉淀剂的特点

有机沉淀剂与无机沉淀剂相比有如下优点：

①试剂种类多，性质各不相同，有些试剂的选择性很高，便于选用。

②沉淀的溶解度一般很小，有利于被测物质沉淀完全。

③沉淀对无机杂质吸附能力小，易于获得纯净的沉淀。

④有机沉淀物组成恒定，经烘干后就可称量，既简化了沉淀重量分析的操作，又可以得到摩尔质量大的称量形，有利于提高分析的准确度。

由于有机沉淀剂有上述特点，因此在分析化学中获得广泛的应用。

2．有机沉淀剂的分类及应用

按其作用原理大致分为两类：

（1）生成盐类的有机沉淀剂

有些有机沉淀剂的官能团，如$-COOH$、$-SO_3H$、$-OH$ 等在一定条件下能直接与金属离子反应，形成难溶盐。这类反应类似于无机沉淀剂，如苦杏仁酸沉淀锆的反应：

$$4\,C_6H_5CH(OH)COOH + ZrO^{2+} \longrightarrow [C_6H_5CH(OH)COO^-]_4Zr\downarrow + H_2O + 2H^+$$

当锆含量少时（约 10 mg），生成的沉淀有固定组成，不必灼烧可直接烘干称量；当锆含量大于 23 mg 时，沉淀必须灼烧成 ZrO_2 后再称量。

四苯硼酸钠能与 K^+、NH_4^+、Tl^+、Ag^+等生成难溶盐，例如，其与 K^+反应：

$$K^+ + B(C_6H_5)_4^- \longrightarrow KB(C_6H_5)_4\downarrow$$

四苯硼酸钠易溶于水，是测定 K^+的良好试剂。沉淀组成恒定，烘干后可直接称量。四苯硼酸钠法亦可用于有机胺类、含氮杂环类、生物碱、季铵盐等药物的测定。

（2）生成螯合物的有机沉淀剂

在沉淀剂的分了中除含有上述可反应的官能团外，还含有可形成金属离了配位体的官能团，如：

$$—NH_2,\quad >CO,\quad >CS\quad \cdots$$

能同金属离子形成螯合物。这类螯合物溶解度一般很小，具有固定的组成，有利于用重量法测定某些金属离子，例如，丁二酮肟与 Ni^{2+}的反应：

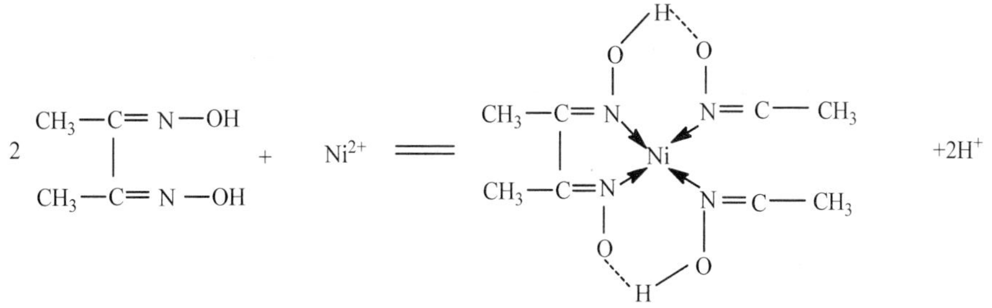

$$2\begin{matrix}CH_3—C{=}N—OH\\ |\\ CH_3—C{=}N—OH\end{matrix} + Ni^{2+} = \text{Ni(DMG)}_2\ \text{螯合物} + 2H^+$$

上述反应在氨性溶液中能定量沉淀镍，选择性高，组成固定，烘干后可直接称量。现在沉淀重量法测定镍的含量较多采用这一方法。

能与金属离子生成螯合物的有机沉淀剂很多，如 8-羟基喹啉（能沉淀 Al^{3+}、Zn^{2+}、Mg^{2+}等），α-亚硝苯-β-萘酚（主要用于 Co^{2+}的沉淀），*N*-苯甲酰苯胺（能沉淀锆、铌、钽、铜、铁等多种离子）等。这些试剂的选择性较差，需要控制 pH 或加入掩蔽剂，以沉淀某种离子。有时，使用不同取代基的衍生物可以提高选择性。

7.7　重量分析法的应用

1. 重量分析的计算

重量分析是根据称量形式的质量计算被测组分含量的。通常，多数情况下获得的称量形式与待测组分的形式不同，需要将由分析天平称得的称量形式的质量换算成待测组分的质量。待测组分的摩尔质量与称量形式的摩尔质量之比是常数，通常称为换算因数，又称重量分析因数，用 *F* 表示。

计算换算因数时，必须注意在被测组分的摩尔质量及称量形成的摩尔质量上乘以适当的系数，使分子、分母中待测成分的原于数或分子数相等。换算因数可根据有关化学式求得，见表 7-3。

表 7-3 根据化学式计算换算因数

待测组分	称量形式	换算因素
Cl^-	AgCl	$M_{Cl}/M_{AgCl}=0.2474$
S	$BaSO_4$	$M_S/M_{BaSO_4}=0.1374$
MgO	$Mg_2P_2O_7$	$2M_{MgO}/M_{Mg_2P_2O_7}=0.3622$

由称量形式的质量 m，试样的质量 m_s 及换算因数可求出被测组分的质量分数

$$w=\frac{mF}{m_s}\times 100\%$$

【例 7-6】为测定四草酸氢钾的含量，用 Ca^{2+}为沉淀剂，最后灼烧成 CaO 称量，试求 CaO 对 $KHC_2O_4\cdot H_2C_2O_4\cdot 2H_2O$ 的换算因数。

解：$KHC_2O_4\cdot H_2C_2O_4\cdot 2H_2O\sim Ca_2C_2O_4\sim 2CaO$

$$F=\frac{M_{KHC_2O_4\cdot H_2C_2O_4\cdot 2H_2O}}{2M_{CaO}}=\frac{254.2}{2\times 56.08}=2.266$$

有些换算因数，可从《分析化学手册》、《中华人民共和国药典》等书籍中查得。利用换算因数的概念，可以将被测组分、沉淀剂和称量形式的质量进行相互换算，用来估计取样量、沉淀剂的用量及结果计算。根据所得沉淀的类型及被测组分的大致含量，可推算出大约应称取的试样量。

【例 7-7】测定含硫量约 3%的煤（最后沉淀为 $BaCl_2$）时，应称取试样多少克？

解：$BaSO_4$ 为晶形沉淀，灼烧后质量取 0.4g，则：

$$S\sim BaSO_4$$

$$F=\frac{M_S}{M_{BaSO_4}}=\frac{32.06}{233.37}=0.1374$$

因此取样量

$$m=\frac{0.4\times 0.1374}{3\%}\approx 2\ g$$

沉淀剂的用量如前所述，取决于沉淀剂的性质。利用换算因数也可计算沉淀剂的用量。

【例 7-8】测定试样中硫酸钠含量时，称取试样 0.4 g，理论上应加入 5%的 $BaCl_2$ 溶液多少克？若 $BaCl_2$ 过量 50%，在 200 mL 溶液中 $BaSO_4$ 溶液损失量是多少？

解：
$$Na_2SO_4 + BaCl_2 = BaSO_4\downarrow + 2NaCl$$

$$m_{BaCl_2} = \frac{M_{BaCl_2}}{M_{Na_2SO_4}} \times m \div 5\%$$

则：
$$= \frac{208.24}{142.05} \times 0.4 \div 5\%$$
$$\approx 12\ g$$

过量50% $BaCl_2$ 溶液为 18 g

加入 $BaCl_2$ 溶液 18g 与 SO_4^{2-} 反应后，还剩 6 g，则在 200 mL 溶液中剩余的 $BaCl_2$ 浓度：

$$c_{BaCl_2} = \frac{6\times 5\%\times 1\,000}{208.24\times 200}$$
$$= 7.2\times 10^{-3}\ mol\cdot L^{-1}$$

因为 $BaSO_4$ 是强电解质，所以溶液中的 $[Ba^{2+}]$ 也应为 $7.2\times 10^{-3}\ mol\cdot L^{-1}$，所以溶液中 SO_4^{2-} 的浓度：

$$[SO_4^{2-}] = \frac{K_{sp}}{[Ba^{2+}]} = \frac{1.1\times 10^{-10}}{7.2\times 10^{-3}} = 1.5\times 10^{-8}\ mol\cdot L^{-1}$$

因此，$BaSO_4$ 溶解损失量为 $1.5\times 10^{-8}\times 233.37\times 0.2 = 7.0\times 10^{-7}\ g = 7.0\times 10^{-4}\ mg$。

2．沉淀重量分析法的应用

（1）钢铁中镍含量的测定

钢铁试样中，加入一定量 HCl-HNO_3 低温加热溶解后，煮沸除去氮的氧化物，在氨性溶液中，Ni^{2+} 与丁二酮肟生成鲜红色丁二酮肟镍沉淀，用已恒重的 G_4 砂芯坩埚进行减压过滤，然后用氨性酒石酸溶液和蒸馏水洗涤沉淀至无 Cl^-（用 $AgNO_3$ 检验），将沉淀与砂芯坩埚在烘箱中在 130～150℃下烘干 1 h，冷却，称重，再烘干，冷却称量直至恒重，计算镍的质量分数。

$$Ni^{2+} + 2C_4H_8N_2O_2 + 2NH_3\cdot H_2O = Ni(C_4H_7N_2O_2)_2\downarrow（红色）+ 2NH_4^+ + 2H_2O$$

（2）生物碱、有机碱的测定

在一定酸度下，某些生物碱、有机碱类可与苦味酸、杂多酸（如硅钨酸）等沉淀剂作用，生成难溶盐，用沉淀法测定该组分的含量。

例如，在酸性条件下，盐酸硫胺（维生素 B_1、$C_{12}H_{17}ON_4SCl\cdot HCl$）与硅钨酸作用生成难溶的硅钨酸硫胺，可采用沉淀重量法测其含量。

准确称取试样，加水溶解后，加盐酸煮沸，立即滴加硅钨酸试液，继续煮沸，用已恒重的玻璃砂芯漏斗过滤，沉淀先用煮沸的盐酸溶解，分次洗涤，再用水洗涤一次，最后用丙酮洗涤两次，沉淀在80℃干燥至恒重，称重，所得沉淀质量乘以0.193 9，即得试样中盐酸硫胺的质量。

（3）钾盐中钾含量的测定

试样溶于水后，在酸性条件下加热煮沸，冷却。加入一定量甲醛及EDTA溶液，在NaOH碱性条件下加热至40℃消除试样中铵离子的干扰，钾离子与四苯硼酸钠在溶液中生成溶解度较小的白色缔合物四苯硼酸钾沉淀，用已经恒重的 G_4 砂芯坩埚进行减压过滤，再用四苯硼酸钠饱和溶液及蒸馏水洗涤，120℃干燥，冷却，称重，根据沉淀质量计算钾盐中钾含量。

$$B(C_6H_5)_4^- + K^+ = KB(C_6H_5)_4 \downarrow$$

四苯硼酸钠还能与 Rb^+、Cs^+、Tl^+、Ag^+等生成缔合物沉淀。一般试样中这类离子含量极微，不影响测定。如果有常见的金属离子用EDTA配合剂进行掩蔽。四苯硼酸钠可常用于钾盐中钾含量的测定。

7.8 沉淀滴定法

以沉淀反应为基础的滴定分析方法称为沉淀滴定法。虽然沉淀反应较多，但能用于沉淀滴定分析的较少，因为许多沉淀反应无法满足滴定分析的基本要求。沉淀滴定反应必须符合下列条件：

①反应必须具有确定的化学计量关系，即沉淀剂与被测组分之间有确定的化合比。

②沉淀反应可以迅速、定量地完成。

③生成的沉淀溶解度必须足够小。

④有确定终点的适当方法。

目前实际应用较多的是银量法，以生成微溶卤化银盐的沉淀反应为基础：

$$Ag^+ + X^- \rightleftharpoons AgX \downarrow$$

该方法可以测定 Cl^-、Br^-、I^-、 Ag^+、CN^-、SCN^- 等离子。

7.8.1 滴定曲线

沉淀滴定法中，溶液中离子浓度的变化情况与其他滴定法相似，也可以用滴定曲线表示。以 0.100 0 mol·L^{-1} $AgNO_3$ 溶液滴定 20.00 mL 0.100 0 mol·L^{-1} NaCl 溶液为例。

$$Ag^+ + Cl^- \rightleftharpoons AgCl\downarrow$$

随着 $AgNO_3$ 溶液的滴入，Ag^+浓度不断变化，计算 Ag^+浓度，换算为负对数，用 pAg 表示。从滴定开始到化学计量点前，Cl^-浓度由溶液中剩余的 Cl^- 计算，换算为负对数，用 pCl 表示。

例如，当加入 $AgNO_3$ 18.00 mL 时溶液中 Cl^- 为：

$$[Cl^-]=\frac{0.100\,0\times 2.00}{20.00+18.00}=5.3\times 10^{-3}\,mol\cdot L^{-1}$$

$$pCl = 2.28$$

当加入 19.98 mL $AgNO_3$ 溶液时，此时溶液中剩余的 Cl^- 很少，计算 Cl^- 的浓度时应考虑 AgCl 溶解所生产的 Cl^-：

$$[Cl^-]=\frac{0.100\,0\times 0.02}{20.00+19.98}+\frac{1.8\times 10^{-10}}{[Cl^-]}$$

$$[Cl^-]=5.4\times 10^{-5}\,mol\cdot L^{-1}$$

$$pCl = 4.27$$

化学计量点时，溶液中银离子浓度与氯离子浓度相同，

$$[Ag^+]=[Cl^-]=\sqrt{K_{sp}^{\ominus}}=1.34\times 10^{-5}\,mol\cdot L^{-1}$$

$$pCl = pAg = 4.89$$

化学计量点后，溶液中 Ag^+过量时，溶液中 Ag^+浓度由过量的 $AgNO_3$ 浓度决定，Cl^- 浓度则由过量的 Ag^+和 $K_{sp}^{\ominus}$计算；例如加入 $AgNO_3$ 溶液 20.02 mL 时：

$$[Ag^+]=\frac{0.100\,0\times 0.02}{20.00+20.02}=5.0\times 10^{-5}\,mol\cdot L^{-1}$$

$$[Cl^-]=\frac{K_{sp}^{\ominus}}{[Ag^+]}=3.11\times 10^{-6}\,mol\cdot L^{-1}$$

$$pCl = 5.47$$

根据计算得到 pAg 和 pCl 的其他数据，见表 7-4。根据所列数据描绘制成滴定曲线（图 7-4）。

表 7-4 用 0.100 0 mol·L^{-1}$AgNO_3$ 溶液滴定 40 mL 0.100 0 mol·L^{-1}NaCl 溶液的数据

V_{AgNO_3} / mL	滴定分数/%	滴定 NaCl 溶液	
		pCl	pAg
0.00	0.0	1.0	8.8
10.00	50.0	1.5	8.3
18.00	90.0	2.3	7.5
19.80	99.0	3.3	6.5
19.96	99.8	4.0	5.8
19.98	99.9	4.3	5.5
20.00	100.0	4.9	4.9
20.02	100.1	5.5	4.3
20.20	101.0	6.4	3.3
22.00	110.0	7.4	2.3
40.00	200.0	8.3	1.5

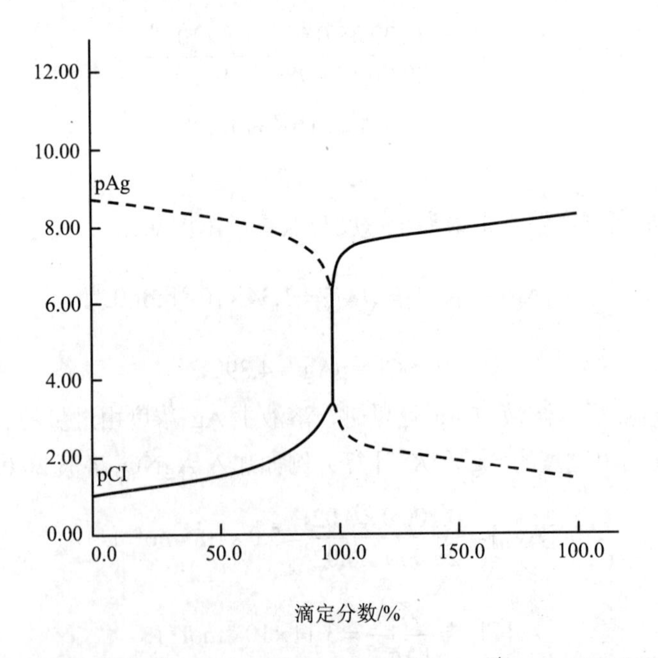

图 7-4 用 0.100 0mol·L^{-1} $AgNO_3$ 溶液滴定 0.100 0mol·L^{-1}NaCl 溶液的滴定曲线

滴定开始时溶液中 Cl^- 离子浓度较大，滴入 Ag^+所引起的 Cl^- 离子浓度改变不大，曲线比较平缓，接近化学计量点时，溶液中 Cl^- 浓度已经很小，再滴入少量的 Ag^+即引起 Cl^- 浓度发生很大的变化形成突跃。

沉淀滴定的突跃范围与反应物的浓度及所生成的溶解度有关。反应物浓度越大，生成沉淀的溶解度越小，沉淀滴定的突跃范围就越大。

7.8.2 沉淀滴定指示剂

沉淀滴定法的关键是寻找到滴定终点所用指示剂。银量法的形成在于找到了合适的指示剂。三种银量法分别为铬酸钾指示法（莫尔法）、铁铵矾指示剂法（佛尔哈德法）、吸附指示剂法（法扬司法）。

7.8.2.1 莫尔（Mohr）法

1．原理

用 K_2CrO_4 作指示剂的银量法称为莫尔法。以滴定 Cl^- 为例。在含有 Cl^- 的中性溶液中，加入 K_2CrO_4 指示剂，用 $AgNO_3$ 标准溶液进行滴定，其反应如下：

滴定前 $\quad Ag^+ + Cl^- \rightleftharpoons AgCl\downarrow$（白色）

终点时 $\quad 2Ag^+ + CrO_4^- \rightleftharpoons Ag_2CrO_4\downarrow$（砖红色）

由于沉淀 AgCl 的溶解度小于 Ag_2CrO_4 的溶解度，根据分步沉淀原理，在滴定过程中，Ag^+和 Cl^- 生成 AgCl 白色沉淀，此时，$[Ag^+]^2[CrO_4^{2-}] < K_{sp}$，所以不能形成 Ag_2CrO_4 沉淀。随着滴定的进行，Cl^- 浓度不断降低，Ag^+浓度不断增大，在化学计量点后，$[Ag^+]^2[CrO_4^{2-}] > K_{sp}$，于是出现砖红色沉淀，指示终点到达。

2．滴定条件

（1）指示剂用量

根据溶度积原理，从理论上计算化学计量点时所需要 CrO_4^{2-} 浓度：

$$[Ag^+] = \sqrt{K_{sp}} = \sqrt{1.80\times10^{-10}} = 1.34\times10^{-5}\,mol\cdot L^{-1}$$

$$[CrO_4^{2-}] = \frac{K_{sp}}{[Ag^+]^2} = \frac{2.0\times10^{-2}}{(1.34\times10^{-5})^2} = 1.1\times10^{-2}\,mol\cdot L^{-1}$$

在滴定中，由于 K_2CrO_4 本身呈黄色，当其浓度为$1.1\times10^{-2}\,mol\cdot L^{-1}$时，颜色太深，影响砖红色终点的判断，因此指示剂的浓度略低一些，一般滴定中溶液 K_2CrO_4 的浓度为$5\times10^{-3}\,mol\cdot L^{-1}$。显然，$K_2CrO_4$ 浓度降低后，要使 Ag_2CrO_4 沉淀析出，

必须多加一些 $AgNO_3$ 溶液。这样，滴定剂过量，将产生正误差。由此产生的滴定误差一般都小于 0.1%，不影响分析结果的准确度。如果溶液较稀，如用 $0.01\ mol \cdot L^{-1}$ $AgNO_3$ 溶液滴定 $0.01\ mol \cdot L^{-1}$ KCl 溶液，则终点误差可达 0.6%左右，会影响分析结果的准确度，在这种情况下，通常需要测定空白值对结果进行校正。

通常指示剂浓度一般为 $2.6 \times 10^{-3} \sim 5.5 \times 10^{-3}\ mol \cdot L^{-1}$，即每 50～100 mL 滴定溶液中加入 $0.05 g \cdot mL^{-1}$ K_2CrO_4 指示剂 1～2 mL。

（2）滴定酸度

因为 CrO_4^{2-} 是弱碱，所以莫尔法应在中性或弱碱性溶液中进行。若在酸性溶液中，CrO_4^{2-} 与 H^+ 发生如下反应：

$$2H^+ + CrO_4^{2-} \rightleftharpoons 2HCrO_4^- \rightleftharpoons Cr_2O_7^{2-} + H_2O \quad (K = 4.3 \times 10^{14})$$

因而降低了 CrO_4^{2-} 的浓度，不能形成指示终点的 Ag_2CrO_4 沉淀。因此滴定时溶液的 pH 不能小于 6.5。

在强碱性溶液中，Ag^+ 则沉淀为 Ag_2O：

$$2Ag^+ + 2OH^- \rightleftharpoons 2AgOH \rightleftharpoons Ag_2O \downarrow + H_2O$$

因此滴定时溶液 pH 不能高于 10.5。若酸度或碱度过高，可以用稀 NaOH 溶液或稀 H_2SO_4 溶液进行中和。最适宜的酸度为 pH = 6.5～10.5。

Ag^+ 与 NH_3 易形成 $[Ag(NH_3)_2]^+$，因此如果有铵盐存在时，要求酸度范围较窄，应控制 pH 为 6.5～7.2。

（3）方法的选择性

莫尔法的选择性较差，凡能与 Ag^+ 生成微溶性化合物或配合物的阴离子（如 PO_4^{3-}、$C_2O_4^{2-}$、AsO_4^{2-}、CO_3^{2-}、S^{2-} 等），以及能与 CrO_4^{2-} 生成微溶性化合物的阳离子（如 Ba^{2+}、Pb^{2+}、Hg^{2+} 等）都干扰测定，必须消除。另外，Fe^{3+}、Al^{3+}、Bi^{3+}、Sn^{4+} 等高价金属离子在中性或弱酸性溶液中发生水解，故也预先将其分离。

（4）滴定操作

滴定时应充分振荡，因为 AgCl 沉淀能吸附 Cl^-，AgBr 沉淀能吸附 Br^-，而且吸附力很强，被吸附的 Cl^- 和 Br^- 不易与 Ag^+ 作用，致使在化学计量点前溶液中的 Cl^- 和 Br^- 还没有作用完全，Ag^+ 就和 CrO_4^{2-} 产生 Ag_2CrO_4 沉淀，这样会使滴定终点过早出现，使结果偏低。因此在滴定过程中必须充分振荡，使被吸附的 Cl^- 和 Br^- 释放出来。降低沉淀对被测离子的吸附或及时释放被吸附的离子，防止终点提前。

3．应用范围

莫尔法主要用于 Cl^-、Br^- 的测定，在弱碱性溶液中也可用来测定 CN^-。不宜测定 SCN^- 和 I^-。因为 AgI 和 AgSCN 沉淀强烈地吸附 SCN^- 和 I^-，即使剧烈振摇也无法使之释放出来，使终点过早出现，终点变化不明显，误差较大。

7.8.2.2　佛尔哈德（Volhard）法

1．原理

在酸性溶液中用铁铵矾 $[NH_4Fe(SO_4)_2\cdot 12H_2O]$ 作指示剂，用 NH_4SCN（或 KSCN）为标准溶液，测定 Ag^+ 或用返滴定法测定卤化物的滴定方法，称为佛尔哈德法。该法分为直接滴定法和返滴定法。

（1）直接滴定法

用 NH_4SCN（或 KSCN）为标准溶液，测定 Ag^+ 滴定过程中首先析出 AgSCN 沉淀，当 AgSCN 定量沉淀后，稍过量的 NH_4SCN 溶液与 Fe^{3+} 生成的红色络合物可指示滴定终点。其反应如下：

$$Ag^+ + SCN^- \rightleftharpoons AgSCN\downarrow \text{（白色）}$$

$$Fe^{3+} + SCN^- \rightleftharpoons [Fe(SCN)]^{2+} \text{（红色）}$$

用 NH_4SCN 标准溶液可以直接测定 Ag^+。

在滴定过程中，不断有 AgSCN 沉淀形成，由于它具有强烈的吸附作用，会有部分 Ag^+ 被吸附在其表面上，使终点提前出现。所以在滴定至近终点时，必须充分振摇溶液，使被吸附的 Ag^+ 及时释放出来。

（2）返滴定法

在被测溶液中，首先加入定量过量的 $AgNO_3$ 标准溶液，使 Ag^+ 与 X^- 作用生成 AgX 沉淀。在剩余的 $AgNO_3$ 标准溶液中加入铁铵矾指示剂，用 NH_4SCN（或 KSCN）标准溶液进行返滴定，当到达化学计量点时，稍过量的 SCN^- 与 Fe^{3+} 生成红色的 $[Fe(SCN)]^{2+}$，指示终点的到达。

滴定反应：

$$Ag^+\text{(定量过量)} + X^- \rightleftharpoons AgX\downarrow + Ag^+\text{(剩余量)}$$

$$Ag^+\text{(剩余量)} + SCN^- \rightleftharpoons AgSCN\downarrow\text{(白色)}$$

$$Fe^{3+} + SCN^- \rightleftharpoons Fe(SCN)^{2+}\text{(红色)}$$

返滴定法能够准确地测定 Br^- 和 I^- 等离子，但在滴定 Cl^- 时，可能因沉淀的转化而产生较大的滴定误差。因为溶液中同时有 AgCl 和 AgSCN 两种难溶性银盐存在，若用力振摇，将使已生成的 $Fe(SCN)^{2+}$ 配离子的红色消失。因 AgSCN 的溶度积常数比 AgCl 的小，当剩余的 Ag^+被滴定完后，SCN^- 就会将 AgCl 沉淀中的 Ag^+转化为 AgSCN 沉淀而使 AgSCN 释出。这样，在化学计量点后又消耗较多的 NH_4SCN 标准溶液，造成较大的滴定误差。为了避免沉淀转化反应的发生，可将生成的 AgCl 沉淀过滤除去，或在用 NH_4SCN 标准溶液滴定之前，加入一定量的硝基苯或二甲酯类有机溶液。

2．滴定条件

①滴定应在 HNO_3 溶液（酸度控制在 0.1～1 $mol\cdot L^{-1}$）中进行，因为在中性或碱性溶液中，铁铵矾指示剂易水解生成 $Fe(OH)_3$ 沉淀而失去指示终点的作用。

②在测定碘化物时，应先加入准确过量的 $AgNO_3$ 标准溶液后，才能加入铁铵矾指示剂。否则 Fe^{3+}可氧化 I^-生成 I_2，造成误差影响测定结果。

③测定不宜在较高温度下进行，否则红色配合物褪色，不能指示终点。

④强氧化剂及 Cu^{2+}、Hg^{2+}等离子与 SCN^-作用会干扰测定，应预先除去。

⑤直接法测定 Ag^+时，生成 AgSCN 沉淀强烈地吸附 Ag^+，使终点提前，结果偏低。因此，在滴定时，必须剧烈摇动溶液，使被吸附的 Ag^+释出。

3．应用范围

佛尔哈德可直接测定 Ag^+等；采用返滴定法可测定 Cl^-、Br^-、I^-和SCN^- 等离子。

7.8.2.3 法扬司（Fajans）法

以 $AgNO_3$ 或 NaCl 为标准溶液，用吸附指示剂确定终点，测定卤化物或 Ag^+的银量法称为法扬司法。

1．原理

吸附指示剂是一类有机染料，其阴离子或阳离子在溶液中很容易被带相反电荷的胶状沉淀吸附，吸附后结构发生变化，同时引起明显的颜色变化以指示终点。例如，$AgNO_3$ 标准溶液滴定 Cl^-时，采用荧光黄作指示剂。荧光黄是一种有机弱酸，用 HFI 表示，在溶液中可以离解出黄绿色的阴离子 FI^-。化学计量点前，AgCl 沉淀胶粒吸附溶液中过量 Cl^-，使表面带负电荷，FI^- 受到排斥而不被吸附，溶液呈黄绿色。化学计量点时，Cl^- 浓度与浓度相等，稍过化学计量点，溶液中含有过量的 Ag^+，这时 AgCl 沉淀不再吸附 Cl^- 而吸附 Ag^+，使 AgCl 沉淀颗粒带有正电荷，并立即吸附荧光黄指示剂的阴离子（FI^-）使其空间构型改变而发生颜色变化，在 AgCl 沉淀表面上形成了荧光黄银化合物而呈粉红色，溶液由黄绿色变成粉红色，指示滴定终点。

Cl^-过量时：$AgCl \cdot Cl^- + FI^-$（黄绿色）

Ag^+过量时：$AgCl \cdot Ag^+ + FI^- \longrightarrow AgCl \cdot Ag^+ \cdot FI^-$（粉红色）

如果用 NaCl 滴定 Ag^+，则颜色的变化正好相反。所以吸附指示剂的变色是可逆的。

2．滴定条件

（1）沉淀吸附表面的影响

指示剂的颜色变化发生在沉淀胶粒表面，欲使终点颜色变化敏锐，尽可能使卤化银沉淀呈胶体状态，具有较大的比表面积。为此，滴定时通常在溶液中加入糊精、淀粉等高分子化合物，阻止卤化银凝聚，使其保持胶体状态。

（2）溶液酸度

常用的吸附指示剂大多是有机弱酸，其 K_a 值各不相同，适用的酸度范围也不同，为使指示剂呈阴离子状态，必须控制适当的酸度。例如荧光黄指示剂，$K_a \approx 10^{-7}$，只能在中性或弱碱性（pH 范围 7～10）溶液中使用，若溶液 pH 值远小于 7 时，荧光黄大部分以 HFI 形式存在，不被卤化银沉淀吸附，无法指示终点。二氯荧光黄的 $K_a \approx 10^{-4}$，可以在 pH 为 4～10 的酸度范围内使用。曙红的 $K_a \approx 10^{-4}$，是更强的酸，故溶液 pH 值小至 2 时，仍可以指示终点。

（3）溶液浓度

溶液的浓度不能太稀，因为浓度太稀时，沉淀很少，观察终点比较困难。测定对象不同，测定的灵敏度不同，要求的溶液浓度也不同。例如以荧光黄作指示剂，用 $AgNO_3$ 滴定 Cl^- 时，Cl^- 浓度要求在大于 0.005 $mol \cdot L^{-1}$；但测定 Br^-、I^-和SCN^-等离子时灵敏度较高，浓度可以低至 0.001 $mol \cdot L^{-1}$。

（4）避光滴定

卤化银沉淀对光敏感，遇光易分解析出金属银，使沉淀很快转变为灰黑色，影响终点观察，因此在滴定过程中避免强光照射。

（5）胶粒吸附能力

胶体微粒对指示剂的吸附能力略小于被测离子对指示剂的吸附能力，否则将在化学计量点前变色；吸附能力太小，将使终点延迟，变色不敏锐。

卤化银对卤离子和常见的几种吸附指示剂吸附能力大小的次序如下：

I^- > 二甲基二碘荧光 > Br^- > 曙红 > Cl^- > 荧光黄

I^- > 二甲基二碘荧光 > Br^- > 曙红 > Cl^- > 荧光黄

因此滴定 Cl^- 时，不能选择曙红，应选用荧光黄作指示剂。常用的几种吸附指示剂列于表 7-5。

表 7-5 常用的吸附指示剂

指示剂名称	被测定离子	滴定剂	滴定条件
荧光黄	Cl^-	$AgNO_3$	pH 值 7～10
二氯荧光黄	Cl^-	$AgNO_3$	pH 值 4～10
曙红	Br^-、I^-和SCN^-	$AgNO_3$	pH 值 2～10
甲基紫	Ag^+	NaCl	酸性溶液
溴甲酚绿	SCN^-	$AgNO_3$	pH 值 4～5
二甲基二碘荧光黄	I^-	$AgNO_3$	中性溶液
罗丹明 6G	Ag^+	NaBr	酸性溶液

（6）应用范围

吸附指示剂法可应用于 Ag^+、Cl^-、Br^-、I^-和SCN^- 及 SO_4^{2-} 等离子的测定。

7.8.3 混合离子的沉淀滴定

在沉淀滴定中，两种混合离子能否准确进行分别滴定，取决于两种沉淀的溶度积常数比值的大小。例如，用 $AgNO_3$ 滴定 I^- 和 Cl^- 的混合溶液时，首先达到 AgI 的溶度积而析出沉淀，当 I^-定量沉淀以后，随着 Ag^+浓度升高而析出 AgCl 沉淀，在滴定曲线上出现两个明显的突跃，当 Cl^-开始沉淀时，I^- 和 Cl^- 的比值为：

$$\frac{[I^-]}{[Cl^-]}=\frac{K_{sp}(AgI)}{K_{sp}(AgCl)}\approx 5\times 10^{-7}$$

即当 I^- 浓度降低至 Cl^- 浓度的 5‰时，开始析出 AgCl 沉淀。在这种情况下，理论上可以准确地进行分别滴定，但因为 I^- 被 AgI 沉淀吸附，在实际工作中会产生一定的误差。用 $AgNO_3$ 滴 Br^- 和 Cl^- 的混合溶液时：

$$\frac{[Br^-]}{[Cl^-]}=\frac{K_{sp}(AgBr)}{K_{sp}(AgCl)}\approx 3\times 10^{-3}$$

即当 Br^- 浓度降低至 Cl^- 的 3‰时，同时析出两种沉淀。显然，无法进行分别滴定，只能滴定它们的总含量。

7.8.4 沉淀滴定法的应用

1．莫尔法测定芒硝中的氯化钠

芒硝（$Na_2SO_4 \cdot 10H_2O$）是由一种分布及应用广泛的硫酸盐矿物，经加工精制而成的结晶体，其含量在98%以上的称为元明粉，含量低于95%的称为芒硝。芝硝中氯化钠含量的测定常采用莫尔法。

芒硝试样用水在加热溶解，然后用快速滤纸过滤除去水不溶物，制成试样溶液。移取适量的试样溶液（接近中性），以K_2CrO_4为指示剂，用$AgNO_3$标准溶液进行滴定。滴定过程须严格控制指示剂的加入量。若滴定终点时溶液的总体积约为100 mL，100 $g \cdot L^{-1}$的K_2CrO_4的加入量以1 mL为宜。若指示剂过多，终点提前，造成较大的负误差。试样溶液的酸度须为中性或弱碱性，否则影响反应的完全程度，甚至无法进行滴定。芒硝试样组成简单，基本无干扰，可直接进行测定。

2．佛尔哈德法测定有机物中卤素离子

溴甲烷是粮食的熏蒸剂之一，在室温下是一种易挥发的气体，测定时是利用吹气法将粮食中残留的溴甲烷吹出，用乙醇胺吸收，此时溴甲烷与乙醇胺作用分解出溴离子：

$$HOCH_2CH_2NH_2 + CH_3Br = HOCH_2CH_2NHCH_3 + HBr$$

用水稀释后，加硝酸使溶液呈酸性，再加入一定量的过量的硝酸银，以铁铵矾为指示剂，用NH_4SCN标准溶液滴定至终点。

粮食中残留有机氯农药六六六（$C_6H_6Cl_6$，六氯环己烷）测定。测定前将试样与KOH乙醇溶液一起加热回流，使有机氯以Cl^-形式转入溶液中：

$$C_6H_6Cl_6+3OH^- = C_6H_3Cl_3+3Cl^- + 3H_2O$$

冷却后，加HNO_3调至酸性，用佛尔哈德法返滴定法测定释出的Cl^-。

用同样方法可测定复方制剂溴米那（$C_6H_{11}BrN_2O_2$）、普鲁卡因（$C_{13}H_{20}N_2O_2 \cdot HCl$）注射液及盐酸丙卡巴肼（$C_{12}H_{19}N_3O \cdot HCl$）肠溶片中$Cl^-$含量。

滴定反应为　$Ag^+ + Cl^- \rightleftharpoons AgCl\downarrow$　（白色）

Ag^+(剩余)$+ SCN^- \rightleftharpoons AgSCN\downarrow$　（红色）

指示终点反应　$Fe^{3+} + SCN^- \rightleftharpoons Fe(SCN)^{2+}$　（红色）

有机卤化物必须经过处理，先进行有机物的破坏，使其转化成卤离子后，才能用银量法测定。

思考题

1. 用银量法测定下列试样中的Cl^-含量，应选用哪种指示剂确定终点较为合适：

①KCl； ②$BaCl_2$； ③$NaCl+Na_2SO_4$； ④$FeCl_2$；

⑤$NaCl+Na_2CO_3$； ⑥NH_4Cl； ⑦$NaCl+Na_3PO_4$。

2. 下列情况下，分析结果是偏高、偏低，还是无影响？并说明理由。

①在 pH=4.0 时用莫尔法测定Cl^-；

②佛尔哈德法测定Cl^-，既没有加热，过滤除去 AgCl 沉淀，又没有加入有机试剂；

③佛尔哈德法测定Br^-，既没有加热，过滤除去 AgCl 沉淀，又没有加入 1,2-二溴乙烷；

④法扬司法测定Cl^-，用曙红作指示剂；

⑤法扬司法测定I^-，用曙红作指示剂；

⑥佛尔哈德法测定I^-时，先加铁铵矾指示剂，然后加入过量$AgNO_3$标准溶液；

⑦佛尔哈德法测定Ag^+时，终点前未剧烈摇动；

⑧荧光黄作指示剂，用$AgNO_3$标准溶液滴定浓度约为$2\times10^{-3}mol\cdot L^{-1}$的$Cl^-$。

3. 解释下列现象：

①CaF_2在 pH=2.0 的溶液中的溶解度较在 pH=5.0 的溶液中的溶解度大；

②Ag_2CrO_4在$0.0010\ mol\cdot L^{-1}$ $AgNO_3$溶液中的溶解度比在$0.0010\ mol\cdot L^{-1}$ K_2CrO_4溶液中的溶解度小；

③$BaSO_4$沉淀要用水洗涤，而 AgC1 沉淀要用稀HNO_3洗涤；

④$BaSO_4$沉淀要陈化，而 AgC1 沉淀或$Fe_2O_3\cdot H_2O$沉淀不要陈化；

⑤AgC1 和$BaSO_4$的K_{sp}值差不多，但可以控制条件得到$BaSO_4$晶体沉淀，而 AgC1 只能得到无定形沉淀；

⑥当溶液中KNO_3的浓度由 0 增加到$0.1\ mol\cdot L^{-1}$时，AgCl 的溶解度增大了 12%，而$BaSO_4$的溶解度却增大了 70%。

4. 简述重量分析对沉淀形式和称量形式的要求。

5. AgCl 在 HCl 溶液中的溶解，随 HCl 的浓度增大时，先是减小然后又逐渐增大，最后超过其在纯水中饱和的溶解度，为什么？

6. 影响沉淀溶解度的因素有哪些？它们是怎样发生影响的？在分析工作中，对复杂的情况应如何考虑主要影响因素？

7. 用过量 H_2SO_4 沉淀 Ba^{2+} 时，溶液中除构晶离子外还存在 Cl^-、Na^+、K^+、Ca^{2+} 等离子，哪种离子将被沉淀优先吸附？为什么？

8. 某溶液中含 Mg^{2+}、SO_4^{2-} 两种离子，欲用重量法测定，试拟定简要方案。

9. 何谓陈化？$BaSO_4$ 沉淀和 $SiO_2 \cdot nH_2O$ 沉淀是否都需要进行陈化，为什么？

10. 何谓均匀沉淀法？它与一般沉淀法相比，有何优点？试举一均匀沉淀法的实例。

习 题

1. 计算 CaF_2 的溶解度：

①纯水中（忽略水解）；

②在 0.01 $CaCl_2$ 溶液中；

③在 $0.010\ mol \cdot L^{-1}$ HCl 溶液中。

2. 考虑酸效应，计算下列微溶化合物的溶解度。

① CaF_2 在 pH=2.0 的溶液中；

② $BaSO_4$ 在 $2.0\ mol \cdot L^{-1}$ HCl 溶液中；

③ $PbSO_4$ 在 $0.10\ mol \cdot L^{-1}$ HNO_3 溶液中；

④ CuS 在 pH = 0.5 的饱和 H_2S 溶液中（$[H_2S] \approx 0.1\ mol \cdot L^{-1}$）。

3. 分别计算 $BaSO_4$ 在 $0.010\ mol \cdot L^{-1}$ $BaCl_2$ 溶液中和 $0.07\ mol \cdot L^{-1}$ HCl 溶液中的溶解度。

4. 考虑配位效应，计算下列微溶配位化合物的溶解度。

① AgBr 在 $2.0\ mol \cdot L^{-1}$ NH_3 溶液中；

② $BaSO_4$ 在 pH=8.0 的 $0.010\ mol \cdot L^{-1}$ EDTA 中。

5. 为了防止 AgCl 从含有 $0.010\ mol \cdot L^{-1}$ $AgNO_3$ 和 $0.010\ mol \cdot L^{-1}$ NaCl 的溶液中析出沉淀，应加入氨的总浓度为多少（忽略溶液体积变化）？

6. 今有 pH = 3.0 含有 $0.010\ mol \cdot L^{-1}$ EDTA 和 $0.010\ mol \cdot L^{-1}$ HF 及 $0.010\ mol \cdot L^{-1}$ $CaCl_2$ 的溶液。试通过计算回答下列问题：

①EDTA 对沉淀的配位效应是否可以忽略？

②能否生成 CaF_2 沉淀？

7. 计算下列换算因数：

称量形式	被测组分
(1) $BaSO_4$	Na_2SO_4
(2) MgP_2O_7	MgO
(3) $(NH_4)_3PO_4 \cdot 12MoO_3$	P，P_2O_5
(4) $(C_9H_6N_9)_3Al$	Al

8. 称取含有 NaCl 和 NaBr 的试样 0.628 0 g，溶解后用 $AgNO_3$ 溶液处理，得到干燥的 AgCl 和 AgBr 沉淀 0.506 4 g。另外取相同质量的试样 1 份，用 0.119 9 $mol \cdot L^{-1}$ $AgNO_3$ 溶液滴定至终点，消耗 24.82 mL。计算试样中 NaCl 和 NaBr 的质量分数。

9. 称取含砷试样 0.500 0 g，溶解后在弱碱性介质中将砷处理为 AsO_4^-，然后沉淀为 Ag_3AsO_4，将沉淀过滤、洗涤，最后将沉淀溶于酸中。以 0.100 0 $mol \cdot L^{-1}$ NH_4SCN 溶液滴定其中的 Ag^+ 至终点，消耗 45.45 mL。计算试样中砷的质量分数。

10. 称取 NaCl 基准试剂 0.135 7 g，溶解后加入 30.00 mL $AgNO_3$ 标准溶液，过量的 Ag^+ 需要 2.50 mL NH_4SCN 标准溶液滴定至终点。已知 20.00 mL $AgNO_3$ 标准溶液与 19.85 mL NH_4SCN 标准溶液能完全作用，计算 $AgNO_3$ 和 NH_4SCN 溶液的浓度。

11. 称取银合金试样 0.300 0 g，溶解后加入铁铵矾指示剂，用 NH_4SCN 标准溶液滴定，用去 0.100 0 $mol \cdot L^{-1}$ NH_4SCN 23.80 mL，计算合金试样中银的质量分数。

12. 有纯 CaO 和 BaO 的混合物 2.212 g，转化为混合硫酸盐后其质量为 5.023 g，计算原混合物中 CaO 和 BaO 的质量分数。

13. 于 100 mL 含有 0.100 0 g Ba^{2+} 的溶液中，加入 50 mL 0.010 $mol \cdot L^{-1}$ H_2SO_4 溶液。问溶液中还剩下多少克 Ba^{2+}？如果沉淀用 100 mL 纯水或 100 mL 0.010 $mol \cdot L^{-1}$ H_2SO_4 洗涤，假设洗涤时达到了沉淀平衡，问各损失 $BaSO_4$ 多少毫克？

14. 称取 $CaCO_3$ 试样 0.35 g 溶解后，使其中的 Ca^{2+} 形成 $CaC_2O_4 \cdot H_2O$ 沉淀，

需量取体积分数为 3%的$(NH_4)_2C_2O_4$的溶液多少 mL？为使 Ca^{2+}在 300 mL 溶液中的损失量不超过 0.1 mg，问应加入沉淀剂多少毫升？

15．铸铁试样 1.000 0 g，放置于电炉中，通氧燃烧，使其中的碳生成 CO_2，用碱石棉吸收，后者增重 0.082 5 g，求铸铁中碳的质量分数。

16．氯霉素的化学式为 $C_{11}H_{12}O_5N_2Cl_2$。有氯霉素眼膏试样 1.03 g，在密闭试管中用金属钠共热以分解有机物并释放出氯化物，将灼烧后的混合物溶于水，过滤，除去碳的残渣，用 $AgNO_3$ 溶液沉淀氯化物，得 0.012 9 g。计算试样中氯霉素的质量分数。

17．取磷肥 2.500 0 g，萃取其中有效 P_2O_5，制成 250 mL 试液，吸取 10.00 mL 试液，加入稀 HNO_3，加水稀释至 100 mL，加喹钼柠酮试剂，将其中 H_3PO_4 沉淀为磷钼酸喹啉。沉淀分离后，洗涤至中性，然后加 0.250 0 $mol \cdot L^{-1}$ NaOH 溶液 25.00 mL，使沉淀完全溶解。过量 NaOH 的以酚酞作指示剂用 0.025 $mol \cdot L^{-1}$ HCl 溶液回滴，用去 3.25 mL。计算磷肥试样中有效 P_2O_3 的质量分数。

$$(C_9H_7N)_3H_3[PO_4 \cdot 12MoO_3] \cdot H_2O + 26OH^- = 12MoO_4^{2-} + HPO_4^{2-} + 3C_9H_7N + 15H_2O$$

$$OH^-_{\text{(过量的 NaOH)}} + H^+ = H_2O$$

18．称取含硫的纯有机化合物 1.000 0 g，首先用 Na_2O_2 熔融，使其中的硫定量转化为 Na_2SO_4，然后溶解于水，用 $BaCl_2$ 溶液处理，定量转化为 $BaSO_4$ 1.089 0 g。计算：

①有机化合物中硫的质量分数；

②若有机化合物的摩尔质量为 214.33 $g \cdot mol^{-1}$，求该有机化合物中硫原子个数。

19．为了测定正长石中 K 的含量，称取试样 0.467 0 g，经熔样处理，将其中的 K^+沉淀为四苯硼酸钾 $K[B(C_6H_5)_4]$，烘干，沉淀质量为 0.172 6 g，计算正长石试样中 K_2O 的质量分数。

第 8 章 仪器分析

8.1 吸光光度分析法

基于物质分子对光的选择性吸收而建立起来的分析方法称为吸光（或分光）光度法，它包括比色法、可见分光光度法及紫外分光光度法等。

吸光光度法灵敏度较高，检测下限达 10^{-5}～10^{-6} moL·L^{-1}，适用于微量组分的分析测定。方法测定的相对标准偏差为 2%～5%，可满足微量组分测定对精密度的要求。另外，吸光光度法测定迅速，仪器价格便宜，操作简单，应用广泛，几乎所有的无机物质和许多有机物质都能用此法进行测定。它还常用于化学平衡等理论研究。因此吸光光度法对实际生产或科学研究都有极其重要的意义。

8.1.1 吸光光度法基本原理

1．物质对光的选择性吸收

不同波长的可见光呈现不同的颜色。当一束白光通过某一有色溶液时，一些波长的光被吸收，另一些波长的光则透过。透射光（或反射光）刺激人眼而使人感觉到溶液的颜色。如 $KMnO_4$ 溶液显紫红色是因为 $KMnO_4$ 主要吸收了自然光中的黄绿色，透过了紫光。由吸收光和透射光组成白光的两种光称为补色光，两种颜色互为补色。如硫酸铜溶液因吸收白光中的黄色光而呈现蓝色，黄色与蓝色即为补色，见表 8-1。

让不同波长λ的单色光透过某一固定浓度和厚度的有色溶液，测量每一波长下溶液对光的吸收程度（即吸光度 A），然后将 A 对波长λ作图，即可得吸收曲线（或称吸收光谱）。它描述了物质对不同波长光的吸收能力。图 8-1 是 $KMnO_4$ 溶液的吸收光谱。

表 8-1 物质颜色与吸收光颜色的互补关系

物质颜色	吸收光	
	颜色	波长/nm
黄绿	紫	400～450
黄	蓝	450～480
橙	绿蓝	480～490
红	蓝绿	490～500
紫红	绿	500～560
紫	黄绿	560～580
蓝	黄	580～600
绿蓝	橙	600～650
蓝绿	红	650～780

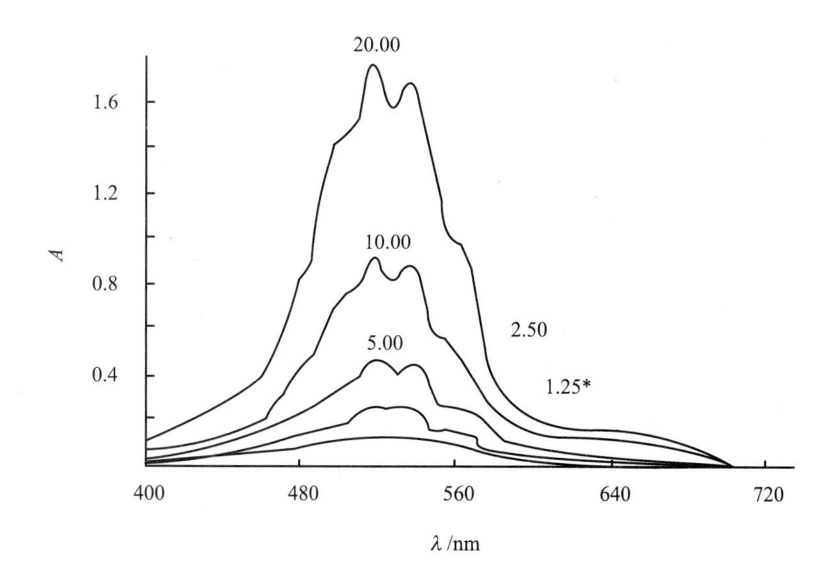

图 8-1 $KMnO_4$ 溶液的吸收光谱

* $KMnO_4$ 质量浓度分别为 1.25，2.50，5.00，10.00，20.00 μg/mL。

在可见光范围内，$KMnO_4$ 溶液对波长 525 nm 附近绿色光的吸收最强，而对紫色和红色的吸收很弱，所以 $KMnO_4$ 溶液呈紫红色。吸光度 A 最大处的波长叫做最大吸收波长，用λ_{max} 表示。$KMnO_4$ 溶液的$\lambda_{max} = 525$ nm，在λ_{max} 处测得的摩尔吸光系数为ε_{max}，ε_{max} 可以更直观地反映用吸光光度法测定该吸光物质的灵敏度。

对于同一物质，浓度不同时，同一波长下的吸光度 A 不同，但其最大吸收波长的位置和吸收光谱的形状不变。对于不同物质，由于它们对不同波长光的吸收具有选择性，因此，它们的λ_{max}位置和吸收光谱的形状互不相同，可以据此对物质进行定性分析。

对于同一物质，在一定的波长下，随着浓度的增加，吸光度 A 也相应增大；而且由于在λ_{max}处吸光度 A 最大，在此波长下 A 随浓度的增大最为明显。可以据此对物质进行定量分析。

2．光的吸收基本定律——朗伯-比尔定律

当一束平行单色光通过溶液时，一部分被吸收，一部分透过溶液。设入射光强度为 I_0，吸收光强度为 I_a，透射光强度为 I_t，则：

$$I_0 = I_a + I_t$$

透射光强度 I_t 与入射光强度 I_0 之比称为透射比或透光度，用 T 表示：

$$T=\frac{I_t}{I_0} \tag{8-1}$$

溶液的透射比越大，表示它对光的吸收越小；相反，透射比越小，表示它对光的吸收越大。

溶液对光的吸收程度，与溶液浓度、液层厚度及入射光波长等因素有关。如果保持入射光波长不变，则溶液对光的吸收程度只与溶液浓度和厚度有关。

当一束强度为 I_0 的平行单色光垂直照射到厚度为 b 的液层、浓度为 c 的溶液时，由于溶液中分子对光的吸收，通过溶液后光的强度减弱为 I_t，则：

$$A= \lg\frac{I_0}{I_t} = Kbc \tag{8-2}$$

上式为朗伯-比尔定律的数学表达式，A 为吸光度，K 为比例常数。吸光度 A 为溶液吸光程度的度量，其有意义的取值范围为 0～∞。A 越大，表明溶液对光的吸收越强。

朗伯-比尔定律表明：当一束单色光通过含有吸光物质的溶液后，溶液的吸光度与吸光物质的浓度及吸收层厚度成正比，这是吸光光度法进行定量分析的理论基础。式中比例常数 K 与吸光物质的性质、入射光波长及温度等因素有关。

吸光度 A 与溶液的透射比的关系为：

$$A = \lg \frac{I_0}{I_t} = \lg \frac{1}{T}$$

式（8-2）中的 K 值随 c，b 所取单位不同而不同。当浓度 c 用 $moL \cdot L^{-1}$，液层厚度 b 用 cm 为单位表示，则 K 用另一符号 ε 来表示。ε 称为摩尔吸收系数，单位为 L（$mol^{-1} \cdot cm^{-1}$），于是可表示为

$$A = \varepsilon bc$$

ε是吸光物质在特定波长和溶剂的情况下的一个特征常数，数值上等于浓度为 1 $mol \cdot L^{-1}$ 吸光物质在 1 cm 光程中的吸光度，是物质吸光能力大小的量度。它可作为定性鉴定的参数，也可用于估计定量方法的灵敏度：ε 值越大，方法越灵敏。由实验结果计算ε 时，常以被测物质的总浓度代替吸光物质的浓度，这样计算的ε值实际上是表观摩尔吸收系数。

吸光光度分析的灵敏度还常用桑德尔（Sandell）灵敏度（灵敏度指数）S 来表示。S 是指当 A=0.001 时，单位截面积光程内所能检测出来的吸光物质的最低含量，其单位为 $\mu g \cdot cm^{-2}$。S 与摩尔吸收系数ε及吸光物质摩尔质量 M 的关系为

$$S = \frac{M}{\varepsilon} \qquad (8\text{-}3)$$

【例 8-1】 铁（Ⅱ）质量浓度为 $5.0 \times 10^{-4}\ g \cdot L^{-1}$ 的溶液，与 1,10-邻二氮菲反应，生成橘红色配合物，最大吸收波长为 508 nm。比色皿厚度为 2 cm 时，测得上述显色溶液的 A= 0.19。计算 1,10-邻二氮菲亚铁比色法对铁的 K 及ε。

解： 已知铁的相对原子质量为 55.85。根据朗伯-比尔定律得

$K = A/（bc）= 0.19/（2 \times 5.0 \times 10^{-4}）= 190\ L \cdot g^{-1} \cdot cm^{-1}$

$\varepsilon = MK = 55.85 \times 190 = 1.1 \times 10^4\ L \cdot mol^{-1} \cdot cm^{-1}$

在多组分体系中，如果各种吸光物质之间没有相互作用，这时体系的总吸光度等于各组分吸光度之和，即吸光度具有加和性。由此可得：

$$A_{总} = A_1 + A_2 + \cdots + A_n = \varepsilon_1 bc_1 + \varepsilon_2 bc_2 + \cdots + \varepsilon_n bc_n \qquad (8\text{-}4)$$

式中，下角标指吸收组分 1，2，…，n。

3．偏离朗伯-比尔定律的原因

分光光度定量分析常需要绘制标准曲线，即固定液层厚度及入射光的波长和强度，测定一系列不同浓度标准溶液的吸光度，以吸光度对标准溶液浓度作图，得到标准曲线（或称工作曲线）。根据朗伯-比尔定律，标准曲线应是通过原点的

直线。在相同条件下测得溶液的吸光度，从工作曲线查得溶液的浓度，这就是工作曲线法。但在实际工作中，特别当溶液浓度较高时，常会出现标准曲线不成直线（如图 8-2 虚线所示）的现象，这称为偏离朗伯-比尔定律。若待测溶液浓度在标准曲线弯曲部分，则根据吸光光度计样品浓度时将造成较大的误差。因此，有必要了解偏离朗伯-比尔定律的原因，以便对测定条件作适当的选择和控制。

偏离朗伯-比尔定律的主要原因是目前仪器不能提供真正的单色光，以及吸光物质性质的改变，并不是由定律本身不严格所引起的。因此，这种偏离只能称为表观偏离。

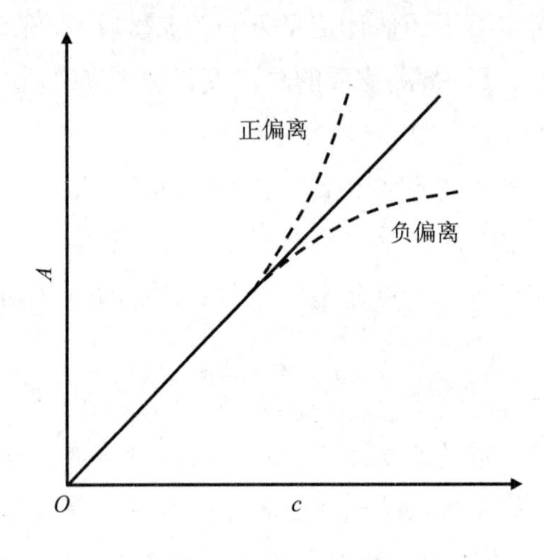

图 8-2　光度工作曲线

（1）非单色光引起的偏离

朗伯-比尔定律的基本假设是入射光为单色光。但目前仪器所提供的入射光实际上是由波长范围较窄的光带组成的复合光。由于物质对不同波长光的吸收程度不同，因而引起了对朗伯-比尔定律的偏离。

为讨论方便，假设入射光仅由两种波长λ_1和λ_2的光组成。两波长下朗伯-比尔定律是适用的。

对于λ_1吸光度为A'，则 $A' = \lg(I_0' / I_1)$， $I_1 = I_0' \times 10^{-\varepsilon_1 bc}$

对于λ_2吸光度为A''，则 $A'' = \lg(I_0'' / I_2)$， $I_2 = I_0'' \times 10^{-\varepsilon_2 bc}$

复合光时，入射光强度为（$I_0' + I_0''$），透射光强度为（I_1+I_2），因此，吸光度为：

$$A=\lg\frac{\left(I_0'+I_0''\right)}{\left(I_1+I_2\right)}=\lg\frac{(I_0'+I_0'')}{(I_0'\times 10^{-\varepsilon_1 bc}+I_0''^{-\varepsilon_2 bc})}$$

当$\varepsilon_1=\varepsilon_2$时，$A=\varepsilon bc$，呈直线关系。如果$\varepsilon_1\neq\varepsilon_2$，$A$ 与 c 则不呈直线关系。ε_1与ε_2差别越大，A 与 c 间线性关系的偏离也越大。其他条件一定时，ε 随入射光波长而变化，但在λ_{max}处附近变化不大。故选用λ_{max}处的光作入射光，所引起的偏离就小，标准曲线基本上成直线。

（2）化学因素引起的偏离

朗伯-比尔定律除要求单色入射光外，还假设吸光粒子彼此间无相互作用，因此稀溶液能很好地服从该定律。在高浓度时（通常＞0.01 mol·L^{-1}）由于吸光粒子间的平均距离减小，以致每个粒子都可影响其邻近粒子的电荷分布，这种相互作用可使它们的吸光能力发生改变。由于相互作用的程度与浓度有关，随浓度增大，吸光度与浓度间的关系就偏离线性。所以一般认为朗伯-比尔定律仅适用于稀溶液。

此外，由吸光物质等构成的溶液化学体系。常因条件的变化而发生吸光组分的缔合、解离、互变异构、配合物的逐级形成以及与溶剂的相互作用等，从而形成新的化合物而改变吸光物质的浓度，都将导致偏离朗伯-比尔定律。因此须根据吸光物质的性质以及溶液中相关组分的平衡关系，严格控制显色反应条件，对偏离加以预测和防止，以获得较好的测定效果。

例如，重铬酸钾在水溶液中存在如下平衡，如果稀释溶液或增大溶液 pH，部分 $Cr_2O_7^{2-}$ 就转变成 CrO_4^{2-}，吸光质点发生变化，从而引起偏离朗伯-比尔定律。如果控制溶液均在高酸度时测定，由于均以重铬酸根形式存在，就不会引起偏离。

$$Cr_2O_7^{2-}+H_2O \rightleftharpoons H^++CrO_4^{2-}$$

橙色　　　　　　　　黄色

8.1.2　分光光度计

各种分光光度计的基本构成都相同，见图 8-3。其中，光源用来提供可覆盖广泛波长的复合光，复合光经过单色器转变为单色光。待测的吸光物质溶液放在吸收池中，当强度为 I_0 的单色光通过时，一部分光被吸收，强度为 I_t 的透射光照射到检测器上（检测器实际上就是光电转换器），它能把接收到的光信号转换成电流，而由电流检测计检测，或经 A/D 转换由计算机直接采集数字信号进行处理。

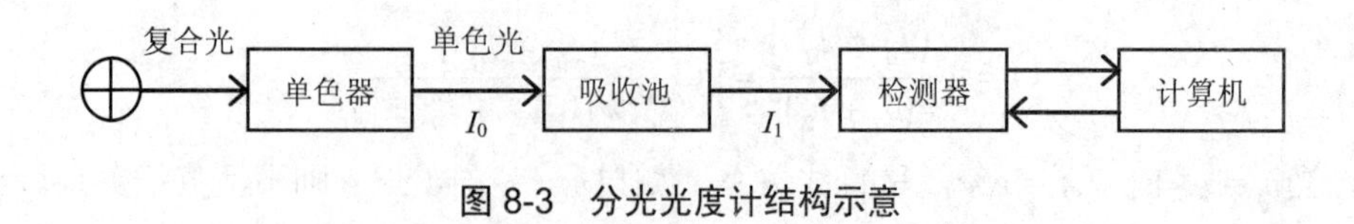

图 8-3 分光光度计结构示意

分光光度计种类和型号繁多。按光路结构来说，可分为单波长单光束分光光度计、单波长双光束分光光度计、双波长分光光度计。下面对其主要部件进行简单介绍。

（1）光源

通常用 6～12 V 钨丝灯作可见光区的光源，发出的连续光谱在 360～800 nm。光源应该稳定，即要求电源电压保持稳定，为此，通常在仪器内同时配有电源稳压器。

近紫外区常采用氢灯或氘灯，它们发射 180～375 nm 的连续光谱。

（2）单色器

单色器的作用是将光源发出的复合光分解为单色光。常用棱镜或光栅。

棱镜根据光的折射原理而将复合光色散为不同波长的单色光，它由玻璃或石英制成。玻璃棱镜用于可见光范围，石英棱镜则在紫外和可见光范围均可使用。经棱镜色散得到的所需波长光通过一个很窄的狭缝照射到吸收池上。单色光的纯度取决于棱镜的色散率和出射狭缝的宽度，玻璃棱镜对 400～1 000 nm 波长的光色散较大，适用于可见分光光度计。

光栅根据光的衍射和干涉原理将复合光色散为不同波长的单色光，然后再让所需波长的光通过狭缝照射到吸收池上。使用棱镜单色器可以获得半宽度为 5～10 nm 的单色光，光栅单色器可获得半宽度小至 0.1 nm 的单色光，且可方便地改变测定波长。同棱镜相比，光栅作为色散元件具有如下优点：适用波长范围广；色散几乎不随波长改变；具有较好的色散和分辨能力。

（3）吸收池

也称比色皿，是用于盛放试液的容器，由无色透明、耐腐蚀、化学性质相同、厚度相等的玻璃或石英制成，按其厚度分为 0.5 cm、1.0 cm、2.0 cm、3.0 cm 和 5.0 cm。在可见光区测量吸光度时使用玻璃吸收池，紫外区则使用石英吸收池。使用吸收池时应注意保持清洁、透明，避免磨损透光面。

为消除吸收池体、溶液中其他组分和溶剂对光反射和吸收所带来的误差，光度测量中要使用参比溶液。参比溶液与待测溶液应尽量置于一致的吸收池中，避免吸收池体、溶液中其他组分和溶剂对光反射及吸收所带来的误差。

（4）检测器及数据处理装置

检测器的作用是将所接收到的光经光电效应转换成电流信号进行测量，故又称光电转换器，分为光电管和光电倍增管。

光电管是一个真空或充有少量惰性气体的二极管。阴极是金属做成的半圆筒，内侧涂有光敏物质，阳极为金属丝。光电管依其对光敏感的波长范围不同分为红敏和紫敏两种。红敏光电管是在阴极表面涂银和氧化铯，适用波长范围为 625～1 000 nm；紫敏光电管是在阴极表面涂锑和铯，适用波长范围为 200～625 nm。

光电倍增管是由光电管改进而成的，管中有若干称为倍增极的附加电极。因此，可使微弱的光电流得以放大，一个光子产生 10^6～10^7 个电子。光电倍增管的灵敏度比光电管高 200 多倍，适用波长范围为 160～700 nm。在现代的分光光度计中广泛采用光电倍增管。

现代的分光光度计的检测装置，一般将光电倍增管输出的电流信号经 A/D 转换，由计算机直接采集数字信号进行处理，得到吸光度 A 或透射比 T。近年发展起来的二极管阵列检测器，配用计算机将瞬间获得光谱图贮存，可作实时测量，提供时间-波长/吸光度的三维谱图。

8.1.3　显色反应及其影响因素

1．显色反应及显色剂

在可见光的吸光光度分析中，首先需要将待测组分转变成有色化合物，此反应称为显色反应，与待测组分形成有色化合物的试剂称为显色剂。显色反应可分为两大类，第一类是配位化学反应，例如，试样中微量铁的分析，Fe（II）与 1，10-邻二氮菲生成橘红色的配合物。第二类显色反应是氧化还原反应，如铝合金中微量锰的测定，试样中金属锰转化为 Mn^{2+}，因 Mn^{2+}颜色太浅，无法用吸光光度法测定，可在 Ag 催化下，用过二硫酸铵将 Mn^{2+}氧化为紫红色 MnO_4^-（$\lambda_{max} = 525$ nm），再进行吸光光度分析。

$$2\,Mn^{2+} + 5\,S_2O_8^{2-} + H_2O \rightleftharpoons 2\,MnO_4^- + 10\,SO_4^{2-} + 16\,H^+$$

这两类显色反应中，配位化学反应是最主要的显色反应。

2．对显色反应的要求

光度分析中对于显色反应，一般应满足以下要求。

（1）灵敏度高。吸光光度分析法一般用于微量组分的测定，因此，选择灵敏的显色反应是应考虑的主要方面。摩尔吸收系数ε的大小是显色反应灵敏度高低的重要标志，一般认为ε值为10^4～10^5 L·mol^{-1}·cm^{-1}，显色反应灵敏度较高。如用氨水与Cu^{2+}生成铜氨配合物来测定Cu^{2+}，ε只有1.2×10^2 L·mol^{-1}·cm^{-1}，灵敏度很低。而用苦胺R在0.7 mol·L^{-1}盐酸介质中测定Cu^{2+}，ε为2.8×10^4 L·mol^{-1}·cm^{-1}。或用双硫腙在0.1 mol·L^{-1}浓度下，以CCl_4萃取测定Cu^{2+}，ε为5.0×10^4 L·mol^{-1}·cm^{-1}，灵敏度都是较高的。

（2）选择性好。显色剂仅与一种组分或少数几种组分发生显色反应，虽然有干扰，但容易消除。当有干扰组分存在时，应主要考虑选择性．在提高选择性的前提下尽可能提高测定的灵敏度。

（3）有色化合物组成恒定，化学性质稳定。对于形成不同配位比的配位化学反应，必须注意控制实验条件，使生成一定组成的配合物，以免引起误差。在测量吸光度A的时间范围内，有色化合物不分解，不发生其他化学变化，即吸光度值能保持恒定。

（4）显色剂在测定波长处无明显吸收。当显色剂有色时，一般要求有色化合物和显色剂的颜色应有明显的区别，两者最大吸收波长相差应在60 nm以上，这样才能减小显色剂本身的干扰。

3．显色剂

无机显色剂在光度分析中应用不多，例如用KSCN作显色剂测铁、钼、钨和铌；用钼酸铵作显色剂测硅、磷和钒；用过氧化氢作显色剂测钛等，但是因为灵敏度和选择性不高，在实际中应用不多。

在吸光光度分析中应用较多的是有机显色剂，有机显色剂及其产物的颜色与它们的分子结构有密切关系。有机显色剂分子中一般都含有生色团和助色团。生色团是某些含不饱和键的基团，如偶氮基、对醌基和羰基等。这些基团中的电子被激发时所需能量较小，波长200 nm以上的光就可以做到，故往往可以吸收可见光而表现出颜色。助色团是某些含孤对电子的基团，如氨基、羟基和卤代基等。这些基团与生色团上的不饱和键相互作用，可以影响生色团对光的吸收，使颜色加深。现介绍几种主要的有机显色剂：

（1）丁二酮肟

属于 NN 型螯合显色剂，用于测定 Ni^{2+}。在 NaOH 碱性溶液中，有氧化剂（如过硫酸铵）存在时，试剂与 Ni^{2+}生成可溶性的红色配合物。

$$\lambda_{max} = 470\ \text{nm}，\varepsilon = 1.3\times10^{4}\ \text{L·mol}^{-1}\text{·cm}^{-1}$$

H_3C—C(=NOH)—C(=NOH)—CH_3

HON　NOH

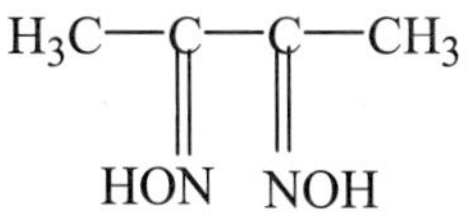

（2）1,10-邻二氮菲

属于 NN 型螯合显色剂，是目前测定微量 Fe^{2+}的较好试剂。用还原剂（如盐酸羟胺）先将 Fe^{3+}还原为 Fe^{2+}，然后在 pH 3～9（一般控制 pH 5～6）的条件下，Fe^{2+}与试剂作用生成稳定的橘红色配合物：

$$\lambda_{max} = 508\ \text{nm}，\varepsilon = 1.1\times10^{4}\ \text{L·mol}^{-1}\text{·cm}^{-1}$$

N　N

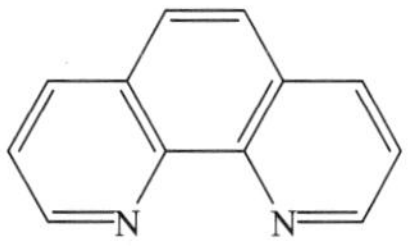

（3）二苯硫腙

属于含 S 显色剂，是目前萃取光度测定 Cu^{2+}、Pb^{2+}、Zn^{2+}、Cd^{2+}、Hg^{2+}等很多重金属离子的重要试剂。采用控制酸度及加入掩蔽剂的方法，可以消除重金属离子之间的干扰，提高反应的选择性。如 Pb^{2+}的二苯硫腙配合物：

$$\lambda_{max} = 520\ \text{nm}，\varepsilon = 6.6\times10^{5}\ \text{L·mol}^{-1}\text{·cm}^{-1}$$

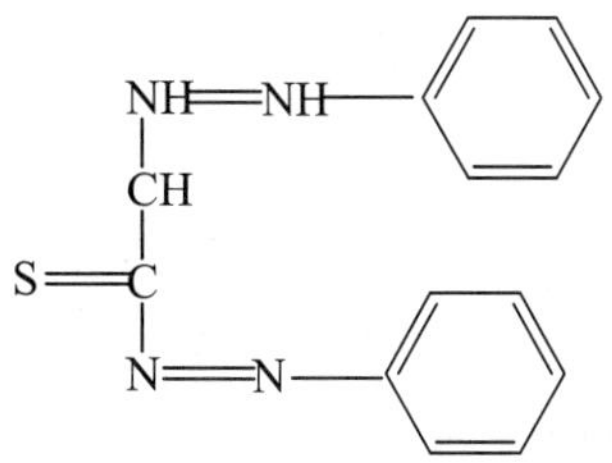

NH═NH—
CH
S═C
N═N—

（4）偶氮胂Ⅲ（铀试剂Ⅲ）

属于偶氮类螯合剂，可在强酸性溶液中与 Th（IV）、Zr（Ⅳ）、U（IV）等生成稳定的有色配合物，也可以在弱酸性溶液中与稀土金属离子生成稳定的有色配合物，是测定这些金属离子的良好显色剂。如偶氮胂Ⅲ与 U（Ⅳ）生成的有色配合物：

$$\lambda_{max} = 670\ \text{nm},\ \varepsilon = 1.2 \times 10^4\ \text{L·mol}^{-1}\text{·cm}^{-1}$$

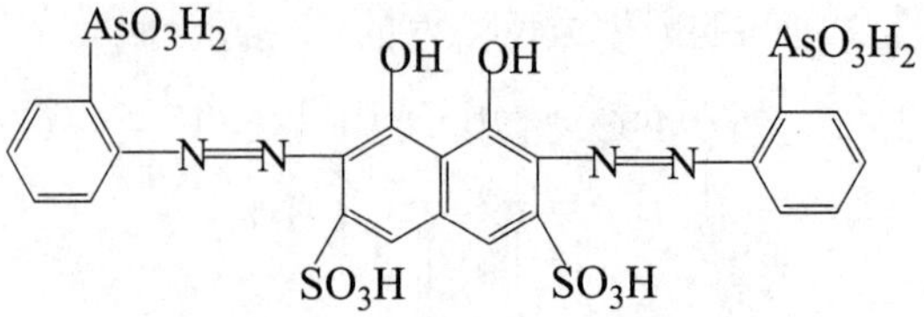

（5）铬天青 S

属于三苯甲烷类螯合显色剂，是测定 Al^{3+}的重要试剂，在 pH 值 5～5.8 条件下与 Al^{3+}显色。

$$\lambda_{max} = 530\ \text{nm},\ \varepsilon = 5.9 \times 10^4\ \text{L·mol}^{-1}\text{·cm}^{-1}$$

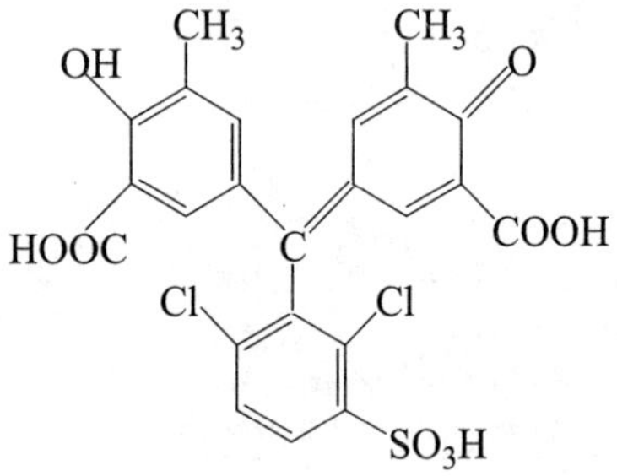

4．多元配合物

多元配合物是由三种或三种以上的组分所形成的配位化合物。目前应用较多的是由一种金属离子与两种配体所组成的三元配合物。多元络合物在吸光光度分析中应用较普遍。以下介绍几种重要的三元配合物类型。

（1）混配化合物

由一种金属离子与两种不同配体通过共价键结合成的三元配合物，例如，V（V），H_2O_2 和吡啶偶氮间苯二酚（PAR）形成 1∶1∶1 的有色配合物，可用于金属钒的测定，其灵敏度高，选择性好。

（2）离子缔合物

金属离子首先与配体生成配位阴离子或配位阳离子，然后再与带反电荷的离子生成离子缔合物。这类化合物主要用于萃取光度测定。例如，Ag^+与 1,10-邻二氮菲形成配位阳离子，再与溴邻苯三酚红的阴离子形成深蓝色的离子缔合物。

（3）金属离子-配体-表面活性剂体系

许多金属离子与显色剂反应时，加入某些表面活性剂，可以形成胶束化合物，测定的灵敏度显著提高。在这种情况下，金属配合物的吸收峰向长波方向移动，这种现象在吸光光度法中称为红移。目前，常用于这类反应的表面活性剂有溴化十六烷基吡啶、氯化十四烷基二甲基苄胺、氯化十六烷基三甲基铵、溴化十六烷基三甲基铵、溴化羟基十二烷基三甲基铵、OP 乳化剂等。例如，稀土元素、二甲酚橙及溴化十六烷基吡啶反应生成三元配合物，在 pH 值 8～9 时呈蓝紫色，用于痕量稀土元素总量的测定。

5．显色条件的选择

显色反应能否完全满足分析的要求，除了主要与显色剂本身的性质有关外，控制好显色反应的条件也十分重要。如果显色条件不合适，将会影响分析结果的灵敏度和准确度。影响显色反应的主要因素有酸度、显色剂用量、显色时间、显色温度、溶剂的影响等，必须加以控制和选择。

（1）溶液的酸度

酸度对显色反应的影响很大，主要表现为：

①影响显色剂的平衡浓度和颜色。显色反应所用的显色剂不少是有机弱酸，显然，溶液酸度的变化，将影响显色剂的平衡浓度，并影响显色反应的完全程度。例如，金属离子 M^+与显色剂 HR 作用，生成有色配合物 MR：

$$M^+ + HR \rightleftharpoons MR + H^+$$

可见，增大溶液的酸度，将对显色反应不利。

另外，有些显色剂具有酸碱指示剂的性质，即在不同的酸度下有不同的颜色。例如 1-（2-吡啶偶氮）间苯二酚（PAR），当溶液 pH 小于 6 时，它主要以 H_2R 形式（黄色）存在；在 pH 值 7～12 时，主要以 HR^-形式（橙色）存在；pH 值大于 13 时，主要以 R^{2-} 形式（红色）存在。大多数金属离子和 PAR 生成红色或红紫色配合物，因而 PAR 只适宜在酸性或弱碱性溶液中进行测定。在强碱性溶液中，显色剂本身的红色影响分析。

②影响被测金属离子的存在状态。大多数金属离子容易水解，当溶液的酸度降低时，可能形成一系列氢氧基或多核氢氧基络离子。酸度更低时，可能进一步水解生成碱式盐或氢氧化物沉淀，影响显色反应。

③影响配合物的组成。对于某些生成逐级配合物的显色反应，酸度不同，配

合物的配比往往不同，其颜色也不同。例如磺基水杨酸与 Fe^{3+}的显色反应，当溶液 pH 值为 1.8～2.5，4～8，8～11.5 时，将分别生成配比为1∶1（紫红色）、1∶2（棕褐色）和 1∶3（黄色）三种颜色的配合物，故测定时应严格控制溶液的酸度。

显色反应的适宜酸度是通过实验来确定的，方法是通过实验作出吸光度-pH 值关系曲线，从而确定适宜的 pH 范围。

（2）显色剂用量

显色反应在一定程度上是可逆的。为了减少反应的可逆性，一般需加入过量显色剂。但显色剂不是越多越好。对于有些显色反应，显色剂加入太多，反而会引起副反应，对测定不利。在实际工作中，显色剂的适宜用量是通过实验求得的。实验方法是：固定被测组分的浓度和其他条件，只改变显色剂的加入量，测量吸光度，作出吸光度—显色剂用量的关系曲线，当显色剂用量达到某一数值，而吸光度无明显增大时，表明显色剂用量已足够。

（3）显色反应时间

显色反应有些瞬间完成，溶液颜色很快达到稳定状态，并在较长时间内保持不变；有些显色反应虽能迅速完成，但有色化合物很快开始褪色；有些显色反应进行缓慢，溶液颜色需经一段时间后才稳定。因此，必须经实验来确定最适合测定的时间区间。实验方法为配制一份显色溶液，从加入显色剂起计算时间，每隔几分钟测量一次吸光度，制作吸光度—时间曲线，根据曲线来确定适宜时间。一般来说，对那些反应速率很快，有色化合物又很稳定的体系，测定时间的选择余地很大。

（4）显色反应温度

通常，显色反应在室温下进行。但是，有些显色反应必须加热至一定温度才能完成。例如，用硅钼酸法测定硅的反应，在室温下需 10 min 以上才能完成，而在沸水浴中，则只需 30 s 便能完成。但有些显色剂或有色化合物在温度较高时容易分解，需要注意。

（5）溶剂

有机溶剂常降低有色化合物的解离度，从而提高显色反应的灵敏度。如在 $Fe(SCN)_3$ 的溶液中加入与水混溶的有机溶剂（如丙酮），由于降低了 $Fe(SCN)_3$ 的解离度而使颜色加深，提高了测定的灵敏度。此外，有机溶剂还可能提高显色反应的速率，影响有色配合物的溶解度和组成等。如用偶氮氯膦III法测定 Ca^{2+}，加入乙醇后，吸光度显著增大。又如，用氯代磺酚 S 法测定铌（V）时，在水溶液中显色需几小时，加入丙酮后，则只需 30 min。

（6）干扰离子的影响

光度分析中，共存离子如本身有颜色或与显色剂作用生成有色化合物，都将干扰测定。要消除共存离子的干扰，可采用下列方法：

①加入配位掩蔽剂或氧化还原掩蔽剂，使干扰离子生成无色配合物或无色离子。如用 NH_4SCN 作显色剂测定 Co^{2+} 时，Fe^{3+} 的干扰可加入 NaF 使之生成无色 FeF_6^{3-} 而消除。测定 Mo（VI）时可加入 $SnCl_2$ 或抗坏血酸等将 Fe^{3+} 还原为 Fe^{2+} 而避免与 SCN^- 作用。

②选择适当的显色条件以避免干扰。如利用酸效应，控制显色剂解离平衡，使干扰离子不与显色剂作用。如用磺基水杨酸测定 Fe^{3+} 时，Cu^{2+} 与试剂形成黄色配合物，干扰测定，但如控制 pH 值在 2.5 左右，则 Cu^{2+} 不干扰。

③分离干扰离子。在不能掩蔽的情况下，可采用沉淀、离子交换或溶剂萃取等分离方法除去干扰离子。应用萃取法时，可直接在有机相中显色测定，称为萃取光度法，不但可以消除干扰，还可以提高分析灵敏度。

④选择适当的光度测量条件（例如适当的波长或参比溶液），消除干扰。

综上所述，建立一个新的光度分析方法，必须研究优化上述各种条件。应用某一显色反应进行测定时，必须对这些条件进行控制，并使样品的显色条件与绘制标准曲线时的条件一致，这样才能得到重现性好而准确度高的分析结果。

8.1.4 分析条件的选择和吸光光度分析误差控制

1．测定波长选择

为了使测定结果有较高的灵敏度，应选择被测物质的最大吸收波长的光作为入射光，这称为“最大吸收原则”。选用这种波长的光进行分析，不仅灵敏度高，而且能够减少或消除由非单色光引起的对朗伯-比尔定律的偏离。

但是，如果在最大吸收波长处有其他吸光物质干扰测定，则应根据“吸收最大、干扰最小”的原则来选择入射光波长。例如用丁二酮肟光度法测定钢中的镍，配合物丁二酮肟镍的最大吸收波长为 470 nm（图 8-4），但样品中的铁用酒石酸钠掩蔽后，在 470 nm 处也有一定吸收，干扰对镍的测定。为避免铁的干扰，可以选择波长 520 nm 进行测定。在 520 nm 虽然测镍的灵敏度有所降低，但酒石酸铁的吸光度很小，可以忽略，因此不干扰镍的测定。

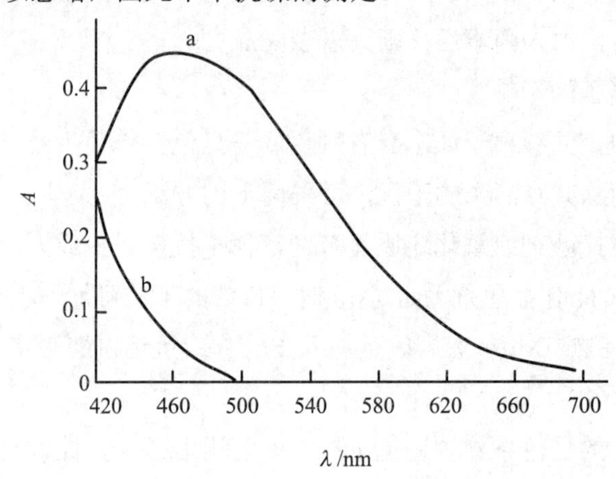

图 8-4 丁二酮肟测镍（a）与酒石酸铁（b）的吸收曲线

2．参比溶液的选择

用比色皿测量试液的吸光度，会发生反射、吸收和透射等作用。由于反射、散射以及溶剂和试剂等对光的吸收，造成透射光强度的减弱：为了使光强度的减弱仅与溶液中待测物质的浓度有关，必须进行校正。为此，采用光学性质相同、厚度相同的吸收池加入参比溶液，调节仪器使透过参比池的吸光度为零，然后让光束通过样品池，测得样品显色液的吸光度：

$$A = \lg \frac{I_0}{I} \approx \lg \frac{I_{参比}}{I_{试液}}$$

即实际上是以通过参比池光强度作为样品池的入射光强度。这样测得的吸光度比较真实地反映了待测物质对光的吸收，也就能比较真实地反映待测物质的浓度。因此参比溶液的作用是非常重要的，选择参比溶液的原则如下：

①如果仅待测物与显色剂的反应产物有吸收，可用纯溶剂作为参比溶液。

②如果显色剂或其他试剂略有吸收，可用试剂空白溶液（即不加样品，其他试剂、溶剂及操作同样品的测定）作为参比溶液。

③如样品中其他组分有吸收，但不与显色剂反应，则当显色剂无吸收时，可用样品溶液作为参比溶液；当显色剂略有吸收时，可在试液中加入适当掩蔽剂将待测组分掩蔽后再加显色剂，以此作为参比。

3．吸光度读数范围的选择

吸光度的实验测定值总存在着误差。在不同吸光度下相同的吸光度读数误差对测定带来的浓度误差是不同的。

设试液服从朗伯-比尔定律，则：

$$-\lg T = \varepsilon bc$$

微分后，　$-\mathrm{d}\lg T = -0.434\ 3\ \mathrm{d}\ln T = 0.434\ 3\ \dfrac{\mathrm{d}T}{T} = \varepsilon b\mathrm{d}c$

将两式相除，整理后得：

$$\frac{\mathrm{d}c}{c} = \frac{0.434\ 3}{T\lg T}\mathrm{d}T$$

以有限值表示

$$\frac{\Delta c}{c} = \frac{0.434\ 3}{T\lg T}\ \Delta T \tag{8-5}$$

浓度相对误差（$\Delta c/c$）与透光度 T 有关，也与透光度的绝对误差 ΔT 有关。ΔT 被认为是由仪器刻度读数不可靠所引起的误差。一般分光光度计的 ΔT 约为 ±0.2%～±2%，是与透光度值无关的一个常数。实际上由于仪器设计和制造水平的不同，ΔT 可能改变。假定为±0.5%，代入上式，计算出不同透光度值时的浓度相对误差，并作图 8-5。

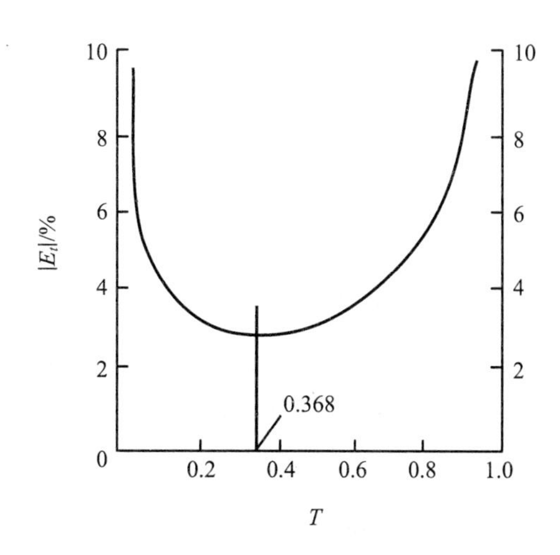

图 8-5　不同透光度下的浓度相对误差

若令式（8-5）的导数为零，可以求出当 T= 0.368（A=0.434）时，浓度相对误差最小，约为±1.4%。

从图 8-5 可知，当吸光度在 0.15～1.0 或 T=70%～10%的范围内时，浓度测量相对误差约为±1.4%～±2.2%，最小误差为±1.4%（ΔT=±0.5%时）。吸光度过低或过高，相对误差都很大。

实际工作中，应参照仪器说明书，设法使测定在适宜的吸光度范围内进行。如通过改变吸收池厚度或显色液的浓度，使吸光度读数处在适宜范围内。

8.1.5 吸光光度分析法的应用

吸光光度分析法具有灵敏度高、重现性好和操作简便等优点，被广泛用于地矿、环境、材料、药物、临床和食品分析等领域。灵敏度一般为 10^{-5}～10^{-6} L·mol^{-1}·cm^{-1}，精密度为千分之几。下面举例说明。

1．痕量金属分析

对痕量金属元素的定量分析是吸光光度法的一个重要应用领域。几乎所有的金属离子都能与特定的化学试剂作用形成有色化合物，从而通过吸光光度法可对金属离子进行测定。根据待测定的金属离子，选择适当的显色剂，控制显色条件，确定测定波长和恰当的测定条件，利用标准曲线，即可对金属元素进行定量测定。

2．食品分析

吸光光度法在食品分析中的应用相当广泛，是一种简单、可靠的分析方法。特别是近年来与生物免疫技术相结合，使吸光光度法得到了更大的发展。以酶联免疫法（enzyme-link immune spectrometric assay，ELISA）测定食品中的氯霉素含量为例说明这种方法的应用。

氯霉素是一种广谱抗菌药，由于它具有极好的抗菌作用和药物代谢动力学特性而被广泛用于生产。由于它具有引起人类血液中毒的副作用，食用动物饲养过程禁止使用氯霉素。因此，需要高灵敏度的方法对动物源性食品中的氯霉素进行检测。酶联免疫法是利用免疫学抗原抗体特异性结合酶的高效催化作用，通过化学方法将植物辣根过氧化物酶（HRP）与氯霉素结合，形成酶偶联氯霉素。将固相载体上已包被的抗体（羊抗兔 IgG 抗体）与特异性的兔抗氯霉素抗体结合，然后加入待测氯霉素和酶偶联氯霉素，它们竞争性地与兔抗氯霉素抗体结合，没有结合的酶偶联氯霉素被洗去，再向相应孔中加入过氧化氢和邻苯二胺，作用一定时间后，结合后的酶偶联氯霉素将无色的邻苯二胺转化为蓝色的产物，加入终止液后颜色由蓝变黄，用分光光度计在波长 450 nm 处进行检测，吸光度值与样品中氯霉素含量成反比。

利用酶联免疫法测定农产品和水产品等动物源性食品中氯霉素的含量已经成为得到认可的行业标准，在这些领域的产品分析和质量监测中发挥着巨大的作用。

3．其他应用

吸光光度法还可以用于测定某些物理和化学数据，比如物质的相对分子质量、配合物的配比及稳定常数、弱酸和弱碱的解离常数、化合物中氢键的强度等。

（1）弱酸和弱碱解离常数的测定

分析化学中所使用的指示剂或显色剂大多是有机弱酸或有机弱碱。在研究某些新试剂时，均需先测定其解离常数，测定方法主要有电位法和吸光光度法。由于吸光光度法的灵敏度高，故特别适于测定那些溶解度较小的有色弱酸或弱碱的解离常数。下面以一元弱酸解离常数的测定为例介绍该方法的应用。

设有一元弱酸 HB，其分析浓度为 c_{HB}，在溶液中有下述解离平衡：

$$HB \rightleftharpoons H^+ + B^-$$

$$K_a = \frac{[H^+][B^-]}{[HB]}$$

$$pK_a = pH + \lg\frac{[HB]}{[B^-]}$$

$$c_{HB} = [HB] + [B^-]$$

设在某波长下，酸 HB 和碱 B^- 均有吸收，液层厚度 b=1 cm，根据吸光度的加和性，

$$A = A_{HB} + A_{B^-} = \varepsilon_{HB}[HB] + \varepsilon_{B^-}[B^-] = \varepsilon_{HB}\frac{c_{HB}[H^+]}{K_a + [H^+]} + \varepsilon_{B^-}\frac{c_{HB}K_a}{K_a + [H^+]}$$

令 A_{HB} 和 A_{B^-} 分别为弱酸 HB 在高酸度和强碱性时的吸光度，此时溶液中该弱酸几乎全部以 HB 或 B^- 形式存在。则可以得到下式：

$$pK_a = -\lg\frac{(A_{HB} - A)}{(A - A_{B^-})} + pH$$

由此式可知，只要测出 A_{HB}，A_{B^-} 和 pH 就可以计算出 K_a。这是用吸光光度法

测定一元弱酸解离常数的基本公式。解离常数也可通过$\lg\frac{(A_{HB}-A)}{(A-A_{B^-})}$对 pH 作图由图解法求出。

（2）配合物组成的测定

在吸光光度法中许多方法是基于形成有色配合物，因此测定有色配合物的组成，对研究显色反应的机理、推断配合物的结构是十分重要的。用吸光光度法测定有色配合物组成的方法有：饱和法、等摩尔连续变化法等。

①饱和法（又称摩尔比法）。此法是固定一种组分（通常是金属离子 M）的浓度，改变配位试剂 R 的浓度，得到一系列[R]/[M]比值不同的溶液，并配制相应的试剂空白作参比液，分别测定其吸光度。以吸光度 A 为纵坐标，[R]/[M]为横坐标作图。

当配体试剂量较小时，金属离子没有完全被配位。随着配体试剂量逐渐增加，生成的配合物便不断增多。当配体试剂增加到一定浓度时，吸光度不再增大，如图 8-6 所示。图中曲线转折点不敏锐，是由于配合物解离造成的。运用外推法得一交点，从交点向横坐标作垂线，对应的[R]/[M]比值就是配合物的配比。这种方法简便、快速，对于解离度小的配合物，可以得到满意的结果。

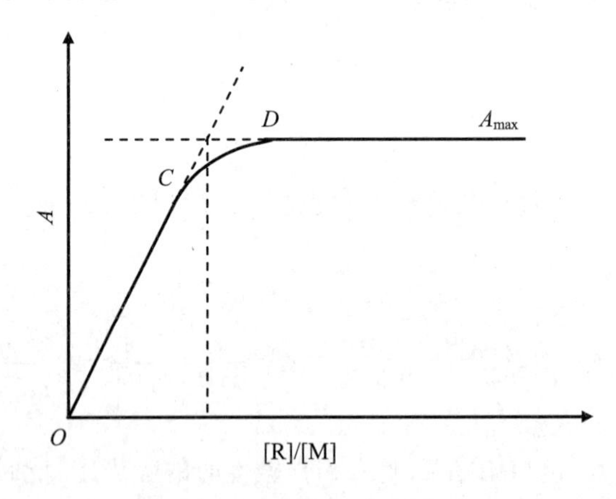

图 8-6　饱和法测定配合物组成

②等摩尔连续变化法。设 M 为金属离子，R 为显色剂，c_M和 c_R 分别为溶液中 M 和 R 的浓度，在保持溶液中，$c_M+c_R=c$（定值）的前提下，改变 c_M和 c_R的相对量，配制一系列溶液，在有色配合物的最大吸收波长处测量这一系列溶液

的吸光度。当溶液中配合物 MR_n 浓度最大时，c_R/c_M 的比值为 n。若以吸光度 A 为纵坐标，c_M/c 比值为横坐标作图，即绘出连续变化法曲线（图 8-7）。由两曲线外推的交点所对应的 c_M/c 值，即可得到配合物中 M 与 R 之比 n 值。当 c_M/c 为 0.5 时，配比为 1∶1；当 c_M/c 为 0.33，配比为 1∶2；当 c_M/c=0.25 时，配比为 1∶3。根据图中 A_0 与 A 的差值，还可以求得配合物的解离度和稳定常数。连续变化法测定配比适用于只形成一种组成且解离度较小的稳定配合物。若用于研究配比高且解离度较大的配合物就得不到准确的结果。

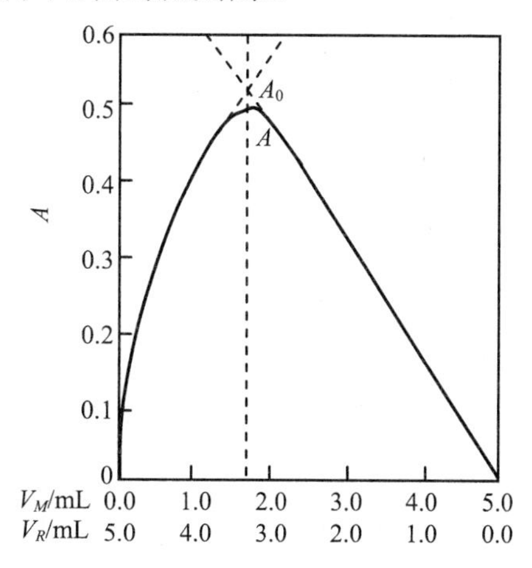

图 8-7　等摩尔连续变化法测定配合物组成

4．双波长分光光度法

①单组分的测定。用双波长吸光光度法进行定量分析，是以试液本身对某一波长的光的吸光度作为参比，这不仅避免了因试液与参比溶液或两吸收池之间的差异所引起的误差，而且还可以提高测定的灵敏度和选择性。在进行单组分的测定时，以配合物吸收峰作测量波长；参比波长的选择有：以等吸收点作为参比波长；以有色配合物吸收曲线下端的某一波长作为参比波长；以显色剂的吸收峰作为参比波长。

②两组分共存时的分别测定。当两种组分（或它们与试剂生成的有色物质）的吸收光谱有重叠时，要测定其中一个组分就必须设法消除另一组分的光吸收。对于相互干扰的双组分体系，它们的吸收光谱重叠，选择参比波长和测定波长的条件是：待测组分在两波长处的吸光度之差 ΔA 要足够大，干扰组分在两波长处的吸光度应相等。这样用双波长法测得的吸光度差只与待测组分的浓度呈线性关

系，而与干扰组分无关，从而消除了干扰。例如，测定苯酚与2,4,6-三氯苯酚混合物中的苯酚时就可用这种方法。

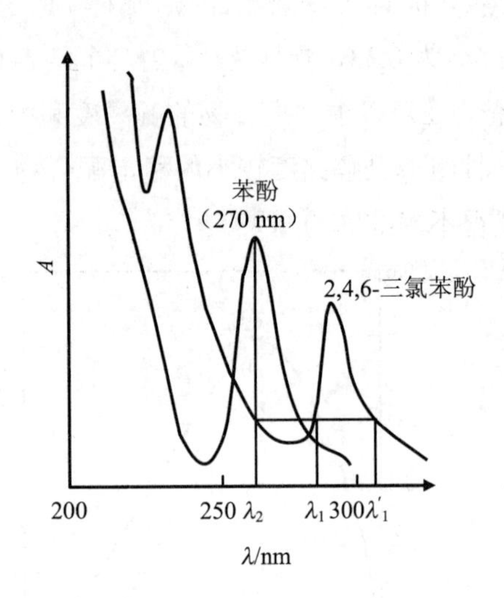

图 8-8　2,4,6-三氯苯酚存在下苯酚的测定

由图8-8可见，当选择苯酚的最大吸收波长λ_2为测量波长，三氯苯酚在此波长处也有较大吸收，产生干扰。为此，在波长λ_2处作垂线，它与三氯苯酚的吸收曲线相交于一点，再过此交点作一与横轴平行的直线，它与三氯苯酚的吸收曲线相交于λ_1和λ_1'两点，这几个交点处的吸光度相等。如果选择波长λ_1和λ_1'作为参比波长，则可以消除三氯苯酚对苯酚测定的干扰。

8.2　电位分析法

8.2.1　概述

电位分析法是电化学分析法的一个重要组成部分，它是将一支电极电位与被测物质的活（浓）度有关的电极（称指示电极）和另一支电位恒定的电极（称参比电极）插入待测溶液中组成一个化学电池，通过测定电池电动势，进而求得溶液中待测组分含量。如溶液pH值测定，以玻璃电极为指示电极，甘汞电极为参比电极，与待测溶液组成电池，由测量的电动势换算出溶液的pH值。其特点是简便、灵敏、选择性好、准确度高，适用面广，易于实现自动化、连续化和遥控测定，尤其适用于生产过程的在线分析。

电位分析法的理论基础是能斯特（Nernst）方程，若金属片 M 插入含有该金属离子 M^{n+}的溶液中，此时金属与溶液的接界面上将发生电子的转移形成双电层，产生电极电位，其电极半反应为：

$$M^{n+} + ne^- \longrightarrow M$$

电极电位 $\varphi_{M^{n+}/M}$ 与 M^{n+}活度的关系，用能斯特方程式表示：

$$\varphi_{M^{n+}/M} = \varphi^{\ominus}_{M^{n+}/M} + \frac{RT}{nF}\ln\alpha_{M^{n+}} \tag{8-6}$$

式中，$\varphi^{\ominus}_{M^{n+}/M}$ 是标准电极电位；R 为气体常数，8.314 4 J·（mol·K）$^{-1}$；T 为热力学温度；n 为电极反应中转移的电子数；F 为法拉第常数，96 486.7 C·mol^{-1}；$\alpha_{M^{n+}}$ 为金属离子 M^{n+}的活度，单位 mol·L^{-1}；当离子浓度很小时，可用 M^{n+}的浓度代替活度。为了便于使用，用常用对数代替自然对数。因此在温度为 25℃时，能斯特方程式可近似地简化成下式：

$$\varphi_{M^{n+}/M} = \varphi^{\ominus}_{M^{n+}/M} + \frac{0.059\,2}{n}\lg\alpha_{M^{n+}} \tag{8-7}$$

如果测量出 $\varphi_{M^{n+}/M}$，那么就可以确定 M^{n+}的活度。但实际上，单支电极的电位是无法测量的，它必须用一支电极电位随待测离子活度变化而变化的指示电极和已知电极电位且恒定的参比电极与待测溶液组成工作电池，通过测量工作电池的电动势来获得 $\varphi_{M^{n+}/M}$ 的电位。设电池为：

（－）M| M^{n+} ‖ 参比电极（＋）

则电动势 E 表示为：

$$E = \varphi_{(+)} - \varphi_{(-)} + \varphi_{(L)}$$

式中，$\varphi_{(+)}$ 为电位较高的正极的电极电位；$\varphi_{(-)}$ 为电位较低的负极的电极电位；$\varphi_{(L)}$ 为液体接界电位，其值很小，可以忽略。所以，

$$E = \varphi_{参比} - \varphi_{M^{n+}/M} = \varphi_{参比} - \varphi^{\ominus}_{M^{n+}/M} - \frac{0.059\,2}{n}\lg\alpha_{M^{n+}}$$

式中，$\varphi_{参比}$，在一定温度下是常数，因此，只要测量出电池电动势，就可以计算出待测离子 M^{n+}的活度，这是直接电位法的定量依据。

若 M^{n+}是被滴定的离子，在滴定过程中，电极电位 $\varphi^{0}_{M^{n+}/M}$ 将随着被滴定溶液

中的 M^{n+}的活度即$\alpha_{M^{n+}}$的变化而变化，因此电动势 E 也随之不断变化。当滴定进行至化学计量点附近时，由于$\alpha_{M^{n+}}$发生突变，因而电池电动势 E 也相应发生突跃。因此通过测量 E 的变化就可以确定滴定的终点，根据标准滴定溶液消耗的体积可以计算出被测物的含量，这是电位滴定法的基本理论依据。

8.2.2 电位分析中的电极

8.2.2.1 参比电极

参比电极是用来提供电位标准的电极。对参比电极的主要要求是：电极的电位值恒定且重现性好，受外界影响小，对温度或浓度没有滞后现象，具备良好的稳定性。最精确的参比电极是标准氢电极，它是参比电极的一级标准，电极电位为零伏。但由于标准氢电极制作麻烦，使用不方便，实际工作中最常用的参比电极是甘汞电极（SCE）和银-氯化银电极。

1．甘汞电极

甘汞电极由纯汞、Hg_2Cl_2-Hg 混合物和 KCl 溶液组成。其结构如图 8-9 所示。

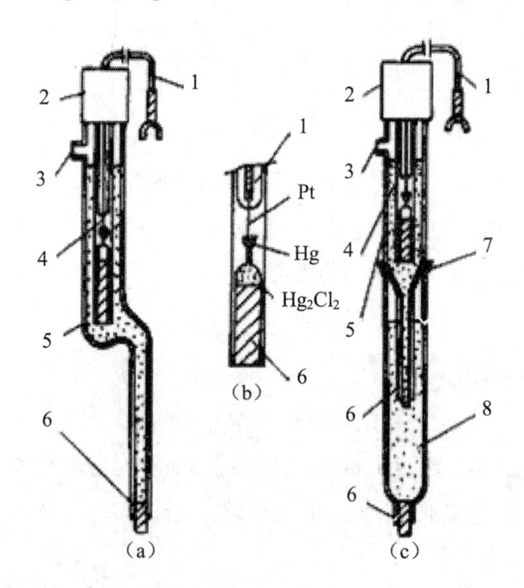

图 8-9 甘汞电极

（a）单盐桥型；（b）电极内部结构；（c）双盐桥型

1—导线；2—绝缘帽；3—加液口；4—内电极；5—饱和 KCl 溶液；

6—多孔性物质；7—可卸盐桥磨口套管；8—盐桥内充液

甘汞电极的半电池为 Hg，Hg_2Cl_2（固）|KCl（液）。

电极反应为：　　　$Hg_2Cl_2+2e^- \rightleftharpoons 2Hg+2Cl^-$

25℃时电极电位为：

$$\varphi_{Hg_2Cl_2/Hg}=\varphi^{\ominus}_{Hg_2Cl_2/Hg}-\frac{0.059\,2}{2}\lg\alpha^2_{Cl^-}=\varphi^{\ominus}_{Hg_2Cl_2/Hg}-0.059\,2\lg\alpha_{Cl^-}$$

在一定温度下，甘汞电极的电位取决于 KCl 溶液的浓度，当 Cl^-活度一定时，其电位值是一定的。由于 KCl 的溶解度随温度而变化，电极电位与温度有关。因此，只要内充 KCl 溶液浓度、温度一定，其电位值就保持恒定。电位分析法最常用的甘汞电极的 KCl 溶液为饱和溶液，因此称为饱和甘汞电极（SCE）。

表 8-2　25℃时甘汞电极的电极电位

名称	KCl 溶液浓度/（$mol\cdot L^{-1}$）	电极电位/V
饱和甘汞电极（SCE）	饱和溶液	0.243 8
标准甘汞电极（NCE）	1.00	0.282 8
0.1 mol/L^{-1} 甘汞电极	0.10	0.336 5

2．银-氯化银电极

将表面镀有 AgCl 层的金属银丝，浸入一定浓度的 KCl 溶液中，即构成银-氯化银电极，其结构如图 8-10 所示。

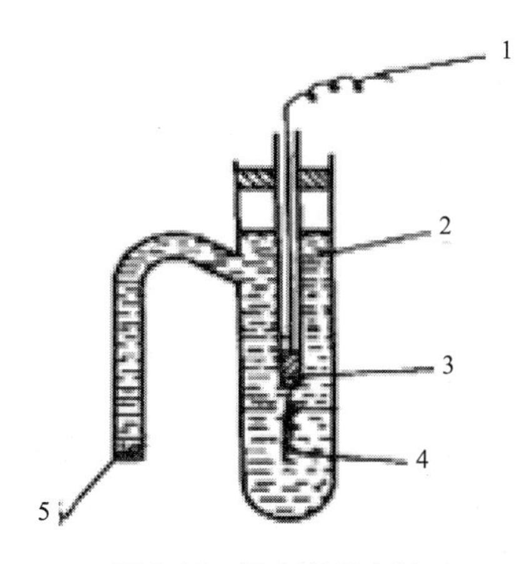

图 8-10　银-氯化银电极

1—导线；2—KCl 溶液；3—Hg；4—镀 AgCl 的 Ag 丝；5—多孔物质

银-氯化银电极的半电池为 Ag，AgCl（固）｜KCl（液）。

电极反应为：　$AgCl+e^- \rightleftharpoons Ag^+ + Cl^-$

25℃时电极电位为：$\varphi_{AgCl/Ag} = \varphi^{\ominus}_{AgCl/Ag} - 0.059\,2\lg\alpha_{Cl^-}$

在一定温度下银-氯化银电极的电极电位同样也取决于 KCl 溶液中 Cl^-的活度。25℃时，不同浓度 KCl 溶液的银-氯化银电极电位如表 8-3 所示。

表 8-3　25℃时 银-氯化银电极的电极电位

名称	KCl 溶液的浓度/（$mol\cdot L^{-1}$）	电极电位/V
饱和银-氯化银电极	饱和溶液	0.2000
标准银-氯化银电极	1.0	0.2223
0.1 $mol\cdot L^{-1}$ 银-氯化银电极	0.10	0.2880

银-氯化银电极结构简单，体积小，故常用做玻璃电极和其他离子选择性电极的内参比电极，以及复合电极的内、外参比电极。

8.2.2.2　指示电极

指示电极电极电位随溶液中待测离子活（浓）度的变化的电极。常用的指示电极有金属基指示电极和离子选择性电极两大类。金属基指示电极包括金属-金属离子电极和金属-金属难溶盐电极。

1．金属-金属离子电极

金属-金属离子电极又称活性金属电极或第一类电极，它是由能发生可逆氧化反应的金属插入含有该金属离子的溶液中构成。例如将金属银丝浸在 $AgNO_3$ 溶液中构成的电极，其电极反应为：

$$Ag^+ + e^- \rightleftharpoons Ag$$

25℃时的电极电位为：$\varphi_{Ag^+/Ag} = \varphi^{\ominus}_{Ag^+/Ag} + 0.059\,2\lg\alpha_{Ag^+}$

电极反应与 Ag^+的活度有关，因此这种电极不但可用于测定 Ag^+的活度，而且可用于滴定过程中，由于沉淀或配位等反应而引起 Ag^+活度变化的电位滴定。

组成这类电极的金属有银、铜、镉、锌、汞等。但有些较活泼的金属如铁、钴、镍等由于表面形成氧化膜或表面晶体结构变化等，其电位的重现性差，不能用在指示电极。

2．金属-金属难溶盐电极

金属-金属难溶盐电极又称第二类电极。它由金属、该金属难溶盐和难溶盐的阴离子溶液组成。甘汞电极和银-氯化银电极就属于这类电极，其电极电位随所在溶液中的难溶盐阴离子活度变化而变化。例如银-氯化银电极可用来测定氯离子活度。

3．惰性金属电极

惰性金属电极又称零类电极。它是由铂、金等惰性金属（或石墨）插入含有氧化还原电对（如 Fe^{3+}/Fe^{2+}、Ce^{4+}/Ce^{3+}、I_3^-/I^-等）物质的溶液中构成的。例如铂片插入含 Fe^{3+}和 Fe^{2+}的溶液中组成的电极，其电极组成表示为 $Pt \mid Fe^{3+}, Fe^{2+}$。

电极反应为：$Fe^{3+} + e^- \rightleftharpoons Fe^{2+}$

25℃时电极电位为：$\varphi_{Fe^{3+}/Fe^{2+}} = \varphi^{\ominus}_{Fe^{3+}/Fe^{2+}} + 0.059\,2\lg\dfrac{\alpha_{Fe^{3+}}}{\alpha_{Fe^{2+}}}$

4．pH 玻璃电极

pH 玻璃电极是测定溶液 pH 值的一种常用指示电极，其结构如图 8-11 所示。它的下端是一个由特殊玻璃制成的球形玻璃薄膜。膜厚 0.08～0.1 mm，膜内密封以 0.1 mol·L^{-1} HCl 内参比溶液，在内参比溶液中插入银-氯化银作内参比电极。由于玻璃电极的内阻很高，因此电极引出线和连接导线要求高度绝缘，并采用金属屏蔽线，防止漏电和周围交变电场及静电感应的影响。

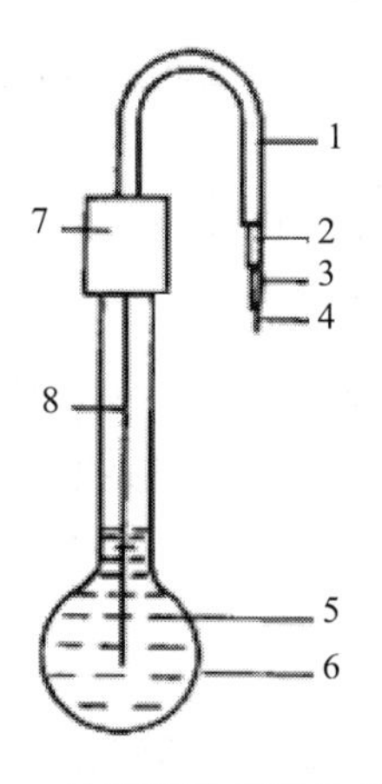

图 8-11　pH 玻璃电极的结构示意

1—外套管；2—网状金属屏；3—绝缘体；4—导线；5—内参比溶液；
6—玻璃膜；7—电极帽；8—Ag-AgCl 内参比电极

pH 玻璃电极之所以能测定溶液 pH 值，是由于玻璃膜与试液接触时会产生与待测溶液 pH 值有关的膜电位。

pH 玻璃电极的玻璃膜由 SiO_2、Na_2O 和 CaO 熔融制成。由于 Na_2O 的加入，Na 取代了玻璃中 Si（Ⅳ）的位置，Na^+与 O^-之间呈离子键性质，形成可以进行离子交换的点位—Si—O—Na^+。当电极浸入水溶液中时，玻璃外表面吸收水产生溶胀，形成很薄的水合硅胶层，如图 8-12 所示。水合硅胶层只允许 H^+扩散进入玻璃结构的空隙并与 Na^+发生交换反应。

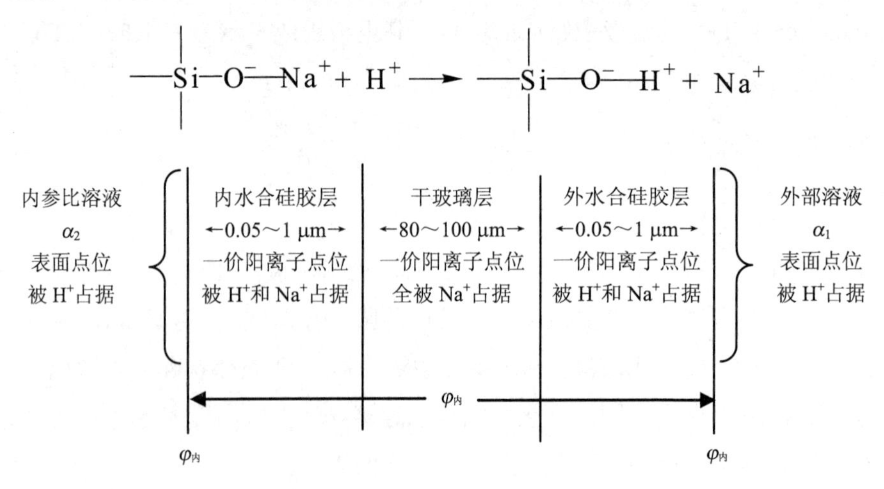

图 8-12 pH 玻璃电极膜电位形成示意

当玻璃电极外膜与待测溶液接触时，由于水合硅胶层表面与溶液中的 H^+活度不同，H^+便从活度较大的向活度较小的相迁移。这就改变了水合硅胶层和溶液两相界面的电荷分布，产生了外相界电位。玻璃电极内膜与内参比溶液同样也产生了内相界电位。可见，玻璃电极两侧的相界电位的产生不是由于电子得失，而是由于氢离子在溶液和玻璃水化层界面之间转移的结果。根据热力学推导，25℃时，玻璃电极内外膜电位可表示为：

$$\varphi_{膜} = \varphi_{外} - \varphi_{内} = 0.059\,2\lg \alpha_{H^+(外)} / \alpha_{H^+(内)} \tag{8-8}$$

式中，$\varphi_{外}$ 是外膜电位，$\varphi_{内}$ 是内膜电位，$\alpha_{H^+(外)}$ 是外部待测溶液的 H^+的活度，

$\alpha_{H^+(内)}$是内参比溶液H^+的活度。由于$\alpha_{H^+(内)}$恒定，因此，25℃时上式可表示为：

$$\varphi_{膜} = K' + 0.059\,2\lg\alpha_{H^+(外)}$$

或

$$\varphi_{膜} = K' - 0.059\,2\lg pH_{外}$$

K'由玻璃膜电极本身的性质决定，对于某一确定的玻璃电极，其K'是一个常数。因此，在一定温度下，玻璃电极的膜电位与外部溶液的pH值呈线性关系。pH 玻璃电极膜电位是由于玻璃膜上的钠离子与水溶液中的氢离子以及玻璃水化层中氢离子与溶液中氢离子之间交换的结果。

玻璃电极常用AgCl-Ag具有内参比电极，其电位是恒定的，与待测pH值无关。所以玻璃电极的电极电位应是内参比电极电位和膜电位之和。

$$\varphi_{玻璃} = \varphi_{AgCl/Ag} + \varphi_{膜} = \varphi_{AgCl/Ag} + K' - 0.059\,2pH_{外}$$

$$\varphi_{玻璃} = K_{玻璃} - 0.059\,2pH_{外} \tag{8-9}$$

式中 $K_{玻璃} = \varphi_{AgCl/Ag} + K'$。

可见，当温度等实验条件一定时，pH玻璃电极的电极电位与试液的pH呈线性关系。

使用 pH 玻璃电极测定溶液 pH 值的优点是不受溶液中氧化剂或还原剂的影响，玻璃膜不易因杂质的作用而中毒，能在胶体溶液和有色溶液中应用。缺点是本身具有很高的电阻，必须辅以电子放大装置才能测定，其电阻又随温度而变化，一般只能在5～60℃使用。

在测定酸度过高（pH＜1）和碱度过高（pH＞9）的溶液时，其电位响应会偏离线性，产生pH测定误差。在酸度过高的溶液中测得的pH值偏高，称为“酸差”。在碱度过高的溶液中，由于α_{H^+}太小，其他阳离子在溶液和界面间可能进行交换而使得pH值偏低，尤其是Na^+的干扰较为显著，这种误差称为“碱差”或“钠差”。

5．离子选择性晶体膜电极

这类电极的敏感膜由难溶盐的晶体制成。由于晶体结构上的缺陷而形成空穴，其大小、形状和电荷分布决定了只允许某种特定的离子在其中移动而导电，其他离子不能进入，从而显示了电极的选择性。晶体膜电极分为均相和非均相晶体膜两类。均相晶体膜由一种或几种化合物的晶体均匀混合而成，它包括单晶膜和多晶膜两种。

（1）单晶膜电极

典型的单晶膜电极是氟离子选择性电极。氟离子选择性电极的电极膜为 LaF_3 单晶，为了改善导电性，晶体中还掺入少量的 EuF_2 和 CaF_2。单晶膜封在硬塑料管的一端，管内装有 0.1 $mol \cdot L^{-1}$NaF-0.1 $mol \cdot L^{-1}$NaCl 溶液作内参比溶液，以 Ag-AgCl 电极作内参比电极，其结构如图 8-13 所示。

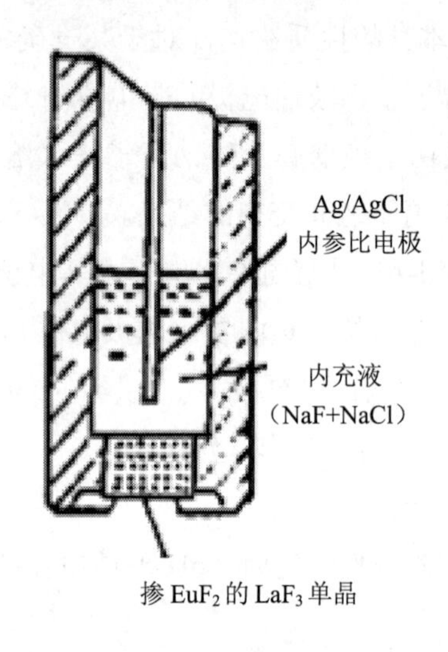

图 8-13 氟离子选择电极

内充液为 0.1 $mol \cdot L^{-1}$NaF + 0.1 $mol \cdot L^{-1}$NaCl

当氟电极插入含氟溶液中时，F^-在膜表面交换。溶液中 F^-活度较高时，F^-可以进入单晶的空穴，单晶表面 F^-也可进入溶液。由此产生的膜电位与溶液 F^-活度的关系在氟离子活度为 10～10^{-6} $mol \cdot L^{-1}$ 范围内遵守能斯特方程式。

25℃时膜电位　　　$\varphi_{膜} = K + 0.059\,2\text{pF}^-$。

氟离子选择性电极对 F^-有很好的选择性，阴离子中除 OH^-外，均无明显干扰。为了避免 OH^-的干扰，测定时需要控制 pH 值在 5～6 之间。当被测溶液中存在能与 F^-生成稳定配合物或难溶化合物的阳离子（如 Al^{3+}、Ca^{2+}）时，会造成干扰，须加入掩蔽剂消除。但切不可使用能与 La^{3+}形成稳定配合物的配位剂，以免溶解 LaF_3 而使电极灵敏度降低。

（2）多晶膜电极

多晶膜电极的电极膜是由一种难溶盐粉末或几种难溶盐的混合粉末在高压下

压制而成的。一般有三种类型：一是以 Ag_2S 粉末压片制成电极，可以测定 Ag^+ 或 S^{2-} 的活（浓）度；二是由卤化银 AgX（AgCl、AgBr、AgI）沉淀分散在 Ag_2S 骨架中制成卤化银-硫化银电极，可用来测定 Cl^-、Br^-、I^-、CN^-、SCN^- 等；三是将 Ag_2S 与另一金属硫化物（如 CaS、CdS、PbS 等）混合加工成膜，制成测定相应金属离子（如 Cu^{2+}、Cd^{2+}、Pb^{2+}）的晶体膜电极。目前以硫化银为基质的电极多不使用内参比溶液，而是在电极内填入环氧树脂填充剂，使电极成为全固态结构，以银丝直接与 Ag_2S 膜片相连。这种电极可以在任意方向倒置使用，且消除了压力和温度对含有内部溶液的电极所加的限制，特别适宜于对生产过程的监控检测。

（3）非均相膜电极

这类电极的电极膜是将 Ag_2S、AgX 等难溶盐分别与一些惰性高分子材料如硅橡胶、聚氯乙烯等混合，采用冷压、热压、热铸等方法制成。这类电极有 SO_4^{2-}、PO_4^{3-}、S^{2-}、Cl^-、Br^-、I^- 等电极。

均相与非均相晶体膜电极的原理及应用相同，表 8-4 列出了常用晶体膜电极的品种和性能。

表 8-4 晶体膜电极的品种和性能

电极	膜材料	线性响应浓度范围 c/（mol·L^{-1}）	pH 值范围	主要干扰离子	可测定离子
F^-	LaF_3+Eu^{2+}	5×10^{-7}～1×10^{-1}	5～6.5	OH^-	F^-
Cl^-	$AgCl+Ag_2S$	5×10^{-5}～1×10^{-1}	2～12	Br^-、$S_2O_3^{2-}$、I^-、CN^-、S^{2-}	Ag^+、Cl^-
Br^-	$AgI+Ag_2S$	5×10^{-6}～1×10^{-1}	2～12	$S_2O_3^{2-}$、I^-、CN^-、S^{2-}	Ag^+、Br^-
I^-	$AgI+Ag_2S$	1×10^{-7}～1×10^{-1}	2～11	S^{2-}	Ag^+、I^-、CN^-
CN^-	AgI	1×10^{-6}～1×10^{-1}	＞10	I^-	Ag^+、I^-、CN^-
Ag^+、S^{2-}	Ag_2S	1×10^{-7}～1×10^{-2}	2～12	Hg^{2+}	Ag^+、S^{2-}
Cu^{2+}	$CuS+Ag_2S$	5×10^{-7}～1×10^{-1}	2～10	Cu^{2+}、Hg^{2+}、Fe^{3+}、Cl^-	Cu^{2+}
Pb^{2+}	$PbS+Ag_2S$	5×10^{-7}～1×10^{-1}	3～6	Cd^{2+}、Ag^+、Hg^{2+}、Cu^{2+}、Fe^{3+}、Cl^-	Pb^{2+}
Cd^{2+}	$CdS+Ag_2S$	5×10^{-7}～1×10^{-1}	3～10	Pb^{2+}、Ag^+、Hg^{2+}、Cu^{2+}、Fe^{3+}	Cd^{2+}

6．气敏电极

气敏电极是对某气体敏感的电极，用于测定试液中的气体含量，其结构是一个化学电池复合体。以离子选择性电极与参比电极组成复合电极，将此复合电极置于塑料管内，再在管内注入电解质溶液，并在管的端部紧贴离子选择性电极的敏感膜处装有仅让待测气体通过的透气膜，使电解质和外部试液隔开。图 8-14 是气敏氨电极的结构示意图。

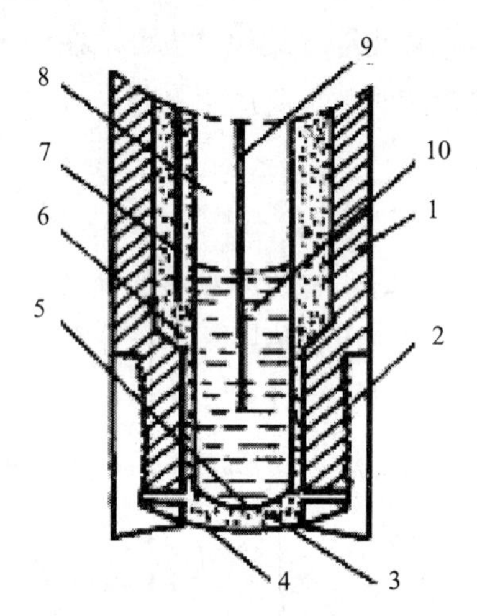

图 8-14 气敏氨电极的结构示意

1—电极管；2—电极头；3，6—中介液；4—透气膜；5—离子电极的敏感膜；7—参比电极；8—pH 玻璃膜电极；9—内参比电极；10—内参比液

氨气敏电极是以 pH 玻璃电极为指示电极，Ag-AgCl 电极为参比电极组成复合电极，复合电极内置于装有 0.1 $mol \cdot L^{-1}$ NH_4Cl 溶液（内充溶液）的塑料套管中，底部用一层极薄的透气膜与试液隔开。测定样品中的氨时，向试液中加入强碱，使其中的铵盐转化为氨，氨气通过透气膜进入 NH_4Cl 溶液中，并建立了下列平衡关系：

$$NH_3 + H_2O \rightleftharpoons NH_4^+ + OH^-$$

由于气体与内充溶液发生反应，使内充溶液中 OH^- 活度发生变化，即内充溶液 pH 值发生变化。pH 值的变化由内部 pH 复合电极测出，其电位与 α_{NH_3} 的关系符合能斯特方程。

即 25℃时， $\varphi = K - 0.059\,2 \lg \alpha_{NH_3}$

气敏电极除氨电极外还有 CO_2、NO_2、SO_2、H_2S、HCN 等电极。需要指出的是，气敏电极实际上已将外参比电极装在内充溶液中成为一个工作电池，因此称它为“电极”并不确切。

7．酶电极

将酶活性物质覆盖在离子选择性电极的敏感膜表面，当某些待测物与电极接触时在酶的催化作用下转变成一种电极可以响应的物质。由于酶是具有特殊生物活性的催化剂，它的催化反应具有选择性强、催化效率高、绝大多数催化反应能在常温下进行等优点，其催化反应的产物如 CO_2、NH_3、CN^-、S^{2-}等，大多能被现有的离子选择性电极所响应。特别是它能测定生物体液的组分，所以备受生物化学和医学界的关注。由于酶的活性不易保存，酶电极的使用寿命短，限制了使用发展。

8．离子选择性电极的性能

（1）选择性

离子选择性电极应是只对特定的一种离子产生电位响应，其他共存离子不干扰。但实际上，目前所使用的离子选择性电极都不可能仅对某一种离子产生响应，而是或多或少地对共存干扰离子产生不同程度的响应。干扰离子对电极电位响应值的影响，可通常用电极的选择性系数表示。

$$K_{ij}=\frac{\alpha_i}{(\alpha_j)^{n_i/n_j}} \qquad (8\text{-}10)$$

式中，i 为待测离子，j 为干扰离子；n_i、n_j 分别为 i 离子和 j 离子的电荷；K_{ij} 称为选择性系数，其意义为：在相同实验条件下，产生相同电位的待测离子活度 α_i 与干扰离子活度 α_j 的比值。例如，$n_i=n_j=1$，$K_{ij}=0.01$，则 $\alpha_i/\alpha_j=100$，这说明 j 离子活度为 i 离子活度 100 倍时，j 离子所提供的电位才等于 i 离子所提供的电位。电极对 i 离子的敏感程度是 j 离子的 100 倍。显然，K_{ij} 越小越好。如果 $K_{ij}<1$，说明电极对 i 离子有选择性的响应；当 $K_{ij}=1$，说明电极对 i 离子与 j 离子有同等的响应；当 $K_{ij}>1$，说明电极对 j 离子有选择性的响应。例如，一支 pH 玻璃电极对 Na^+的选择性系数 $K_{H^+,Na^+}=10$，这说明该电极对 H^+的响应比对 Na^+的响应灵敏 10^{11} 倍，此时 Na^+对 H^+的测定没有干扰。

$$\varphi_{膜} = K + \frac{0.059\ 2}{n}\lg\left[\alpha_i + K_{ij}(\alpha_j)^{n_i/n_j}\right]$$

选择性系数 K_{ij} 随实验条件、实验方法和共存离子的不同有差异，它不是一个常数，数值在手册中能查到，但不能直接利用 K_{ij} 的文献值作分析测试时的干扰校正。通常商品电极都会提供经实验测定的 K_{ij} 值数据。可利用此值估算干扰离子对测定造成的误差，判断某种干扰离子存在下测定方法是否可行，计算式为：

$$相对误差\ Er = \frac{K_{ij}(\alpha_j)^{n_i/n_j}}{\alpha_i} \quad (8\text{-}11)$$

【例 8-2】有 NO_3^-离子选择性电极，对 SO_4^{2-}的电位选择性系数 $K_{NO_3^-,SO_4^{2-}} = 4.1\times10^{-5}$。用此电极在 1.0 mol·L^{-1} 的 H_2SO_4 介质中测定 NO_3^-，测得 $\alpha'_{NO_3^-} = 8.2\times10^{-4}$ mol·L^{-1}。请计算 SO_4^{2-}引起的误差是多少？

解：根据式（8-11），

$$相对误差\ Er = \frac{4.1\times10^{-5}\times(1.0)^{\frac{1}{2}}}{8.2\times10^{-4}} = 5.0\%$$

因此，SO_4^{2-} 引起的测量误差为 5.0%。

（2）线性范围及检测下限

离子选择性电极的电位与待测离子活度的对数值只在一定的范围内呈线性关系，该范围称作线性范围。线性范围的测量方法是：将离子选择性电极和参比电极与不同活度（浓度）的待测离子的标准溶液组成电池并测出相应的电池电动势 E，然后以 E 值为纵坐标，$\lg\alpha_i$（或 $p\alpha_i$）值为横坐标绘制曲线（如图 8-15 所示）。图中直线部分 ab 相对应的活（浓）度即为线性范围。离子线性选择性电极的线性范围通常为 $10^{-1}\sim10^{-6}$ mol·L^{-1}。

根据 IUPAC（国际纯粹与应用化学联合会）的建议，图 8-15 中两直线部分外延的交点 A 所对应的离子活（浓）度称为检测下限。在检测下限附近，电极电位不稳定，测量结果的重现性和准确度较差。

电极的线性范围检测下限会受实验条件、溶液组成（尤其是溶液酸度和干扰离子含量以及电极预处理情况等的影响）而发生变化，在实际应用时必须予以注意。

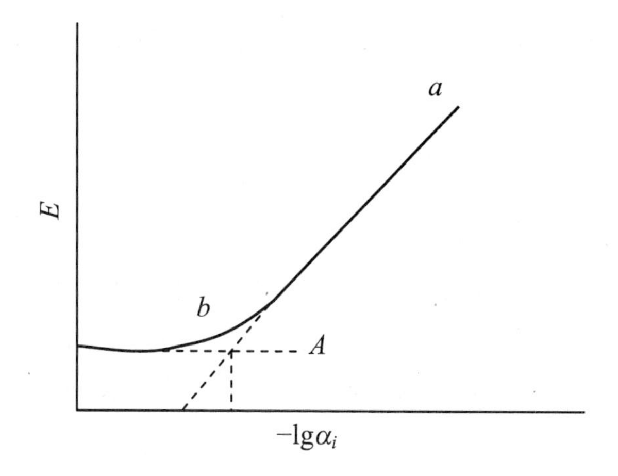

图 8-15　线性范围与检测下限

8.2.3　电位分析法的应用

1．pH 测定值

pH 值是氢离子活度的负对数，即 $pH=-\lg\alpha_{H^+}$。测定溶液的 pH 值通常用 pH 玻璃电极作指示电极（负极），甘汞电极作参比电极（正极），与待测溶液组成工作电池，可表示为：

$$玻璃电极|试液 \| 甘汞电极$$

25℃时工作电池的电动势为 $E=\varphi_{SCE}-\varphi_{玻璃}=\varphi_{SCE}-K_{玻璃}+0.059\,2pH_{试}$

其中 φ_{SCE}，$K_{玻璃}$ 在一定条件下是常数，上式可表示为：

$$E=K'+0.059\,2pH_{试}$$

测定溶液 pH 值的工作电池的电动势 E 与试液的 pH 值呈线性关系，据此可以进行溶液 pH 值的测量。其中 K' 是个十分复杂的项目，它包括了饱和甘汞电极的电位、内参比电极电位、玻璃膜的不对称电位及参比电极与溶液间的接界电位，有些电位很难测出。因此实际工作中不能直接计算 pH 值，而是用已知 pH 值的标准缓冲溶液为基准，通过比较由标准缓冲溶液参与组成和待测溶液参与组成的两个工作电池的电动势来确定待测溶液的 pH 值。即测定一标准缓冲溶液（pH_s）的电动势 E_s，然后测定试液（pH_x）的电动势 E_x。

25℃时，E_s 和 E_x 分别为：

$$E_s=K_s'+0.059\,2pH_s \qquad E_x=K_x'+0.059\,2pH_x$$

在同一测量条件下，采用同一支 pH 玻璃电极和 SCE，则上两式中 $K'_s \approx K'$，将两式相减得：

$$pH_x = pH_s + \frac{E_x - E_s}{0.0592} \tag{8-12}$$

式中，pH_s 为已知值，测量出 E_x、E_s 即可求出 pH_x。通常将式（8-12）称为 pH 实用定义或 pH 标度。实际测定中，将 pH 玻璃电极和 SCE 插入 pH_s 标准溶液中，通过调节测量 pH 计上的“定位”键，使其显示出测量温度下的 pH_s 值，这样就可以达到消除 K 值、校正仪器的目的。然后再将电极对插入待测溶液中，可直接读取溶液 pH。

2．测定离子活（浓）度

与 pH 值的电位法测定相似，离子活（浓）度的电位法测定也是将对待测离子有响应的离子选择性电极与参比电极浸入待测溶液组成工作电池，并用仪器测量其电池电动势。例如，用氟离子选择性电极测定氟离子的活（浓）度，其工作电池为：

SCE ‖ 试液（$\alpha_{F^-} = x$）|氟离子选择性电极

则 25℃时，电池电动势与 α_{F^-} 或 pF（$pF=-\lg\alpha_{F^-}$）的关系为：

$$E = K' - 0.0592\lg\alpha_{F^-}$$

或

$$E = K' + 0.0592\text{pF}$$

式中 K' 在一定实验条件为一常数。用各种离子选择性电极测定与其响应的相应离子的活度时可用下列通式：

$$E = K' \pm \frac{2.303RT}{n\text{F}}\lg\alpha_i \tag{8-13}$$

当离子选择性电极作正极时，对阳离子响应的电极，K' 后面一项取正值，对阴离子响应的电极，K' 后面一项取负值。

与测定 pH 值同样原理，K' 的数值也取决于离子选择性电极的薄膜，内参比溶液及内外参比电极的电位，也需要用已知离子活度的标准溶液为基准，比较包含待测溶液和标准溶液的两个工作电池的电动势来确定待测试液的离子活度。但目前能提供的标准活度溶液，除用于校正 Cl^-、Na^+、Ca^{2+}、F^-离子电极用的标准参比溶液 NaCl、KF、$CaCl_2$ 外，其他离子活度标准溶液尚无标准。通常在要求不高并保证离子活度系数不变的情况下，用浓度代替活度进行测定。

3．定量分析方法

（1）离子选择性电极测定离子浓度的条件

离子选择性电极响应的是离子的活度，活度与浓度的关系是：

$$\alpha_i = r_i \cdot c_i$$

式中，r_i为i离子的活度系数，c_i为i离子的浓度。

因此，要用离子选择性电极测定溶液中被测离子浓度的条件是：必须保持溶液中离子活度系数不变。由于活度系数是离子强度的函数，因此测定中保持溶液的离子强度不变即可。为此，在试液和标准溶液中加入相同量的惰性电解质，称为离子强度调节剂。有时将离子强度调节剂、pH缓冲溶液和消除干扰的掩蔽剂等事先混合在一起，这种混合液被称为总离子强度调节缓冲剂（TISAB）。其主要作用有：维持试液和标准溶液恒定的离子强度；保持试液在离子选择性电极适合的pH值范围内，避免H^+或OH^-干扰；使待测离子释放成可检测的游离离子。例如用氟离子选择性电极测定水中F^-所加入的TISAB组成为NaCl（1 mol·L^{-1}）、HAC（0.25 mol·L^{-1}）、NaAc（0.75 mol·L^{-1}）及柠檬酸钠（0.001 mol·L^{-1}）。其中NaCl溶液用于调节离子强度；HAc-NaAc组成缓冲体系，使溶液pH值保持在氟离子选择性电极适合的pH（5～5.5）范围之内；柠檬酸作为掩蔽剂消除Fe^{3+}、Al^{3+}的干扰。

（2）标准曲线法

在所配制的一系列已知浓度的含待测离子的标准溶液中，依次加入相同量的TISAB，并插入离子选择性电极和参比电极，在同一条件下，测出各溶液的电动势E，然后以所测得电动势E为纵坐标，以浓度c的对数（或负对数值）为横坐标，绘制E—$\lg c_i$或E—（$-\lg c_i$）的关系曲线。在待测溶液中加入同样量的TISAB溶液，并用同一对电极测定其电池电动势E_x，再从所绘制的标准曲线上查出E_x所对应的$\lg c_x$，换算为c_x。

标准曲线法主要适用于大批同种样品的测定。对于要求不高的少数样品，也可用一个浓度与试液相近的标准溶液，在相同条件下，分别测出E_x与E_s，然后用与pH实用定义相似的公式计算出。即，

$$\lg c_x = \lg c_s + \frac{E_x - E_s}{s} \tag{8-14}$$

式中，c_x、c_s分别为待测试液和标准溶液的浓度；E_x、E_s为相同条件下测得待测溶液与标准溶液的电动势；s为电极的斜率，其值可通过两份不同浓度标准

溶液在相同条件下测量出的 E 值用 $s=\dfrac{E_1-E_2}{\lg c_1-\lg c_2}$ 求得。

（3）标准加入法

分析复杂样品时宜采用标准加入法，即将标准溶液加入到样品溶液进行测定。具体做法是：在一定实验条件下，先测定体积为 V_x，浓度为 c_x 的试液电池的电动势 E_x，然后在其浓度为 c_s，体积为 V_s 的含待测离子的标准溶液（要求：V_s 约为试液体积的 1/100，而 c_s 则为 c_x 的 100 倍左右）在同样实验条件下再测其电池的电动势 E_{x+s} 则 25℃时，

$$E_x=K'+\frac{0.059\,2}{n}\lg rc_x$$

式中，r 为离子活度系数；n 为离子的电荷数。同理

$$E_{x+s}=K'+\frac{0.059\,2}{n}\lg r(c_x+\Delta c)$$

式中，r 为加入标准溶液后，溶液的离子活度系数；Δc 为加入标准溶液后，试液浓度的增量，其值为 $\Delta c=\dfrac{c_s\cdot V_s}{V_x+V_s}$

由于 V_s<<V_x，因而 $\Delta c=\dfrac{c_s\cdot V_s}{V_x}$

则 $\Delta E=E_{x+s}-E_x=\dfrac{0.059\,2}{n}\lg\dfrac{r'\cdot(c_x+\Delta c)}{r\cdot c_x}$

因为 $\gamma=\gamma'$ g，则 $\Delta E=\dfrac{0.059\,2}{n}\cdot\lg\dfrac{c_x+\Delta c}{c_x}$

令 $S=\dfrac{0.059\,2}{n}$，则 $c_x=\Delta c\cdot(10^{\Delta E/S}-1)^{-1}$ （8-15）

因此，只要测出 ΔE 和 s，计算出 Δc，就可以求出 c_x。

标准加入法的优点是，只需要一种标准溶液，溶液配制简便，适于组成复杂的个别样品，只要测出 ΔE、s、计算出 Δc，就可以求出 c_x。但是标准加入法需要在相同实验条件下测量电极的实际斜率，简便的测量方法是：在测量 E_x 后，将所测试液用空白溶液稀释一倍，再测定 $E_{x'}$，则：

$$S=\frac{|E_{x'}-E_x|}{\lg 2}=\frac{|E_{x'}-E_x|}{0.301}$$

【例 8-3】用氯离子选择性电极测定果汁中氯化物含量时，在 100 mL 的果汁中测得电动势为−26.8 mv，加入 1.00 mL，0.500 mol·L^{-1} 经酸化的 NaCl 溶液，测得电动势为−54.2 mv。计算果汁中的氯化物浓度（假定加入 NaCl 前后离子强度不变）。

解：应用式 $\Delta c=\dfrac{c_s\cdot V_s}{V_x}=\dfrac{0.500\times 1.00}{100}$

$$c_x=\Delta c\cdot(10^{\Delta E/S}E/S-1)^{-1}$$

$$=\Delta c\cdot(10^{\Delta E/S}-1)^{-1}=\frac{0.500\times 1.00}{100}(10^{(54.2-26.8)\times 10^{-3}/0.0592}-1)^{-1}$$

$$=2.63\times 10^{-3}\ \text{mol}\cdot\text{L}^{-1}$$

4．电位滴定法

电位滴定法是根据滴定过程中指示电极电位突跃确定滴定终点的一种滴定分析方法。进行滴定时，在待测溶液中插入一支对待测离子或滴定剂有电位响应的指示电极，并与参比电极组成工作电池。随着滴定剂的加入，待测离子与滴定剂之间发生化学反应，待测离子浓度不断变化，造成指示电极电位也相应发生变化。在化学计量点附近，待测离子活度发生突变，指示电极的电位也相应发生突变。因此，测量电池电动势的变化，可以确定滴定终点。最后根据滴定剂浓度和终点时滴定剂消耗体积计算试液中待测组分的含量。

电位滴定法不同于直接电位法，直接电位法是以所测得的电池电动势（或其变化量）作为定量参数，因此其测量值的准确与否直接影响定量分析结果。电位滴定法测量的是电池电动势的变化情况，它不以某一电动势的变化量作为定量参数，只根据电动势变化情况确定滴定终点，其定量参数是滴定剂的体积，因此在直接电位法中影响测定的一些因素如不对称电位、液接电位、电动势测量误差等在电位滴定中可得以抵消。

电位滴定的基本装置如图 8-16 所示。

电位滴定法在滴定分析中应用广泛，可用于酸碱滴定、沉淀滴定、氧化还原滴定及配位滴定。不同类型滴定需要选用不同的指示电极，表 8-5 列出各类滴定常用的电极和电极预处理方法，以供参考。

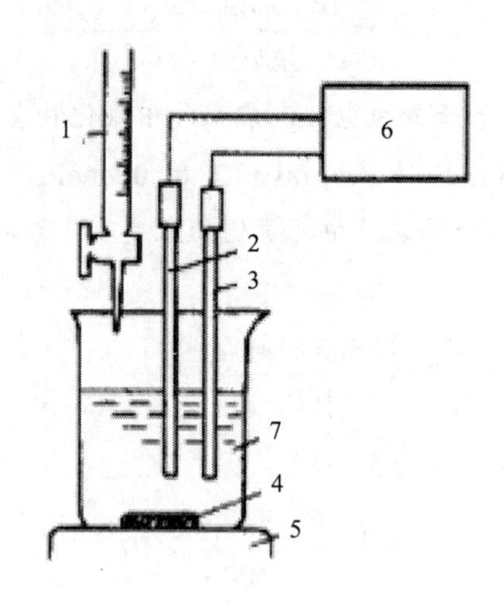

图 8-16 电位滴定装置示意

1—滴定管；2—指示电极；3—参比电极；4—铁芯搅拌棒；

5—电磁搅拌器；6—高阻抗毫伏计；7—试液

表 8-5 电位滴定常用电极

序号	滴定类型	电极系统		预处理
		指示电极	参比电极	
1	酸碱滴定（水溶液中）	玻璃电极	饱和甘汞电极	玻璃电极：使用前须在水中浸泡 24 h 以上，使用后立即清洗并浸于水中保存
2	氧化还原滴定	铂电极	饱和甘汞电极	铂电极：使用前应注意电极表面不能有油污物质，必要时可在丙酮或硝酸溶液中浸洗，再用水洗涤干净
3	银量法	银电极	饱和甘汞电极（双盐桥型）	①银电极：使用前应用细砂纸将表面擦亮然后浸入含有少量硝酸钠的稀硝酸（1+1）溶液中，直到有气体放出为止，取出用水洗干净。 ②双盐桥型饱和甘汞电极：盐桥套管内装饱和硝酸钠或硝酸钾溶液。其他注意事项与饱和甘汞电极相同
4	EDTA 配位滴定	金属基电极 离子选择性电极 Hg/Hg-EDTA	饱和甘汞电极	

最简单的电位滴定终点的确定方法为 E-V 曲线法，以加入滴定剂体积 V（mL）为横坐标，以相应的电动势 E（mV）为纵坐标，绘制 E-V 曲线。E-V 曲线上的拐点（曲线斜率最大处）所对应的滴定体积即为终点时滴定剂所消耗体积（Vep），见图 8-17。

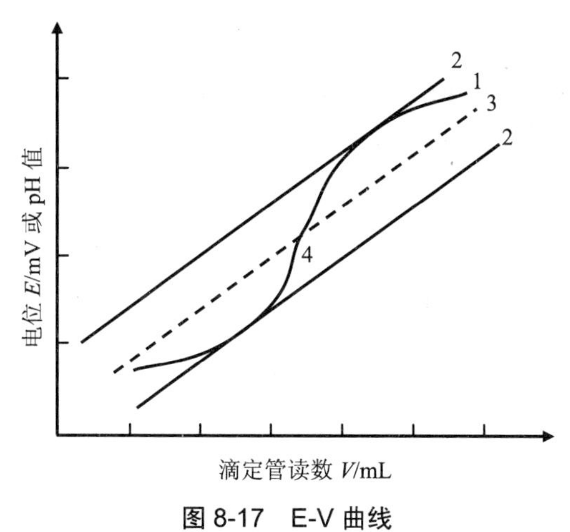

图 8-17 E-V 曲线

1—滴定曲线；2—切线；3—平行等距离线；4—滴定终点

电位滴定法与使用指示剂的滴定分析相比有很多优越性，它除了适用于没有适当指示剂及浓度很稀的试液的各滴定反应类型的滴定外，还特别适用于浑浊、荧光性的、有色的甚至不透明溶液的滴定。采用自动滴定仪，还可提高分析精度，减少人为误差，加快分析速度和实现全自动操作。表 8-6 列出电位滴定法部分应用实例。

表 8-6 电位滴定法部分应用举例

滴定方法	参比电极	指示电极	应用举例
酸碱滴定	甘汞电极	玻璃电极	在 HAc 介质中，用 $HClO_4$ 溶液滴定吡啶；在乙醇介质中用 HCl 滴定三乙醇胺
沉淀滴定	甘汞电极 玻璃电极	银电极 汞电极	用 $AgNO_3$ 滴定 Cl^-、Br^-、I^-、CNS^-、S^{2-}、CN^-等 用 $Hg(NO_3)_2$ 滴定 Cl^-、I^-、CNS^-、$C_2O_4^{2-}$等
氧化还原滴定	甘汞电极 钨电极	铂电极	用 $KMnO_4$ 滴定 I^-、NO_2^-、Fe^{2+}、V^{4+}、Sn^{2+}、$C_2O_4^{2-}$等 用 $K_2Cr_2O_7$ 滴定 Fe^{2+}、Sn^{2+}、Sb^{3+}等 用 $K_3[Fe(CN)_6]$滴定 Co^{2+}等
配位滴定	甘汞电极	汞电极 铂电极	用 EDTA 滴定 Cu^{2+}、Zn^{2+}、Ca^{2+}、Mg^{2+}、Al^{3+}等金属离子

8.3 气相色谱分析法

8.3.1 概述

现在大气中多环芳烃（PAH）、废水中酚类物质以及食品风味、蔬菜中农药残留等检测均采用气相色谱法。如可挥发性有机物（VOC）监测是以氦气为载气，流速 1～3 mL/min，通过 DB-1（甲基聚硅氧烷）或 DB-5（5%苯基 95%甲基聚硅氧烷）为固定相的毛细管色谱柱进行分离。色谱条件为起始温度 30℃，保留时间 2 min，升温速率 8℃/min，最后在 200℃下使所有色谱峰出完为止。

气相色谱法是以气体为流动相的色谱分析方法。具有高效、快速、灵敏、应用范围广等特点。常用气相色谱仪的主要部件和分析流程如图 8-18 所示。

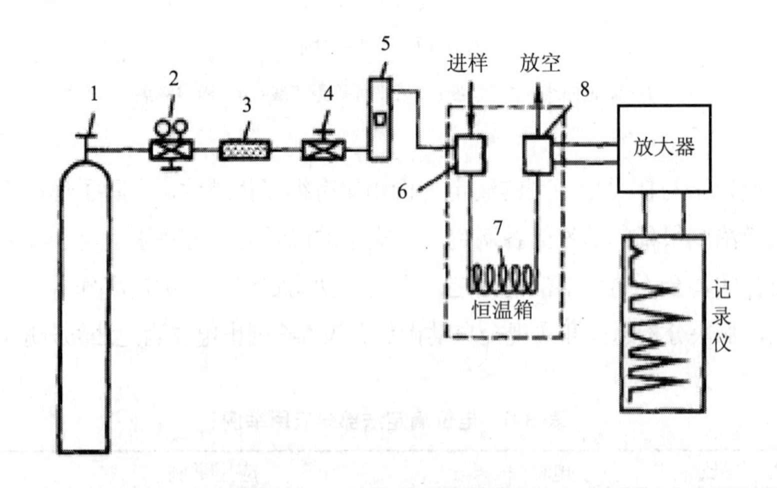

图 8-18　气相色谱流程示意

1—载气钢瓶；2—减压阀；3—净化干燥管；4—针形阀；
5—流量计；6—进样口和气化室；7—色谱柱；8—检测器

气相色谱仪由五个部分组成：气路系统、进样系统、分离系统、温控系统以及检测和数据处理系统（化学工作站）。

8.3.2　气相色谱分离原理

8.3.2.1　分配系数和分配比

以气相色谱为例，被测组分在固定相与流动相之间反复发生吸附、脱附或溶解、挥发过程，即分配过程，可用分配系数或分配比来描述被测组分分子与固定相分子间的相互作用。

1．分配系数 K

在一定的温度和压力下，当分配体系达到平衡时，被测组分在固定相浓度 C_S 与在流动相中浓度 C_M 之比为常数。此常数称为分配系数，以 K 表示。

$$K=\frac{C_S}{C_M} \tag{8-16}$$

K 值除了与温度、压力有关外，还与组分的性质、固定相和流动相的性质有关。K 值的大小表明组分与固定相分子间作用力的大小。K 值小的组分在柱中滞留的时间短，较早流出色谱柱；反之，K 值大的组分在柱中滞留的时间长，则较迟流出色谱柱。因此，不同组分的分配系数的差异是实现色谱分离的先决条件，分配系数相差越大，越容易实现分离。

2．分配比 k

又称为容量因子，在一定温度和压力下，组分在两相间达到分配平衡时，分配在固定相和流动相中的质量之比，即：

$$k=\frac{m_S}{m_M} \tag{8-17}$$

分配系数与分配比之间的关系为：

$$K=\frac{C_S}{C_M}=\frac{m_S/V_S}{m_M/V_M}=k\beta$$

式中：V_M 为色谱柱中流动相体积，即柱内固定相颗粒间的空隙体积；V_S 为色谱柱中固定相体积，在不同类型的色谱法中含义不同。例如在吸附色谱中 V_S 为吸附剂表面容量，在分配色谱中则为固定液体积。V_M 与 V_S 之比称为相比，以 β 表示，它反映了各种色谱柱柱型的特点。例如，填充柱的 β 值为 6～35，毛细管柱的 β 值为 50～1 500。

8.3.2.2 色谱流出曲线及有关术语

样品中各组分经色谱柱分离后，依次从色谱柱流出，以组分浓度（或质量）为纵坐标，流出时间为横坐标，绘得的组分浓度（或质量）随时间变化曲线称为色谱流出曲线，也称色谱图。如图 8-19 所示。

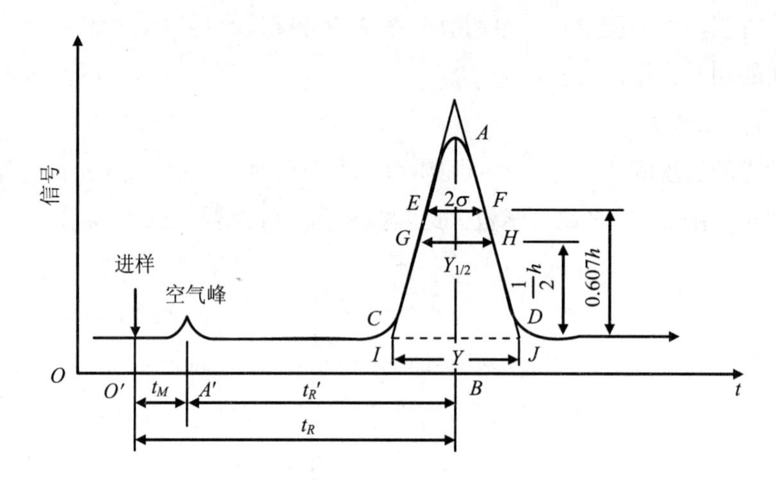

图 8-19 色谱流出曲线

色谱的基本术语包括基线、峰高、保留值和区域宽度。

1．基线

色谱柱中仅有流动相通过时，检测器记录信号即为基线。实验条件稳定时，基线应是一条直线。如上图中平行于横轴的直线段所示。

2．峰高

从色谱峰顶点到基线之间的垂直距离，以 h 表示。

3．保留值

表示样品组分在色谱柱中的滞留情况，通常用时间或载气体积表示。

（1）用时间表示的保留值

保留时间 t_R：被测组分从进样到色谱峰出现浓度最大值时所需的时间，如图 8-20 中 $O'B$ 所示。

死时间 t_M：不被固定相保留的组分（如空气）的保留时间，如图 8-20 中 $O'A'$ 所示。

调整保留时间 t_R'：扣除死时间后组分的保留时间，如图 8-20 中 $A'B$，所示。

即：

$$t'_R = t_R - t_M$$

在确定的实验条件下，任何物质都有一定的保留时间，它是色谱定性的基本参数。

（2）用流动相体积表示的保留值

保留体积 V_R：从进样到色谱峰出现浓度最大时所通过的流动相体积，单位为 mL。它与保留时间 t_R 的关系如下：

$$V_R = t_R \cdot F_0$$

式中：F_0 为流动相体积流速，mL/min。

死体积 V_M：死体积是指色谱柱中未被固定相占据的空隙体积，也即色谱柱内流动相的体积。但在实际测量时，它包括了柱外死体积，即色谱仪管路和连接头以及进样口和检测器的空间。当柱外死体积很小时，可忽略不计。死体积由死时间与流动相体积流速 F_0 计算。

$$V_M = t_M \cdot F_0$$

调整保留体积 V'_R：扣除死体积后组分的保留体积。

$$V'_R = V_R - V_M = t'_R \cdot F_0$$

（3）相对保留值 r_{21}

指组分 2 与组分 1 的调整保留值之比，是一个量纲为一的量。

$$r_{21} = \frac{t'_{R_2}}{t'_{R_2}} = \frac{V'_{R_2}}{V'_{R_1}} \tag{8-18}$$

其中脚标代表组分 1 和组分 2，组分 2 的保留一般大于组分 1，因此 $r_{21} \geq 1$。r_{21} 可作为衡量固定相对组分分离选择性指标，又称选择性因子，也可用 α 表示。

（4）保留值与分配比的关系

设柱中某组分的平均线速度为 u，则：

$$u = \frac{L}{t_R}$$

若流动相的平均线速度为 u。则 $u = \dfrac{u_0}{1+k}$

这说明，在一个样品的分析过程中，各个组分的线速度是分配比的函数，分配比越大，组分的速度越小，保留时间越长。

整理后得到：

$$t_R = t_M(1+k)$$

这表明，t_R 为 k 和 t_M 的函数。因此，分配比 k 是色谱柱对组分保留能力的参数，k 值越大，保留时间越长。

$$k = \frac{t_R - t_M}{t_M} = \frac{t'_R}{t_M} = \frac{V'_R}{V_M}$$

分配比 k 同时也是组分在固定相与在流动相中停留时间之比。k 不仅与物质的热力学性质有关，还与色谱柱的柱形及其结构有关。由于分配比 k 可以方便地从色谱图上求得，因此它比分配系数 K 更为常用，是色谱理论中的一个非常重要的参数。

4．区域宽度

色谱峰的区域宽度是组分在色谱柱中谱带扩张的函数，它反映了色谱操作条件的动力学因素。色谱峰的区域宽度可用下面三种方法表示。

（1）标准偏差 σ

色谱峰是正态分布曲线，可以用标准偏差 σ 表示峰的区域宽度，即 0.607 倍峰高处色谱峰宽度的一半，如图 8-20 中 EF 的一半。

（2）半峰宽 $Y_{1/2}$

峰高一半处色谱峰的宽度，如图 8-20 中的 GH。它与标准偏差的关系是：

$$Y_{1/2} = 2.354\sigma \qquad (8\text{-}19)$$

（3）峰底宽度 Y

也称峰宽，为色谱峰两侧拐点上的切线在基线上截距，如图 8-20 中的 IJ 所示。它与标准偏差的关系是：

$$Y = 4\sigma \qquad (8\text{-}20)$$

8.3.2.3 色谱法基本理论

1．塔板理论

1941 年由詹姆斯（James）和马丁（Martin）提出，并用数学模型描述了色谱分离过程。这个半经验的理论将色谱柱比作一个分馏塔，柱内由一系列设想的塔板组成，把色谱柱分成许多小段。在每一小段内，一部分空间被固定相占据，另一部分空间充满流动相，分离组分在两相间达到平衡。这样每个小段称做一个理论塔板，每小段的长度称为理论塔板高度，用 H 表示。组分随着流动相进入色谱柱后，经过多次分配平衡，分配系数小的组分先离开色谱柱，分配系数大的组分后离开色谱柱。

塔板理论方程式：

对一根长为 L 的色谱柱，组分达成分配平衡的次数应为 n：

$$n = \frac{L}{H}$$

式中：n 称为理论塔板数。由塔板理论可导出理论塔板数 n 计算公式为：

$$n = 5.54\left(\frac{t_R}{Y_{1/2}}\right)^2 = 16\left(\frac{t_R}{Y}\right)^2 \quad (8\text{-}21)$$

显然，当色谱柱长 L 一定时，塔板高度 H 越小，塔板数 n 值越大，组分在色谱柱内的分配次数就越多，则色谱柱效越高。

但是由于死时间 t_M（或 V_M）包含在 t_R（或 V_R）内，而 t_M 并不参加柱内组分的分配，所以理论塔板数、理论塔板高度并不能真实反映色谱柱分离性能。因此，常采有效塔板数 $n_{有效}$或有效塔板高度 $H_{有效}$作为衡量柱效的指标。分别表示为：

$$n_{有效} = 5.54\left(\frac{t'_R}{Y_{1/2}}\right)^2 = 16\left(\frac{t'_R}{Y}\right)^2$$

$$H_{有效} = \frac{L}{n_{有效}}$$

n 与 $n_{有效}$的关系式：

$$n = n_{有效}\left(\frac{1+k}{k}\right)^2 \quad (8\text{-}22)$$

上式说明，容量因子 k 越小，n 与 $n_{有效}$之间相差越大。

色谱柱的 $n_{有效}$越大，组分在色谱柱的分配次数越多，柱效越高，所得色谱峰越窄，越有利于分离，但这不能表示各组分的实际分离效果。混合物样品各组分能否被分离取决于各组分在固定相上分配系数的差异，而不是取决于分配次数的多少。如果两组分的分配系数 K 相同，无论该色谱柱的塔板数多大，都无法分离。

2．速率理论

1956 年荷兰学者范第姆特（Van Deemter）等在研究气-液色谱时，提出了色谱过程的动力学理论——速率理论。在综合评价影响塔板高度的动力学因素后，

导出了塔板高度 H 与载气线速度 u 的关系式。即速率理论方程式，简称范氏方程，即：

$$H = A + B/u + Cu \tag{8-23}$$

式中：A 为涡流扩散项，B 为分子扩散项系数，C 为传质阻力项系数；u 为流动相的平均线速度，单位为 cm/s。各项的物理意义分别为：

（1）涡流扩散项 A

在填充色谱柱中，组分分子随流动相在固定相颗粒间的孔隙串行，向柱尾方向移动，碰到填充物颗粒时，不断地改变流动方向，使组分分子在流动相中形成紊乱的类似“涡流”的流动。由于填充物颗粒大小不同以及填充的不均匀性，使组分分子通过填充柱时的路径长短不同，使得组分分子在色谱柱中进行运动时的离散程度增大，引起色谱峰形的扩展，分离变差。

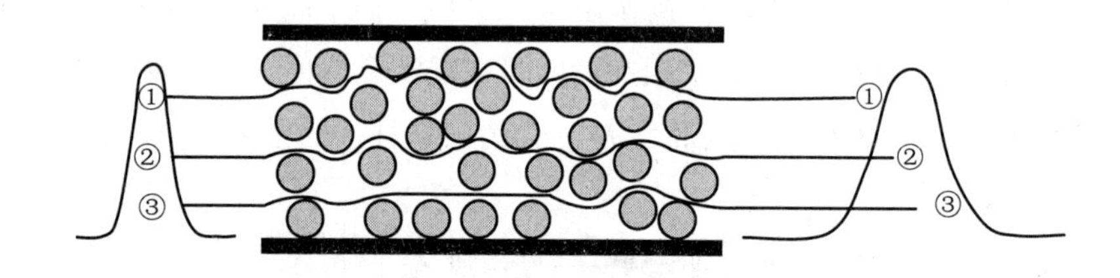

图 8-20　色谱柱中的涡流扩散

涡流扩散项 A 与固定相颗粒大小及填充的均匀性有关，其值可用下式表示：

$$A = 2\lambda d_p$$

式中：λ为填充不规则因子；d_p 为填充物颗粒的平均直径。固定相颗粒大小是影响涡流扩散项的主要因素。使用颗粒细、粒度均匀的填充物且填充均匀，是减少涡流扩散和提高柱效的有效途径。对于空心毛细管柱，不存在涡流扩散，因此 A=0。

（2）分子扩散项 B/u

分子扩散项又称为纵向扩散项。由于进样后样品仅存在于色谱柱中很短的一段空间内，因此可认为样品是以“塞子”的形式进入色谱柱的。在“塞子”前后形成浓度梯度，组分分子从高浓度处向低浓度处扩散，这种扩散沿柱的纵向进行，结果使色谱峰展宽、分离变差。

分子扩散项系数 B 为：

$$B = 2\gamma D_g$$

式中：γ为弯曲因子；D_g为组分分子在气相中的扩散系数（cm^2/s）。弯曲因子γ是与组分分子在柱内扩散路径的弯曲程度有关的因子。对填充柱，$\gamma = 0.5$～0.7；而毛细管空心柱因无填充物阻碍，$\gamma = 1$。D_g的大小与组分及流动相的性质、组分在流动相中的停留时间及柱温等有关。组分的相对分子质量大，扩散不易，D_g较小。D_g与流动相相对分子质量的平方根成反比，且随柱温的升高而增大。分子扩散还与组分在柱内的保留时间有关，载气流速越小，保留时间越长；柱子越长，分子扩散对峰展宽的影响就越显著。因此，为了减小分子扩散项，要适当加大流动相流速，使用相对分子质量较大的流动相，控制或降低柱温等。

（3）传质阻力项 Cu

气相传质阻力是指样品分子由气相移动到固定相界面进行交换传质过程中所受到的阻力。传质阻力越大，引起峰展宽也越大。传质阻力系数 C 包括气相传质阻力系数 C_g 和液相传质阻力系数 C_l 两项，即 $C = C_g + C_l$。气相传质阻力系数：

$$C_g = \frac{0.01k^2}{(1+k)^2} \cdot \frac{d_p^2}{D_g}$$

式中：k 为分配比。从上式可以看出，气相传质阻力系数 C_g 与填充物粒度 d_p 的平方成正比，与组分在气相中的扩散系数 D_g 成反比。因此，采用粒度小的填充物和相对分子质量小的气体（如 H_2）作载气，或适当降低流动相线速，可以降低气相传质阻力，提高柱效。

液相传质阻力是指组分分子从气液两相界面扩散至液相内部进行质量交换，达到分配平衡后再返回气液两相界面，整个过程的传质阻力。液相传质阻力系数：

$$C_l = \frac{2}{3} \cdot \frac{k}{(1+k)^2} \cdot \frac{d_f^2}{D_l}$$

式中：d_f 为固定相液膜厚度；D_l 为组分分子在固定液中的扩散系数。可见，液相传质阻力与固定相液膜厚度的平方成正比，与组分分子在固定液中的扩散系数成反比。液膜厚度薄，组分在液相的扩散系数大，则液相的传质阻力就小。

将 A、B 和 C 代入式（8-23），即可得到气液色谱的速率理论方程：

$$H = 2\lambda d_p + \frac{2\gamma D_g}{u} + \left[\frac{0.01k^2}{(1+k)^2} \cdot \frac{d_p^2}{D_g} + \frac{2k}{3(1+k)^2} \cdot \frac{d_f^2}{D_l}\right]u \tag{8-24}$$

由此可见，范氏方程对于分离条件的选择具有指导意义。它说明，填充均匀程度、担体粒度、载气种类、载气流速、柱温、固定相液膜厚度等对柱效、峰扩展的影响。

3．色谱分离基本方程

衡量柱效的指标是 n 或 $n_{有效}$。n 越大，说明组分在柱中进行分配平衡的次数越多，越有利于分离。但各组分能否得到分离并不取决于分配平衡次数的多少，而是取决于各组分在固定相中分配系数的差异。因此，不能将 n 视为能否实现组分分离的依据，而应以选择性作为能否实现组分分离的依据。所谓选择性即是难分离物质的相对保留值 r_{21}。它表示固定液对难分离物质的选择性保留作用，r_{21} 越大，两组分分离得越好，但它不能反映柱效高低。而分离度 R_s 作为色谱柱的总分离效能指标，可以判断难分离物质在色谱柱中的分离情况，反映柱效和选择性影响的总和。因此，可将分离度（R_s）、柱效（n）和选择性（r_{21}）联系起来，得到如下的关系式：

$$R_s = \frac{\sqrt{n}}{4}\left(\frac{r_{21}-1}{r_{21}}\right)\left(\frac{k}{1+k}\right) \tag{8-25}$$

上式被称为色谱分离基本方程式。整理则可得到用 $n_{有效}$ 表示的色谱分离基本方程：

$$R_s = \frac{\sqrt{n_{有效}}}{4}\left(\frac{r_{21}-1}{r_{21}}\right) \tag{8-26}$$

（1）分离度与柱效的关系

分离度与 n 的平方根成正比。对于一对难分离组分，当固定相、流动相确定，那么选择因子 r_{21} 就确定了，分离度取决于 n。增加柱长可以改善分离度，但各组分的保留时间增长，容易使色谱峰变宽。因此在保证一定分离度的前提下尽量用短色谱柱。除增加柱长外，增加 n 的另一个方法是降低 H，这意味着要制备一根性能优良的色谱，且在最优化条件下操作。

（2）分离度与选择性的关系

r_{21} 是柱选择性的量度，r_{21} 越大，柱选择性越好，对分离越有利。分离度对 r_{21} 的微小变化很敏感，增大 r_{21} 是提高分离度的有效办法。当 $r_{21}=1$ 时，两物质不能实现分离；当 r_{21} 很小的情况下，特别是 $r_{21}<1.1$ 时，两物质很难分离。如果两物质的 r_{21} 值足够大，即使色谱柱的 $n_{有效}$ 较小，也能实现分离。

在实际分析中，可以通过改变固定相或流动相的组成，或采用较低的柱温来改变 r_{21} 值。气相色谱法中一般通过改变固定相组成来实现，因为载气是惰性的且可选择种类很少。液相色谱中，流动相种类繁多，往往通过改变流动相来改变 r_{21} 值。

（3）分离度与分配比的关系

k 值大对改善分离效果有利，但并非越大越好。当 $k>10$，增加 k 值对 $k/k+1$ 的改变不大，对 R 的改进不明显，反而使分析时间延长。因此 k 值的最佳范围是 1～10，在此范围内，既可得到较大的 R 值，又可使分析时间不至过长，使峰的扩展不会太严重而对检测产生影响。

可以通过改变固定相、流动相、柱温或相比使 k 发生变化。前三种方法使分配系数 K 发生变化，从而使 k 改变。改变相比包括改变固定相的量及柱的死体积。固定相的量越大，则 k 值越大；柱的死体积越大，则 k 值越小。

$$n_{有效}=16R_s^2\left(\frac{r_{21}}{r_{21}-1}\right)^2 \tag{8-27}$$

于是，

$$L=16R_s^2\left(\frac{r_{21}}{r_{21}-1}\right)^2 H_{有效} \tag{8-28}$$

由此可计算出达到某一分离度所需色谱柱长。

【例 8-4】 在一定条件下，两个组分的调整保留时间分别为 90 s 和 105 s，死时间为 5 s，要达到完全分离，计算需要多少块有效塔板。若填充柱的塔板高度为 0.1 cm，柱长应是多少？

解： $r_{21}=\dfrac{t'_{R_2}}{t'_{R_1}}=\dfrac{105-5}{90-5}=1.18$

$$n_{有效}=16R_s^2\left(\frac{r_{21}}{r_{21}-1}\right)^2=16\times1.5^2\times\left(1.18/0.18\right)^2=1\,547(块)$$

$$L=n_{有效}\cdot H_{有效}=1\,547\times0.1=155\ \text{cm}$$

8.3.3 气相色谱固定相

在气相色谱分析中能否将混合物完全分离，主要取决于色谱柱的选择性和柱效，但很大程度上取决于固定相的选择是否适当。气相色谱固定相分为固体固定相和液体固定相两类，液体固定相是由固定液和担体组成。

1．气-固色谱固定相

气-固色谱固定相在形态上是固体，包括吸附剂固定相和聚合物固定相两类。将这类固定相直接装入柱中就可用于分离。

（1）固体吸附剂

固体吸附剂是一些多孔、大表面积、具有吸附活性的固体物质。这类吸附剂具有吸附容量大、耐高温的优点，适于分离永久性气体（在色谱中是指常温常压下是气态的气体）和低沸点物质；缺点是柱效较低，活性中心易中毒，使柱寿命缩短。常用的有非极性的活性炭、弱极性的氧化铝、强极性的硅胶以及具有特殊吸附作用的分子筛等。

（2）聚合物固定相

聚合物固定相是近年来出现的一种较为理想的新型固定相。例如，最常用的聚合固定相是高分子多孔微球，它是一种性能优良的吸附剂，经活化后可直接作为固定相使用，也可在其表面上涂渍固定液作为担体使用。高分子多孔微球分为极性和非极性两种。如果在聚合时引入不同极性的基团，就可以得到具有一定极性的高聚物，如 GDX-3 和 GDX-4 型、401 有机载体，Porapak N 等均属此类。非极性的聚合物固定相是由苯乙烯与二乙烯基苯共聚而成，如 GDX-1 和 GDX-2 型，Chormosorb-104 等均属此类。

高分子多孔微球的比表面积大，力学强度较好，耐腐蚀。它可分析极性的多元醇、脂肪酸、腈类、胺类或非极性的烃、醚、酮等，且峰形对称，拖尾现象很少，尤其适合于分析有机物中的微量水，它的最高使用温度为 250℃，超过此温度会发生分解。

2．气-液色谱固定相

气-液色谱固定相包括固定液及其担体。它以一种称为担体（或载体）的惰性固体颗粒作支持剂，在其表面涂渍一种高沸点的液体有机化合物，这种液体在色谱分析过程中是不动的，称为固定液。将涂渍了固定液的担体作固定相，装填于柱中构成了气-液色谱的色谱柱。

（1）担体

它是一种化学惰性的多孔固体颗粒。它的作用是提供一个较大的惰性表面，使固定液能以液膜状态均匀地分布在其表面上。对担体的具体要求如下：具有化学惰性，即在使用温度下不与固定液或样品发生反应；具有良好的热稳定性，即在使用温度下不分解、不变形、无催化作用；有一定的力学强度，在处理过程中不易破碎；有适当的比表面积，表面无深沟，以便使固定液成为均匀的薄膜；要有较大的孔隙率，以便减小柱压降。常用的担体分硅藻土和非硅藻土两类。按制造方法的不同，分为红色担体和白色担体两种。

（2）固定液

固定液具有下列性质：挥发性小，在操作温度下有较低的蒸气压，以免流失；热稳定性好，在操作温度下不发生分解，呈液体状态；对样品各组分有适当的溶解能力，否则组分易被载气带走而起不到分配作用；具有高的选择性，即对沸点相同或相近的不同物质有尽可能高的分离能力；化学稳定性好，不与被测物质起化学反应。

固定液一般都是高沸点的有机化合物，而且各有其特定的使用温度范围，特别是最高使用温度极限。可用作固定液的高沸点有机物很多，现在已有上千种固定液，而且数量还在增加。

（3）固定液的选择

选择固定液时，一般是根据“相似相溶”的原则来选择。即固定液的性质与被分离组分之间有某些相似，如极性、官能团、化学键等相似时分子间的作用力就强，组分在固定液中的溶解度就大，分配系数大，保留时间长，易于相互分离。可从以下几个方面进行选择。

分离非极性组分一般选用非极性固定液，如角鲨烷、甲基硅油、阿皮松等。组分和固定液分子间的作用力主要是色散力，各组分基本上按沸点从低到高的顺序流出色谱柱。

分离中等极性组分应选用中等极性固定液，如邻苯二甲酸二壬酯、聚乙二醇己二酸酯等。这时组分和固定液分子间的作用力主要是色散力和诱导力。若诱导力很小，样品中各组分基本上按沸点从低到高的顺序流出色谱柱。但在分离沸点相近的非极性和可极化组分的混合物时，则诱导力起主要作用，非极性组分先流出，极性组分后流出。

分离非极性和极性物质的混合物时，一般选用极性固定液，这时非极性组分先出峰，极性组分后出峰。对于比较复杂样品的分离，当样品中各组分的沸点差别很大时，可选非极性固定液；当各组分之间极性差别很显著时，则可选极性固定液分离。

分离强极性组分，可选择强极性固定液，如β,β'-氧二丙腈、聚丙二醇己二酸酯等。这时组分和固定液分子间的作用力主要是定向力。极性越大，作用力越大，各组分按极性顺序出峰，即极性弱的先流出，极性强的后流出。如果极性组分中含有非极性组分，则非极性组分最先流出。

分离能形成氢键的组分，应选择氢键型的固定液，如醇、酚、醚和多元醇等，样品中各组分按与固定液形成氢键的能力大小先后流出，不易形成氢键的先流出，最易形成氢键的最后流出。

对于复杂的难分离组分，可选用特殊的固定液或混合固定液分离。

在实际工作中，一般是根据经验或通过试验来选择，例如对未知样品，首先在最常用的而且具代表性的五种固定液（SE-30、OV-17、QF-1、PEG-20M 或 DEGS）上进行实验，观察未知物色谱图的分离情况，然后再选择合适极性的固定液。

3．气相色谱分离操作条件的选择

气相色谱分离条件的选择是为了提高组分间的分离选择性、提高柱效，使分离峰的个数尽量多，分析时间尽可能短，从而充分满足分离要求。

（1）载气及其流速的选择

对一定的色谱柱和试样，载气及其流速是影响柱效的主要因素。用不同流速 u 下测得的塔板高度 H 作图，得 H-u 曲线（见图 8-21）。在曲线的最低点，塔板高度 H 最小（$H_{最小}$），此时柱效最高。该点所对应的流速即为最佳流速（$u_{最佳}$）。$u_{最佳}$和 $H_{最小}$由式（8-23）求导可得，即：

$$\frac{\mathrm{d}H}{\mathrm{d}u}=-\frac{B}{u^2}+C=0$$

$$u_{最佳}=\sqrt{\frac{B}{C}}$$

$$H_{最小}=A+\sqrt{BC} \tag{8-29}$$

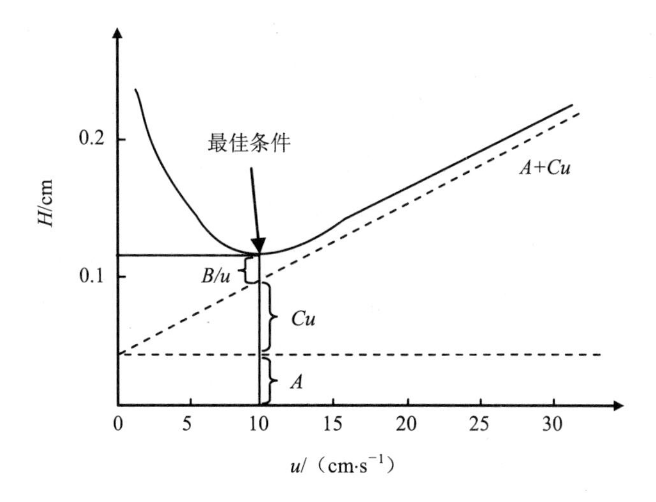

图 8-21 各项因素对塔板高度 H 的影响

从图可见，当流速较小时，分子扩散项 *B/u* 成为色谱峰扩展的主要因素，此时应采用相对分子质量较大的 N_2、Ar 等作载气，使组分在载气中有较小的扩散系数，有利于降低组分分子的扩散，减小塔板高度。而当流速较大时，传质阻力项 *Cu* 成为主要的影响因素，此时宜采用相对分子质量较小的载气，如 H_2、He 等，使组分在载气中有较大的扩散系数，有利于减小气相传质阻力，提高柱效。此外，选择载气时还需考虑与所用的检测器相适应。

（2）柱长和内径的选择

柱内径增大可增加柱容量、有效分离的样品量增加。但径向扩散路径也会随之增加，导致柱效下降。内径小有利于提高柱效，但渗透性会随之下降，影响分析速度：对于一般的分析分离来说，填充柱内径为 3～6 mm，毛细管柱柱内径为 0.2～0.5 mm。

（3）柱温的选择

柱温是一个十分重要的操作参数，所选的柱温应低于固定液的最高使用温度，否则会造成固定液的流失，影响柱寿命，污染检测器。

提高柱温可以加速组分分子在气相和液相中的传质速率，减少传质阻力，有利于提高柱效，但提高柱温也加剧了分子的纵向扩散，导致柱效下降。另一方面，提高柱温可以缩短分析时间，但会降低柱的选择性，即 r_{21} 变小，*k* 值减小，导致分离度降低。

因此，柱温选择要综合诸多因素，既要获得较高的分离度，又要缩短分离时间。因此，常采用较低柱温与较低固定液配比，以获得较高的分离度，缩短分离时间。一般情况下，柱温应比试样中各组分的平均沸点低 20～30℃。

对于沸点范围较宽的试样，宜采用程序升温进行分析。即柱温按预定加热速度，随时间呈线性或非线性地增加。开始时柱温较低，低沸点组分达到很好地分离；随着柱温逐渐升高，高沸点组分也可获得满意的峰形。

8.3.4 色谱定性分析

1．利用纯物质对照定性

将已知纯物质在相同的色谱条件下的保留时间与未知物的保留时间进行比较，若二者相同，则未知物可能是已知的纯物质，否则就不是该物质。这种定性法适用于对组分性质已有所了解、组成比较简单且有纯物质的未知物。

2．利用加入纯物质增加峰高定性

当相邻两组分的保留值接近且操作条件不易稳定时，可采用此法。首先做出未知样品的色谱图，然后将纯物质直接加入未知样品中，再得另一色谱图。峰高增加的组分可能为这种纯物质。

3．利用相对保留值定性

相对保留值 r_{is} 是指组分 i 与基准物 s 调整保留值的比值，即：

$$\mathrm{r}_{is}=\frac{t'_{R_{(i)}}}{t'_{R_{(s)}}}=\frac{V'_{R_{(i)}}}{V'_{R_{(s)}}}$$

将实验测得的待测组分对标准物质的相对保留值与文献记载的相对保留值进行对照，即可定性。由于相对保留值仅与柱温、固定液性质有关，与其他操作条件无关，因此在使用文献数据时，要求实验测定所用的固定液及柱温应与文献记载的完全相同。

通常选用与被测组分保留值相近的物质作基准物，如正丁烷、正戊烷、环己烷、苯、对二甲苯、环己醇、环己酮等。

4．其他方法

质谱、核磁共振及红外光谱等是现代定性分析常用手段，但不适合复杂混合物的定性分析。将它们与色谱仪联用，经色谱分离后的组分，再进行定性鉴定，可以得到准确可靠的分析结果。目前商品化的联用仪器已有气相色谱－质谱联用（GC-MS）、液相色谱－质谱联用（LC-MS）、气相色谱－傅里叶变换红外光谱联用（GC-FTIR）以及液相色谱－核磁共振联用（LC-NMR）等。其中 GC-MS 是目前解决复杂未知物定性问题的常用方法之一，已建成的大量化合物的标准谱库，可用于数据的快速处理及检索，给出未知样品各色谱峰的分子结构信息。

8.3.5 气相色谱定量分析

在一定的操作条件下，检测器的响应信号与进入检测器的被测组分质量（或浓度）成正比，即：

$$m_i = f_i A_i$$

这是色谱定量分析的依据。

式中，m_i 为被测组分 i 的质量；A_i 为被测组分 i 的峰面积，f_i 为被测组分 i 的校正因子。因此，进行色谱定量分析时需要准确测量峰面积或峰高，求出定量校正因子，选择定量方法。

1．定量较正因子

色谱定量分析的依据是，在一定条件下被测组分的质量（或浓度）与其峰面积成正比。但是峰面积的大小不仅取决于组分的质量，还与组分的性质有关，表现为同一检测器对不同的组分具有不同的响应值。因此，当两个质量相等的不同组分在相同的条件下使用同一个检测器进行测定时，所得的峰面积往往不相等，这样就不能直接利用峰面积计算物质的含量，必须对峰面积进行校正。为此，需要引入定量校正因子。校正因子分为绝对校正因子和相对校正因子。

（1）绝对校正因子 f_i

是指某组分 i 通过检测器的量（质量、物质的量或体积）与检测器对该组分的响应信号（峰面积或峰高）之比值，即：

$$f_i = \frac{m_i}{A_i}$$

绝对校正因子受仪器及操作条件的影响很大，既不易准确测定，也无法直接应用。在实际定量分析中，一般采用相对校正因子。

（2）相对校正因子 f_i'

是指某组分 i 与标准物质 s 的绝对校正因子之比值，即：

$$f_i' = \frac{f_i}{f_s}$$

根据被测组分使用的计算单位不同，可分为相对质量校正因子 $f'_{i_{i(m)}}$ 和相对摩尔校正因子 f'_{i_M}。通常所指的校正因子都是指相对校正因子，常将“相对”两字略去。

另外，相对校正因子的倒数称为相对响应值 S' 即相对灵敏度。

$$S' = \frac{1}{f_i'} \tag{8-30}$$

2．定量计算方法

（1）归一化法

当样品中所有组分都能产生可测量的色谱峰时，将所有组分的含量之和按100%计算的定量方法称为归一化法。其计算式如下：

$$\omega_i = \frac{m_i}{\sum_{i=1}^{n} m_i} \times 100\% = \frac{f_i'A_i}{\sum_{i=1}^{1} f_i'A_i} \times 100\% \tag{8-31}$$

式中：ω_i 为被测组分 i 的百分含量； f_i' 为组分 i 的校正因子；A_i 为组分 i 的峰面积。当 f_i' 为质量校正因子时得到质量分数；当 f_i' 为摩尔校正因子时则得到摩尔分数。若样品中各组分的 f_i' 与 f_i 值很接近时，则上式可简化为：

$$\omega_i = \frac{A_i}{\sum_{i=1}^{1} A_i} \times 100\% \tag{8-32}$$

归一化法具有简便、准确、受操作条件变化影响较小等优点，但样品中所有组分必须全部出峰，否则不能用此法定量计算。

（2）内标法

当样品中各组分不能全部出峰或只需要对样品中某几个有色谱峰的组分进行

定量时，可采用内标法。所谓内标法，是将一定量的某纯物质作为内标物加入到准确称量的样品中，根据内标物和样品的质量以及内标物和被测组分的峰面积可求出被测组分的含量。

$$\omega_i = \frac{m_i}{m} \times 100\% = \frac{A_i f_i' m_s}{A_s f_s' m} \times 100\% \qquad (8\text{-}33)$$

式中：下标 s 代表内标物，i 代表组分，m 为样品的质量。

以 ω_i 对 A_i/A_s 作图，可得一条通过原点的直线，即内标标准曲线。利用内标标准曲线可以确定组分的含量。

内标法的关键是选择合适的内标物。对内标物的要求是：样品中不含有内标物质；内标物色谱峰位置在各待测组分之间或与之相近；性质稳定，易得纯品；与样品能互溶但无化学反应；内标物浓度恰当，使其峰面积与待测组分相差不太大。内标标准曲线法具有简便、受操作条件影响小、不需准确进样、无须另外测定校正因子等优点，适用于生产控制分析。

（3）外标法

外标法实际上是常用的标准曲线法。首先将待测组分的纯物质配成一系列不同浓度的标准溶液，在一定的色谱条件下准确定量进样，测量峰面积（或峰高），绘制标准曲线。进行样品测定时，要在与绘制标准曲线完全相同的色谱条件下准确进样，根据所得峰面积（或峰高），从标准曲线上直接查出待测组分的含量。

外标法的优点是操作简单、计算方便，绘制出标准曲线后计算时不需要校正因子，适用于工业控制分析和气体分析。但它受色谱操作条件的影响较大，实际应用中需严格控制，使操作条件稳定、进样量重复性好，否则对分析结果影响较大。

8.3.6　毛细管柱气相色谱法

毛细管柱气相色谱法是采用毛细管柱代替填充柱，用于分离复杂组分的一种气相色谱法。1957 年，戈雷（Golay）从理论上与实践上提出了毛细管柱色谱，用内壁涂渍一层极薄而均匀的固定液膜的毛细管作色谱柱，管中间留有载气通道，因而称为开管柱气相色谱。毛细管柱具有化学惰性、弹性好、力学强度高、柱效高等优点。开管柱内不存在填充物，柱阻力很小，柱长可以大为增加，总的分离效能是填充柱的 10～100 倍，大大提高了气相色谱法对复杂物质的分离能力。图

8-22 所示为菖蒲油试样分别在填充柱与毛细管柱上，使用相同的固定相，各自在最佳色谱条件下所得到的色谱图。可见几对在填充柱上未能分开的峰，如峰 1 与峰 2、峰 3 与峰 4、峰 5 与峰 6 等，在毛细管柱上得到完全分离。

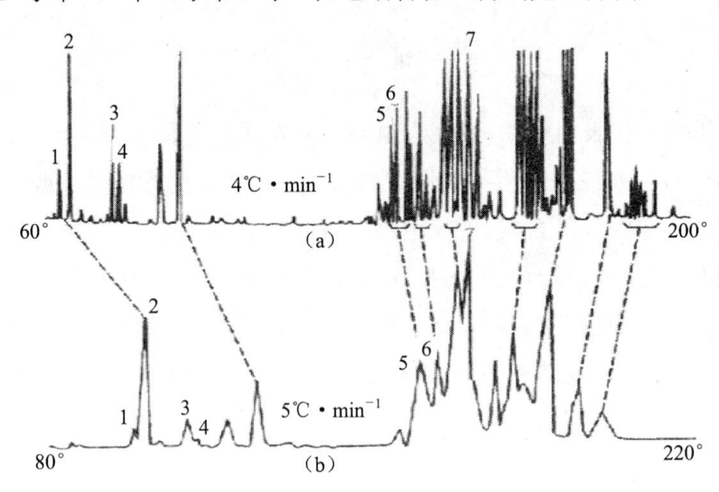

图 8-22 菖蒲油气相色谱图

（a）50 m×0.3 mm 玻璃毛细管柱；（b）4 m×3 mm 填充柱

毛细管色谱柱的特点：

①柱阻力小，可使用长色谱柱。当载气通过色谱柱时，由于填料的存在（填充柱）或细小的通道（毛细管柱），对气体有一定的阻力。填充柱中装有填料，载气只能从填料之间的孔隙通过，阻力相对较大；而开管柱内不存在填充物，气流可以直接通过，柱阻力很小，因此柱长可以大大增加。载气在填充柱内所受到的阻力是相同柱长毛细管柱所受阻力的 100 倍左右，这样就有可能在相同的柱压下，使用 100 m 以上的毛细管柱，而载气平均线速度仍可保持不变。

②相比大，有利于快速分析。毛细管柱内径一般为 0.1～0.7 mm，内壁上的固定液膜极薄，中心是空的，因此相比β是填充柱的几十倍。对于某一组分，固定相与流动相一旦确定，分配系数则确定；由于 $k=K/\beta$，$t_R=t_M(1+k)$，则说明相对于填充柱而言，毛细管柱的保留时间较小，缩短了分析时间。同时由于毛细管柱阻力小，可以使用很高的载气流速，从而实现快速分析。

③容量小，允许进样量少。柱容量是指色谱柱允许的最大进样量。柱容量取决于柱内固定液的含量。尽管毛细管柱长度很长，但由于液膜极薄，固定液总量

极低，仅为几十毫克。因此进样量不能大，否则将导致过载而使柱效下降，色谱峰扩展。液体试样允许的进样量一般为 10^{-3}～10^{-2}μL。

④总柱效高，分析复杂混合物的能力大为提高。单位柱长毛细管柱的柱效略高于填充柱，其数量级都是 10^3/m。但由于其柱长是填充柱的 10～100 倍，因此总的理论塔板数可达 10^4～10^6，总柱效远远高于填充柱，可以解决很多极其复杂混合物的分离问题。如用填充柱只能分离 $r_{21}\geqslant1.10$ 的难分离物质对，而用毛细管柱 $r_{21}=1.03$ 的物质对也能分离。

8.3.7 气相色谱的主要应用

气相色谱应用广泛，在石油化工、环境保护、食品安全、生物、医药等分析检测中发挥着显著作用，对于复杂体系的分离分析，更是不可或缺的检测手段。在促进经济发展，保证食品健康安全、保护环境等诸方面发挥着积极的作用。

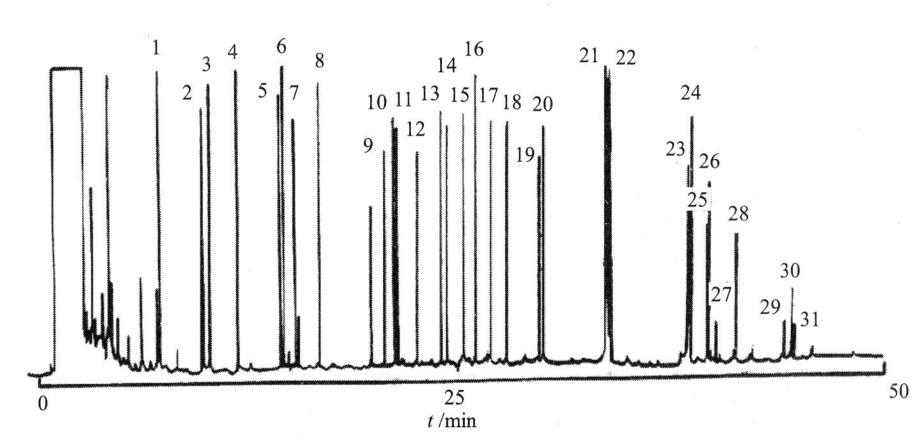

图 8-23 多环芳烃的气相色谱分离

色谱柱：25 m×0.32 mm SE-54

柱温：60℃ $\xrightarrow{6℃/\mathrm{min}}$ 300℃，保持 10 min

载气：He

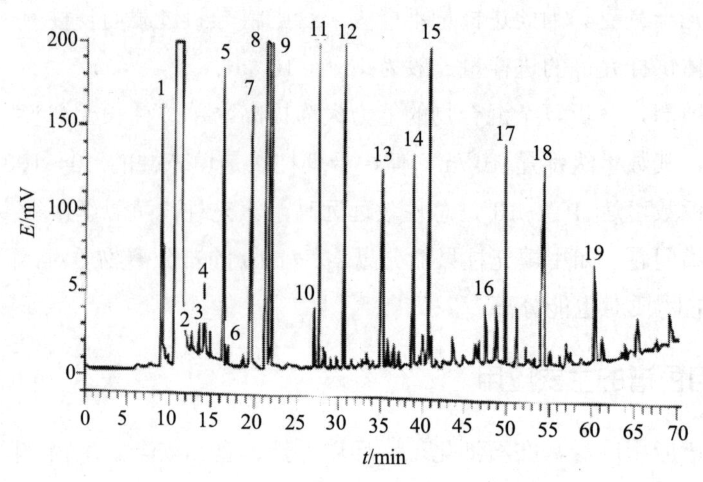

图 8-24 萄酒试样中风味组分的气相色谱图

色谱柱：35 m×0.32 mm PEG-20M

柱温：40°C(8 min)$\xrightarrow{5°C/min}$230°C(20 min)

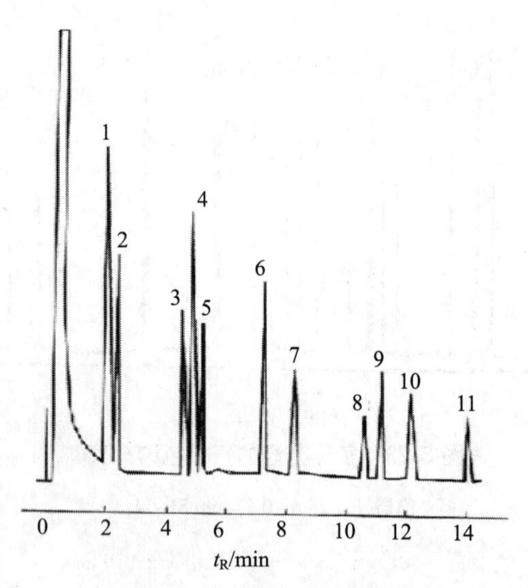

图 8-25 废水中酚的分离

色谱柱：15 m×0.53 mm，SPB-5

柱温：75°C(2 min)$\xrightarrow{8°C/min}$180°C

8.4 高效液相色谱法

2008年备受人们关注的乳品中“三聚氰胺”事件，其关键在于牛奶等原料乳及乳制品中三聚氰胺含量检测分析，其常用的检测方法是高效液相色谱法。乳品或制成品样品经提取、净化后，以柠檬酸-辛烷磺酸钠（pH=3）-乙腈（90∶10，V/V）为流动相，在流速 $1.0\ mL \cdot min^{-1}$ 下，用C18色谱柱进行分离，紫外检测器240 nm处即可测定。

高效液相色谱法是在20世纪70年代迅速发展起来的一项高效、快速的分离分析新技术。

8.4.1 高效液相色谱法的特点

（1）高压

液相色谱是以液体作为流动相，或称洗脱液。高效液相色谱法的填料颗粒只有2～10 μm，因而流动相经色谱柱时受到的阻力较大，为了能迅速地通过色谱柱，必须对流动相施加高压。一般可达15～30 MPa，甚至高达50 MPa的高压。

（2）高速

由于采用了高压，流动相在色谱柱内的流速较快，所需的分析时间较少。如用经典液相色谱法分析氨基酸时，采用长度为170 cm、内径为0.9 cm的柱子，流动相流速为30 mL/h，用20 h才能分离出20种氨基酸。而使用高效液相色谱法，同样的分析任务1 h之内就可以完成。

（3）高效

高效液相色谱法使用高性能细颗粒的固定相和均匀填充技术，柱效可达每米 10^4 块理论塔板以上，分离效率大大提高。近几年出现的微型填充柱和毛细管液相色谱柱，理论塔板数每米超过 10^5 块。一根色谱柱可同时分离100种以上的组分。

（4）高灵敏度

高效液相色谱法采用了紫外、荧光、蒸发激光散射、电化学、质谱等检测器，大大提高了检测的灵敏度，因而所需样品很少，微升数量级的样品就足以进行全分析。高效液相色谱法检测限非常低，如紫外检测器可达0.01 ng，荧光和电化学检测器可达0.1 pg。

高效液相色谱具有上述优点，所以也称为高压液相色谱法、高速液相色谱法或现代液相色谱法。

8.4.2 高效液相色谱法基本类型

高效液相色谱分离机理多种多样，根据色谱固定相和色谱分离的物理化学原理或分离机理分类，主要有下列四种类型。

（1）吸附色谱

用固体吸附剂为固定相，以不同极性溶剂为流动相，依据样品各组分在吸附剂上吸附性能差异实现分离。

（2）分配色谱

用涂渍或化学键合在载体基质上的固定液为固定相，以不同极性溶剂为流动相，依据样品各组分在固定相中溶解、吸收或吸附能力差异，即在两相中分配性能差异实现组分分离。

（3）离子交换色谱

采用含离子交换基团为固定相，以具有一定 pH 值含离子的溶液为流动相，基于离子性组分与固定相离子交换能力的差异实现组分分离。

（4）体积排阻色谱

用化学惰性的多孔凝胶或材料为固定相，按组分分子体积差异，即分子在固定相孔穴中体积排阻作用差异实现组分分离，也称为凝胶色谱。

8.4.3 高效液相色谱仪

高效液相色谱仪由高压输液系统、进样系统、分离系统以及检测和数据处理系统四大部分组成。此外，还可根据一些特殊的要求，配备一些附属装置，如梯度洗脱、自动进样、馏分收集及数据处理等装置。图 8-27 是高效液相色谱仪流程示意图。

8.4.4 正反相色谱体系

根据固定相和液体流动相相对极性的差别，有正相色谱和反相色谱两种色谱体系。反相色谱和正相色谱主要区别是流动相和固定相的相对极性，最初形成于液液分配色谱，现已广泛应用于各种色谱方法。早期液相色谱工作者以强极性的水、三乙二醇等涂渍在硅胶或氧化铝上为固定相，以相对非极性的正己烷、异丙醚为流动相，这类色谱现称为正相色谱。在反相色谱中，固定相是非极性的，通常是烃类如 C8、C18 等；而流动相是极性的水、甲醇、乙腈等。正相色谱中极性最小的组分最先洗出，反相色谱中极性最强的组分首先洗出。

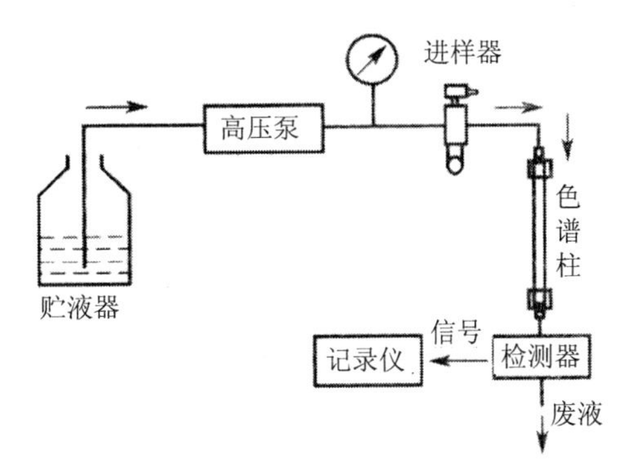

图 8-26 高效液相色谱流程

8.4.5 高效液相色谱速率方程

气相色谱与液相色谱的主要区别在于流动相不同，液体与气体在黏度、扩散性与密度方面有很大差异。Giddings 等在 Van Deemter 方程的基础上，根据液体与气体的性质差异，提出了液相色谱速率方程，即 Giddings 方程。

1．影响柱效的因素

（1）涡流扩散项 H_e

$$H_e = 2\lambda d_p$$

其含义与气相色谱法相同。

（2）分子扩散项 H_d

$$H_d = \frac{2\lambda d_m}{u}$$

由于进样后溶质分子在柱内存在浓度梯度，导致轴向扩散而引起峰展宽。u 为流动相线速度，分子在柱内的滞留时间越长，展宽越严重。在低流速时，它对峰形的影响较大。D_m 为分子在流动相中的扩散系数，由于液相的 D_m 很小，通常仅为气相的 10^{-4}～10^{-5}，因此在 HPLC 中，只要流速不太低，这一项可以忽略不计。

（3）传质阻力项

由于溶质分子在流动相和固定相中的扩散、分配、转移的过程并不是瞬间达到平衡，实际传质速度是有限的，这一时间上的滞后使色谱柱总是在非平衡状态下工作，从而产生峰展宽。

液相色谱的传质阻力项 C_u 又分为三项。

①流动的流动相的传质阻力项

$$H_m = \frac{\omega_m d_p^2}{D_m} u$$

式中，ω_m 是由柱和填充的性质决定的因子。当流动相流过色谱柱内的填充物时，靠近填充物颗粒的流动相流速比在流路中间的稍慢一些，结果在一定的时间里接近固定相颗粒表面的样品分子移动的距离较短，而流路中间的分子移动距离较大，引起峰形展宽。这种传质阻力对塔板高度的影响是与固定相颗粒直径 d_p 的平方成正比，与样品分子在流动相中的扩散系数 D_m 成反比。

②滞留的流动相的传质阻力项

$$H_{sm} = \frac{\omega_{sm} d_p^2}{D_m} u$$

其中 ω_{sm} 为一常数。这是由于溶质分子进入处于固定相孔穴内的静止流动相中，延迟回到流动相而引起峰展宽。固定相的多孔性，会造成部分流动相滞留在局部，滞留在固定相微孔内的流动相一般是停滞不动的。流动相中的样品分子要与固定相进行质量交换，必须首先扩散到滞留区。如果固定相的微孔既小又深，传质速率就慢，对峰的扩展影响就大。对峰展宽的影响在整个传质过程中起着主要作用。所以改进固定相结构，减小静态流动相传质阻力，是提高液相色谱柱效的关键。

H_m 和 H_{sm} 都与固定相的粒径平方 d_p^2 成正比，与扩散系数 D_m 成反比。因此应采用低粒度固定相和低黏度流动相。提高柱温可以增大 D_m，但有机溶剂作流动相易产生气泡，因此一般采用室温。

③固定相传质阻力项

$$H_s = \frac{\omega_s d_f^2}{D_s} u$$

其中 ω_s 为常数；D_s 为组分分子在固定相内的扩散系数，与气相色谱中液相传质阻力项的含义相同。在分配色谱中 H_s 与 d_f 的平方成正比，在吸附色谱中 H_s 与吸附和解吸速度成反比。因此只有在厚涂层固定液、深孔离子交换树脂或解吸速度慢的吸附色谱中，H_s 才有明显影响。采用单分子层的化学键合固定相时 H_s 可以忽略。

2．Giddings 方程

高效液相色谱的速率方程可归纳为：

$$H = 2\lambda d_p + \frac{2\gamma D_m}{u} + \left[\frac{\omega_m d_p^2}{D_m} + \frac{\omega_{sm} d_p^2}{D_m} + \frac{\omega_s d_f^2}{D_s}\right]u \qquad (8\text{-}34)$$

上式与气液色谱的速率方程形式一致，主要区别在于分子扩散项可忽略不计。导致峰形展宽、影响柱效的主要因素是传质阻力项。从速率方程式可以看出，要获得高效能的色谱分析，一般可采用以下措施。

① 填料粒度要小且均匀。HPLC 所用的填料颗粒细、形状规则、直径范围窄、孔浅，因而扩散传质阻力小，分离效率高。

② 改善传质过程。过高的吸附作用力可导致严重的峰展宽和拖尾，甚至不可逆吸附。

③ 液膜厚度要小。用涂渍的方法制备的固定相，液膜厚度大，因而柱效低；高效液相色谱填料多使用键合固定相，其液膜很薄，因而柱效高。

④ 适当的流速。以 H 对 n 作图，得到最佳线速度 $u_{最佳}$，在此线速度时，H 最小。一般在高效液相色谱中，$u_{最佳}$很小（0.03～0.1 mm/s），在此线速度下分析样品需要很长时间，一般选 1 mm/s 条件下操作。

8.4.6　高效液相色谱固定相和流动相

（1）固定相

色谱柱内固定相即色谱柱填料、分离材料或分离介质是色谱分离的核心。大多物数是具有高机械强度、化学性质稳定、耐溶剂、一定比表面积和中孔径（2～50 nm），且孔径分布范围窄的微孔结构材料。根据材料的化学组成可分为无机材料、有机/无机材料和有机材料三种类型。

硅胶是应用最广泛的无机微粒填料，此外是氧化锆、氧化钛、氧化铝及各种复合氧化物等。无机微粒填料本身是液固吸附色谱固定相，也作为基质材料通过物理或化学吸附、涂渍、化学键合、包覆等方法在表面上引入薄层有机物，并对表面改性形成有机/无机微粒填料，其中化学键合改性微粒硅胶是当今 HPLC 应用最多的一类固定相。有机微粒填料大体上包括葡聚糖等天然多糖经物理、化学加工得到的凝胶和以苯乙烯、二乙烯苯等单体和交联剂用化学聚合制备的交联高聚物微球。

（2）液相色谱流动相

液相色谱流动相对分离起非常重要作用，可供选用的流动相种类也较多，从非极性、极性有机溶剂到水溶液，如正己烷等低碳烃类、二氯甲烷等卤代烃、甲醇、乙腈、水等。可使用单一纯溶剂，也可用二元或多元混合溶剂。作为液相色谱流动相的基本要求是：化学惰性，不与固定相和被分离组分发生化学反应；适用的物理性质，包括沸点较低，黏度低、弱或无紫外吸收，对样品具有适当溶解能力等。溶剂清洗和更换方便，毒性小、纯度高、价廉等，便于操作和安全。

8.4.7 液-固吸附色谱

1．液固吸附色谱固定相

液固色谱固定相包括极性和非极性两类微粒固体吸附剂，前者应用最广泛的是多孔微粒硅胶，此外还有氧化铝、氧化锆、氧化钛、氧化镁、复合氧化物及分子筛等：后者有活性炭、高交联度苯乙烯-二乙烯苯聚合物多孔微粒等。固定相的色谱性能取决于材料物理、化学结构，特别是表面结构。

硅胶是当今获得最高柱效也是应用最多的液固色谱固定相，呈球形或无定形微粒，其粒径为 3～10 μm，表面积为 200～500 m^2/g，孔容 ＞0.7 m^3/g，具有一定机械强度和化学稳定性，一般可以耐受酸性介质的侵蚀，但不耐碱，适用流动相 pH 值 1～8。

2．吸附色谱分离机理

液固色谱体系中，流动相在固体吸附剂表面形成饱和单分子层吸附，当溶质随流动相进入色谱柱时，溶质分子（X）与流动相分子（M）间在吸附剂表面吸附点上发生竞争吸附作用，当溶质分子在吸附剂表面被吸附时，必然置换已被吸附在吸附剂表面的流动相分子，欲吸附溶质 X，就需解吸足够的溶剂分子。在一定浓度范围内，溶质分子的吸附—脱附是热力学平衡过程。X 的吸附力越强，保留值 k 就越大。溶质吸附力强弱决定于吸附剂物理化学性质和表面性质、溶质分子结构及流动相的性质。

在吸附剂和流动相组成的一定的色谱体系中，溶质分子结构，特别是所含官能团的极性和数目，决定其吸附力和保留值 k 的大小。含碳数相同的不同类型烃的保留顺序一般为：全氟烃<饱和烃<烯烃<芳烃。多环芳烃保留值随芳环增加而上升。结构为 RX（R 是有机基团，X 是官能团）分子中官能团 X 决定保留顺序，一般为：烷基<卤代烃（F＜C1＜Br＜I）＜醚＜硝基＜腈基＜酯≈醛≈酮＜醇≈胺＜酚＜砜＜亚砜＜酰胺＜羧酸＜磺酸。

3．分离条件优化和应用

液固色谱一般较少考虑吸附剂类型。硅胶是一种良好的通用吸附剂，具有商品化水平高的优势，适用于大多数样品分离。改变溶剂组成是分离条件优先的主要技术措施。硅胶无法满足分离选择性要求时，才选用其他吸附剂，如多环芳烃采用氧化铝；碱性化合物采用氧化锆等。

液相色谱中，若使用硅胶等极性固定相，流动相应采用正己烷等非极性溶剂为主，加入适量卤代烃、醇等弱或极性溶剂为改性剂来调节流动相洗脱强度。若使用有机高聚物微球等非极性固定相，应采用水、醇、乙腈等极性溶剂为流动相。

吸附色谱适用于相对分子质量小于 5 000，溶于非极性溶剂，而较难溶于水溶性溶剂的非极性化合物。液-固吸附色谱能按官能团分离不同类型化合物，对化合物类型和异构体，包括顺反异构体具有高分离选择性，而对同系物分离选择性很低，这是由于烷基链对吸附能影响很小。

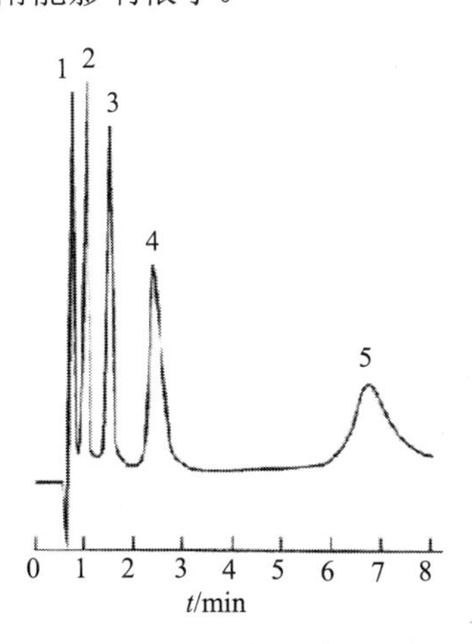

图 8-27　有机氯农药的分析

1—艾氏剂，2—p,p'-DDT，3—p,p'-DDD，4—γ-六六六，5—恩氏剂

固定相：薄壳硅胶 Corasil II（37～50 μm）

流动相：正己烷，流速：1.5 mL/min

8.4.8 液-液分配色谱

液-液色谱固定相是将极性或非极性固定液涂渍在全多孔或薄壳型硅胶等载体表面形成的液膜。使用的固定液有极性和非极性两种，前者如β,β'-氧二丙腈、乙二醇、聚乙二醇、甘油、乙二胺等；后者如聚甲基硅氧烷、聚烯烃、正庚烷等。使用极性固定液时，与硅胶吸附色谱相似，应采用烷烃类为主的非极性流动相，加入适量卤代烃、醇等弱或极性溶剂为改性剂来调节流动相洗脱强度，构成液-液正相色谱体系，溶质 k 值随流动相改性剂加入而降低，表明流动相洗脱强度增强。若使用非极性固定相，应采用水为流动相主体，加入二甲基亚砜、醇、乙腈等极性有机溶剂调节流动相洗脱强度，构成反相色谱体系，溶质 k 值随流动相有机改性剂加入而降低。

液-液色谱具有柱容量高、重现性好、适用样品类型广的特点，包括水溶性和脂溶性样品，极性和非极性、离子性和非离子性化合物。理论上，液-液色谱可形成种类繁多的色谱体系，但由于固定液被流动相溶解的限制，具广泛实用价值的液-液色谱体系是有限的。

8.4.9 键合相高效液相色谱

1．键合相色谱固定相和流动相

键合固定相的制备方法是硅胶表面硅羟基和有机硅烷进行硅烷化反应，形成比较稳定的—Si—O—Si—C—结构：

$$-\overset{|}{\underset{|}{Si}}-OH + X-\overset{R_1}{\underset{R_2}{Si}}-R \longrightarrow -\overset{|}{\underset{|}{Si}}-O-\overset{R_1}{\underset{R_2}{Si}}-R + HX$$

式中，X 为氯或甲氧基、乙氧基，R 为烷基、取代烷基或芳基、取代芳基。

根据 R 的结构不同，可分为非极性键合相和极性键合相。非极性键合相的 R 为烷基或芳基，如 C_1、C_4、C_6、C_8、C_{18}、C_{22} 等不同链长烃基和苯基键合相；极性键合相 R 中引入氰基、羟基、胺基、卤素等，如$-C_2H_4CN$，$-C_3H_6OCH_2CHOCH_2OH$，$-C_3H_6NH_2$，$-C_3H_6NHC_2H_4NH_2$，$-C_3H_6Cl$ 等。这些键合相均已商品化，其中十八烷基键合硅胶（Octadecylsilica，ODS 或 C_{18}）应用最广。硅胶键合固定相热稳定性和化学稳定性好，耐溶剂，不吸水，可在 pH 值 2～8 的水溶液流动相中长期工作。

根据色谱体系固定相和流动相相对极性，可分为反相和正相键合相色谱。非极性或烃基键合相和水、乙腈、甲醇等极性溶剂为流动相构成的反相色谱体系，是当今最重要、应用最广泛的反相色谱方法，高效液相色谱常规分析工作约70%采用这种色谱方法。高效液相色谱中反相色谱已成为非极性键合相色谱的同义语。

2．键合相色谱保留机理

疏水效应是当今较为公认阐明反相色谱保留机理的理论依据。以色散为主的非极性分子间作用力很弱，烃类键合相具有长链非极性配体，在固定相基质表面形成一层“分子刷”，在高表面张力水溶性极性溶剂环境中，当非极性溶质或其分子中非极性部分与非极性配体接触时，周围溶剂膜会产生排斥力促进两者缔合，这种作用称为“憎水”“疏水”“疏水效应”或“疏溶剂效应”。溶质保留主要不是由于溶质与固定相之间非极性相互作用，而是由于溶质受极性溶剂的排斥力，促使溶质（S）与键合非极性烃基配体（L）发生疏溶剂化缔合，形成缔合物（SL），导致溶质保留。缔合作用强度和决定溶质保留三个影响因素为：溶质分子中非极性部分的总面积；键合相上烃基的总面积；影响表面张力等性质的极性流动相性质和组成。

$$S + L \rightleftharpoons SL$$

极性键合相的正相色谱保留主要基于固定相与溶质间的氢键、偶极等分子间极性作用。如胺基键合相兼有质子受体和给予体双重功能，对可形成氢键的溶质具有极强分子间作用，导致保留值 k 升高和较好的分离选择性。极性键合相反相色谱体系，由于固定相的弱疏水性和极性作用而显示双保留机理，何者占优势则取决于流动相水-有机溶剂的类型、组成及溶质结构。

3．反相色谱分离条件优化

（1）固定相选择

改变非极性键合相烃基链长和键合量，链长增加导致溶质保留值 k 升高，但长链之间 k 和 α 差别较小，相同表面覆盖率 C_{18} 柱保留略大于 C_8 柱。因此大多数选用ODS柱（一般ODS含碳约为10%，相当于硅胶表面覆盖率1 μmol/m^2）。

非极性、非离子性化合物的反相色谱保留值一般随固定相遵循以下顺序：

未改性硅胶（弱） ≪ 胺基 < 氰基 < 羟基 < 醚基 < C_1 < C_3 < C_4 < 苯基 < C_8≈C_{18} < 聚合物（强）

（2）流动相选择

改变流动相溶剂性质和组成，这是调节 k 和选择性α最简便、有效的方法。反相色谱均采用水和水溶性极性溶剂为流动相，改变流动中有机溶剂/水体积配比获得需要的溶剂强度，可调节 k 和α 值；改变有机溶剂类型也可改变 k 和α 值。

（3）流动相 pH 值

流动相缓冲溶液 pH 值对离子性溶质保留有显著影响，pH 值变化可导致 k 值 10 倍左右的变化，视溶质离子化基团多少而异。流动相 pH 值可改变离解溶质的电离程度。分子态溶质具有较高疏水性，k 值较高；电离成离子态，疏水性降低导致 k 值下降；电离基团越多，疏水性越弱，k 值越小。

8.4.10 离子交换色谱

离子交换色谱通过固定相表面带电荷的基团与样品离子和流动相淋洗离子进行可逆交换、离子-偶极作用或吸附实现溶质分离。它主要用于分离离子性化合物。

离子交换过程可以近似看成一个可逆化学反应，与液固吸附、液液分配色谱具有显著区别。离子交换色谱已成为更独立的分离分支学科，不仅是高效、高速分析分离，还用于工业规模分离纯化，是当代分离工程的重要组成部分，广泛应用于水处理、湿法冶金、环境工程、生物化工、制药等领域。

1．离子交换平衡

离子交换分离过程是基于溶液中样品离子（X）和流动相相同电荷离子（Y）与不溶固定相表面带相反电荷基团（R）间交换平衡。对于单价离子交换平衡可用下式表示，式中脚标 m，s 代表流动相和固定相。

阳离子交换 $\mathrm{X_m^+ + Y^+R_s^- \longrightarrow} Y_\mathrm{m}^+ + X^+\mathrm{R^-}$

阴离子交换 $\mathrm{X_m^- + Y^-R_s^+ \longrightarrow Y_m^- + X^-R^+}$

上述方程为化学吸附反应，当 X 进入色谱柱从固定相 R 上置换 Y，平衡向右移动；若 X 比 Y 更加牢固吸附在固定相上，在未被淋洗液中离子置换时，X 将一直保留在固定相上。若采用含 Y 淋洗离子的流动相连续通过色谱柱，则间隙进样被吸着的 X 离子被洗脱，平衡向左移。随淋洗进行，将按上述方程进行吸附、解吸反复交换平衡，按不同溶质与固定相离子作用力差异实现分离。

对交换剂上给定电荷基团，与离子间亲和力差异和溶质水合离子体积及其他性质有关。例如，对典型的磺酸基强阳离子交换剂，K_{EX}降低顺序为：$Ag^+ > Cs^+ > Rb^+ > K^+ > NH_4^+ > Na^+ > H^+ > Li^+$。对两价阳离子亲和顺序为：$Ba^{2+} > Pb^{2+} > Sr^{2+} > Ca^{2+} > Ni^{2+} > Cd^{2+} > Cu^{2+} > Co^{2+} > Zn^{2+} > Mg^{2+} > UO^{2+}$。对强碱性阴离子交换剂，亲和力降低顺序为：$SO_4^{2-} > C_2O_4^{2-} > I^- > NO_3^- > Br^- > Cl^- > HCO_3^- > CH_3CO_2^- > OH^- > F^-$。这些只是大致顺序，实际情况还受离子交换剂类型和反应条件影响而略有变化。

2．离子交换色谱固定相——离子交换剂和流动相

离子交换剂主要有下列两种：

① 苯乙烯和二乙烯苯交联聚合物离子交换树脂：其阳离子交换树脂最普通的活性点是强酸型磺酸基—$SO_3^-H^+$，弱酸型羧酸基—COO^-H^+；阴离子交换树脂含季铵基—$N(CH_3)_3^+OH^-$或伯胺基—$NH_3^+OH^-$，前者是强碱，后者是弱碱。聚合物离子交换固定相有适应 pH 值范围广（0～14）的优点，但不是满意的色谱填料，因为聚合物基质微孔中传质速率慢，导致柱效低及基质可被溶胀、压缩。

② 硅胶化学键合离子交换剂，粒径 5～10 μm，通过键合、化学反应引入离子交换基团，具有机械强度高、柱效高的优点，但适用 pH 值范围窄（pH 2～8）。

离子交换色谱流动相具有其他色谱方法相同的要求，即必须溶解样品，有合适溶剂强度以获得合理的保留时间和 k 值，和各溶质有差异的相互作用以改进分离选择性α。离子交换色谱流动相是含离子水溶液，常是缓冲剂溶液。溶剂强度和选择性决定于加入流动相成分类型和浓度。一般流动相的离子与溶质离子在离子交换填料上的活性点发生竞争吸附和交换。流动相缓冲液的类型、离子强度、pH 值及添加有机溶剂类型、浓度等是实现分离条件优化的主要因素。

3．离子色谱

离子交换色谱推广应用到无机离子的定量测定由于缺乏一般通用检测器而受到限制，电导检测器是这种测定的合理选择，但限制它应用的主要原因是流动相高电解质浓度导致高本底响应淹没检测溶质离子响应，从而大大降低检测器的灵敏度。这个问题在采用离子交换分离柱后引入抑制柱的方法可得以解决。抑制柱填充第二种离子交换填料，能有效地将流动相淋洗离子转变成低电离的分子，如碳酸、水等，而不影响分析的溶质离子检测。这种淋洗液离子抑制、电导检测的离子交换色谱方法称为离子色谱，也称为双柱离子色谱。

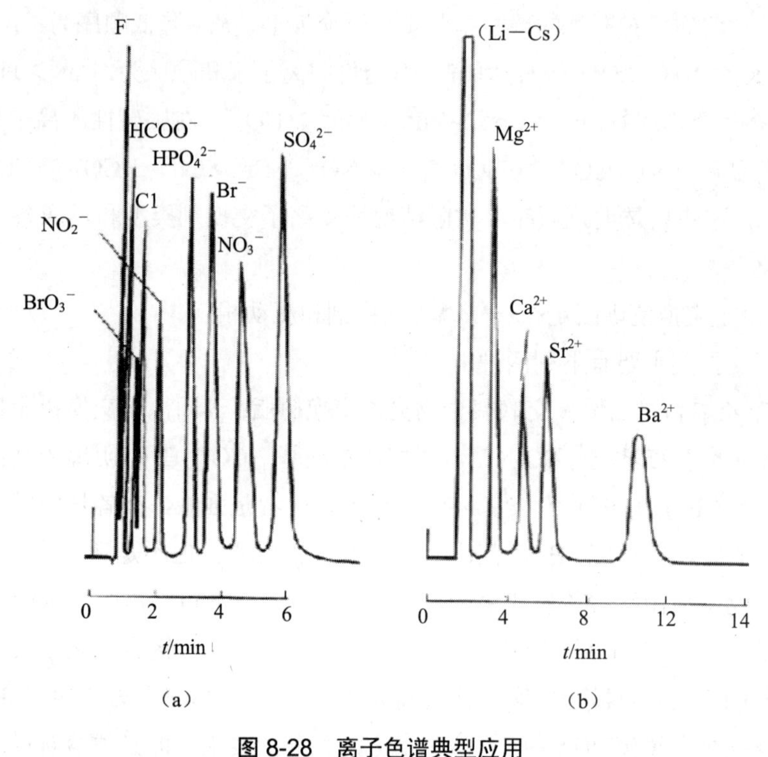

图 8-28 离子色谱典型应用

（a）阴离子分离，流动相：0.002 8 mol·L^{-1} $NaHCO_3$/0.002 3 mol·L^{-1} Na_2CO_3

（b）阳离子分离，流动相：0.025 mol·L^{-1} 对苯二胺盐酸盐/0.002 5 mol·L^{-1} HCl

8.4.11 体积排阻色谱

体积排阻或排除色谱（SEC），也称为凝胶色谱或凝胶过滤色谱，是分析高分子化合物的色谱技术。SEC 填料为微粒均匀网状多孔凝胶材料。比填料平均孔径大的分子被排阻在孔外而无保留，被最先洗出；分子体积比孔径小的分子完全渗透进入孔穴，最后洗出；处于这两者之间具有中等大小体积分子渗透进入孔穴，由于渗透能力差异而显示保留不同，产生分子分级，这取决于分子体积，在一定程度上也与分子形状有关。因此，SEC 分离是基于溶质分子体积差异在凝胶固定相孔穴内的排阻和渗透性大小。

SEC 经常使用的固定相有两种，即粒径 5～10 μm 均匀网状孔穴的交联聚合物和无机材料，如多孔玻璃、硅胶基质等。

SEC 可分为凝胶过滤和凝胶渗透色谱。前者使用亲水性填料和水溶性溶剂流动相，如不同 pH 值的各种缓冲溶液；后者采用疏水性填料和非极性有机溶剂，最常用的是四氢呋喃，其次是二甲基甲酰胺、卤代烃等流动相。

SEC 方法主要应用于分离测定合成和天然高分子产物。例如从氨基酸和多肽中分离蛋白质；测定聚合物的相对分子质量和相对分子质量分布。这常是其他色谱方法不能解决的课题。由于溶质与固定相不存在相互作用，因而不存在生物高分子分离中去活的缺点，此乃 SEC 的优点。

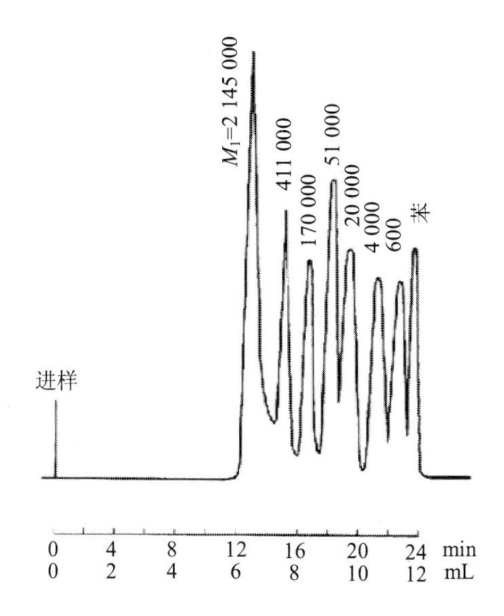

图 8-29　聚苯乙烯相对分子量分布的 SEC 色谱图

色谱柱：4 根 300 mm×3.9 mm 8 μm 硅胶凝胶柱

流动相：二氯甲烷

思考题

1. 吸光物质的摩尔吸收系数与下列哪些因素有关？入射光波长、被测物质浓度、吸收池厚度。

2. 在吸光光度法中，影响显色反应的因素有哪些？

3. 在吸光光度法中，选择入射光波长的原则是什么？

4. 光度分析法误差的主要来源有哪些？如何减免这些误差？试根据误差分类分别加以讨论。

5．怎样选择气液色谱的固定液？

6．在气相色谱分析中载气种类的选择应从哪几方面加以考虑？载气流速的选择又应如何考虑？

7．柱温和气化温度的选择的原则是什么？

8．毛细管色谱柱的特点是什么？

9．高效液相色谱的特点是什么？它和气相色谱比较，主要的不同点是什么？

10．高效液相色谱可分为几种类型？简述其分量原理和主要应用。

习　题

1．某钢样含镍约 0.12%，用丁二酮肟光度法（$\varepsilon = 1.3\times10^4\ \text{L}\cdot\text{mol}^{-1}\cdot\text{cm}^{-1}$）进行测定。试样溶解后，转入 100 mL 容量瓶中，显色，并加水稀释至刻度。取部分试液于波长 470 nm 处用 1 cm 吸收池进行测量。如要求此时的测量误差最小，应称取样品多少克？

2．浓度为 $0.51\ \mu\text{g}\cdot\text{mL}^{-1}$ 的 Cu^{2+}溶液，用双环己酮草酰二腙光度法进行测定，于波长 600 nm 处用 2 cm 吸收池进行测量，测得 $T = 50.5\%$，求摩尔吸收系数ε、桑德尔灵敏度 S。

3．吸光光度法定量测定浓度为 c 的溶液，如吸光度为 0.434，假定透射比的测定误差为 0.05%，由仪器测定产生的相对误差为多少？

4．$1.0\times10^{-3}\text{mol}\cdot\text{L}^{-1}$ $K_2Cr_2O_7$ 溶液在波长 450 nm 和 530 nm 处的吸光度 A 分别为 0.200 和 0.050。$1.0\times10^{-4}\text{mol}\cdot\text{L}^{-1}$ 的 $KMnO_4$ 溶液在 450 nm 处无吸收，在 530 nm 处吸光度为 0.420。今测得某 $K_2Cr_2O_7$ 和 $KMnO_4$ 的混合溶液在 450 nm 和 530 nm 处的吸光度分别为 0.380 和 0.710。计算该混合溶液中 $K_2Cr_2O_7$ 和 $KMnO_4$ 的浓度。假设吸收池长为 1 cm。

5．NO_2^- 在波长 355 nm 处 $\varepsilon_{355}=23.3\ \text{L}\cdot\text{mol}^{-1}\cdot\text{cm}^{-1}$，$\varepsilon_{355}/\varepsilon_{302}=2.50$；$NO_3^-$ 在 355 nm 处的吸收可忽略，在波长 302 nm 处 $\varepsilon_{302}=7.24\ \text{L}\cdot\text{mol}^{-1}\cdot\text{cm}^{-1}$。今有一含 NO_2^- 和 NO_3^- 的试液，用 1 cm 吸收池测得 $A_{302}=1.010$，$A_{355}=0.730$。计算试液中 NO_2^- 和 NO_3^- 浓度。

6．某含铁约 0.2%的样品，用邻二氮菲亚铁光度法（$\varepsilon = 1.0\times10^4\ \text{L}\cdot\text{mol}^{-1}\cdot\text{cm}^{-1}$）测定。样品溶解后稀释至 100 mL，用 1 cm 比色皿在 508 nm 波长下测定吸光度。①为使吸光度测量引起的浓度相对误差最小，应当称取样品多少克？

②如果所使用的光度计透光度最适宜读数范围为 0.200～0.650，测定溶液应控制的含铁的浓度范围为多少？

7．组分 A 从气-液色谱流出需 15.0 min，组分 B 需 25.0 min，而不被固定相保留的组分 C 流出色谱柱需 2.0 min。计算：

①组分 A 相对于组分 B 的相对保留时间；

②组分 B 相对于组分 A 的相对保留时间；

③组分 A 在柱中的分配比。

8．某气-液色谱分析中得到下列数据：死时间 t_M=1.0 min，保留时间 t_R=5.0 min，固定液体积 V_S = 2.0 mL，载气体积流速 F_0 = 50 mL·min^{-1}。试计算：①分配比 k；②死体积 V_M；③分配系数 K；④保留体 V_R。

9．有一根 1 m 长的气-液色谱柱，用 N_2 作载气，测定了三种不同流速所对应的塔板数如下：当载气流速为 10 mL·min^{-1} 时，n 为 1 205 块；载气流速为 20 mL·min^{-1} 时，n 为 1 250 块；载气流速为 40 mL·min^{-1} 时，n 为 1 000 块。求：①范氏方程中的 A、B、C 值。②载气最佳流速及在此流速下的塔板数。

10．色谱图上有两个色谱峰，它们的保留时间和峰底宽分别为 t_{R1} = 3 min 20 s、t_{R2} = 3 min 50 s，W_1=16 s，W_2=19 s。已知 t_M=20 s。求这两个色谱峰的相对保留值 r_{21} 和分离度 R。

11．已知某色谱柱的有效塔板数为 1 600 块，组分 A 和 B 在该柱上的调整保留时间分别为 90 s 和 100 s，求其分离度 R_s。

12．测得石油裂解气的色谱图（前面 4 个组分为经过衰减 1/4 而得到），经测定各组分的 f 值和从色谱图量出各组分的峰面积分别如下：

出峰次序	空气	甲烷	二氧化碳	乙烯	乙烷	丙烯	丙烷
峰面积	34	214	4.5	278	77	250	47.3
校正因子	0.84	0.74	1.00	1.00	1.05	1.28	1.36

用归一化法求各组分的质量分数。

13．以气相色谱法分析肉类样品，称取样品 3.85 g，用有机溶剂萃取其中的六氯化苯，提取液稀释到 1 000 mL。取 5 μL 进样得到六氯化苯的峰面积为 42.8 mV·min。同时进 5 μL 六氯化苯的标准样，其浓度为 0.050 0 μg/mL，得峰面积为 58.6 mV·min，计算该肉类样品中六氯化苯的含量，以 μg·g^{-1} 表示。

第 9 章　分析试样的采集制备及常用分离方法

实际分析中，试样种类繁多，成分复杂，为使分析结果能准确反映试样的客观情况，一方面应根据试样的性质和分析要求，选择合适的测定方法，另一方面在试样的采集、制备及分离富集等环节要规范操作，为获得可靠分析结果创造条件。如海带、木耳中金属锌的测定，首先要采集代表性试样，用去离子水冲洗干净后，放入恒温干燥箱烘干，粉碎研磨过筛，而后 500℃灰化，再用 10 mL（1∶1）盐酸溶解残渣，以双硫腙做显色剂分光光度法 530 nm 波长下测定锌的含量。

9.1　分析试样的采集与制备

9.1.1　试样的采集

试样的采集是指从大批物料中采集少量样本作为原始试样，经过加工处理后用于分析。其分析结果被视做反映原始物料的实际情况，因此所采集的试样应具有代表性。即采集试样的组成能代表全部物料的平均组成，否则后续分析工作将无实际意义。为了保证采样的准确性，又能降低成本，采样时应按照一定的原则、方法进行。不同物料采样的具体操作方法可参照相关国家标准和行业标准。

1. 固体试样

固体物料种类繁多、形态各异，试样的性质和均匀程度差别较大。组成不均匀的物料有矿石、煤炭、废渣、土壤等，其颗粒大小不同、成分混杂、硬度相差较大；组成相对较均匀的有谷物、金属材料、化肥、水泥等。由于固体物料的成分分布不均，因此应按一定要求选取不同点进行采样，保证所采试样的代表性。常见采样点选择方法有多种：如随机性采样法即随机选择采样点，通过多点采样，使试样具有高度代表性；系统采样法即根据一定规则选择采样点，根据物料性质和采样规则选用不同采样方法，系统采样法一般比随机法少；判断采样法即根据有关分析组分分布信息，有选择性地选取采样点，其采样点相对较少。一般采样份数越多，试样的组成越具有代表性，但所耗人力、物力也越大。因此，采样份数应合理规划，满足分析要求。如采集铁矿石时，应从物料不同部位合理选取有代表性的一小部分（数千克至数十千克）试样。采集的份数越多，则试样的组成与铁矿石的平均组成更接近。根据经验，原始平均试样采取量与试样的均匀度、粒度、易破碎度有关，采样公式表示：

$$m = Kd^{\alpha} \tag{9-1}$$

式中：m——采取平均试样的最小可靠质量，kg；

d——试样中最大颗粒的直径，mm；

K、α——经验常数，根据物料的均匀程度和易破碎程度等而定。K 值在 0.05～1，可查阅相关手册，α 值通常为 1.8～2.5，地质部门将 α 值规定为 2。

$$m = Kd^2$$

在采取赤铁矿的平均试样时，若矿石最大颗粒的直径为 20 mm，矿石的 K 值为 0.06，计算得：

$$m = 0.06 \times 20^2 = 24\ \text{kg}$$

即采取铁矿石的最低质量为 24 kg，这样取得的试样质量大，组成不均匀，数量又多，不宜分析使用。从上式可知，试样的最大颗粒越小，采样的最小质量也越小。如果将上述试样最大颗粒破碎至 4 mm，则：

$$m = 0.06 \times 4^2 = 0.96 \approx 1\ \text{kg}$$

此时试样的最小质量可减至 1 kg。采集原始平均试样的最小质量列于表 9-1。

表 9-1　采集原始平均试样时的最小质量对照

筛号/网目	筛孔直径/mm	m（最小质量）/kg				
		$K=0.1$	$K=0.2$	$K=0.3$	$K=0.5$	$K=1.0$
3	6.35	4.032	8.065	12.097	20.161	40.32
6	3.38	1.142	2.285	3.427	5.141	11.42
10	2.00	0.400	0.800	1.200	2.000	4.000
16	1.19	0.142	0.283	0.425	0.708	1.416
20	0.84	0.071	0.141	0.212	0.353	0.706

筛号/网目	筛孔直径/mm	m（最小质量）/kg				
		$K=0.1$	$K=0.2$	$K=0.3$	$K=0.5$	$K=1.0$
40	0.42	0.018	0.035	0.053	0.088	0.176
60	0.250	0.006	0.013	0.019	0.031	0.063
80	0.177	0.003	0.006	0.009	0.016	0.031
100	0.147	0.002				
120	0.125	0.001 6				
140	0.105	0.001 1				
200	0.074	0.000 5				

2．液体试样

液体有水、饮料、体液和工业溶剂等，一般比较均匀，因此采样单元数相对较少。对于体积较小的物料，通常在搅拌下直接用瓶子或取样管取样。物料量较大时，人工搅拌较难有效地使试样混合均匀，应从不同位置和深度分别采样，保证采样的代表性。应根据水样的具体情况选取不同方法采样。如采集水管中或有泵水井的水样时，取样前水龙头或泵需先放水 10～15 min，然后再用干净试剂瓶收集水样。在采集江、河、池、湖水样时，首先要根据分析目的具体情况选择采样地点，用采样器在不同深度各取一份水样，例如一大型水库平均水深 9.6 m，最大水深 31 m，根据水深情况，在水深大于 10 m 时，分上、下层取样。对于管网中的水样，一般需定时收集 24 h 试样，混合后作为分析试样。

液体物质的采样器常为塑料或玻璃瓶。检测试样中有机物选用玻璃器皿；测定试样中微量金属元素选用塑料取样器，以减少容器吸附和产生微量待测组分的影响。

液体试样的化学组成易因溶液中的化学、生物或物理作用而发生变化，必须采取适当保存措施。常用的保存措施：控制溶液 pH、加入化学稳定试剂、冷藏或冷冻、避光和密封等。目的在于减缓生物作用、化合物或配合物的水解、氧化还原作用及减少组分的挥发。保存期的长短与待测物的稳定性及保存方法有关。常见的保存方法见表 9-2。

液体试样适于多种方法的分析，因此，原始液体试液一般不需处理便可直接用于测定。

表 9-2　各类保存剂的应用范围

保存剂	作用	测定项目
$HgCl_2$	抑制细菌生长	多种形式的氮，多种形式的磷，有机氯农药
HNO_3，pH < 2	防止金属沉淀	多种金属
H_2SO_4，pH < 2	抑制细菌生长；与有机碱形成盐类	有机水样（COD、油和油脂，有机碳），氨、胺类
NaOH	与挥发性酸性化合物形成盐类	氰化物，有机酸类
冷冻	抑制细菌生长，减慢化学反应速率	酸度、碱度、有机物；BOD、色、嗅、有机磷、有机氯、有机碳等

3．气体试样

气体试样有汽车尾气、工业废气、大气、压缩气体及气溶物等。最简单的气体试样采集方法为用泵将气体充入取样器中，一定时间后将其封存即可。但在选择容器时应注意对微量成分的影响。由于气体贮存困难，大多数气体试样采用装有固体吸附剂或过滤器的装置收集。固体吸附剂用于挥发性气体（蒸汽压大于约0.1 Pa）和半挥发性气体（蒸汽压为0.1～10^{-7} Pa）采样，过滤器用于收集气溶胶中的非挥发性组分。许多无机物（如硅胶、氧化铝、分子筛）、有机聚合物和炭可用做吸附剂。用固体吸附剂采样时，使一定量气体通过装有吸附剂颗粒的装置。收集非挥发性物质时（常为固体颗粒或与其结合的成分），使气体试样通过某一过滤装置，固体颗粒即被吸附在玻璃纤维滤网上。

对于大气试样，根据被测组分在空气中存在的状态（气态、蒸汽或气溶胶）、浓度以及测定方法的灵敏度，选用直接法或浓缩法取样。对于贮存在大容器（如贮存柜或槽）内的物料，因上下的密度和均匀性可能不同，应在上、中、下等不同部位采取部分试样后混匀。

气体试样的化学成分一般比较稳定，不需采取特殊措施保存。用吸附剂采集的试样，可通过加热脱附或适当溶剂萃取后用于分析。其他方法采集的气体试样通常不需要处理即可用于分析。

4．生物试样

生物试样不同于一般的有机和无机物料，其组成因部位和季节不同有较大差异。因此，采样时应根据研究或分析需要选取适当部位和生长发育阶段进行，采样应注意群体代表性，适时性和部位典型性。采样量根据分析项目的要求，保证试样经处理制备后，有足够数量以满足需要。

对于植物试样，采集后需用清洁水洗净并立即放置干燥通风处晾干，或用干燥箱烘干。用于鲜样分析的试样，应立即处理和分析。当天未分析完的鲜样，应暂时置于冰箱内保存。若测定生物试样中的酚、亚硝酸、有机农药、维生素、氨基酸等生物体内易转化、降解或不稳定成分时，一般采用新鲜试样进行分析。

若需进行干样分析，先将试样风干或烘干后的试样粉碎，再根据分析方法的要求，分别通过 40～100 号筛，然后混匀备用。处理过程中应避免所用器皿带来的污染。由于生物试样的含水量很高，进行干样分析时，其鲜样采集量应为所需干样量的 5～10 倍。

动物试样如尿液、血液、脑脊液、胃液、乳液、粪便、毛发、指甲、骨、脏器和呼出的气体等，根据分析项目要求对试样进行适当处理。

9.1.2 分析试样的制备

分析检测所需试样量一般较少（数克以内），而原始试样的量一般很大（数千克至数十千克），需将它处理成 100～300 g 的分析试样，即实验室试样。由于液体和气体试样比较均匀，混合后取少量用于分析即可。分析试样的制备主要是针对不均匀固体试样，如将矿石原始试样处理成分析试样需经过如下过程：

1．破碎和过筛

用机械或人工方法把试样逐步破碎。一般分为粗碎、中碎和细碎等阶段：

①粗碎：用颚式破碎机把采集的试样平均粉碎至通过 4～6 号筛；

②中碎：用盘式破碎机把粗碎后的试样磨碎至能通过约 20 号筛；

③细碎：用盘式碎样机进一步磨碎，必要时再用研钵研磨，直至试样全部通过所要求的筛孔为止，通常要求通过 100～200 号筛。

矿石中的粗颗粒与细颗粒的化学成分常常不同，故在任何一次过筛时，都应将未通过筛孔的粗粒进一步破碎，直到全部过筛为止，而不可将粗颗粒弃去，否则会影响分析试样的代表性。

2．混合与缩分

试样每经过一次破碎后，使用机械（分样器）或人工方法取出一小部分有代表性的试样，再进行下一步处理，这样，就可将试样量逐步缩小。这个过程称为缩分。

常用的缩分法是四分法。如图9-1所示。这种方法是将已破碎的试样充分混匀，堆成圆锥形，然后将它压成圆饼状，再通过中心将其切为四等分，弃去任意对角的两份。由于试样基本上分布均匀，故留下的一半试样，仍有代表性。

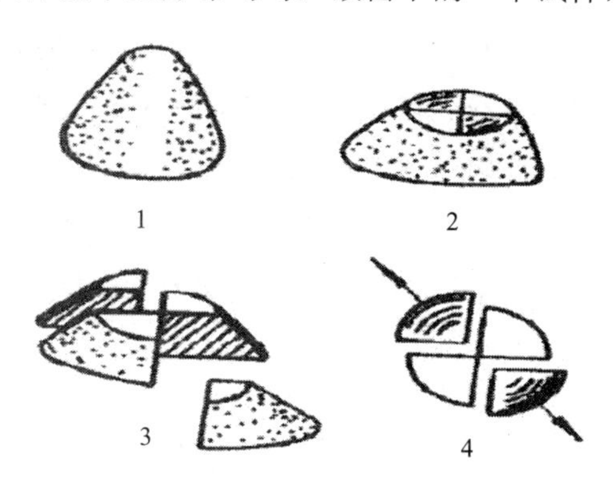

图9-1　四分法

缩分的次数不是随意的。每次缩分时，试样的粒度与保留的试样量之间，都应符合取样式（9-1），否则就应进一步破碎后，才能缩分。

9.2　试样处理原则

目前，有许多的采样和试样制备方法和技术可供选择，应当根据被采集试样体系的特性和分析测定的目的，选择合适的采样和试样制备技术。无论如何，试样的收集和处理方法及其技术必须遵循下面的原则：

①收集的试样必须具有代表性。

②采样方法必须与分析目的保持一致，并且采集到目标试样。

③分析试样制备过程中尽可能防止和避免欲测定组分发生化学变化或者丢失。

④在试样处理过程中，如果将欲测定组分进行化学反应时（例如：将不能气化的欲测定组分转化成可气化物质的衍生化过程，或者将不适合测定的组分通过化学反应转化成适合测定的物质），这一变化必须是已知的并定量地完成。

⑤在分析试样制备过程中，要防止和避免欲测定组分的玷污，尽可能减少无

关化合物引入制备过程。

⑥试样的处理过程应当尽可能简单易行，所用试样处理装置尺寸应当与处理的试样量相适应。

此外，在实际分析试样之前，某些试样可能会发生变化（例如光化学过程、微生物和空气中的氧所引起的变化），致使被测定物质的浓度发生变化。因此，在采样之后应当尽可能快地进行分析试样的制备和分析，或者使用合适的方法消除这种干扰（不使这些变化发生），做好试样的保存。

分析结果的质量与试样代表性密切相关。为了获得令人满意的分析结果，应该注意采样点、采样技术、采样频率以及所采集的试样量。在采样前后，采样容器和试样贮存、运输过程中都须避免使试样发生改变。为保证分析测定结果的可靠性，须如实记录采样过程及所采集试样的数量。分析所需试样的总数与希望得到的信息要求有关，若需要试样构成平均值，就必须随机地选择大量试样，将其进行混合均匀以获得一个混合试样，从中再取样分析。若需要的是试样组分分布图，就应当对试样进行逐个重复分析。

总之，应当根据分析测定的目的、分析测定的对象及其状况、所具备的分析测定的条件，选择并制定最佳的可实施的分析试样处理程序。

9.3 试样的分解

分析工作中，将非溶液态的试样通过适当方法将其转化为溶液，这一过程称为试样的分解。试样的分解是分析工作的重要组成部分。分解试样的方法很多，有溶解法、熔融法、半融法、干式灰化法、湿式消化法、微波辅助消解法等。分解试样的过程中必须依据试样处理原则和特点，根据待测组分化学组成、性质及所采取的分析方法，选择合适的方法。

9.3.1 溶解法

溶解法是指采用适当的溶剂将试样溶解制成溶液的方法。方法比较简单、快速。水是溶解无机物常用的重要溶剂之一，碱金属盐类、铵和镁的盐类、无机硝酸盐及大多数碱土金属盐等都易溶于水。不溶于水的无机物的分解主要用酸、碱或混合酸作为溶剂。

1．盐酸

盐酸是分解试样的重要强酸之一，它可以溶解金属活泼顺序中氢以前的活泼金属及大多数金属氧化物、氢氧化物、磷酸盐、碳酸盐和多种硫化物。盐酸中的Cl^-可以和许多金属离子生成较稳定的配离子（如$FeCl_4^-$和$SbCl_4^-$）。所以盐酸是这些金属矿石的良好溶剂。Cl^-还具有弱还原性，通常是氧化性矿物如软锰矿（MnO_2）、铅丹（$2PbO \cdot PbO_2$）、赤铁矿（Fe_2O_3）的良好溶剂。

盐酸易于提纯，杂质较少，分解试样时过量的酸易蒸发除去。

用盐酸分解试样时，通常在玻璃器皿中进行，也可在陶瓷、石英、金、铂、塑料等器皿中进行。在较高温度下（250℃）用盐酸分解试样，对玻璃、陶瓷器皿有一定的腐蚀作用。在有氧化剂存在的条件下，盐酸对金、铂器皿均有腐蚀性，使用时应注意避免。

2．硫酸

热硫酸具有强氧化性，除钙、锶、钡、铅外，其他金属的硫酸盐一般都溶于水。因此硫酸常用于溶解铁、钴、镍、锌、铬等金属及其合金，用于溶解铝、铍、锑、锰、钍、铀、钛等金属合金以及矿石。硫酸的沸点较高（338℃），高温下可以分解如铬铁矿、萤石（CaF_2）等，或用于逐出挥发性酸如 HCl、HF 和 HNO_3及水分。浓硫酸是强脱水剂，强烈吸收水分，可破坏有机物产生碳，碳在高温下被氧化成CO_2，因此可利用硫酸处理试样中的有机物。

硫酸经常与其他酸混合使用，混合酸具有比单一酸更强的溶解能力，如可利用H_2SO_4-H_3PO_4、H_2SO_4-HCl 等分解一些难溶的硅酸盐和钢铁试样。

3．硝酸

硝酸溶解试样兼有酸性和氧化性两重作用，溶解能力强而且速度快。除铂族金属、金和某些稀有金属外，浓硝酸能溶解几乎所有的金属试样及其合金、大多数的氧化物、氢氧化物和几乎所有的硫化物。但金属铝、铁、铬等被氧化后在金属表面形成一层致密的氧化膜，产生钝化现象，阻碍金属继续溶解。为了溶去氧化物薄膜，需加些非氧化性物质如盐酸等，才能达到溶解试样的目的。

4．磷酸

磷酸是中强酸，PO_4^{3-}具有很强的配位能力，能溶解其他酸不能溶解的硅酸盐、铬铁矿、钛铁矿、铌铁矿、金红石、铝酸盐、铁矿石、电气石等。钢铁分析中，用磷酸溶解含有高碳、高铬、高钨的合金效果较好。加热过程中温度不宜过高，时间不宜过长，以免析出难溶性焦磷酸盐，一般应控制在 500～600℃，5 min 以内。

5．高氯酸

高氯酸的沸点为 203℃，接近沸点时，是一种强氧化剂和脱水剂，蒸发至冒烟时，可驱除低沸点的酸，残渣易溶于水，能迅速溶解钢铁和各种铝合金。能将 Cr、V、S 等元素氧化成最高价态。高氯酸广泛应用于分解试样和测定方解石、白云石、菱镁石、玻璃及含有碱土金属试样中的 SiO_2。高氯酸常被用来溶解铬矿石、不锈钢、钨铁及氟矿石等。

6．氢氟酸

氢氟酸的酸性较弱，但配位能力强。氢氟酸与硫酸混合，能分解绝大部分硅酸盐矿物，是分解玻璃、陶瓷、耐火材料试样及原材料分析的常用溶剂。使用氢氟酸分解试样的目的是除去 SiO_2 以测定其他组分。分解时 SiO_2 生成挥发性的 SiF_4 而与其他组分分离。HF 与 As、B、Te、Fe（III）、Al（III）、Ti（IV）、W（V）、Nb（V）等能形成挥发性的氟化物或配合物，因此氢氟酸也可用于含 As、B、Te、Fe 等的试样的分解。用氢氟酸分解试样时，应在铂皿或聚四氟乙烯器皿中进行，后者在 250℃下是稳定的，当温度达到 400～450℃时，聚四氟乙烯会解聚产生有毒的全氟异丁烯气体。氢氟酸对人体有害，使用时应注意安全防护。

7．混合酸

混合酸具有比单一酸更强的溶解能力。如单一酸不能溶解的 HgS，可溶于混合酸王水（1 份浓 HNO_3+3 份浓 HCl）中：

$$HgS + 2NO_3^- + 4H^+ + 4Cl^- = HgCl_4^{2-} + 2NO_2\uparrow + 2H_2O + S$$

这是因为硝酸具有氧化作用，将 S^{2-}氧化成 S，而盐酸能供给大量的 Cl^-，与 Hg^{2+}结合形成很稳定的配离子 $HgCl_4^{2-}$。王水还可以溶解金、铂等贵金属。

此外，常用的混酸如硫酸-磷酸，其强酸性及磷酸的配位能力用于分解高、低合金钢，铁矿、钒钛矿及含铌、钽、钨、钼的矿石；硫酸-硝酸具有强氧化性，用于分解钼、锆、锡金属及黄铁矿、方铅矿、锌矿石等，钢铁分析中常用做混合溶剂；盐酸-过氧化氢具有强氧化性，过量的 H_2O_2 可通过加热除法去，用于分解铜和铜合金；浓硫酸高氯酸具有强氧化性，主要用于分解金属镓、铬铁矿等。

8．氢氧化钠和氢氧化钾

NaOH、KOH 溶液或加入少量的 Na_2O_2、K_2O_2，常用来溶解两性金属，如铝、锌及其合金以及它们的氢氧化物或氧化物等，稀 NaOH、KOH 溶液可以溶解酸性氧化物如 MoO_3、WO_3、GeO_2 及 V_2O_5 等。用这些碱溶液分解试样需在银、铂或聚四氟乙烯器皿中进行。

有机物中的低级醇、多元醇、糖类、氨基酸、有机酸的碱金属盐，可以用水溶解。许多有机物不溶于水但溶于有机溶剂。目前有机物选择溶剂仍依据相似相溶原则。溶剂的选择可参考有关资料。

9.3.2　熔融法

熔融法是指将试样与酸或碱性固体溶剂混合，在高温下进行复分解反应，将试样中的待测组分转化为易溶于水或酸的化合物（如钠盐、钾盐、硫酸盐及氯化物等）。因为熔融时反应物的浓度和温度都比用溶剂溶解时高得多，所以分解试样的能力比溶解法强。但熔融时要加入大量熔剂（为试样质量的 6～12 倍），熔剂本身的离子和其中的杂质会进入试液中，同时熔融时坩埚材料的腐蚀也会引入杂质。在实际工作中应根据试样的具体情况灵活处理。

通常根据熔剂的性质将其分为酸性熔剂和碱性熔剂。酸熔法适用于分解碱性试样，碱熔法用于分解酸性试样。如酸性氧化物硅酸盐、黏土、酸性炉渣、酸不溶残渣等，均可采用碱熔法。常用的熔剂多为碱金属化合物，可使酸性矿物试样转化为易溶于酸的氧化物或碳酸盐。常见的熔剂及性质如下。

1．焦硫酸钾（$K_2S_2O_7$）或硫酸氢钾（$KHSO_4$）

$K_2S_2O_7$ 的熔点为 419℃，$KHSO_4$ 的熔点为 219℃，后者经灼烧后也生成 $K_2S_2O_7$，二者作用一样，适于分解难熔的金属氧化物，如：TiO_2、Al_2O_3、Fe_2O_3 等。熔融时焦硫酸钾在约 300℃开始熔化，约 450℃时分解：

$$K_2S_2O_7 = K_2SO_4 + SO_3\uparrow$$

分解产生的 SO_3 与金属氧化物反应形成可溶性硫酸盐，如：

$$Al_2O_3 + 3SO_3 = Al_2(SO_4)_3$$

$$TiO_2 + 2SO_3 = Ti(SO_4)_2$$

$$Fe_2O_3 + 3SO_3 = Fe_2(SO_4)_3$$

熔融时要适当控制温度，温度不能超过 500℃，防止 SO_3 过早、过多挥发掉；温度也不能太低，否则 SO_3 不能和金属氧化物反应。

焦硫酸钾可以分解铬铁矿、刚玉、磁铁矿、红宝石、钛的氧化物等。

2．无水碳酸钠（Na_2CO_3）或无水碳酸钾（K_2CO_3）

无水碳酸钠或无水碳酸钾（K_2CO_3）是分解硅酸盐和硫酸盐试样及其他矿物等最常用的重要熔剂之一，Na_2CO_3熔点为853℃，K_2CO_3熔点为890℃。作为碱性熔剂的Na_2CO_3、K_2CO_3与硅酸盐一起熔融时，硅酸盐便被分解为碱金属硅酸钠（或钾）、铝酸钠（或钾）等的混合物。熔融物用酸处理时，则分解成相应的盐类并析出硅酸。以碳酸钠熔融分解黏土和长石为例，熔融时的化学反应如下：

熔融黏土：

$$Al_2O_3 \cdot 2SiO_2 \cdot 2H_2O + 3Na_2CO_3 = 2Na_2SiO_3 + 2NaAlO_2 + 3CO_2 + 2H_2O$$

熔融长石：

$$K_2O \cdot Al_2O_3 \cdot 6SiO_2 + 6Na_2CO_3 = 6Na_2SiO_3 + 2KAlO_2 + 6CO_2$$

3．硼砂-碳酸钠混合熔剂（$Na_2B_4O_7$-Na_2CO_3）

硼砂常与无水碳酸钠混合使用，是一种熔融作用很强的非氧化性熔剂，熔融作用与碳酸钠相似，是耐火材料及原料如黏土、高铝质半硅质耐火材料、锆刚玉、铬矿渣、灼烧氧化物、高铝质瓷及釉料等试样适宜而有效的熔剂。

无水碳酸钠与硼砂的质量比（Na_2CO_3∶$Na_2B_4O_7$）通常是1∶1或2∶1。混合熔剂可先在铂皿中于500～600℃下焙烧，除去硼砂中的结晶水，防止硼砂脱水时溅失。混合熔剂用量一般为试料质量的5～10倍。在铂坩埚中将熔剂和试样置于马弗炉内，温度从室温升至950℃熔融20 min，试样可完全分解。

用此熔剂熔融，熔融物黏度大，浸取时间长，加酸分解速度慢。可在熔剂与试样的混合物中加入质量分数为10% NH_4Br的溶液1～2 mL，先低温加热，再逐渐升高熔融温度，所得的熔物极易浸取脱出，加酸处理后溶液澄清透明。

4．过氧化钠（Na_2O_2）

过氧化钠在460℃分解放出氧，是一种强碱性强氧化性熔剂，分解能力很强。常用于分解耐火材料如锆刚玉、锆英石、铬铁矿及一些陶瓷釉料等试样，以及分解难溶于酸的铁、铬、镍、钼、钨的合金和各种铂合金，也可对硅、硼、磷、硫、铬等元素单独测定。

由于过氧化钠具有强烈的侵蚀作用，所以绝不允许在高温下铂坩埚中熔融，而只能在银、镍或铁坩埚中进行。熔融物中会引入较多的相应坩埚材料的离子，在系统分析中，应考虑这些离子的干扰。熔融时首先在低温下加热，再逐渐提高温度，以免溅出。熔融的温度通常在600～700℃，待熔融物不冒气泡后再熔5～

10 min 即可，时间不宜过长。为了降低熔融温度，过氧化钠常与氢氧化钠混合使用，其质量比（Na_2O_2∶NaOH）一般为 5∶2 或 2∶1。为了减缓氧化作用的剧烈程度，常用 Na_2O_2 与 Na_2CO_3 混合熔剂，用于分解硫化物或砷化物矿石。

5. 氢氧化钠或氢氧化钾（NaOH、KOH）

氢氧化钠和氢氧化钾的熔点较低，分别为 318℃和 380℃。适合于高硅、磷酸盐、钼矿石和耐火材料、稀土等试样的分解，广泛应用于黏土、粉煤灰、玻璃、水泥及原料等试样的分解，适应性强，速度快，效果好，分析成本低廉，熔融时比较稳定，熔融物用酸分解后易得澄清透明的溶液。

用氢氧化钠或氢氧化钾作熔剂时，一般采用银坩埚作容器。熔融过程在有温度控制器的马弗炉内进行。熔融所需氢氧化钠的质量与试样的种类以及试料质量有关。一般为试料质量的 10～20 倍，熔融温度为 600～700℃，熔融时间为 20～30 min。

9.3.3　半熔法

半熔法，又称烧结法，在低于熔点的温度下，将试样与熔剂混合加热至发生反应。半熔法的温度比较低，不易损坏坩埚而引入杂质。例如在 800～850℃时，用 Na_2CO_3∶MgO（3∶2）分解矿石、煤或土壤等，用 Na_2CO_3∶ZnO（2∶1）分解矿石、煤等。石灰石、白垩土、水泥生料系统分析中采用半熔法分解试样，一般是在铂坩埚中，加入试料质量 0.6～1 倍的无水 Na_2CO_3，950℃温度下灼烧。

半熔法的特点是：比一般熔融法快，容易脱埚，铂坩埚损耗少。

9.3.4　干式灰化法

干式灰化法主要用于分解有机试样和生物试样，以便测定试样中的金属元素、硫及卤素元素的含量。该法是将试样置于马弗炉中加热燃烧（一般为 400～700℃）分解，以大气中的氧作为氧化剂，有机物质燃烧后留下无机残余物。通常加入少量浓盐酸或热浓硝酸浸取残余物，然后定量转移到玻璃容器中。例如测定深海紫菜试样中碘时，称取试样于瓷坩埚中，加入去离子水、氢氧化钾溶液，搅拌均匀，置于 90℃烘箱中烘干 2.5 h，置电炉上低温炭化，试样再放入 550℃高温炉中，灰化 5 h，冷却后加入少量水溶解即可测定。为提高灰化效率，在干式灰化法过程中，根据需要可加入少量的某种氧化性物质（俗称助熔剂）于试样中。

硝酸镁是常用的助溶剂之一。对于液态或湿的动、植物细胞组织，在灰化分解前先通过蒸汽浴或轻度加热的方式进行干燥。灰化时马弗炉应逐渐加热到所需温度，防止着火或起泡沫。

氧瓶燃烧法是干式灰化法普遍采用的方法。将试样包在定量滤纸内，用铂金片夹牢，放入充满氧气的锥形瓶中进行燃烧，燃烧产物用适当的吸收液吸收，然后分别测定各元素的含量。试样中的硫、磷、卤素及金属元素，分别形成硫酸根、磷酸根、卤素离子及金属氧化物或盐类等溶解在吸收液中。

对于有机物中碳和氢元素的测定，通常用燃烧法，将有机物试样置于瓷舟内，加适量金属氧化物催化剂，然后使其在氧气流中充分燃烧。此时，碳定量转化为 CO_2，氢定量转化为 H_2O。将燃烧生成 CO_2 和 H_2O 分别用预先称重并盛有适当吸收剂的吸管吸收。一般用烧碱石棉吸收 CO_2，高氯酸镁吸收 H_2O。根据吸收管增加的质量，计算有机试样中碳和氢的含量。其操作试样用量少、简便、快速。

干式灰化法的另一种方式是低温灰化法。该法采用射频放电产生强活性氧游离基，在低温（一般低于 100 ℃）下破坏有机物质。因此能最大限度地减少挥发损失，适用于生物试样中 As、Se 及 Hg 等易挥发元素的测定。

干式灰化法的优点是不加入或加入少量试剂，避免引入外部杂质，而且方法简便。缺点是因少数元素挥发或器皿沾附金属会造成损失。干式灰化法耗时一般为 2～4 h。为了富集待测物，灰化法往往要对大量试样进行灰化，所以可除去大量干扰物。

9.3.5 微波辅助消解法

1975 年微波消解法首次用于消解生物试样，利用微波能量对试样进行消解。

该法适于处理大批量试样及萃取极性、热不稳定的化合物。与传统的传导加热方式（如电热板加热，加热方式是从“由外到内”间接加热分解试样）相反，微波消解是利用磁场微波场（交变速度极快）正、负极交变电磁场使介质分子极化，极化分子在高频磁场交替排列导致分子高速振荡，使分子获得高能量。由于微波能同时直接传递给溶液（或固体）中的分子，因此使溶液整体快速升温，加热效率高。消解采用密闭容器，可以加热到较高温度和较高压力，使分解更有效，同时也可减少溶剂用量和减少易挥发组分的损失。这种方法可用于有机和生物试样的氧化分解，也可用于难溶无机材料的分解，如石油化工产品、地质材料、生物材料和环境材料、冶金、煤炭、医药、食品等领域的试样处理。

9.4　分析化学常用的分离和富集方法

测定高纯银试样中痕量 Pb 含量的过程中，用酸溶解试样时，Ag、Pb、Co、Ni、Cd、Cu 等组分都被溶解，并以离子形式存在于溶液中，这些共存离子对测定 Pb 产生干扰，且 Pb 浓度很低，若所选测定方法的灵敏度难以达到要求，采用一般掩蔽法和控制测定条件也无法直接测定。因此，必须选择适当分离方法以消除共存离子的干扰，并适当富集 Pb^{2+}，提高试液中 Pb^{2+}浓度以满足痕量分析的要求。分离富集是把微量、痕量以至于更少量的被测组分用某一方法集中起来给予分离，同时消除共存物质的影响的过程。

在分离过程中，常用待测组分回收率（R）来衡量分离富集的效果，回收率体现了被分离组分在分离后回收的完全程度，可用以下公式表示：

$$回收率(R)=\frac{分离后所得待测组分质量}{分离试样所含待测组分质量}\times 100\%$$

对被分离的待测组分，回收率越高，分离效果越好。因此理想的回收率应该是 100%。但是实际分离时总会造成被分离组分损失。通常，对质量分数为 1%以上的待测组分，一般要求 $R>99.9\%$；对质量分数为 0.01%～1%的待测组分，要求 $R>99\%$；对质量分数小于 0.01%的痕量组分，要求 R 为 90%～95%，有时甚至更低一些也是允许的。但试样中的待测组分的真实含量是未知的，在实际工作中一般采用标准物质加入法测定回收率。

在分离过程中，分析物与干扰物之间的分离因数（用 S 表示），可用以下公式表示：

$$S_{B/A}=R_B/R_A\times 100\% \tag{9-2}$$

式中：A 代表分析组分；B 代表干扰组分。如果 A 的回收率约为 100%，则 $S_{B/A}=R_B$；如果分析物 A 与干扰物 B 的量相当，则 $S_{B/A}\leqslant 1\%$可视为理想的分离情况。

常用的分离富集方法如挥发与蒸馏、沉淀过滤、萃取、色谱、离子交换、膜分离法。较为现代的分离方法有固相微萃取、超临界流体萃取。

9.4.1 气态分离法

气态分离法是指试样中的某些组分以气体形式分离出去，可用于除去干扰组分，也可以用于使被测组分定量富集分离出来，然后进行测定，气态分离法包括挥发、蒸馏等。

1．挥发

挥发是液态或固态全部或部分转化为气体的过程，试样经过一定的方法处理后某些待测组分成为气体而逸出，具有气态新化合物的生成或挥发，达到分离富集目的。可以产生气体方法：直接加热，如加热 NH_4NO_3 分解 N_2 和 H_2O；置换法，如强酸置换弱酸，用 HCl 与 $CaCO_3$ 反应放出 CO_2；氧化法或还原法，如元素 Ge、Sn、As、P 等在 HCl 介质中加入还原剂形成氢化物挥发等。

2．蒸馏

蒸馏是基于气-液平衡原理实现组分分离的，利用试样溶液中各组分的沸点及其蒸气压的不同实现分离。在水溶液中，不同组分的沸点不同，当加热或减压时，较易挥发的组分富集在蒸气相，对蒸气相进行冷凝或吸收，挥发性组分在馏出液或吸收液中得到富集。蒸馏分为常压蒸馏、减压蒸馏、减压和真空蒸馏、水蒸气蒸馏、共沸蒸馏等。

9.4.2 沉淀与过滤分离

沉淀分离法是指通过沉淀反应把待测组分和干扰组分分开的方法。依据溶度积原理，利用某种沉淀剂有选择性地沉淀某些离子，而其他离子因不能形成沉淀则留于溶液中，运用过滤、离心等方法将固液分开，从而达到分离的目的。根据沉淀剂的不同，沉淀分离法可分为用无机沉淀剂的分离法、用有机沉淀剂的分离法和共沉淀分离富集法。

9.4.2.1 采用无机沉淀剂

1．氢氧化物沉淀分离法

这类分离法常用的沉淀剂有 NaOH、$NH_3 \cdot H_2O$、ZnO 悬浮液、六次甲基四铵等。它们使离子形成氢氧化物沉淀[如 $Fe(OH)_3$、$Al(OH)_3$、$Mg(OH)_2$ 等]或含水氧化物（如 $SiO_2 \cdot xH_2O$、$WO_3 \cdot xH_2O$、$Nb_2O_5 \cdot xH_2O$、$SnO_2 \cdot H_2O$ 等）。一些常见金属氢氧化物开始沉淀和沉淀完全时的 pH 值见图 9-2。

大多数金属离子都能生成氢氧化物沉淀，氢氧化物沉淀的形成与溶液中 OH^- 的浓度直接相关。由于各种氢氧化物沉淀的溶度积有很大差别，而且相同浓度不同金属离子的氢氧化物沉淀开始和沉淀再溶解的 pH 不同（见图 9-2）。因此可以通过控制溶液的 pH 值使某种或某些金属离子定量沉淀，而另一些则留在溶液中。不同金属离子生成氢氧化物沉淀所要求的 pH 值是不相同的，图 9-2 中 pH 值仅供氢氧化物沉淀分离时参考。氢氧化物沉淀分离时常用下列试剂来控制溶液的 pH 值。

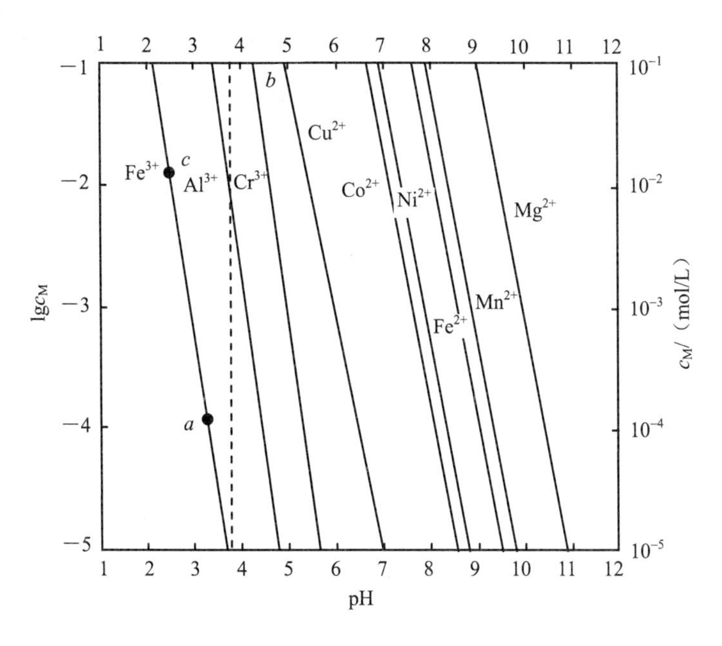

图 9-2　不同金属离子开始沉淀和完全以氢氧化物沉淀时的 pH

（1）NaOH 溶液

如表 9-3 所示，采用 NaOH 作沉淀剂时通常控制溶液 pH≥12，可使两性元素与非两性元素分离，两性元素以含氧酸阴离子形态留在溶液中，非两性元素则生成氢氧化物沉淀。在用 NaOH 作沉淀剂时，一般采取“小体积沉淀法”来提高分离效率。其主要原理是采用尽量小的体积和尽量大的浓度，同时加入大量没有干扰作用的盐类，以使沉淀对其他组分的吸附量减少，从而达到提高分离效果的目的。

表 9-3 NaOH 沉淀分离的元素

试样溶液	定量沉淀的元素	干扰元素	留在溶液中的元素
Mg、Cu、Cd、Tl、Fe、Co、Ni、Ti、Zr、Hf、Sc、Y、U、Th、稀土	Hg、Si、Bi、Nb、Ta、Ru、Rh、Os	Ca、Sr、Ba、C、F、P、Pt、Pd、Ir	碱金属、Zn、B、A1、Ga、Au、Ge、Sn、Pb、As、Sb、V、Mo、W

（2）氨水-铵盐缓冲溶液

如表 9-4 示，在氨水-铵盐缓冲溶液中，Ag^{+}、Cd^{2+}、Cu^{2+}、Co^{2+}、Zn^{2+}、Ni^{2+} 等金属离子可形成氨配合物，但许多高价离子 Fe^{3+}、Al^{3+}、Ti（IV）可以形成沉淀，同时，通过控制溶液的 pH 可以防止 $Mg(OH)_2$ 等低价金属离子沉淀的析出和两性氢氧化物如 $A1(OH)_3$ 等沉淀的溶解。因此，通过控制溶液的 pH，可控制高价金属离子与一价、二价金属离子（碱土金属．第 I、II 副族）顺利分离。

表 9-4 氨水-铵盐法沉淀分离的元素

定量沉淀的元素	部分沉淀的元素	留在溶液中的元素
Be、Fe、Al、Ga、In、Tl、Cr、Sn、Ti、Zr、Nb、Ta、U、稀土	Au、Hg、Pb、Bi	Mg、Ca、Sr、Ba、Mn、Co、Ni、Cu、Zn、Cd、Ag、Mo、As、Mo、As、Se、贵金属

（3）其他

氧化锌悬浮液：在酸性溶液中加入 ZnO 悬浮液使溶液 pH 提高，达到平衡后可控制 pH 值为 6 左右，使部分氢氧化物沉淀生成。需注意利用悬浊液控制溶液的 pH，会引入大量相应的阳离子，因此只有当引入阳离子不干扰分析测定时方可使用。

有机碱：六亚甲基四胺、吡啶、苯胺、苯肼等有机碱与其共轭酸组成缓冲溶液，可控制溶液的 pH，利用氢氧化物分级沉淀的方法达到分离的目的。如；在 pH＝3.8 的苯甲酸-苯甲酸铵中，可以定量沉淀 Al^{3+}、Fe^{3+}、Cr^{3+}而与大部分二价金属离子分离；而在 pH 为 5～5.5 的 HAc-NaAc 缓冲溶液中，可以沉淀 Fe^{3+}而与 Cu、Zn、Ni、Co 及其他三价金属离子充分分离；在 pH 为 5～6 的$(CH_2)_6N_4$-$(CH_2)_6N_4H^{+}$的缓冲溶液中，可以沉淀 Fe^{3+}、Al^{3+}、Ti^{4+}、Th^{4+}而与 Co^{3+}、Ni^{2+}、Cu^{2+}、Zn^{2+}、Cd^{2+}与等分离。

2．硫化物沉淀分离法

硫化物沉淀分离是根据各种硫化物的溶度积相差比较大的特点，通过控制溶液的酸度控制硫离子浓度，使金属离子相互分离。硫化氢是常用的沉淀剂，溶液中$[S^{2-}]$与$[H^+]$的关系为：

$$[S^{2-}]=\frac{c_{H_2S}}{[H^+]^2}K_{a_1}K_{a_2}$$

上式表明，$[S^{2-}]$与$[H^+]^2$成反比。因此，可通过控制溶液酸度的方法来控制溶液中$[S^{2-}]$，以实现分离的目的。例如，往六亚甲基四胺缓冲溶液中通入H_2S，则ZnS、CaS、NiS、FeS 等会定量沉淀而与Mn^{2+}分离。但硫化物沉淀分离的选择性不高且大多是胶体，而且H_2S毒性较大，因此一般只用于分离除去某些重金属离子。

3．其他无机沉淀剂沉淀分离法

（1）硫酸盐沉淀分离法

该法用于Ca^{2+}、Sr^{2+}、Ba^{2+}、Ra^{2+}、Pb^{2+}与其他金属离子的分离。其中$CaSO_4$的溶解度较大，若加入适量乙醇，可降低其溶解度。$PbSO_4$可溶于醋酸铵，使Pb^{2+}与其他的微溶性硫酸盐分离。在沉淀硫酸盐时，常采用H_2SO_4作沉淀剂，硫酸的浓度不能太高，否则由于形成$M(HSO_4)_2$而使溶解度增大。

（2）氟化物沉淀分离法

该法用于 Ca^{2+}、Sr^{2+}、Mg^{2+}、Th^{4+}、稀土元素与其他金属离子分离，通常用 HF 或NH_4F作沉淀剂。

（3）磷酸盐沉淀分离法

Ag^+、Ba^{2+}、Bi^{3+}、Co^{2+}、Ca^{2+}、Ce^{4+}、Sr^{2+}、Li^+、Hg^{2+}、Mg^{2+}、Ni^{2+}、Pb^{2+}、Zn^{2+}、Mo（Ⅴ）、W（Ⅵ）等的磷酸盐溶解度小，在弱碱性溶液中析出；稀酸中 Zr（Ⅳ）、Hf（Ⅳ）、Bi（Ⅲ）等磷酸盐不溶；弱酸中 Fe（Ⅲ）、Al（Ⅲ）、U（Ⅳ）、Cr（Ⅲ）等磷酸盐不溶。

9.4.2.2 采用有机沉淀剂

有机沉淀剂分离法具有吸附作用小、高选择性与高灵敏度的特点，而且灼烧时共沉淀剂易除去，因而应用普遍。沉淀剂分为有机配合物沉淀剂与离子缔合物沉淀剂，主要有 8-羟基喹啉、铜铁试剂、铜试剂、钽试剂、草酸、丁二酮肟、苦杏仁酸、安息香肟等。表 9-5 为典型有机沉淀剂的应用。

表 9-5 典型有机沉淀剂的应用范围

沉淀剂	沉淀介质	可沉淀的离子
草酸	pH=1～2.5	Th（IV）、稀土金属离子
	pH=4～5+EDTA	Ca^{2+}、Sr^{2+}、Ba^{2+}
铜试剂（二乙基二硫代氨基甲酸钠）	pH=5～6	Ag^{+}、Pb^{2+}、Cu^{2+}、Cd^{2+}、Bi^{3+}、Fe^{3+}、Co^{2+}、Ni^{2+}、Zn^{2+}、Sn（Ⅳ）Sb（Ⅲ）、Tl（Ⅲ）
	pH=5～6+EDTA	Ag^{+}、Pb^{2+}、Cu^{2+}、Cd^{2+}、Bi^{3+}、Sb（III）、Tl（III）
铜铁试剂（*N*-亚硝基苯胺铵盐）	3 $mol \cdot L^{-1}$ H_2SO_4	Ce^{2+}、Cu^{2+}、Fe^{3+}、Th（Ⅳ）、Nb（Ⅳ）、Ta（V）、Sn（Ⅳ）、Zr（Ⅳ）、V（V）

9.5 萃取分离法

9.5.1 液-液萃取分离法

1．溶剂萃取分离法

溶剂萃取分离法又称液-液萃取分离法，一般简称萃取分离法。该法是将与水互不相溶的有机溶剂同试液一起振荡，使试液中的某些组分在两相中重新分配，达到平衡后，有一些组分进入有机相而达到与其他组分分离的目的。该法应用范围较广，既可用于常量组分的分离，又可用于痕量组分的富集，而且设备简单、操作方便，灵敏度和选择性也比较高。

2．萃取分离的基本原理

（1）分配系数和分配比

按照“相似相溶”规律，极性物质易溶于极性溶剂，非极性物质易溶于非极性溶剂，且两者结构越相似，就越易溶解。根据萃取这一特点，有机溶剂从水相中萃取溶质 A，若 A 在两相的存在形式相同，平衡时，物质 A 在两种溶剂中的浓度比保持恒定，这就是分配定律，可用式（9-3）表示：

$$K_D = \frac{[A]_O}{[A]_W} \tag{9-3}$$

式中，$[A]_O$、$[A]_w$ 分别为物质 A 在有机相和水相中的浓度。两者之比为分配系数，用 K_D 表示，它与溶质和溶剂的特性及温度等因素有关。通常该式仅适于溶质浓度较低的溶液，浓度较高时，须用活度代替浓度。

实际中溶质 A 在一相或两相中，常常会解离、聚合或与其他组分发生化学反应，因此 A 在两相中经常以多种形式存在，此时分配定律不适用。此时通常把溶质 A 在有机相中各种存在形式的总浓度 c_{A_O} 与溶质 A 在水相中各种存在形式的总浓度 c_{A_W} 之比，称为分配比，用 D 表示。

$$D=\frac{c_{A_O}}{c_{A_W}}=\frac{[A_1]_O+[A_2]_O+\cdots+[A_n]_O}{[A_1]_W+[A_2]_W+\cdots+[A_n]_W} \tag{9-4}$$

当两相的体积相等时，若 $D>1$，说明溶质进入有机相中的量比留着水相中的多，例如碘在四氯化碳和水两相的分配，当溶质在两相中均以单一的相同形式存在，且溶液较稀，此时 $K_D=D$。在复杂体系中 $K_D\neq D$，如：

$$D(I_2)=\frac{c(I_2)_O}{c(I_2)_W}=\frac{[I_2]_O}{[I_2]_W+[I_3^-]_W}$$

一般要求分配比 D 大于 10。分配比除与一些常数有关外，还与酸度、溶质浓度等有关。

（2）萃取率

萃取率用于表明物质被萃取到有机相中的完全程度，常用 E 表示，即：

$$E=\frac{\text{被萃取物质在有机相中的总量}}{\text{被萃取物质的总量}}\times 100\% \tag{9-5}$$

$$E=\frac{c_O V_O}{c_O V_O+c_W V_W}\times 100\% \tag{9-6}$$

式（9-6）中分子分母同除以 $c_W V_O$，得：

$$E=\frac{c_O/c_W}{c_O/c_W+V_W/V_O}\times 100\% \qquad E=\frac{D}{D+V_W/V_O}\times 100\%$$

$$E=\frac{D}{D+1}\times 100\%$$

式中，c_O 和 c_W 分别为有机相和水相中溶质的浓度；V_O 和 V_W 分别为有机相和水相的体积，V_W/V_O 称为相比，当 $V_W/V_O=1$ 时，

$$E=\frac{D}{D+1}\times 100\% \tag{9-7}$$

式（9-7）表明，分配比越大，则萃取率越大，萃取效率就越高。当被萃取物

质的 D 值较小时，通过一次萃取，往往不能满足分析工作的要求，需要采取几次加入溶剂，多次连续萃取的办法来提高萃取效率。

设体积为 V_w 的水溶液内含有被萃取物 A，其质量为 m_0，用体积为 V_0 的有机溶剂进行第一次萃取，水相中剩余被萃取物的质量为 m_1，则进入有机相的质量是 (m_0-m_1)，此时：

分配比
$$D=\frac{c_O}{c_W}=\frac{(m_0-m_1)/V_0}{m_1/V_W}$$

则
$$m_1=m_0\frac{V_0}{DV_0+V_W}$$

如果再一次用体积为 V_0 的有机溶剂进行第二次萃取，则水中剩余被萃取物的质量 m_2 为：

$$m_2=m_1\frac{V_0}{DV_0+V_W}$$

如果每次用体积为 V_0 的有机溶剂萃取 n 次，则剩余在水中的被萃取物 A 的质量 m_n 为：

$$m_n=m_0\left(\frac{V_0}{DV_0+V_W}\right)^n \tag{9-8}$$

为了提高分离效率，在萃取过程中还要考虑共存组分间的分离效果，一般用分离系数 β 来表示分离效果，即：

$$\beta=\frac{D_A}{D_B} \tag{9-9}$$

D_A 和 D_B 之间相差越大，两种物质之间的分离效果越好；D_A 和 D_B 在相近的情况下，则需采取措施（如改变酸度、价态、加入配位剂等），以扩大 D_A 和 D_B 的差别。

【例 9-1】 以 CCl_4 萃取 20 mL 水溶液中的 I_2，碘在水与 CCl_4 的分配比为 85，试比较用 20 mL CCl_4 萃取及每次用 l0 mL CCl_4 分两次萃取的萃取率。

解： 一次萃取：

$$E=\frac{D}{D+V_W/V_O}\times100\%=\frac{85}{85+20/20}\times100\%=98.84\%$$

分两次萃取：

$$E=\left[1-\left(\frac{V_W}{DV_O+V_W}\right)^2\right]\times 100\%$$

$$=\left[1-\left(\frac{20}{85\times 10+20}\right)^2\right]\times 100\%$$

$$=99.95\%$$

【例 9-1】计算结果表明，用同样数量的萃取液，分多次萃取比一次萃取的效率高。因此，在单次萃取效率不高的情况下，可采用分多次，每次少量萃取的方法来提高萃取率，即“少量多次”。但应注意的是，过多地增加萃取次数会增加工作量，降低工作效率。

3．常用的萃取体系

对于某一金属离子的萃取，根据萃取剂和萃取反应的类型，萃取体系分为形成螯合物萃取体系、形成离子缔合物萃取体系和有机化合物萃取体系等。

（1）螯合物萃取体系

将被萃取组分转化为疏水性螯合物而进入有机相进行萃取的体系，称为螯合物萃取体系。在萃取过程中，螯合剂在水相与待萃取的金属离子形成不带电荷的中性螯合物，使金属离子由亲水性转变为亲油性螯合物，因此螯合剂应含有较多的疏水基团而易溶于有机相，难溶于水相，有些也微溶于水相，其在水相中的溶解度依赖于水相的组成。该方法主要适用于微量和痕量物质的分离，不适用于常量物质的分离。

螯合物萃取广泛应用于金属阳离子的萃取，所用萃取剂是一种螯合剂，一般为有机弱酸或弱碱。例如 8-羟基喹啉类、双硫腙类、铜铁试剂类、吡啶偶氮化合物类、吡唑酮类等，它们与金属离子反应可形成不带电荷的螯合物。例如用双硫腙-氯仿萃取水中痕量 Ag、Cd、Ni 及 Pb 等元素；用吡咯烷二硫代氨基甲酸胺（APDC）-甲基异丁酮（MIBK）萃取水中痕量 Co、Cr、Cu 等元素，经萃取富集后痕量组分在有机相中的浓度可增加 1～2 个数量级。

（2）离子缔合物萃取体系

阴离子与阳离子通过静电吸引力相结合形成的化合物称为离子缔合物。许多金属配阳离子和金属配阴离子以及某些酸根离子，能形成疏水性的离子缔合物而被有机溶剂萃取。离子的体积越大，电荷越低，越容易形成疏水性的离子缔合物，它能被有机溶剂萃取。例如，Cu^{2+}与 2,9-二甲基-1,10-二氮杂菲的配阳离子和Cl^-形成离子缔合物，可为有机溶剂氯仿、甲苯或苯等萃取。另外，溶剂的锌盐正离子与被萃取的络阴离子也能形成离子缔合物被萃取。在 HCl 溶液中用乙醚萃取 Fe^{3+}时，Fe^{3+}与 Cl^-络和成配位阴离子 $FeCl_4^-$，溶剂乙醚可与溶液中的 H^+结合成锌盐离子$[(CH_3CH_2)_2OH]^+$，它与 $FeCl_4^-$ 配阴离子缔合成中性分子$[(CH_3CH_2)_2OH]^+ \cdot [FeCl_4^-]$，溶于乙醚，这里乙醚既是萃取剂，又是萃取溶剂。具有这种性质的还有甲基异丁基酮、乙酸乙酯等。

（3）三元配合物萃取体系

三元配合物具有选择性好、灵敏度高的特点，因而这类萃取体系近年来发展较快，广泛应用于稀有元素的分离和富集。例如 Ti^{4+}在酸性溶液中与SCN^- 配合形成黄色的配阴离子$[Ti(SCN)_6]^{2-}$，再与二苯胍阳离子（RH^+）形成三元离子缔合物$(RH)_2[Ti(SCN)_6]$被萃取分离；Ag^+邻二氮菲配位生成配位阳离子，可与溴邻苯三酚红的阴离子缔合成三元配合物，该三元配合物在 pH＝7 的缓冲溶液中形成，可用硝基苯萃取。该配合物显蓝色，测定 Ag^+灵敏度相当高。

4．萃取条件的选择

萃取的条件对萃取效率影响很大，影响萃取效率的因素有萃取剂、溶剂及溶液的 pH 等。

（1）萃取剂的选择

萃取剂与金属离子生成的螯合物越稳定，则萃取效率越高。螯合剂应具有一定的水溶性，以便在水溶液中与金属离子形成螯合物，但亲水性不能太强，否则生成的螯合物不易被萃取到有机相中。为了提高萃取效率，有时采用协同萃取剂。

（2）溶液的酸度

酸度影响萃取剂的解离，影响配合物的稳定性，影响金属离子的水解。溶液的酸度越小，则被萃取的物质的分配比越大，越有利于萃取。但酸度过低则可能引起金属离子的水解或其他干扰反应发生，对萃取反而不利。因此必须正确控制溶液的酸度。将待测组分与干扰组分分离，有时可选择性地萃取一种离子，或连续萃取几种离子。见图 9-3，用二苯硫腙-四氯化碳萃取分离溶液中的 Hg^{2+}、Bi^{3+}、Pb^{2+}、Cd^{2+}等离子，控制 pH=1，萃取 Hg^{2+}，而其他离子留在水相，pH=4～5，萃取 Bi^{3+}，pH=9～10，萃取 Pb^{2+}，而 Cd^{2+}离子留在水相，这样，通过不同的酸度，金属离子才能萃取完全。

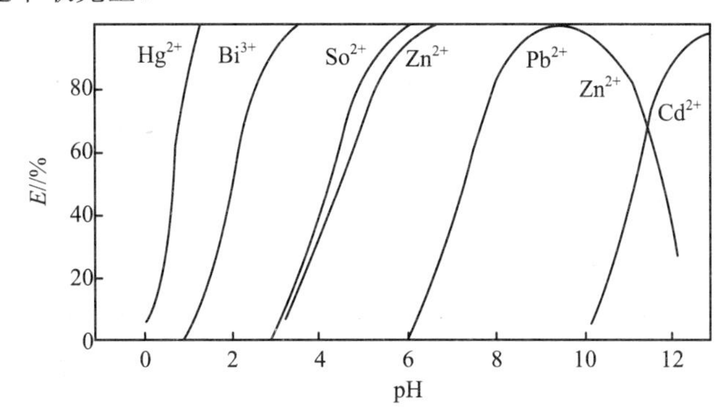

图 9-3 用二苯硫腙-CCl_4 萃取不同金属离子的萃取酸度曲线

（3）萃取溶剂的选择

萃取的配合物在萃取溶剂中的溶解度越大，萃取效率越高，因此应根据“相似相溶”原理选择结构相似的溶剂。含烷基的配合物通常使用卤代烷烃（如 CCl_4、$CHCl_3$ 等）做萃取溶剂，例如二乙基二硫代氨基甲酸钠（DDC）- Cu^{2+}配合物用氯仿萃取。含芳香基团的配合物可用芳香烃溶剂（如苯、甲苯等）做萃取溶剂，$AuCl_4^-$ 与罗丹明 B 的离子缔合物用苯或甲苯萃取。此外，螯合物萃取体系一般采用惰性溶剂。

萃取溶剂的密度与水溶液的密度差别要大，黏度要低，易分层。同时萃取溶剂最好无毒、无特殊气味、挥发性小。

（4）干扰离子的消除

通过控制适当酸度可选择地萃取某种离子，或连续萃取几种离子，使其与干扰离子分离。例如双硫腙法测定工业废水中 Hg，控制硫酸酸度为 $0.5\ mol\cdot L^{-1}$，再用含有 EDTA 碱性溶液洗涤氯仿萃取液，1 mg 铜、0.02 mg 银、0.01 mg 金和 0.005 mg 铂对测定不干扰。或使用配位或氧化还原掩蔽等方法消除干扰，常采用的掩蔽剂有 EDTA、氰化物、酒石酸盐、柠檬酸盐、氟化物等。如用双硫腙-四氯化碳萃取分离溶液 Ag^+时，控制 pH = 2，加入 EDTA 可以掩蔽除 Hg^{2+}、Au^{3+}外的许多金属离子。

5．溶剂萃取在分析化学中的应用

利用溶剂萃取法可将待测元素分离或富集，从而消除了干扰，提高了分析方法的灵敏度。基于萃取建立起来的分析方法具有简便快速的特点，因此发展较快，现已把萃取技术与某些仪器分析方法（如分光光度法、原子吸收法等）结合了起来，促进了微量分析的发展。

9.5.2 固相萃取和固相微萃取分离法

1．固相萃取

（1）固相萃取的特点及基本原理

固相萃取分离是一种用途广泛而发展迅速的试样前处理技术，是传统的液-液萃取同液相色谱分离技术融合发展的结果。被测物质通过颗粒细小的多孔固相吸附剂被选择性地定量吸附到溶液中，然后用体积较小的另一种溶剂洗脱或用热解析的方法解析被测物质，在此过程中达到分离富集被测物质的目的，然后再用适当的检测方法进行测定。

相对于传统的液-液萃取法，固相萃取具有有机溶剂用量少、便捷、安全、高效和成本较低等特点，同时具有分析物回收率相对较高，分析结果重现性好等优势，广泛应用于食品、医药、环保、疾控卫生、商检和农药残留分析等领域中。

（2）固相萃取的基本步骤

固相萃取分离技术的基本流程如图 9-4 所示，主要包括如下 5 个步骤。试样预处理、萃取柱的活化处理、上样、淋洗、洗脱。

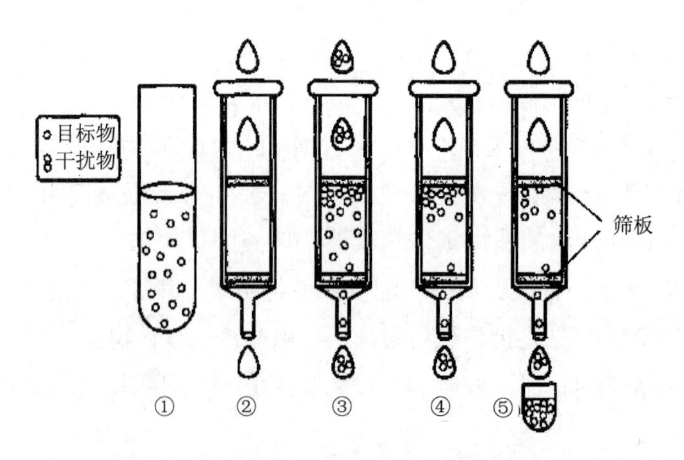

图 9-4　固相萃取分离技术的基本步骤示意

①试样预处理；②活化；③上样；④淋洗；⑤洗脱

固相萃取在环境分析、药物分析、临床检验、食品饮料分析等领域已得到了广泛的应用，建立了可靠的分析方法。例如，用 C_{18} 固定相分离富集饮用水或废水中的卤代烃、多环芳烃、联苯胺、杀虫剂、除草剂和其他多种有机污染物；用 Al_2O_3-Ag 盐固定相消除试样中硫化物的干扰；用改性硅胶固定相净化多种有机磷农药；用 C_{18} 固定相分离富集血液中的农药、吗啡、可待因、激素和多种农药等。

2．固相微萃取

（1）固相微萃取技术

固相微萃取是 20 世纪 80 年代末在固相萃取技术上发展起来的一种微萃取分离技术，是一种集萃取富集、解萃进样于一体的新型试样预处理技术。与溶剂萃取和固相萃取技术相比，固相微萃取操作更简单，携带更方便，操作费用也更加低廉；另外克服了固相萃取回收率低、吸附剂孔道易堵塞的缺点。因此成为目前所采用的试样前处理技术中应用最为广泛的方法之一。

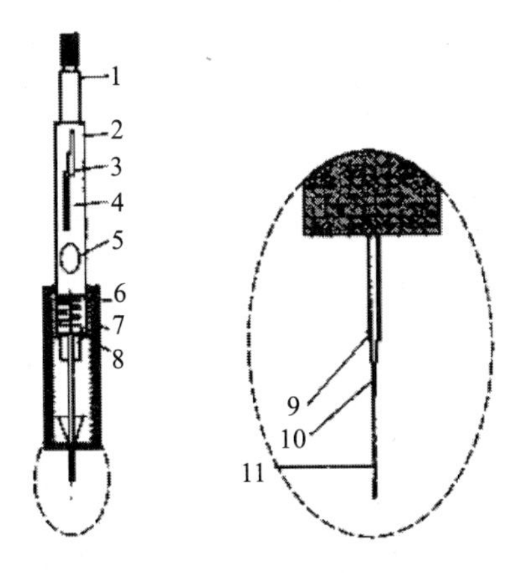

图 9-5　固相微萃取分离装置

1—压杆；2—筒体；3—压杆卡特螺钉；4—Z 形槽；5—筒体视窗；6—调节针头长度的定位器；7—拉伸弹簧；8—密封隔膜；9—注射针管；10—纤维连接管；11—熔融石英纤维

（2）固相微萃取的应用

固相微萃取必须与气相色谱或高效液相谱等分析仪器联用，主要用于挥发性、半挥发性有机物的分析，试样形态可以为气体、液体或固体，应用领域涉及环境监测、食品检验、药物检验等。例如，运用固相微萃取与色谱联用技术成功地检出了大气、水体和土壤中的痕量有机物，包括苯系物、多环芳烃、多联氯苯、脂肪酸、酚类、除草剂、杀虫剂、卤代烃和其他烃类等。此外，还成功地检测了饮料中的咖啡因、水果中的香味成分、食品中的风味物质、香油精等。对生物体内的有机汞、血液中的药物、血清蛋白、植物体内的单萜、空气中昆虫信息素等也能有效地检测。

9.5.3 微波辅助萃取分离法

微波辅助萃取分离法是利用微波能强化溶剂萃取的效率，使固体或半固体试样中的某些有机组分与基体有效分离，并能保持分析对象的初始化合物状态。微波萃取分离包括试样粉碎、与溶剂混合、微波辐射和萃取液的分离等步骤。萃取过程一般在特定的密闭容器中进行。由于微波能的作用，体系的温度和压力升高，因微波是内部均匀加热，热效率高，故提高了萃取率。对温度、压力、时间等实行自动控制，使萃取分离过程中的有机物不分解，有利于萃取不稳定的物质。微波萃取分离法除具有如下特点：快速、节省能源、降低环境污染、具有选择性、可避免试样的许多成分被分解、操作方便、提取回收率高等。

微波萃取分离法在许多方面具有广泛的应用。例如提取土壤中的微量元素如锡、汞、铅、锌、砷、锑等和土壤沉积物中的多环芳烃、除草剂、杀虫剂、多酚类化合物和其他中性、碱性有机污染物；提取食品中农药和药物残留，用苯∶丙酮（2∶1）作溶剂微波萃取 3 min，提取蔬菜（甜菜、苦瓜、辣椒、洋葱等）中有机氯农药残留；提取植物中的有效成分，如蔬菜中吡咯双烷基生物碱的提取，粮食和牛奶中维生素 B 的提取。在临床上微波萃取主要用于选择性萃取人血或血清中的药物成分。由于微波萃取具有快速高效分离及选择性加热的特点，微波萃取逐渐由一种分析方法向生产制造方面发展。

9.5.4 超临界流体萃取分离法

超临界流体萃取是用超临界流体作为萃取剂进行萃取分离的方法，萃取剂是超临界条件下的气体，可以认为是气-固萃取。超临界流体常温常压下为气体，在超临界条件下为液体。超临界流体密度较大，与溶质分子作用力类似液体。另外，超临界流体黏度低，类似气体，接近零的表面张力，比许多一般液体更容易渗透固体颗粒，传质速率高，使萃取过程快速、高效。

超临界流体萃取中萃取剂的选择随萃取对象不同而改变，表 9-6 列举一些可作为超临界流体萃取剂的临界温度和压力。通常用作为超临界流体萃取剂分离低极性和非极性的化合物；用氨或氧化亚氮超临界流体萃取分离极性较大的化合物。但 SO_2、NH_3 等这类物质处于超临界态时化学性质活性强，对设备腐蚀严重，且有一定毒性，因此实际应用中不如 CO_2 普遍。

表 9-6 一些气体的临界温度（t_c）和压力（p_c）

气体种类	t_c /℃	p_c /MPa	气体种类	t_c /℃	p_c /MPa
CO_2	31.7	7.39	H_2O	374.1	22.12
SO_2	157.8	7.87	CH_4	−82.1	4.64
$CClF_2$	28.8	3.87	CHF_3	25.7	4.75

超临界 CO_2 流体萃取与化学法萃取相比有以下优点：萃取剂是一种不活泼的气体，萃取过程不易与溶质发生化学反应、无味、无臭、无毒、安全性高；萃取过程不用有机溶剂，不会造成二次污染；价格适中，纯度高，在生产过程中可循环使用，降低成本；沸点低，容易从萃取后的馏分中除去，后处理比较简单；特别是不需要加热，更适合萃取热稳定性差的化合物。

CO_2 分子极性低，超临界 CO_2 流体萃取不适于萃取极性和离子型化合物。在超临界流体中加入其他溶剂可以改变其对溶质的溶解能力。一般加入量不超过10%，如加入极性溶剂甲醇、异丙酮等。这样使超临界流体萃取技术的应用范围扩大到极性较大的化合物。

超临界流体萃取法具有广泛的用途，例如咖啡豆的脱咖啡因，烟草的脱尼古丁，咖啡香料的提取，啤酒花中有用成分的提取，从大豆中提取豆油和蛋黄的脱胆固醇等。

9.6 复杂试样处理实例

1．废水试样的处理

废水试样的分析一般包括温度、颜色、臭、浊度、pH 值、不溶物、矿化度、电导率等项目的测定。不同的项目应采用不同的方法。现介绍水样的预处理及经常测定的组分或对人体有较大危害成分的测定。

目前国内外把水样中能通过 0.45 μm 滤膜的部分称为可过滤的金属，它不仅包括金属水合离子、无机和有机配合物，还包括胶体粒子；把不能通过滤膜的部分称为不可过滤（悬浮物）的金属。分别测定可过滤金属和不可过滤的金属，应在采样后尽快用 0.45 μm 微孔滤膜抽滤，滤液收集于经硝酸酸化过的聚乙烯瓶中，用酸酸酸化至 pH≤2。

根据待测物的性质和所加酸的基体对后续测定方法的影响选择酸化水样所用的酸。不同的待测组分采用不同的酸化保存条件。例如测定汞以 HNO_3-K_2CrO_7 作介质为好；测定六价铬用 NaOH 或氨水调节水样至 pH 值为 8～10，六价铬至少可稳定一个月。

为了分解处理水样中对测定有干扰的有机物和悬浮颗粒物，需要对水样进行消解，消解采用湿式灰化法，即将试样与 HNO_3-H_2SO_4 的混合酸置于凯氏烧瓶中在一定温度下通过煮沸处理可破坏大部分有机物。在煮沸过程中，HNO_3 被蒸发，剩余的 H_2SO_4，开始冒出大量的 SO_3 白烟时，在烧瓶内进行回流，直至溶液澄清透明。混酸使锌、硒、铜、钴、银、镉、锑、钼、锶及铁等元素定量回收。对于易形成挥发性化合物（如砷、汞等），采用蒸馏法分解水样，既避免挥发、损失或产生有害物质，又能使分解和分离富集同时完成。

2．土壤试样的处理

土壤分析的成功与否，既与化学分析操作有关，也与试样的采集和处理有关。土壤试样的处理过程与常量元素分析相同，需要经过风干、研碎、过筛等步骤，操作过程中特别注意防止污染。风干可在室温下进行，也可以在低于 40℃并且有空气环流的条件下进行。将土壤试样盛放在塑料制的浅盘或者塑料薄膜上于室内风干。除去草木根茎后，按四分法选取分析试样。在塑料板上用塑料棒将试样碾碎，使之通过 2 mm 孔径的尼龙网筛。用来测定微量元素的试样不能使用金属筛。粉碎后的试样贮存在玻璃瓶中，玻璃瓶应配有玻璃或塑料瓶塞。

思考题

1．怎样溶解下列试样？

锡青铜、高钨钢、纯铝、银币、玻璃（不测硅）。

2．欲测定锌合金中 Fe、Ni 及 Mg 的含量，应采用什么溶剂溶解试样？

3．微波辅助消解有哪些优点？

4. 在分析测定中，为什么要进行分离富集？分离时对常量和微量组分的回收率如何要求？

5. 在氢氧化物沉淀分离中，常用的有哪些方法？举例说明。

6. 某试样含 Fe、Al、Ca、Mg、Ti 元素，经碱熔融后，用水浸取，盐酸酸化，加氨水中和至出现红棕色沉淀（pH 值为 3 左右），再加入六次亚甲基四胺，加热过滤，获得沉淀和滤液。请解释：

①为什么溶液中刚出现红棕色沉淀时，表示 pH 值为 3 左右？

②过滤后得到的沉淀是什么？滤液又是什么？

③试样中若含 Zn^{2+} 和 Mn^{2+}，它们是在沉淀中还是在滤液中？

7. 采用无机沉淀剂，怎样从铜合金的试液中分离出微量 Fe？

8. 什么是分配系数、分配比？萃取率与哪些因素有关？采用什么措施可提高萃取率？

习　题

1. 铁矿石的最大颗粒直径为 10 mm，若其 K 值为 0.1，问至少应采取多少试样才具有代表性？若将该试样破碎，缩分后全部通过 10 号筛，应缩分几次？如果要求最后获得分析试样不超过 100 g，应使试样通过几号筛？

2. 采取锰矿试样 15 kg，经废碎后矿石的最大颗粒直径为 2 mm，设 K 值为 0.3，问可缩分至多少克？

3. 某纯的二元有机酸 H_2A 制备为纯的钡盐，称取 0.346 0 g 盐样，溶于 100.0 mL 水中，将溶液通过强酸性阳离子交换树脂，并水洗，流出液以 0.099 60 $mol \cdot L^{-1}$ NaOH 溶液 20.20 mL 滴至终点，求有机酸的摩尔质量。

4. 某溶液含 Fe^{3+} 10 mg，用有机溶剂萃取时，分配比为 99，问用等体积溶剂萃取 1 次和 2 次。剩余 Fe^{3+} 量各是多少毫克？若在萃取 2 次后，分出有机层，用等体积水洗一次，会损失 Fe^{3+} 多少毫克？

5. 用氯仿萃取 100 mL 水溶液中的 OsO_4，分配比 k 为 10，欲使萃取率达到 99.5%，每次用 10 mL 氯仿萃取，需萃取几次？

6. 用己烷萃取稻草试样中的残留农药，并浓缩到 5.0 mL，加入 5mL 90%的二甲基亚砜，发现 83%的农药残留量在己烷相，它在两相中的分配比是多少？

7. 用乙酸乙酯萃取鸡蛋面条中的胆固醇，鸡蛋面条试样 10 g，鸡蛋面条中的胆固醇含 2%，如果分配比 k 为 3，水相 20 mL，用 50 mL 乙酸乙酯萃取，需要萃取多少次可以除去鸡蛋面条中 95%的胆固醇？

8. 将 100 mL 水样通过强酸性阳离子交换树脂，流出液用 0.104 2 $mol \cdot L^{-1}$ NaOH 标准溶液滴定，用去 41.25 mL 溶液滴定至终点。若水样中总金属离子含量以钙离子含量表示，求水样中含钙的质量浓度（$mol \cdot L^{-1}$）？

第 10 章　分析检测的质量保证与控制

质量保证与控制在生产、科研、工程及各种分析检测领域均有广泛应用，它是统计学和系统工程与特定的生产或分析测量的结合。通过一系列的质量控制、评价与审核，实现客观、准确、可靠的预期目标。

10.1　分析检测质量保证概述

分析检测的质量保证是指运用计量学原理，即消除分析的系统误差，减少随机误差，保证分析结果的准确性与溯源性。化学分析通常为抽样、破坏性分析，分析过程复杂、冗长，影响因素多。如试样的代表性、均匀性、稳定性、试样处理过程的有效性、校准曲线的正确性、分析仪器计量性能的可靠性、实验室环境、分析程序和操作技术等均影响分析结果的准确可靠性。

分析检测是一个复杂的系统，全面的质量保证是必不可少的。近十多年来，国内外发展了多种类型的分析检测质量保证方案，尤其是环境监测、临床分析、食品药品检验、农产品检验及疾病控制领域的质量保证技术发展较快也较为成熟。

分析检测的任务是确定待测物质的组成、各组分含量及表征物质的化学结构。为评价产品质量、控制生产过程及对环境的影响、诊断疾病、指导研究并改进生产过程提供重要依据。随着社会进步和经济发展，产品质量的保证与控制更加重要。主要体现在 3 个方面：①建立分析质量保证体系。通过分析结果的质量来保证产品的质量并为决策提供可靠依据。②实验室的水平和等级的认证。以利于实验室间的交流和比较。③标准物质和标准物质的认证。从质量保证和质量控制的角度出发，要求分析数据具有代表性、准确性、精密性、可比性和完整性，能够准确地反映实际情况。

10.1.1 分析结果的可靠性

1．代表性

分析结果的代表性在很大程度上取决于试样的代表性，因此，在整个取样过程中应使获得的分析试样能反映实际情况，即具有时间、地点和环境影响等的代表性。

2．准确性

准确性是反映分析检测方法或测量系统存在的系统误差的综合指标，它决定着分析结果的可靠性。分析数据的准确性将受到从试样的采集、保存、运输到实验室分析等具体环节的影响。

分析方法准确性的评价方法有标准试样分析、回收率测定、不同方法比较等。通过测定标准试样或以标准试样做回收率来评价分析方法和测量系统的准确度。当用不同分析方法对同一试样进行重复测定时，若所得结果一致，或经统计检验表明其不存在显著性差异时，则可认为这些方法都具有较好的准确度；若所得结果呈现显著性差异，则应以被公认的可靠方法为准。

3．精密性

分析结果的精密性表示测定值有无良好的重现性和再现性，它反映分析方法或测量系统存在的随机误差的大小。其中，表示精密度的重现性也可称为“室内精密度”，以绝对偏差和相对偏差表示，主要用于实验室内部的质量控制；再现性可称为“室间精密度”，即为多个实验室测定同一试样的精密度，以相对平均偏差表示，主要用于实验室间的质控考核或实验室间的相互检验。

分析结果精密度与试样中待测物浓度大小有关，与实验条件也有关；标准偏差可靠程度受测定次数影响，对标准偏差做较好估计时需要足够多的测定次数；分析质量保证和控制中通常以分析标准溶液的办法来反映方法的精密度，这与分析实际试样的精密度可能存在一定差异。

4．可比性

可比性指不同分析方法测定同一试样时，所得结果的吻合程度。在标准试样的定值时，使用不同标准分析方法得出的数据在没有特殊情况时历年同期数据都应具有良好的可比性。在此基础上，还应通过标准物质的量值传递与溯源以实现国际间、行业间的数据一致、可比，以及大环境区域间、不同时间之间分析数据的可比。

5．完整性

完整性强调工作总体规划的切实完成，即保证按预期计划取得有系统性和连续性的有效试样，而且无缺漏地获得这些分析试样的分析结果及有关信息。

分析结果的准确性、精密性主要在实验室内分析测试，而代表性、完整性则突出在现场调查、设计布点和采样保存等过程，可比性则是全过程的综合反映。分析数据只有达到具有代表性、准确度高和精密度高、具有可比性、完整性好，才是真正准确可靠的，也才能在使用中具有权威性和法律性。

10.1.2　分析方法的可靠性

1．灵敏度

灵敏度是指某方法对单位浓度或单位量待测物质变化所产生的响应量的变化程度。它可以用仪器的响应量或其他指示量与对应的待测物质的浓度或量之比来描述。如分光光度法常以校准曲线的斜率度量灵敏度。一种方法的灵敏度可因实验条件的变化而改变。在一定的实验条件下，灵敏度具有相对的稳定性。

通常校准曲线可以将仪器响应值与待测物质的浓度定量联系起来，用下式表示它的直线部分：

$$s = kc + a$$

式中，s 为仪器响应值；k 为方法的灵敏度，即校准曲线的斜率；c 为待测物质的浓度；a 为校准曲线的截距。

2．检出限

检出限为某特定分析方法在给定的置信度内可从试样中检出待测物质的最小浓度或最小量。所谓“检出”是指定性检出，即判定试样中存有浓度高于空白的待测物质。检出限除与分析中所用试剂和水的空白有关外，还与仪器的稳定性及噪声水平有关。灵敏度和检出限是两个从不同角度表示检测器对测定物质敏感程度的指标，前者越高、后者越低，说明检测器性能越好。检出限有仪器检出限和方法检出限两类。

①仪器检出限，指产生的信号比仪器噪声大3倍的待测物质的浓度，但不同仪器检出限定义有所差别。

②方法检出限，指当用一完整的方法，在99%置信度内，产生的信号不同于

空白中被测物质的浓度。

3．空白值

所谓空白值就是除了不加试样外，按照试样分析的操作手续和条件进行实验得到的分析结果，空白值全面地反映了分析实验室和分析人员的水平。当试样中待测物质与空白值处于同一数量级时，空白值的大小及其波动性对试样中待测物质分析的准确度影响很大，直接关系到报出测定下限的可信程度。以引入杂质为主的空白值，其大小与波动无直接关系；以污染为主的空白值，其大小与波动的关系密切。

4．测定限

测定限为定量范围的两端，分别为测定上限和测定下限。在测定误差能满足预定要求的前提下，用特定方法能准确地定量测定待测物质的最小浓度或量，称为该方法的测定下限。测定下限反映了分析方法能准确地定量测定低浓度水平待测物质的极限可能性。在没有（或消除了）系统误差的前提下，它受精密度要求的限制。分析方法的精密度要求越高，测定下限高于检出限越多。有建议以 3.3 倍检出限浓度作为测定下限，其测定值的相对标准偏差约为 10%。在测定误差能满足预定要求的前提下，用特定方法能够准确地定量测量待测物质最大浓度或量，称为该方法的测定上限。对没有（或消除了）系统误差的特定分析方法的精密度要求不同，测定上限也将不同。

5．最佳测定范围

也称有效测定范围，指在测定误差能满足预定要求的前提下，特定方法的测定下限至测定上限之间的浓度范围。在此范围内能够准确地定量测定待测物质的浓度或量。最佳测定范围应小于方法的适用范围。对测量结果的精密度要求越高，相应的最佳测定范围越小，见图 10-1。

6．校准曲线

校准曲线是描述待测物质浓度或量与相应的测量仪器响应或其他指示量之间的定量关系曲线。校准曲线包括标准曲线和工作曲线，前者用标准溶液系列直接测量，没有经过试样的预处理过程，这对于基体复杂的试样往往造成较大误差；而后者所使用的标准溶液经过了与试样相同的消解、净化、测量等全过程。凡应用校准曲线的分析方法，都是在试样测得信号值后，从校准曲线上查得其含量（或浓度）。因此，绘制准确的校准曲线，直接影响到试样分析结果的准确性。此外，校准曲线也确定了方法的测定范围。

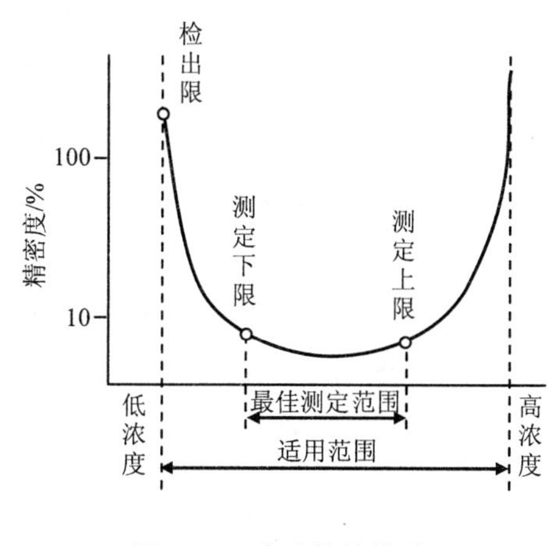

图 10-1　方法特性关系

7．加标回收率

在测定试样的同时，于同一试样的子样中加入一定量的标准物质进行测定，将其测定结果扣除试样的测定值，计算回收率。加标回收率的测定可以反映分析结果的准确度。当按照平行加标进行回收率测定时，所得结果既可以反映分析结果的准确度，也可判断其精密度。

在实际测定过程中，有的将标准溶液加入到经过处理后的待测试样溶液中，这是不对的，它不能反映预处理过程中的玷污或损失情况，虽然回收率较好，但不能完全说明数据准确。

进行加标回收率测定时，还应注意以下几点：

①加标物的形态应该和待测物的形态相同。

②加标量应和试样中所含待测物的量控制在相同的范围内，通常须考虑如下几点：

a. 加标量应尽量与试样中待测物含量相等或相近，并应注意对试样容积和环境的影响；

b. 当试样中待测物含量接近方法检出限时，加标量应控制在校准曲线的低浓度范围；

c. 在任何情况下加标量均不得大于待测物含量的 3 倍；

d. 加标后的测定值不应超出方法测量上限的 90%；

e. 当试样中待测物浓度高于校准曲线中间浓度时，加标量应控制在待测物浓度的半量。

③由于加标样和试样的分析条件完全相同，其中干扰物质和不正确操作等因素所导致的效果相等。当以其测定结果的差计算回收率时，常不能准确反映试样测定结果的实际差错。

8. 干扰试验

针对实际试样中可能存在的共存物，检验其是否对测定有干扰，并了解共存物的最大允许浓度。干扰可能导致正或负的系统误差，与待测物浓度和共存物浓度大小有关。因此，干扰试验应选择两个（或多个）待测物浓度值和不同水平的共存物浓度的溶液进行试验测定。

10.1.3 质量保证的工作内容

1. 质量保证系统

质量保证是在影响数据有效性的所有方面采取一系列的有效措施，将误差控制在一定的允许范围内，是对整个分析过程的全面质量管理。它包括了保证分析数据正确可靠的全部活动和措施，其主要内容是：制定分析计划；根据需要和可能并考虑经济成本和效益，确定对分析数据的质量要求；规定相适应的分析测试系统，诸如采样布点、采样方法、试样的采集和保存、实验室供应、仪器设备和器皿的选用、容器和量具的检定、试剂和标准物质的使用、分析测试方法、质量控制程序、技术培训等，图 10-2 列举了环境监测质量保证系统。

2. 质量保证内容

质量保证是贯穿分析全过程的质量保证体系，包括：人员素质、分析方法的选定、采样布点方案和措施、实验室内质量控制、实验室间质量控制、数据处理和报告审核等一系列质量保证措施和技术要求。

3. 质量保证的实施

①建立质量保证科学管理体系。包括组织、职责、制度管理和物资保障工作，建立各种分析测试技术管理和质量管理制度。

②提高人员素质，实行考核持证上岗。合格证考核由基本理论、基本操作技能和实际试样分析三部分组成。基本理论包括分析化学基本理论、实验室基础知识、数理统计基础知识、质量保证和质量控制基础知识、有关的分析方法原理及

有关注意事项。基本操作技能包括现场采样技术、分析器皿的正确使用、分析仪器操作规范性等。实际试样分析是指按照规定的操作程序对发放的考核试样进行分析测试，考察其测定结果的准确度和精密度。

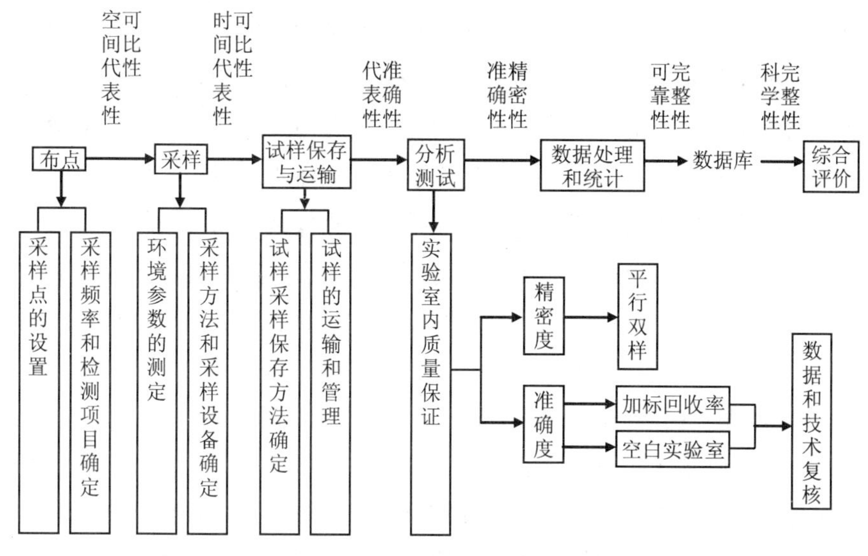

图 10-2　环境监测质量保证系统

③重视质量保证的基础工作。质量保证的基础工作很多，包括标准溶液的配制和标定、空白试验、标准曲线的制作、分析仪器的校正、玻璃量器的校验等。做好基础工作，有利于保证分析数据的准确性，从而为综合分析评价提供良好的基础。既要保证现场和实验室操作环境、器皿材质的洁净度符合要求，又要保证实验用水和试剂的纯度、分析仪器设备的精密度及选择正确的分析方法。

10.2　分析过程的质量保证与质量控制

10.2.1　分析前的质量保证与质量控制

采样的质量保证包括采样、试样处理、试样运输和试样储存的质量控制。要确保采集的试样在空间、时间及环境条件上的合理性和代表性。最根本的是保证试样的真实性，既满足时空要求，又保证试样在分析之前不发生物理化学性质的变化。要满足试样代表性的要求必须实行严格的质量保证计划及采样质量保证措施。

1．采样过程质量保证的基本要求

采样过程一般包括试样采集、试样处理、试样运输和试样储存等主要步骤，要求如下：应具有与开展的工作相适应的有关的试样采集的文件化程序和相应的统计技术。应建立并保证切实贯彻执行有关试样采集管理的规章制度，严格执行试样采集规范和统一的采样方法。所有采样人员必须经过采样技术、试样保存、处置和贮运等方面的技术训练，并已切实掌握且能熟练运用相关技术保证采样质量。应有明确的采样质量保证责任制度和措施，确保试样的采集、贮存、处理、运输过程中，试样不致变质、损坏、混淆。认真加强试样采集、运输、交接等记录管理，保证其真实、可靠、准确，同时要随时注意进行试样跟踪观察，确保其代表性。

2．采样过程质量保证的控制措施

（1）取样的质量保证

试样是从大量物质中选取的一部分物质，试样的分析结果应是总体特性量的估计值。由于总体物质不均匀，用试样的分析结果推断总体必然引入误差，此误差称为取样误差。取样误差是总误差的一部分，由随机误差和系统误差构成。增加取样次数，加大取样量可减小随机误差，取样的系统误差则是由取样方案不完善、操作不正确、环境影响、设备有缺陷等因素引起的，此类误差只能通过取样质量保证予以消除或避免。

要获得准确有效的分析结果，需要制定严格的取样方案，保证试样的有效性。制定取样方案时，要明确取样的目的，同时要考虑被测物质的类型、状态、均匀性、稳定性和分析方法的精密度，以及分析结果的不确定度和预期目标。由此决定取样方式、取样数目、取样量、取样技术、取样周期、取样时间地点、试样的存放条件及存放期限等。取样方式一般分随机取样、系统取样和指定代表性试样三种。

（2）取样方式

根据对被测试样的了解，选择取样方式。若已知被测物质特性的变化规律，可采用系统取样方式；若已知被测物质均匀性良好，可取少数代表性试样。随机取样是常用的一种取样方式，它依据的是总体中每一部分被抽取的概率相等，一般借助随机取样表进行。当构成总体的样本服从正态分布时，可根据给定的误差限（E），按式（10-1）估计最少取样数目。

$$N=\frac{t^2s^2}{E^2} \tag{10-1}$$

式中，E——n个试样的平均值J与总体平均值之间的最大允差，是给定值；

s——测定n个试样的标准偏差，可从以往的分析中得到；

t——一个与给定概率和取样数目有关的统计量，可查表得到。

最小取样量一般用$mR^2=k$计算。m是试样的质量；R是试样间的相对标准偏差；k是ingamells取样常数，它相当于$R=1\%$时的最小取样量，可通过初步实验估算。若先测定n个质量为m的试样，算出平均值x和标准偏差s，由m和R估算出k值。

（3）采样跟踪控制

采样过程中的质量保证一般采用现场空白、运输空白、现场平行样和现场加标样或质控样等方法对采样进行跟踪控制。

现场采样质量保证作为质量保证的一部分，它与实验室分析和数据管理质量保证一起，共同确保分析数据具有一定的可信度。因此除上述采样质量控制方法外，还应采取以下防污染措施：采样器、试样瓶等均需按规定的洗涤方法洗净，确保采样前采样器皿的洁净度；用于分装有机化合物的试样容器，洗涤后用Teflon或铝箔内衬盖好，防止污染；采样人员的手必须保持清洁，采样时不能用手或手套等接触试样瓶的内壁和瓶盖；试样瓶要防尘、防污、防烟雾，须置于清洁环境中。采样器的性能对试样的代表性有很大影响，对各种采样器的性能应进行定期的检定和校准。

10.2.2 分析中的质量保证与质量控制

分析中的质量控制，应包括试样的预处理、分析过程、室内复核、登记及填发报告等。分析中的质量保证是质量保证的重要组成部分。当采集的有代表性的试样送到实验室进行试样分析时，为取得满足质量要求的分析数据，必须在分析过程中实施各项质量保证、质量控制的技术方法、措施和管理规定。由这些方法、措施、技术和管理规定组成的程序就是实验室质量保证与质量控制程序。

10.2.2.1 实验室质量保证

实验室质量保证包括人员的技术能力、仪器设备管理与定期检查等内容。实验室应具备一定的基础条件。如有完整的技术管理与质量管理制度、具备规范的实验条件、试剂与试液及标准溶液规范管理、技术资料的妥善保存等。

10.2.2.2 实验室内质量控制

1．分析方法选定

分析方法是分析测试的核心。可分为：

①检测产品技术规格的普及型标准化方法；

②贯彻政府制定的某些法规所制定的标准化方法（称官方方法）；

③基础性标准化方法。

分析的线性范围、准确度、精密度、灵敏度、检出限、分辨力和稳定性等是衡量化学分析方法的重要技术参数。选择分析方法遵循的其他原则如下：

①权威性。有标准分析方法时，要优先选用标准方法，尤其是 ISO 国际标准方法。

②灵敏性。选择的分析方法应能满足分析项目标准的准确定量要求，即方法检出限至少小于要求标准值 1/3，并力求低于标准值 1/10，这样能准确判断是否超标。

③稳定性。分析方法的稳定性要好，能够较好地保证分析结果的重复性、再现性，能够对各种试样得到相近的准确度和精密度。

④选择性。分析方法的选择性要好，抗干扰能力要强。若存在干扰，可用适当的掩蔽剂或预分离的方法予以消除，以增强方法的适用性。

⑤实用性。分析方法所用的试剂和仪器易得，操作方法尽量简便快捷，并应尽可能地采用国内外的新技术和新方法。

2．质控基础实验

基础实验包括全程序空白值测定、分析方法的检出限测定、校准曲线的绘制、方法的精密度和准确度及干扰因素等实验，以了解和掌握分析方法的原理和条件，达到方法的各项特性要求。

3．实验分析质控程序

（1）分析空白的控制和校正

送入实验室的试样首先应核对采样单、容器编号、包装情况、保存条件和有效期等，符合要求的试样方可开展分析。每批试样分析时，空白试样对被测项目有响应，为了消除和控制实验环境、化学试剂等对分析结果的影响，需做分析空白的控制和校正。空白包括试样被测组分的玷污、被测组分的损失、仪器噪声产生的空白等。试样玷污产生的空白称分析空白。

分析空白高而又不稳定的分析过程不能用于痕量和超痕量组分分析，因此消除和控制污染源，减小空白及其变动性，是痕量分析工作的重要内容。

化学试剂对试样中被测组分的玷污，随试剂的纯度和用量而变化，试剂及用量一旦确定，引入的空白值也就确定了，采用高纯度的试剂和减少试剂用量是降低试剂空白的唯一措施。痕量分析中应选用高纯惰性材料制成的器皿，如石英、聚四氟乙烯等。消除和控制实验环境对试样的玷污也是十分重要的，空气中的尘埃含多种元素，对试样被测痕量组分产生明显的玷污，而且变动性很大。因此，应对实验室局部或整体采取防尘措施，避免试样存放和处理过程中交叉污染。

分析人员对试样的玷污是不能忽视的。分析人员的手、毛发、皮肤、服装、饰物、化妆品等，都有可能玷污试样。痕量和超痕量分析的工作人员，要穿戴特殊的工作服、帽、手套等，避免自身玷污试样。空白值波动大，难以做空白值修正，最可靠的方法是把分析空白降低到可以忽略不计的程度，同时在试样分析过程中，做空白平行测定，做空白质量控制图，随时注意分析过程有无明显的玷污，以确定试样分析结果的可靠性。

总之，空白试样对被测项目有响应必须做空白实验，当空白值明显偏高时，仔细检查原因以消除空白值偏高的因素。

（2）实验中各环节分析质控程序

①试样分析。用分光光度法校准曲线定量时，应检验校准曲线的相关系数和截距是否正常。原子吸收分光光度法、气相色谱法等仪器分析方法校准曲线制作，应与试样测定同时进行。

②精密度控制。对均匀试样，凡能做平行双样的分析项目，分析每批试样时均须做10%的平行双样，试样较少时，每批试样应至少做一份试样的平行双样。平行双样可采用密码或明码编入。测定的平行双样允许差符合规定质控指标的试样，最终结果以双样分析结果的平均值报出。平行双样分析结果超出规定允许偏差时，在试样允许保存期内，再加测一次，取相对偏差符合规定质控指标的两个测定值的平均值报出。

③准确度控制。采用标准物质或质控试样作为控制手段，每批试样带一个已知浓度的质控试样。如果实验室自行配制质控样，要注意与国家标准物质比对，但不得使用与绘制校准曲线相同的标准溶液，必须另行配制。质控试样的分析结果应控制在 90%～110%范围，标准物质分析结果应控制在 95%～105%范围，对痕量物质应控制在 60%～140%范围。对复杂基体的试样，需做加标回收试验。

4．常规质量控制技术

通常使用的质量控制方法有平行样分析、加标回收分析、密码加标样分析、标准物比对分析、室内互检及质量控制图等。这些控制技术各有其特点和适用范围。

（1）平行样分析

指将同一试样的两份或多份子样在完全相同的条件下进行同步分析，一般是做双份平行。平行样分析反映的是分析结果的精密度。平行双样应根据试样的复杂程度、所用方法、仪器精密度和操作技术水平，随机抽取 10%～20%的试样进行平行双样的测定。一批试样数量较少时，应增加分析率，保证每批试样至少测定一份平行双样。现场平行双样要以密码方式分散在整个分析过程，不得集中分析平行双样。平行双样测定结果的精密度应符合方法给定的室内标准偏差的要求，或按方法允许差判断。也可按下述原则进行数据取舍：试样平行样的相对偏差应不大于 6%；密码平行样的相对偏差应不大于 10%；每批试样平行样合格率在 90%以上时，分析结果有效，超差的取平行双样均值报出；平行双样合格率在 70%～90%时，应随机抽取 30%的试样进行复查，复查结果与原结果总合格率达 90%以上时，分析结果方可有效；平行双样合格率在 50%～70%时，应复查 50%的试样，累积合格率达 90%时，分析结果有效，否则需查清原因后加以纠正，或重新采样；平行双样合格率小于 50%时，该分析结果不能接受，需要重新采样。

（2）加标回收分析

反映分析结果的准确度。

试样的消解、溶解和被测组分的分离、富集是化学分析过程的重要环节，试样在处理过程中可能会发生消解、溶解、富集不完全或被测组分挥发、分解，造成负误差，另外由于器皿、化学试剂、环境和操作者玷污被测组分造成正误差，试样处理过程中会产生较大的随机误差。因此，常用回收率来评价分析结果的正确性。

当按照平行加标进行回收率测定时，所得结果既可以反映分析结果的准确度，也可以判断其精密度。加标回收率的测定可以和平行样的测定率相同，按随机抽取 10%～20%的试样量做加标回收率分析，所得结果可按方法规定的水平进行判断，或在质量控制图中检验。两者都无依据时，可按 95%～105%的域限做判断。

（3）密码样分析

由质控人员在随机抽取的常规试样中加入适量标准物质（或标准溶液），与试样同时交付分析人员进行分析，由质控人员计算加标回收率，以控制分析结果的精密度和准确度。密码加标样分析是一种他控方式的质量控制技术。

（4）标准物比对分析

实验室可应用权威部门制备和分发的标准物质或标准合成试样进行比对分析，即在进行试样分析的同时，对它们进行平行分析，并将此分析结果与已知浓度进行对照，以控制分析结果的准确度。除了使用标准物质或标准合成样外，还可将平行样或加标样的一部分或全部由他人编号作为密码样，混在试样中交分析人员进行测定，最后由编码人按平行双样加标回收率的合格要求核查其分析结果，以检查其分析质量。

由于标准物质的品种、规格所限，选用的标准物质的基体和浓度水平常常难以与试样中待测物浓度的未知性以及同批试样的多样性等相匹配，所以使用标准物质比对分析以控制工作质量时，也存在着明显的局限性。

（5）方法对照分析

应用具有可比性的不同分析方法，对同一试样进行分析，将所得测定值互相比较，根据其符合程度估计测定的准确度。在比较实验中，由于采用的分析方法不同，甚至操作人员也不同，误差不能抵消，故比应用加标回收率实验判断测定的准确度更为可靠。对于难度较大而不易掌握的分析方法或对测定结果有争议的试样，常应用比较实验。必要时还可进一步实行交换操作者、交换仪器设备或两者都进行交换，将所得结果加以比较，以检查操作稳定性和发现问题。

5．各类质量控制技术的比较

各类质量控制技术具有一定的特点和局限性，共存的问题在于试样的基体和待测物浓度的未知性。针对此类问题，应根据不同的目的选用不同的质控技术，使分析过程始终处于受控状态，提高分析的质量，使分析数据准确可靠。质控技术特性的比较见表 10-1。

表 10-1 质控技术特性的比较

序号	质控技术	质控方式	技术及特性	技术局限性
1	平行样	自控	反映批内结果精密度	不能反映结果的准确度
2	空白试验	自控	有助于发现异常值	空白结果的偏高或异变，不意味着测定结果准确度受到影响
3	加标回收	自控	检查准确度，可显示系统误差的某些来源，消除相同试样基体效应的影响	只能对相同试样测定结果的精密度和准确度做出孤立点统计，当加标物形态与待测物不同时，常掩盖误差而造成判断失误
4	方法对照分析	自控	能有效地反映测试结果的精密度与准确度	只能对测试质量做出孤立点统计，几种方法同时使用有困难
5	密码样测定	自控	检查准确度，可显示系统误差的某些来源，可消除相同试样基体效应的影响	只能对相同试样测定结果的精密度和准确度做出孤立点统计，当加标物形态与待测物不同时，常掩盖误差而造成判断失误
6	标准物比对分析	自控及他控	当标准物质组成及形态与试样相同时能反映同批试样测定结果的准确度	对同批测定结果的质量仅能给出孤立点的统计，如标准物质的组成和形态与试样不同时，难以确切地反映测试质量

10.2.2.3 实验室间质量控制

实验室间质量控制也叫外部质量控制，它指由外部有工作经验和技术水平的第三方或技术组织，对各实验室及其分析工作者进行定期或不定期的分析质量考察的过程。这项工作常由上级部门发放标准试样在所属实验室之间进行比对分析，也可用质控样以随机考核的方式进行实际试样的考核，以检查各实验室间数据的可比性及是否存在系统误差，检查分析质量是否受控，分析结果是否有效。实验室间质量控制必须在切实施行实验室内质量控制的基础上进行，需要有足够的实验室参加，使所得数据的数量能够满足数理统计处理的要求，也便于分析人员和数据使用者了解分析方法、分析误差以及数据质量等方面的内容。

1．标准溶液的校核

校核分析过程中使用的各类标准溶液是保证分析数据准确可靠的物质基础。由于标准物质种类不全，目前还不能全部使用统一配制的标准溶液，最简单的方法就是选用适当的标准物质作为校准溶液，以便进行量值传递，校正因标准溶液不准而导致的系统误差，及时掌握实验室间的质量状况。同时取若干份（$n=3\sim6$）发放的供量值传递的标准溶液和实验室自制相同浓度的标准溶液，按规定方法进行分析测定，并对测定值作 t 检验，检查实验室自制的标准溶液与下发的标准溶液是否存在系统误差。

2．统一分析方法

为了减少各实验室的系统误差，使所得分析数据具有可比性，应使用规定的分析方法。各实验室应首先从国家或部门所规定的“标准方法”中选定统一的分析方法。当根据具体情况需选用“标准方法”以外的其他分析方法时，必须用该法与相应的“标准方法”对几份试样进行比较实验，并用“t 检验法”判定两种方法的测定结果无显著性差异后，方可选定该方法作为统一分析方法。各实验室均应以所选定的统一方法中规定的检出限、精密度和准确度为依据，控制和评价实验室内及实验室间的分析质量。

3．发放标样

便于各实验室在进行准备工作期间，对仪器、基准物质以及方法进行检验，以达到消除系统误差的目的。

4．发放统一试样

发放的统一试样应贴有统一编号的标签，并附有试样使用说明书，明确试样的浓度范围、稀释方法及注意事项等。发放的试样应尽量使参加单位在相近日期内收到，发放数量应适当。

5．上报分析结果

测试结果应按要求在规定的期限内上报，报告内容应满足考核的目的要求，在质量评价中一般应包括如下的各项内容：

①空白值。应报出每天平行双份和连续5天的测定结果，同时上报原始记录的数据。由于空白值反映的是实验室的全面情况，而且反映非常灵敏，所以上报原始数据，可便于主持单位正确分析判断数据的实际情况，并根据实际情况对数据进行必要的处理。

②统一试样测定值。一般要求上报6个测定值，以便于进行统计检验。主持单位认为必要时，也可以要求同时上报原始数据。

③加标回收实验值。上报随机编号的平行双份加标回收实验值，并说明加标量。针对具体项目和测定时所用的方法，可以要求上报校准曲线的实验数据和回

归方程、相关系数，在不限定必须使用统一的测试方法和质量控制程序时，应要求上报所用方法的详细内容和选用的质量控制程序以及全部质量控制实验的数据、图表等。

6. 结果的整理和评价

主持单位在收到各单位的上报结果后，要对其进行登记、建表，并对结果进行统计，检验、分析、判断数据的质量。对有疑问的结果，应要求有关实验室或人员作出明确的回答，对于确实属于离群的数据进行剔除。最后对全部结果做出评价，按照规定的日期通知各参加实验室。

10.2.2.4 实验室质量审核

实验室质量审核是质量保证计划中最基本的部分，包括对质量计划中操作细则所述系统进行定性评价审核和对测定系统分析数据定性评价审核。质量审核按审核人员来源及其审核活动可分为实验室内审核和实验室间审核。

1. 实验室内审核

实验室内审核一般由室内质量监督员对质量保证执行情况进行监视与检查，包括对实验室数据的质量负责，查明数据质量的系统程序和记录是否按规范要求进行。审核可由质量负责人或质量保证室对质量保证能力以定期或不定期的方法进行，也可随机选择测定项目检查分析人员的应急操作，可选择实验记录进行评价，观察文件档案是否符合规定，检验资料的质量和完整性。

实验室内审核是对实验室能力的检验，其目标是评价全部数据的准确度。通过对质控图的评述，确保测定过程处于受控状态，规定在一定期间测定质控样和标准物。有条件的实验室可通过制备盲样、质控样，系统分析实验室测定结果。各实验室必须对提交的数据质量负责，应不断提高数据质量，把数据的置信度放在重要位置。

2. 实验室间审核

实验室间的质量审核基本上遵从实验室内审核所述的形式。进行实验室间的质量审核通常是查明与原则、规范和标准的适应性，要求强制性记录，以便评价与记录的一致性。寻求校正行为和校准以前审核中鉴别出的问题。

实验室间审核员通常需看实验室内的记录，特别是在强制性质量保证计划中更应如此。较好地保存记录能够提高外部审核者的置信度，推进和增加实验室间审核的效力。

10.2.3 分析后的质量保证与质量控制

1. 数据处理的质量保证

试样测定过程中需要对实验所得数据进行处理，判断其最可能值及其可靠性如何。

（1）分析数据处理的基本要求

①进行分析数据运算时，必须遵循修约规则，注意保护重要参数，尽量减少运算次数，努力提高算法和计算程序技巧以减少计算误差。

②在一组分析数据中，由于实验条件和实验方法的变化或在实验操作中出现过失或产生于计算、记录中的失误而出现的离群数据，必须经过实验复查、专家判断等检验程序，方可做出最后的取舍决定。

③除按规定对众多分析数据进行数据处理外，还要建立分析数据审核制度。

（2）分析数据处理的主要内容

①分析数据的记录整理。要确保原始数据的正确记录和数据的正确运算。在记录数据的时候必须考虑计量器具的精密度、准确度及测试人员的读数误差。在数据运算时要注意遵照有效数字运算规则，不得随意增减有效数字位数。

②分析数据有效性检查。实验室在提交分析报告之前，应按实验室质量控制要求，对分析数据进行全面检查，并根据“离群数据的统计检验”的规定，剔除失控数据。对平行试样的分析数据要按规定的相对误差容许范围进行检查，舍弃不平行的数据。

③分析数据离群值检验。对于离群值，必须首先从技术上查明原因，若由实验技术的失误引起，应舍弃，不必参加统计检验。若未查明原因，则不能轻易决定弃留，应对其进行统计检验，如果确认为异常值，应舍弃；如不是异常值，即使是极值，也应予以保留。

④分析数据统计检验。运用数理统计检验的程序与方法，可以判别两组数据间的差异是否显著，从而更合理地使用数据和做出确切的结论。最常用的检验方法有 t 检验和 F 检验法。

⑤分析数据方差分析。方差分析就是通过分析数据，弄清与研究对象有关的各个因素对该对象是否存在影响以及影响程度和性质。方差分析要求同一水平的数据应遵从正态分布，各水平试验数据的总体方差都相等。因此，通常要用样本

方差检验总体方差的一致性。在实验室质控中应用最广泛的是单因素实验及其方差分析。

⑥分析数据回归分析。分析中经常遇到相互间有一定联系的变量。回归分析就是研究各因素变量相互关系的统计方法。分析数据回归分析主要用于建立校准曲线，进行同一试样不同分析项目数据间的相关分析，不同仪器测定同一物质所得结果的相关分析，不同时期物质浓度的相关分析，不同测定方法所得分析结果的相关分析等。

2．综合评价质量保证

综合分析评价工作在质量保证中具有特殊的地位，它直接影响到分析成果及分析效益的发挥。从分析过程来说，它是分析五大基本过程（布点、采样、分析、数据处理和综合分析评价）的最终环节，它以综合技术为手段，完成分析数据质量定性结论的转变。综合分析评价技术是高层次的信息加工、分析、利用技术，在一定程度上体现了一个分析机构的水平。

①分析数据的表述。为了便于对原始数据进行分析和解释，通常使用表格和图件表示分析数据。对分析数据图表的要求是：用最少的图表数量来获取最丰富的质量信息；在每一种具体图表中，尽可能反映多种信息；图表的格式应统一规定，以利于不同层次的信息交流；图表的种类应满足数据分析和解释工作的需要。

②分析数据的概括。对分析数据进行综合概括的目的，就是运用科学的方法，从大量的原始分析数据中，尽量抽取那些能够反映规律特征的数据，并对其作进一步的分析和解释，从而完成质量的认证过程。分析数据概括的主要方法有频数分布概括法、中心趋势法、分散度法和空间概括法等。

③分析数据的分析。对分析数据进行综合分析的目的，就是运用数学方法和系统分析方法对分析数据进行完整性、规律性、周期性和趋势性分析，揭示分析对象宏观情况。分析数据的分析主要有完整性分析、数据分布规律分析、数据的时间序列分析、对照环境条件分析和变化趋势分析等。

④分析数据的解释。分析数据的解释就是在数据分析的基础上，对分析结果表明的意义进行解释和说明。分析数据的解释必须结合不同分析目的来进行。

⑤分析结果综合评价。分析结果的综合评价是在对各种分析数据资料归纳、分析和解释的基础上，对分析成果的一个更高层次的宏观概括，反映了各种分析数据、资料所提供的信息与分析对象整体的关系。分析结果综合评价的方法有图

形叠置法、列表清单法、矩阵法、指数法和网络法等。

10.2.4　质量控制的标准化操作程序

分析过程包括采样、分析、数据处理和综合评价等几个环节，要求对从采样到获得分析数据的整个过程进行全面质量管理。分析工作要按照统一的技术规范和操作要求，依照一定的程序，进行科学的组织与技术上的规范化管理。质量保证与质量控制应包括从管理到技术，凡是影响分析数据质量的全部内容、数据记录和资料整编等。质量保证中，尤其是对于分析方法体系的深入了解，现场空白样的处理和测量，操作空白的取得，数据质量的判断等是目前常常被人们所忽视的。表 10-2 是分析检测中质量控制的标准化操作程序规定的内容。

表 10-2　标准操作程序规定的内容（QA/QC）

分类	规定内容
各种试剂、标准试样等	①领取采样用试剂 • 检查生产厂家、纯度、规格、有效期等 • 纯化、溶液配制、保存及处理方法 ②领取分析用试剂及标准试样 • 标准贮备液及标准使用液的准备（标准及检查制造厂家、浓度、制作方法等） • 制备标准溶液的保存及处理方法
采样及预处理	①组装采样装置，流量校正等，熟知操作方法 • 采样方法及其性能的确认 • 采样设备及容器的使用情况、清洗方法及操作空白检查确认 ②预处理方法及使用设备、器皿的性能确认方法（回收率、待测物质稳定性或分解率等） • 确认操作空白
仪器分析	①分析仪器的定期检定、清扫、维护保养、使用情况及标准方法 • 确定、调整分析仪器的测定条件、校正方法（分离性能、灵敏度、检测限等） ②确定进样操作方法 ③记录方式及取得数据、贮存及检索 ④操作空白值、现场空白值，确认空白漂移情况
数据处理及记录等	①数据处理、保存及检索 ②利用仪器的微机系统处理 ③测定操作的全程序记录及保存

10.2.5 实验室质量保证体系

分析机构为了保证分析数据的科学、准确、公正，满足社会的需要，就要加强实验室内部管理，建立质量保证体系。

1．有关质量体系的基本概念

质量体系包括质量方针、质量管理、质量控制、质量保证、质量体系、质量审核、管理评审和质量计划等基本环节。这些环节是质量保证体系运行过程的具体内容。

2．质量保证体系的构成和质量职能的分配

质量保证体系包括硬件部分和软件部分，两者缺一不可。首先，对于一个实验室必须具备相应的检测条件，包括必要的、符合要求的仪器设备、试验场地及办公设施、合格的检测人员等资源，然后通过与其相适应的组织机构，分析确定各检测工作的过程，分配协调各项检测工作的职责和接口，指定检测工作的工作程序及检测依据方法，使各项检测工作能有效、协调地进行，成为一个有机的整体。并通过采用管理评审，内外部的审核，实验室之间验证、比对等方式，不断使质量体系完善和健全，以保证实验室有信心、有能力为社会出具准确、可靠的检测报告。

10.3 标准方法与标准物质

10.3.1 标准分类与标准化

1．标准分类

标准是以科学、技术、实践经验和综合成果为基础，经有关部门人员协商一致，由主管机构批准，以特定形式发布，作为共同遵守的准则和依据。目前数量最多的是技术标准。它是从事生产、建设工作以及商品流通的一种共同技术依据。

凡正式生产的工业产品、重要的农产品、各类工程建设、环境保护、安全卫生要求以及其他应当统一的技术要求，都必须制定技术标准。由于标准种类繁多，不可能只用一种方法对所有标准进行分类。根据不同的目的，可从不同制定角度来对标准进行分类。

①层级分类法，是指按照标准审批权限和作用范围对标准进行分类。根据这种分类方法，我国标准可以分为国家标准、行业标准、地方标准和企业标准四级。

②性质分类法，是指按照标准的约束性对标准进行分类。根据这种分类方法，分为强制性标准和推荐性标准两类。

③属性分类法，是指按照标准本身的属性对标准进行分类。由于标准的属性有众多的种类和复杂的层次，所以只能按其基本属性分为技术标准、管理标准和工作标准 3 类。

④对象分类法，是指按照标准对象进行分类。这种方法又有很多种，如按标准对象的特征分类、按标准对象的作用分类等。按照常用的分类，我国的标准分为基础标准、安全标准、卫生标准、环保标准、产品标准、方法标准、管理标准、其他标准 8 类。

2．标准化

标准化是指在经济、技术、科学及管理等社会实践中，对重复性事物和概念通过制定、发布和实施标准，达到统一，以获得最佳秩序和社会效益。

①标准化是一个活动过程。这是一个制定标准、发布与实施标准并对标准的实施进行监督的过程，是一个修订标准的过程，是一个循环往复、螺旋上升的运动过程。每完成一个循环，标准的水平就提高一步。

②标准化的目的和作用是获得最佳的秩序和社会效益。而这一作用，要通过制定和实施标准来实现。所以，标准化工作的任务，不仅是制定标准，还应组织实施标准和对标准的实施进行监督。

③标准化是综合性的技术基础和科学管理手段，是提高质量的依据，是实现高效率和高效益的先进的科学方法。因此，标准对稳定和提高质量、实现科学管理、促进技术进步、保护环境及人身安全和健康、保护消费者利益、消除贸易壁垒、提高企业竞争力等，都具有重要意义，发挥着行政命令或其他管理手段所不可替代的重要作用。

④通过标准化过程的技术规范、编码和符号、代号、业务规程、术语等，可促进国际间、国内各部门、各单位的技术交流。

10.3.2 分析方法标准

分析方法标准是方法标准中的一种。它是对各种分析方法中的重复性事物和概念所作的规定。分析方法标准的内容包括方法的类别、适用范围、原理、试剂或材料、仪器或设备、采样、分析或操作、结果的计算、结果的数据处理等。形式一般有两种：专门单列的分析方法标准和包含在产品标准中的分析方法标准。按照层级分类，分为分析方法国家标准、分析方法行业标准、分析方法地方标准和分析方法企业标准四级标准；按照性质分类，分为强制性分析方法标准和推荐性分析方法标准两类。

分析实验室使用的分析方法，必须要有文字表述的完整文件，每个分析人员必须熟悉他所用的分析方法，包括方法的局限性和可能出现的变化。对于现行分析方法，不管改进（或变化）多么小，只要它是分析方法的一部分，就必须把它写入方法的表述之内。

1．分析方法的影响因素

分析方法的影响因素包括准确度、精密度、灵敏度、检测下限和空白值、线性范围及分析方法的耐变性。一个理想的分析方法，应是准确度好、精密度高、灵敏度高、检出限低、分析空白值低、线性范围宽、耐变性强。但是一个好的分析方法，未必是一个实用方法。作为一个实用方法，还要求方法的适用性强、操作简便、容易掌握、消耗费用低等。

2．标准分析方法的编写格式

标准分析方法的书写应遵守《化学分析方法标准编写规定》（GB/T 1.4—1988）。要求方法尽可能写得清楚，减少含糊不清的词句，应按国家规定的技术名词、术语、法定计量单位，用通俗的语言编写，并且有一定的格式，常包括下列内容：方法的编写、方法发布日期及施行日期、标题、引用标准或参考文献、方法适用范围、基本原理、仪器和试剂、方法步骤、计算、统计、注释和附加说明。

10.3.3 标准物质与标准试样

10.3.3.1 标准物质

标准物质是标准的一种形式。为了鉴定和标定仪器的准确度，为了确定原材料和产品的质量，为了评价分析方法的水平，为了和外单位比较分析数据的准确度等一系列工作，都需要有标准的尺度，这就是标准物质。

标准物质以前也被称为标准样品。世界上第一批标准物质是 1906 年由美国标准局和美国铸造协会共同研制的。当时发放了一组（4 个）铸铁化学成分的标准物质，用于铸铁化学分析方法的校准。20 世纪 60 年代以后，标准物质的品种和数量大大增加，除了化学成分的标准物质外，还发展了许多物理化学特性和工程技术特性的标准物质。目前世界上大约有一两千种标准物质。我国计量机构及冶金、地质、化工、环境和建材等部门可提供数百种标准物质。

按照《国际通用计量学基本术语》和《国际标准化组织指南 30》，标准物质有如下定义：

①标准物质。具有一种或多种足够均匀和很好地确定了特性值，用以校准装置、评价测量方法或给材料赋值的一种材料或物质。

②有证标准物质。附有证书的标准物质，其一种或多种特性值用建立了溯源性的程序确定，使之可溯源到准确复现的用于表示该特性值的计量单位，每一种有证的特性值都附有给定置信水平的不确定度。

③基准标准物质。这是一个比较新的概念，国际计量委员会（CIPM）于 1993 年建立了物质量咨询委员会（CCQM），在 1995 年的物质量咨询委员会会议上提出了如下定义：

- 基准方法是具有最高计量品质的测量方法，它的操作可以完全地被描述和理解，其测量不确定度可以用 SI 单位表述，测量结果不依赖被测量的测量标准。
- 基准标准物质是一种用基准方法确定量值、具有最高计量品质的标准物质。

从上述定义可以看出，标准物质具有量值准确性，并用于计量目的。这就澄清了有关标准物质的某些模糊概念，把那些不是用来校准计量器具和计量方法，同时也没有量值准确度要求的“产品系列标准样品”（如：棉花、粮食、毛、麻等产品标准样品）与标准物质区别开来。

1．标准物质的基本特征

标准物质是具有准确量值的测量标准，它在化学测量、生物测量、工程测量与物理测量领域得到了广泛的应用。标准物质具有以下特点：

（1）均匀性

均匀性是物质的一种或几种特性具有相同组分或相同结构的状态。从理论上讲，如果物质各部分之间的特性量值没有差异，那么该物质就这一给定的特性而言是完全均匀的。然而，物质各部分之间特性量值是否存在差异，必须用实验方法才能确定。因此，所谓均匀性指的是物质各部分之间特性量值的差异不能用实验方法检测出来。这样，均匀性的实际概念就包括物质本身的特性和所用的计量方法的某些参数，例如计量方法的精密度（标准偏差）和试样的大小（实验取样量）等。在许多情况下，计量方法可能达到的精密度与取样量有关，因此，标准物质的均匀性是针对给定的取样量而言的。通常标准物质证书中都给出了均匀性检验的最小取样量。

影响均匀性的因素有物质的物理性质（密度、粒度等）和物质成分的化学形态及结构状况。密度不同可能引起重力偏析（化学成分的不均匀现象称为偏析）。一般地说，固体颗粒越细越容易出现重力偏析。此外，颗粒过细时，表面积增大，吸湿和被污染的机会也增加。

标准物质的材质是均匀的，这是最基本的特征之一。在化学计量中，标准物质可以作为标定计量的“量具”，进行化学计量的量值传递，不但简便实用，而且减少了传递层次。

（2）量值稳定性

稳定性是指标准物质在规定的时间和环境条件下，其特性量值保持在规定范围内的能力。影响稳定性的因素有：光、温度、湿度等物理因素；溶解、分解、化合等化学因素和细菌作用等生物因素。稳定性表现在：固体物质不风化、不分解、不氧化；液体物质不产生沉淀、不发霉；气体和液体物质对容器内壁不腐蚀、不吸附等。

标准物质在有效期内性能是稳定的，标准物质的特性量值保持不变。标准物质的有效期是有条件的，使用注意事项和保存条件在标准物质证书上也明确地写明了，使用者应严格执行，否则标准物质的有效性就无法保证。在此要注意区别保存期限和使用期限，如一瓶标准物质封闭保存可能 5 年有效期，但开封后，反复使用它，也许 2 年就变质失效。

（3）量值准确性

准确性是指标准物质具有准确计量或严格定义的标准值（亦称保证值或鉴定值）。当用计量方法确定标准值时，标准值是被鉴定特性量之真值的最佳估计，标准值与真值的偏离不超过测量不确定度。在某些情况下，标准值不能用计量方法求得，而用商定一致的规定来指定。这种指定的标准值是一个约定真值。通常在标准物质证书中都同时给出标准值及其测量不确定度。当标准值是约定真值时，则还给出使用该标准物质作为“校准物”时的计量方法规范。

量值准确性是标准物质的另一基本特征。标准物质作为统一量值的一种计量标准，就是凭借该值及定值准确度校准器具、评价测量方法和进行量值传递。标准物质的特性量值必须由具有良好仪器设备的实验室，组织有经验的操作人员，采用准确、可靠的测量方法进行测定。

（4）能量值复现性

每一种标准物质都有一定的化学成分或物理特性，消耗后重新制备时，要求新制备的标准物质与原来的标准物质成分或特性一致，换言之，要求标准物质要具有复现的特性。

（5）自身消耗性

标准物质不同于技术标准，许多标准物质在进行比对和量值传递过程中要逐渐消耗掉，有的标准物质只能使用一次。所以，标准物质需要定期制备，经常补充，以满足测量工作的需要。

（6）量值保证书

标准物质必须有证书，它是生产者向使用者提供的计量保证书，是使用标准物质进行量值传递或进行量值追溯的凭据。证书上注明该标准物质的标准值及定值准确度。

2．标准物质的主要用途

标准物质是国家计量法中依法管理的计量标准，具有复现、保存和量值传递的基本作用。除此之外，还在以下各方面起着广泛的作用。

（1）用于分析的质量保证

用于实验室内部的质量保证。可用标准物质作质量控制图，长期监视测量过程是否处于统计控制之中，以提高实验室的分析质量，建立质量保证体系。用于实验室之间的质量保证，中心实验室可把标准物质发放于所管辖的各个实验室进行分析，然后收集各实验室的测定值，用于评价各实验室和分析者的工作质量及质量保证。

（2）用于分析仪器的校准

根据需要可选用一个或数个标准物质对分析仪器进行校准和校验，以确定仪器工作状态，减少或避免监测数据的系统误差。

（3）用于评估分析数据的准确度

按照选用试样所遵循的基本原则，选用与试样相当的标准物质，选用与分析试样相同的方法和程序，同时平行测试标准物质，如果所测标准物质的结果与保证值一致，则可判断实际试样的分析结果可靠。

（4）用作新方法的研究和验证

用标准物质对拟研究或改进的分析方法进行验证测试，可正确地评估和判断新方法的准确可靠性。

（5）用于评价和提高协作实验结果的精密度与准确度

为保证在多个实验室协作时，使各实验室的结果达到一个相当一致的精度，提高实验室间的再现性和精密度，通常采用以下 3 种方式运用标准物质：①在正式试样测试前，协作实验室的组织者把标准物质作为未知试样分发给实验室测定。将各实验室的测定值与标准值进行比较，借以评价各实验室测量工作的质量。②协作实验的组织者在分发被测试样时，将相应的标准物质作为已知试样发给各实验室，由其用标准物质的测定值与标准值之差校正其工作曲线的系统误差，以提高实验室间结果的一致，增加测量结果的可靠性。③协作实验室的组织者在分发被测试样时，把相应的标准物质作为密码试样同时发给各实验室，用标准值和各实验室的测定值的总平均值来评价协作实验结果的可靠性。

为消除分析工作者用自己配制标准溶液所作工作曲线的不一致性和不够准确的缺陷，可用与被测试样基本类似的标准物质作为工作标准绘制工作曲线，不但能使分析结果建立在一个相对准确、可靠、可比的共同基础上，而且还能提高工作效率。当使用仪器进行大批量试样连续测定时，为了监视并校正仪器示值可能发生的漂移，可采用一个或多个标准物质作为控制标准，在连续测定中以一定间隔重复测定，监视和校正仪器示值可能出现的数据漂移，以切实提高测定数据的可靠性。

当被测物很稀少、贵重或特殊原因要求迅速提供分析结果或不允许进行重复测定时，应选用多个标准物质作平行测定，以严格监控分析过程，确保结果的准确度。

3．标准物质的选择原则

要使用标准物质，首先应进行选择。分析方法的基体效应与干扰组分、定量范围、进样方式与进样量、被测试样的基体组成、测定结果欲达到的准确水平等都是选择标准物质时应考虑的因素。

（1）必须采用与待测试样相类似的标准物质

为了更好地起到参照、校准和比对的作用，选择的标准物质一定要尽可能地与待测试样相类似。所谓类似并不是也不需要完全一致，只是要求类型上相似，基体大致相同。如待测试样是水质试样，就应选用水质标准物质；是土壤试样，就应选用土壤标准物质等。

（2）标准物质的准确度水平应与期望分析结果的准确度相匹配

准确度有着不同的表示方法，要了解准确度不同表示方式的具体含义。我国的标准物质证书上用“不确定度”“标准偏差”“相对标准偏差”等方式来表达标准物质特性值的可靠程度。标准物质的准确度应比被测试样欲达到的准确度高3～10倍。

（3）所选标准物质的浓度水平与直接用途相适应

分析方法的精密度随试样浓度的降低而放宽，应选择与被测试样浓度相近的标准物质。若用标准物质评价分析方法时，应选择浓度水平接近方法上限与下限的两个标准物质；当用标准物质作控制标准时，应选择与被测试样浓度相近的标准物质；当用标准物质校准仪器时，则应选择浓度在仪器测量范围内的标准物质等。

4．标准物质的使用

标准物质的使用应注意：①必须注意选用标准物质的适用性，以避免基体效应误差；②建立标准物质台账，实施统一的标识制度，防止误用和混淆；③严格按规定条件保存标准物质，实行专人负责制和专柜存贮制，防止标准物质变质和损坏；④建立标准物质使用程序和登记制度；⑤使用标准物质对量值进行校验时，测定系统必须处于质量控制状态下；⑥应注意标准物质基体、浓度等与待测试样的类似性，以排除基体干扰和浓度误差；⑦应按标准物质最小取样量规定取样，以尽量减小取样误差；⑧标准物质应按说明书（合格证）上规定的使用期限定期更换，不得使用过期或无许可证的标准物质。

10.3.3.2　标准试样

除标准物质以外，标准试样也是标准的一种形式。标准物质与标准试样主要的不同点是使用范围上的区别。标准物质是作为量值的传递工具和手段，而标准试样是为保证国家标准、行业标准的实施而制定的国家实物标准。使用实物标准更能直观地表达出指标的含义，如酒、颜料的外观等。

标准试样适用于标准的贯彻、实施，具有很强的针对性和实用性。所以标准试样的研制和应用对促进标准化工作，促进标准的实施有着更现实的意义。我国标准试样的编号是GSB，代表实物国家标准。

10.3.3.3 质量控制样

为了控制实验室内分析的精密度而使用的试样叫做质量控制样。质量控制样因分析项目和试样类型不同，其组分和浓度范围也不相同。通常可按下述原则设计质量控制样：①适用于某种分析方法的质量控制样，可以在该方法的线性范围内选择几种适当浓度（如方法线性范围内上、下限浓度的10%和90%以及中点附近的浓度等）配制；②适用于某种分析的质量控制样，可以在该样浓度的变化范围内选择几种浓度配制；③根据各种标准中规定的浓度设计质量控制样；④质量控制样可以是只含单一组分的溶液，仅用于单项测定，也可以是含多种组分的溶液，可用于多种项目的测定；⑤质量控制样中可以含有某种类型的基体；⑥为了满足各种不同浓度水平测定的需要，质量控制样常配制成各种不同的浓度水平；⑦为能延长质量控制样的稳定时间，并减少其发放体积，质量控制样多配制成浓溶液，由使用者在临用前按照规定的方法进行稀释。为减少稀释误差，稀释倍数不应超过200倍，一般以100倍为宜。

10.4 实验室认可

按照ISO/IEC 17000的最新定义，认可是“正式表明合格评定机构具有实施特定合格工作能力的第三方证明”。引申到化学分析实验室就是权威机构依据程序对化学分析实验室有能力进行规定类型的化学检测和（或）校准所给予的正式承认。

我国主管实验室认可工作的政府机构是国务院标准化和计量行政主管部门——国家质量监督检验检疫总局。中国实验室国家认可委员会（CNACL）是统一负责实验室资格认可及获准认可后日常监督的评定组织。

实验室是为供需双方提供检测和（或）校准服务的技术机构，实验室需要靠其完善的组织结构、高效的质量管理和可靠的技术能力为社会与客户提供服务。实验室存在的目的就是为社会提供可靠的测试数据和检测结果，实验室在技术经济活动和社会发展过程中都占有重要地位。

实验室获得中国合格评定国家认可委员会（CNAS）的认可，表明该实验室具备了按有关国际准则开展检测和（或）校准服务的技术能力，可增强实验室在检测市场的竞争能力，赢得政府部门和社会各界的信任；通过参与国际间实验室认可双边、多边合作，获得签署互认协议方国家和地区认可机构的承认，有利于消除非关税贸易壁垒，促进工业、技术、贸易的发展。

实验室认可应遵循四个原则，即自愿申请原则、非歧视原则、专家评审原则和国家认可原则。实验室认可的依据是国际标准化组织（ISO）和国际电工委员会（IEC）于 2005 年 5 月 15 日联合发布的《检测和校准实验室能力的通用要求》包含了检测实验室和校准实验室为了向客户和管理者表明其所有的操作过程、技术能力均处于一个良好的管理体系并能够提供有效的结果所需满足的要求。认可机构将这个标准作为承认检测实验室和校准实验室能力的基础标准，实验室的评审认可过程分为申请、现场评审和批准认可三个阶段。

10.4.1 现场考核试验

实验室认可的现场评审依据认可准则及相关文件对实验室承担法律责任的能力、管理方面的能力和技术方面的能力进行全面系统的评价。其中现场考核试验及现场检查是评价的一种重要手段，其目的是紧紧围绕对以上三个方面的实际能力的考核和检查，以便得出客观公正的评价意见和结论，为 CNAS 最终决定是否批准认可该实验室提供依据。实验室认可不仅要检查实验室的管理体系的符合性，更重要的是也要对实验室的实际技术能力进行考核，这是实验室认可和一般的体系认证最显著的区别。

现场试验的选择应符合以下要求：

①初次评审和扩项评审时，应覆盖实验室申请认可的所有仪器设备、检测/校准方法、类型、主要试验人员、试验材料；

②依靠检测/校准人员主观判断较多的项目；

③难度较大、操作复杂的项目；

④很少进行检测/校准的项目；

⑤被考核的现场试验人员应具有代表性；

⑥能力验证结果为有问题或不满意的项目；

⑦监督或复评审时，新上岗人员进行操作的项目；

⑧监督或复评审时，上次不符合项整改验证的项目；

⑨监督或复评审时，实验室技术能力发生变化的项目；

⑩监督和复评审时，同一项现场考核试验应选择与此前评审时不同的试验人员进行操作。

10.4.2 测量不确定度的评估

1．不确定度的定义

不确定度是测量不确定度的简称，指分析结果的正确性或准确性的可疑程度。不确定度是用于表达分析质量优劣的一个指标，是合理地表征测量值或其误差离散程度的一个参数。不确定度又称为可疑程度，习惯地俗称为“不可靠程度”。它定量地表述了分析结果的可疑程度，定量地说明了实验室（包括所用设备和条件）分析能力水平。

不确定度是由于实验室间的一致性在一定程度上受到每个实验室的溯源性链所带来的不确定度的限制。因此，溯源性与不确定度紧密联系。溯源性提供了一种将所有有关的测量放在同一测量尺度上的方法，而不确定度则表征了校准链链环的“强度”以及从事同类测量的实验室间所期望的一致性。因此在所有测量领域中溯源性是一个重要的概念。通常，某个可溯源至特定参考标准的结果的不确定度，将由该标准的不确定度与对照该标准所进行的测量的不确定度组成。

2．不确定度的分类

不确定度是与分析结果有关的参数，在分析结果的完整表述中，应包括不确定度。不确定度可以用标准偏差或其倍数，或是一定置信水平下的区间（置信区间）来表示，因此就可将不确定度分为两大类：标准不确定度和扩展不确定度。

（1）标准不确定度

即用标准偏差表示的分析结果的不确定度。根据计算方法，标准不确定度又分为三类：A 类标准不确定度，即用统计分析方法计算的不确定度；B 类标准不确定度，是用不同于统计分析的其他方法计算的，以估计的标准偏差表示；合成标准不确定度，当测量结果是由若干其他量的值求得时，按其他各量的方差算得的标准不确定度，称为合成标准不确定度，其标准偏差也是一个估计值。

（2）扩展不确定度

扩展不确定度又称为总不确定度，它提供了一个区间，分析值以一定的置信水平落在这个区间内。扩展不确定度一般是这个区间的半宽。

3．不确定度的来源

化学分析测量过程中有许多引起不确定度的因素，它们可能来自以下几个方面：

①被测对象的定义不完善（如被测定的分析物的结构不确切）。

②取样带来的不确定度，不同试样根据标准都应有相应的取样方法。

③被测对象预富集或分离得不完全。

④基体对被测量元素的影响和干扰。

⑤在抽样或样品制备过程中的玷污以及试样分析期间可能的变化，由于热状态的改变或光分解而引起试样的交叉玷污和来自实验室环境的污染，特别对痕量成分的分析尤为重要。

⑥测量过程中对环境条件影响认识不足或环境条件的测量不够完善。例如：玻璃容量器具的校准温度和使用温度不同带来的不确定度，环境湿度的变化对某些物质产生的影响等。

⑦人员读数的偏差，如滴定法时滴定管的读数，每个实验员都有其固定的读数方法。

⑧仪器的分辨力、鉴别力阈、灵敏度、死区以及稳定性等识别门限的限制；分析天平校准中的准确度的极限、温度控制器可能维持的平均温度与所指示的设定的温度点不同、自动分析仪滞后等。

⑨测量标准和标准物质所给定的不确定度。

⑩从外部取得并用于数据的整理换算的常数或其他参数的值所具有的不准确性。

⑪测量系统、测量方法和测量程序的不完善。例如：使用一条直线校准一条弯曲的响应曲线，数据计算中的舍入影响。

⑫随机变化。在整个分析测试过程中，随机影响对不确定度有贡献。

以上所有影响不确定度的因素之间，不一定都是独立的，它们之间可能还存在一定的相互关系，所以还要考虑相互之间的影响对不确定度的贡献，即要考虑协方差。

实验室应建立并实施测量不确定度评估程序，规定计算测量不确定度的方法。对于化学分析实验室，当检测产生数值结果，或者报告的结果是建立在数值结果基础之上，则需要评估这些数值结果的不确定度。对每个适用的典型试验均应进行不确定度评估。因检测方法的原因无法用计量学或统计学方法进行测量不确定度的评估时，实验室至少应尝试识别不确定度分量，并做出合理评估。若检测结果不是用数值表示的或者不建立在数值数据基础之上的（如合格/不合格，阴性/阳性，或基于视觉或触觉以及其他定性检测），则不需要对不确定度进行评定。而对于理化校准实验室，必须给出每一个测量结果的不确定度。

4．误差和不确定度

误差和不确定度是两个完全不同的概念。不确定度是理念上的，而误差是实际存在的。误差是本，没有误差，就没有误差的分布，就无法估计分析的标准偏差，当然也就不会有不确定度了。而不确定度分析实质上是误差分析中对误差分布的分析。然而，误差分析更具广义性，包含的内容更多，如系统误差的消除与减少等。误差和不确定度紧密相关，其具体区别见表 10-3。

误差与不确定度有着密切的联系。①误差是不确定度的基础，尽管不确定度概念引入使误差分类的界限及转化的问题淡化了，但评定和计算不确定度，还依赖于必要的误差分析。只有对各个误差源的性质、分布进行合理的分析和处理，才能确定出各分量的不确定度和合成不确定度。②不确定度是误差的综合和发展，不确定度概念的引入使不能确切知道的误差转化为一个可以定量计算的指标附在测量结果中，从而使测量结果的质量有了一个统一的比较标准。

用测量不确定度评价测量结果比用测量误差更科学、合理，它避免了由原误差表示易引起的混淆，使误差理论科学发展的结果，必将会渗透到各种科学技术和生产的测量领域。

5．提高分析结果的准确度和减少不确定度的措施

分析结果的准确度是指分析结果与真实值之间的一致程度。在定量分析工作中，为了使分析结果和数据有意义，就要尽量提高分析结果的准确度。因此，定量分析必须对所测的数据进行归纳、取舍等一系列分析处理；同时，还需根据具体分析任务对准确度的要求，合理判断和正确表述分析结果的可靠性与精密度以及分析的不确定度。为此，分析人员应该了解分析过程中产生误差的原因及误差出现的规律，并采取相应的措施减小误差，使分析结果尽量地接近客观的真实值。

通过选择合适的分析方法，减少测定误差；增加平行测定次数，减少随机误差；消除测量过程的系统误差；标准曲线的回归等措施减小分析误差和分析的不确定度，提高分析结果的准确度。

表 10-3　误差与不确定度的主要区别

序号	内容	误差	不确定度
1	定义	表明测量结果偏离真值，是一个确定的值	表明被测量值之间的离散性，是一个区间，用标准偏差，标准偏差的倍数或说明了置信水平的区间的半宽度来表示。在数轴上表示为一个区间
2	分类	按出现于测量结果中的规律，分为随机误差和系统误差，它们都是无限多次测量的理想概念	按是否用统计方法求得，分为 A 类评定和 B 类评定。它们都是以标准不确定度表示
3	可操作性	由于真值未知，往往无法得到测量误差的值。当用约定真值代替真值时，可以得到测量误差的估计值	测量不确定度可以由人们根据实验、资料、经验等信息进行评定，从而可以定量确定测量不确定的值
4	数值符号	有正号或负号（非正即负，或零），不能用（±）号表示，其值为分析结果减去真实值	无符号的参数，恒取正值。当由方差求得时，取其正平方根
5	合成方法	各误差分量的代数和	当各分量彼此不相关时用方和根法合成，否则应考虑加入相关项
6	结果修正	已知系统误差的估计值时可以对分析结果进行修正，得到已修正的分析结果。修正值等于负的系统误差	由于测量不确定度表示一个区间，因此无法用不确定度对测量结果进行修正，对已修正测量结果进行不确定度评定时，应考虑修正不完善而引入的不确定度分量
7	结果说明	误差是客观存在的，不以人的认识程度而转移。误差属于给定的测量结果，相同的测量结果具有相同的误差，而与得到该测量结果的测量仪器和测量方法无关	测量不确定度与人们对被测量以及测量过程的认识有关。在相同条件下进行测量时，合理赋予被测量的任何值，均具有相同的测量不确定度。即测量不确定度仅与测量方法有关

10.4.3　量值溯源

溯源性就是通过一条具有规定不确定度的不间断的比较链，使测量结果或计量标准的量值能够与规定的参考标准，通常是国家计量基（标）准或国际计量基（标）准联系起来的特性。

完整的分析过程结果的溯源性应通过下列步骤的综合使用来建立：

①使用可溯源标准来校准测量仪器；

②通过使用基准方法或与基准方法的结果比较；

③使用纯物质的标准物质 RM；

④使用含有合适基体的有证标准物质 CRM；

⑤使用公认的、规定严谨的程序。

量值溯源若用图表示，如图 10-3 所示。

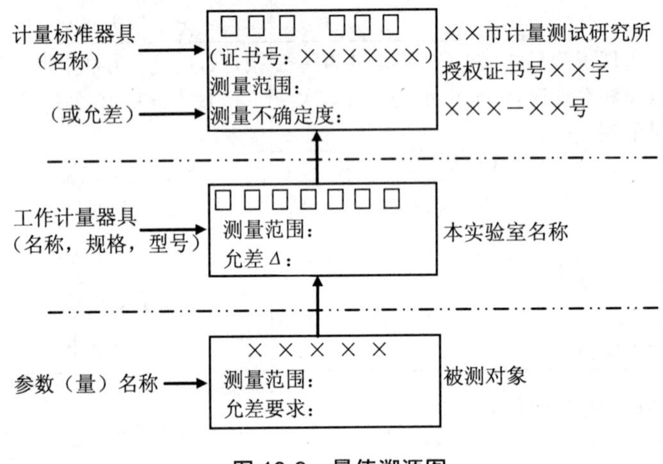

图 10-3 量值溯源图

化学分析实验室应采用统计技术对结果进行审查，事实上实验室管理化学分析实验室选用的方法应当与所进行工作的类型和工作量相适应。还应分析质量控制的数据，当发现质量控制数据超出预先确定的判据时，应采取已计划的措施来纠正出现的问题，并防止报告错误的结果。

体系中的过程控制、数据分析、纠正与预防措施等诸多因素都与统计技术密切相关。一个实验室在检测和（或）校准实现的各个阶段，如能恰当地应用统计技术，这个实验室的管理体系可以说是比较完备和有效的，也能比较好地实现“以客户为关注焦点”和“持续改进”等现代管理原则。

思考题

1. 什么是不确定度？典型的不确定度源包括哪些方面？误差和不确定度有什么关系？怎样提高分析测试的准确度？

2. 实验室内质量控制技术包括哪几方面的内容？

3. 论述如何开展化学实验室的质量监控。

4. 实验室认可有哪些作用？其程序是什么？计量认证的目的是什么？

5. 实验室认可与质量认证的区别是什么？

6. 什么是标准物质？标准物质的特点、性质和主要应用是什么？

7. 有证标准物质的作用和定义各是什么？

8. 如何保证分析结果的准确度？如何保证分析方法的可靠性？

9. 分析结果的溯源性是什么？给出分析天平的量值溯源图。

参考文献

[1] 李克安，金钦汉. 分析化学. 北京：北京大学出版社，2001.

[2] 武汉大学. 分析化学（上册）. 5 版. 北京：高等教育出版社，2006.

[3] 华东理工大学分析化学教研组. 分析化学. 6 版. 北京：高等教育出版社，2009.

[4] 华中师范大学. 分析化学（上册）. 4 版. 北京：高等教育出版社，2011.

[5] 钟佩珩，郭璇华，黄如枤，等. 分析化学. 北京：化学工业出版社，2009.

[6] 李晓燕，张元勤，杨孝容. 分析化学. 北京：科学出版社，2012.

[7] 胡育筑、孙毓庆. 分析化学. 北京：科学出版社，2011.

[8] 浙江大学. 无机及分析化学. 2 版. 北京：高等教育出版社，2008.

[9] 徐伏秋，杨刚宾. 硅酸盐工业分析. 北京：化学工业出版社，2009.

附　表

附表 1　弱酸及其共轭碱在水中的解离常数（25℃，I=0）

弱酸	分子式	K_a	pK_a	共轭碱	
				pK_b	K_b
砷酸	H_3AsO_4	$6.3\times10^{-3}(K_{a_1})$ $1.0\times10^{-7}(K_{a_2})$ $3.2\times10^{-12}(K_{a_3})$	2.20 7.00 11.49	11.80 7.00 2.51	$1.6\times10^{-12}(K_{b_3})$ $1.0\times10^{-7}(K_{b_2})$ $3.2\times10^{-12}(K_{b_1})$
亚砷酸	$HAsO_2(H_3AsO_3)$	6.0×10^{-10}	9.22	4.78	1.7×10^{-5}
硼酸	H_3BO_3	5.8×10^{-10}	9.24	4.76	1.7×10^{-5}
碳酸	H_2CO_3 (H_2O+CO_2)	$4.2\times10^{-7}(K_{a_1})$ $5.6\times10^{-11}(K_{a_2})$	6.38 10.25	7.62 3.75	$2.4\times10^{-8}(K_{b_2})$ $1.8\times10^{-4}(K_{b_1})$
氢氰酸	HCN	6.2×10^{-10}	9.21	4.79	1.6×10^{-5}
铬酸	H_2CrO_4	$1.8\times10^{-1}(K_{a_1})$ $3.2\times10^{-7}(K_{a_2})$	0.74 6.50	13.26 7.50	$5.6\times10^{-14}(K_{b_2})$ $3.1\times10^{-8}(K_{b_1})$
氢氟酸	HF	6.6×10^{-4}	3.18	10.82	1.5×10^{-5}
磷酸	H_3PO_4	$7.6\times10^{-3}(K_{a_1})$ $6.3\times10^{-8}(K_{a_2})$ $4.4\times10^{-13}(K_{a_3})$	2.12 7.20 12.36	11.88 6.80 1.64	$1.3\times10^{-12}(K_{b_3})$ $1.6\times10^{-7}(K_{b_2})$ $2.3\times10^{-2}(K_{b_1})$
亚磷酸	H_3PO_3	$5.0\times10^{-2}(K_{a_1})$ $2.5\times10^{-7}(K_{a_2})$	1.30 6.60	12.70 7.40	$2.0\times10^{-13}(K_{b_2})$ $4.0\times10^{-5}(K_{b_1})$
氢硫酸	H_2S	$1.3\times10^{-7}(K_{a_1})$ $1.7\times10^{-15}(K_{a_2})$	6.88 14.77	7.12 −0.77	$7.7\times10^{-8}(K_{b_2})$ $5.9(K_{b_1})$

弱酸	分子式	K_a	pK_a	共轭碱	
				pK_b	K_b
硫酸	H_2SO_4	$1.0\times10^{-2}(K_{a_2})$	2.00	12.00	$1.0\times10^{-12}(K_{b_1})$
亚硫酸	H_2SO_3	$1.3\times10^{-2}(K_{a_1})$	1.89	12.10	$7.7\times10^{-13}(K_{b_2})$
	(SO_2+H_2O)	$6.3\times10^{-8}(K_{a_2})$	7.20	6.80	$1.6\times10^{-7}(K_{b_1})$
偏硅酸	H_2SiO_3	$1.7\times10^{-10}(K_{a_1})$	9.77	4.23	$5.9\times10^{-5}(K_{b_2})$
		$1.6\times10^{-12}(K_{a_2})$	11.80	2.20	$6.2\times10^{-3}(K_{b_1})$
甲酸	HCOOH	1.8×10^{-4}	3.74	10.26	5.5×10^{-11}
乙酸	CH_3COOH	1.8×10^{-5}	4.74	9.26	5.5×10^{-10}
一氯乙酸	$CH_2ClCOOH$	1.4×10^{-3}	2.86	11.14	6.9×10^{-12}
二氯乙酸	$CHCl_2COOH$	5.0×10^{-2}	1.30	12.70	2.0×10^{-13}
三氯乙酸	CCl_3COOH	0.23	0.64	13.36	4.3×10^{-14}
氨基乙酸盐	$^+NH_3CH_2COOH$	$4.5\times10^{-3}(K_{a_1})$	2.35	11.65	$2.2\times10^{-12}(K_{b_2})$
	$^+NH_3CH_2COO^-$	$2.5\times10^{-10}(K_{a_2})$	9.60	4.40	$4.0\times10^{-5}(K_{b_1})$
乳酸	$CH_3CHOHCOOH$	1.4×10^{-4}	3.86	10.14	7.2×10^{-11}
苯甲酸	C_6H_5COOH	6.2×10^{-5}	4.21	9.79	1.6×10^{-10}
草酸	$H_2C_2O_4$	$5.9\times10^{-2}(K_{a_1})$	1.22	12.78	$1.7\times10^{-13}(K_{b_2})$
		$6.4\times10^{-5}(K_{a_2})$	4.19	9.81	$1.6\times10^{-10}(K_{b_1})$
d-酒石酸	CH(OH)COOH	$9.1\times10^{-4}(K_{a_1})$	3.04	10.96	$1.1\times10^{-11}(K_{b_2})$
	CH(OH)COOH	$4.3\times10^{-5}(K_{a_2})$	4.37	9.63	$2.3\times10^{-10}(K_{b_1})$
邻苯二甲酸	$C_6H_4(COOH)_2$ (-COOH, -COOH)	$1.1\times10^{-3}(K_{a_1})$	2.95	11.05	$9.1\times10^{-12}(K_{b_2})$
		$3.9\times10^{-5}(K_{a_2})$	5.41	8.59	$2.6\times10^{-9}(K_{b_1})$
柠檬酸	CH_2COOH	$7.4\times10^{-4}(K_{a_1})$	3.13	10.87	$1.4\times10^{-11}(K_{b_3})$
	CH(OH)COOH	$1.7\times10^{-5}(K_{a_2})$	4.76	9.26	$5.9\times10^{-10}(K_{b_2})$
	CH_2COOH	$4.0\times10^{-7}(K_{a_3})$	6.40	7.60	$2.5\times10^{-8}(K_{b_1})$
苯酚	C_6H_5OH	1.1×10^{-10}	9.95	4.05	9.1×10^{-5}

弱酸	分子式	K_a	pK_a	共轭碱	
				pK_b	K_b
乙二胺四乙酸	H_6-$EDTA^{2+}$ H_5-$EDTA^{+}$ H_4-EDTA H_3-$EDTA^{-}$ H_2-$EDTA^{2-}$ H-$EDTA^{3-}$	$0.13(K_{a_1})$ $3\times10^{-2}(K_{a_2})$ $1\times10^{-2}(K_{a_3})$ $2.1\times10^{-3}(K_{a_4})$ $6.9\times10^{-7}(K_{a_5})$ $5.5\times10^{-11}(K_{a_6})$	0.9 1.6 2.0 2.67 6.16 10.26	13.1 12.4 12.0 11.33 7.84 3.74	$7.7\times10^{-14}(K_{b_6})$ $3.3\times10^{-13}(K_{b_5})$ $1\times10^{-12}(K_{b_4})$ $4.8\times10^{-12}(K_{b_3})$ $1.4\times10^{-8}(K_{b_2})$ $1.8\times10^{-4}(K_{b_1})$
铵离子	NH_4^+	5.5×10^{-10}	9.26	4.74	1.8×10^{-5}
联氨离子	$^{+}H_3NNH_3^+$	3.3×10^{-9}	8.48	5.52	3.0×10^{-6}
羟氨离子	NH_3^+OH	1.1×10^{-6}	5.96	8.04	9.1×10^{-9}
甲胺离子	$CH_3NH_3^+$	2.4×10^{-11}	10.62	3.38	4.2×10^{-4}
乙胺离子	$C_2H_5NH_3^+$	1.8×10^{-11}	10.75	3.25	5.6×10^{-4}
二甲胺离子	$(CH_3)_2NH_2^+$	8.5×10^{-11}	10.07	3.93	1.2×10^{-4}
二乙胺离子	$(C_2H_5)_2NH_2^+$	7.8×10^{-12}	11.11	2.89	1.3×10^{-3}
乙醇胺离子	$HOCH_2CH_2NH_3^+$	3.2×10^{-10}	9.50	4.50	3.2×10^{-5}
三乙醇胺离子	$(HOCH_2CH_2)_3NH^+$	1.7×10^{-8}	7.76	6.24	5.8×10^{-7}
六亚甲基四胺离子	$(CH_2)_6N_4H^+$	7.1×10^{-6}	5.15	8.85	1.4×10^{-9}
乙二胺离子	$^{+}H_3NCH_2CH_2NH_3^+$ $H_2NCH_2CH_2NH_3^+$	$1.4\times10^{-7}(K_{a_1})$ $1.2\times10^{-10}(K_{a_2})$	6.85 9.93	7.15 4.07	$7.1\times10^{-8}(K_{b_2})$ $8.5\times10^{-5}(K_{b_1})$
吡啶离子	$C_5H_5NH^+$	5.9×10^{-6}	5.23	8.77	1.7×10^{-9}

附表 2　离子的体积参数（$\mathring{a}$）

$\mathring{a}$ /pm	一价离子
900	H^+
600	Li^+
500	$CHCl_2COO^-$，CCl_3COO^-
400	Na^+，ClO_2^-，IO_3^-，HCO_3^{2-}，$H_2PO_4^-$，HSO_3^-，$H_2AsO_4^-$，CH_3COO^-，CH_2ClCOO^-
300	OH^-，F^-，SCN^-，HS^-，ClO_3^-，ClO_4^-，BrO_3^-，IO_4^-，MnO_4^-，K^+，Cl^-，Br^-，I^-，CN^-，NO_2^-，NO_3^-，Rb，Cs^+，NH_4^+，Tl^+，Ag^+，$HCOO^-$，H_2Cit^-
	二价离子
800	Mg^{2+}，Be^{2+}
600	Ca^{2+}，Cu^{2+}，Zn^{2+}，Sn^{2+}，Mn^{2+}，Fe^{2+}，Ni^{2+}，Co^{2+}
500	Sr^{2+}，Ba^{2+}，Cd^{2+}，Hg^{2+}，S^{2-}，$S_2O_4^{2-}$，WO_4^{2-}，Pb^{2+}，CO_3^{2-}，SO_3^{2-}，MoO_4^{2-}，$(COO)_2^{2-}$，$HCit^{2-}$
400	Hg_2^{2+}，SO_4^{2-}，$S_2O_3^{2-}$，SeO_4^{2-}，CrO_4^{2-}，HPO_4^{2-}
	三价离子
900	Al^{3+}，Fe^{3+}，Cr^{3+}，Se^{3+}，Y^{3+}，La^{3+}，In^{3+}，Ce^{3+}，Pr^{3+}，Nd^{3+}，Sm^{3+}
500	Cit^{3-}
400	PO_4^{3-}，$Fe(CN)_6^{3-}$
	四价离子
1 100	Th^{4+}，Zr^{4+}，Ce^{4+}，Sn^{4+}
500	$Fe(CN)_6^{4-}$

附表 3 离子的活度系数

$\mathring{a}$ /pm	离子强度 I /（mol·L^{-1}）						
	0.001	0.002 5	0.005	0.01	0.025	0.05	0.1
一价离子							
900	0.967	0.950	0.933	0.914	0.88	0.86	0.83
800	0.966	0.949	0.931	0.912	0.88	0.85	0.82
700	0.965	0.948	0.930	0.909	0.875	0.845	0.81
600	0.965	0.948	0.929	0.907	0.87	0.835	0.80
500	0.964	0.947	0.928	0.904	0.865	0.83	0.79
400	0.964	0.947	0.927	0.901	0.855	0.815	0.77
300	0.964	0.945	0.925	0.899	0.85	0.805	0.755
二价离子							
800	0.872	0.813	0.755	0.69	0.595	0.52	0.45
700	0.872	0.812	0.753	0.685	0.58	0.50	0.425
600	0.870	0.809	0.749	0.675	057	0.485	0.405
500	0.868	0.805	0.744	0.67	0.555	0.465	0.38
400	0.867	0.803	0.740	0.660	0.545	0.445	0.355
三价离子							
900	0.738	0.632	0.54	0.445	0.325	0.245	0.18
600	0.731	0.620	0.52	0.415	0.28	0.195	0.13
500	0.728	0.616	0.51	0.405	0.27	0.18	0.115
400	0.725	0.612	0.505	0.395	0.25	0.16	0.095
四价离子							
1 100	0.588	0.455	0.35	0.255	0.155	0.10	0.065
600	0.575	0.43	0.315	0.21	0.105	0.055	0.027
500	0.57	0.425	0.31	0.20	0.10	0.048	0.021

附表 4 配合物的稳定常数（25℃下，I=0）

配位体	金属离子	配位体数目 n	$\lg\beta_n$
NH_3	Ag^+	1，2	3.24，7.05
	Au^{3+}	4	10.3
	Cd^{2+}	1，2，3，4，5，6	2.65，4.75，6.19，7.12，6.80，5.14
	Co^{2+}	1，2，3，4，5，6	2.11，3.74，4.79，5.55，5.73，5.11
	Co^{3+}	1，2，3，4，5，6	6.7，14.0，20.1，25.7，30.8，35.2
	Cu^+	1，2	5.93，10.86
	Cu^{2+}	1，2，3，4，5	4.31，7.98，11.02，13.32，12.86
	Fe^{2+}	1，2	1.4，2.2
	Hg^{2+}	1，2，3，4	8.8，17.5，18.5，19.28
	Mn^{2+}	1，2	0.8，1.3
	Ni^{2+}	1，2，3，4，5，6	2.80，5.04，6.77，7.96，8.71，8.74
	Pd^{2+}	1，2，3，4	9.6，18.5，26.0，32.8
	Pt^{2+}	6	35.3
	Zn^{2+}	1，2，3，4	2.37，4.81，7.31，9.46
Br^-	Ag^+	1，2，3，4	4.38，7.33，8.00，8.73
	Bi^{3+}	1，2，3，4，5，6	2.37，4.20，5.90，7.30，8.20，8.30
	Cd^{2+}	1，2，3，4	1.75，2.34，3.32，3.70
	Ce^{3+}	1	0.42
	Cu^+	2	5.89
	Cu^{2+}	1	0.30
	Hg^{2+}	1，2，3，4	9.05，17.32，19.74，21.00
	In^{3+}	1，2	1.30，1.88
	Pb^{2+}	1，2，3，4	1.77，2.60，3.00，2.30
	Pd^{2+}	1，2，3，4	5.17，9.42，12.70，14.90
	Rh^{3+}	2，3，4，5，6	14.3，16.3，17.6，18.4，17.2
	Sc^{3+}	1，2	2.08，3.08
	Sn^{2+}	1，2，3	1.11，1.81，1.46
	Tl^{3+}	1，2，3，4，5，6	9.7，16.6，21.2，23.9，29.2，31.6
	U^{4+}	1	0.18
	Y^{3+}	1	1.32
Cl^-	Ag^+	1，2，4	3.04，5.04，5.30
	Bi^{3+}	1，2，3，4	2.44，4.7，5.0，5.6
	Cd^{2+}	1，2，3，4	1.95，2.50，2.60，2.80
	Co^{3+}	1	1.42
	Cu^+	2，3	5.5，5.7

配位体	金属离子	配位体数目 n	$\lg\beta_n$
Cl^-	Cu^{2+}	1，2	0.1，-0.6
	Fe^{2+}	1	1.17
	Fe^{3+}	2	9.8
	Hg^{2+}	1，2，3，4	6.74，13.22，14.07，15.07
	In^{3+}	1，2，3，4	1.62，2.44，1.70，1.60
	Pb^{2+}	1，2，3	1.42，2.23，3.23
	Pd^{2+}	1，2，3，4	6.1，10.7，13.1，15.7
	Pt^{2+}	2，3，4	11.5，14.5，16.0
	Sb^{3+}	1，2，3，4	2.26，3.49，4.18，4.72
	Sn^{2+}	1，2，3，4	1.51，2.24，2.03，1.48
	Tl^{3+}	1，2，3，4	8.14，13.60，15.78，18.00
	Th^{4+}	1，2	1.38，0.38
	Zn^{2+}	1，2，3，4	0.43，0.61，0.53，0.20
	Zr^{4+}	1，2，3，4	0.9，1.3，1.5，1.2
CN^-	Ag^+	2，3，4	21.1，21.7，20.6
	Au^+	2	38.3
	Cd^{2+}	1，2，3，4	5.48，10.60，15.23，18.78
	Cu^+	2，3，4	24.0，28.59，30.30
	Fe^{2+}	6	35.0
	Fe^{3+}	6	42.0
	Hg^{2+}	4	41.4
	Ni^{2+}	4	31.3
	Zn^{2+}	1，2，3，4	5.3，11.70，16.70，21.60
F^-	Al^{3+}	1，2，3，4，5，6	6.11，11.12，15.00，18.00，19.40，19.80
	Be^{2+}	1，2，3，4	4.99，8.80，11.60，13.10
	Bi^{3+}	1	1.42
	Co^{2+}	1	0.4
	Cr^{3+}	1，2，3	4.36，8.70，11.20
	Cu^{2+}	1	0.9
	Fe^{2+}	1	0.8
	Fe^{3+}	1，2，3，5	5.28，9.30，12.06，15.77
	Ga^{3+}	1，2，3	4.49，8.00，10.50
	Hf^{4+}	1，2，3，4，5，6	9.0，16.5，23.1，28.8，34.0，38.0
	Hg^{2+}	1	1.03
	In^{3+}	1，2，3，4	3.70，6.40，8.60，9.80
	Mg^{2+}	1	1.30

配位体	金属离子	配位体数目 n	$\lg\beta_n$
F^-	Mn^{2+}	1	5.48
	Ni^{2+}	1	0.50
	Pb^{2+}	1，2	1.44，2.54
	Sb^{3+}	1，2，3，4	3.0，5.7，8.3，10.9
	Sn^{2+}	1，2，3	4.08，6.68，9.50
	Th^{4+}	1，2，3，4	8.44，15.08，19.80，23.20
	TiO^{2+}	1，2，3，4	5.4，9.8，13.7，18.0
	Zn^{2+}	1	0.78
	Zr^{4+}	1，2，3，4，5，6	9.4，17.2，23.7，29.5，33.5，38.3
I^-	Ag^+	1，2，3	6.58，11.74，13.68
	Bi^{3+}	1，4，5，6	3.63，14.95，16.80，18.80
	Cd^{2+}	1，2，3，4	2.10，3.43，4.49，5.41
	Cu^+	2	8.85
	Fe^{3+}	1	1.88
	Hg^{2+}	1，2，3，4	12.87，23.82，27.60，29.83
	Pb^{2+}	1，2，3，4	2.00，3.15，3.92，4.47
	Pd^{2+}	4	24.5
	Tl^+	1，2，3	0.72，0.90，1.08
	Tl^{3+}	1，2，3，4	11.41，20.88，27.60，31.82
OH^-	Ag^+	1，2	2.0，3.99
	Al^{3+}	1，4	9.27，33.03
	As^{3+}	1，2，3，4	14.33，18.73，20.60，21.20
	Be^{2+}	1，2，3	9.7，14.0，15.2
	Bi^{3+}	1，2，4	12.7，15.8，35.2
	Ca^{2+}	1	1.3
	Cd^{2+}	1，2，3，4	4.17，8.33，9.02，8.62
	Ce^{3+}	1	4.6
	Ce^{4+}	1，2	13.28，26.46
	Co^{2+}	1，2，3，4	4.3，8.4，9.7，10.2
	Cr^{3+}	1，2，4	10.1，17.8，29.9
	Cu^{2+}	1，2，3，4	7.0，13.68，17.00，18.5
	Fe^{2+}	1，2，3，4	5.56，9.77，9.67，8.58
	Fe^{3+}	1，2，3	11.87，21.17，29.67
	Hg^{2+}	1，2，3	10.6，21.8，20.9
	In^{3+}	1，2，3，4	10.0，20.2，29.6，38.9
	Mg^{2+}	1	2.58
	Mn^{2+}	1，3	3.9，8.3

配位体	金属离子	配位体数目 n	$\lg\beta_n$
OH^-	Ni^{2+}	1，2，3	4.97，8.55，11.33
	Pa^{4+}	1，2，3，4	14.04，27.84，40.7，51.4
	Pb^{2+}	1，2，3	7.82，10.85，14.58
	Pd^{2+}	1，2	13.0，25.8
	Sb^{3+}	2，3，4	24.3，36.7，38.3
	Sc^{3+}	1	8.9
	Sn^{2+}	1	10.4
	Th^{3+}	1，2	12.86，25.37
	Ti^{3+}	1	12.71
	Zn^{2+}	1，2，3，4	4.40，11.30，14.14，17.66
	Zr^{4+}	1，2，3，4	14.3，28.3，41.9，55.3
NO_3^-	Ba^{2+}	1	0.92
	Bi^{3+}	1	1.26
	Ca^{2+}	1	0.28
	Cd^{2+}	1	0.40
	Fe^{3+}	1	1.0
	Hg^{2+}	1	0.35
	Pb^{2+}	1	1.18
	Tl^+	1	0.33
	Tl^{3+}	1	0.92
$P_2O_7^{4-}$	Ba^{2+}	1	4.6
	Ca^{2+}	1	4.6
	Cd^{3+}	1	5.6
	Co^{2+}	1	6.1
	Cu^{2+}	1，2	6.7，9.0
	Hg^{2+}	2	12.38
	Mg^{2+}	1	5.7
	Ni^{2+}	1，2	5.8，7.4
	Pb^{2+}	1，2	7.3，10.15
	Zn^{2+}	1，2	8.7，11.0
SCN^-	Ag^+	1，2，3，4	4.6，7.57，9.08，10.08
	Bi^{3+}	1，2，3，4，5，6	1.67，3.00，4.00，4.80，5.50，6.10
	Cd^{2+}	1，2，3，4	1.39，1.98，2.58，3.6
	Cr^{3+}	1，2	1.87，2.98
	Cu^+	1，2	12.11，5.18
	Cu^{2+}	1，2	1.90，3.00
	Fe^{3+}	1，2，3，4，5，6	2.21，3.64，5.00，6.30，6.20，6.10

配位体	金属离子	配位体数目 n	$\lg\beta_n$
SCN^-	Hg^{2+}	1，2，3，4	9.08，16.86，19.70，21.70
	Ni^{2+}	1，2，3	1.18，1.64，1.81
	Pb^{2+}	1，2，3	0.78，0.99，1.00
	Sn^{2+}	1，2，3	1.17，1.77，1.74
	Th^{4+}	1，2	1.08，1.78
	Zn^{2+}	1，2，3，4	1.33，1.91，2.00，1.60
$S_2O_3^{2-}$	Ag^+	1，2	8.82，13.46
	Cd^{2+}	1，2	3.92，6.44
	Cu^+	1，2，3	10.27，12.22，13.84
	Fe^{3+}	1	2.10
	Hg^{2+}	2，3，4	29.44，31.90，33.24
	Pb^{2+}	2，3	5.13，6.35
SO_4^{2-}	Ag^+	1	1.3
	Ba^{2+}	1	2.7
	Bi^{3+}	1，2，3，4，5	1.98，3.41，4.08，4.34，4.60
	Fe^{3+}	1，2	4.04，5.38
	Hg^{2+}	1，2	1.34，2.40
	In^{3+}	1，2，3	1.78，1.88，2.36
	Ni^{2+}	1	2.4
	Pb^{2+}	1	2.75
	Pr^{3+}	1，2	3.62，4.92
	Th^{4+}	1，2	3.32，5.50
	Zr^{4+}	1，2，3	3.79，6.64，7.77
乙酸 CH_3COOH	Ag^+	1，2	0.73，0.64
	Ba^{2+}	1	0.41
	Ca^{2+}	1	0.6
	Cd^{2+}	1，2，3	1.5，2.3，2.4
	Ce^{3+}	1，2，3，4	1.68，2.69，3.13，3.18
	Co^{2+}	1，2	1.5，1.9
	Cr^{3+}	1，2，3	4.63，7.08，9.60
	Cu^{2+}(20℃)	1，2	2.16，3.20
	In^{3+}	1，2，3，4	3.50，5.95，7.90，9.08
	Mn^{2+}	1，2	9.84，2.06
	Ni^{2+}	1，2	1.12，1.81
	Pb^{2+}	1，2，3，4	2.52，4.0，6.4，8.5
	Sn^{2+}	1，2，3	3.3，6.0，7.3
	Tl^{3+}	1，2，3，4	6.17，11.28，15.10，18.3
	Zn^{2+}	1	1.5

配位体	金属离子	配位体数目 n	$\lg\beta_n$
乙酰丙酮 $CH_3COCH_2CH_3$	Al^{3+}(30℃)	1，2	8.6，15.5
	Cd^{2+}	1，2	3.84，6.66
	Co^{2+}	1，2	5.40，9.54
	Cr^{2+}	1，2	5.96，11.7
	Cu^{2+}	1，2	8.27，16.34
	Fe^{2+}	1，2	5.07，8.67
	Fe^{3+}	1，2，3	11.4，22.1，26.7
	Hg^{2+}	2	21.5
	Mg^{2+}	1，2	3.65，6.27
	Mn^{2+}	1，2	4.24，7.35
	Mn^{3+}	3	3.86
	Ni^{2+}(20℃)	1，2，3	6.06，10.77，13.09
	Pb^{2+}	2	6.32
	Pd^{2+}(30℃)	1，2	16.2，27.1
	Th^{4+}	1，2，3，4	8.8，16.2，22.5，26.7
	Ti^{3+}	1，2，3	10.43，18.82，24.90
	V^{2+}	1，2，3	5.4，10.2，14.7
	Zn^{2+}(30℃)	1，2	4.98，8.81
	Zr^{4+}	1，2，3，4	8.4，16.0，23.2，30.1
草酸 HOOCCOOH	Ag^{+}	1	2.41
	Al^{3+}	1，2，3	7.26，13.0，16.3
	Ba^{2+}	1	2.31
	Ca^{2+}	1	3.0
	Cd^{2+}	1，2	3.52，5.77
	Co^{2+}	1，2，3	4.79，6.7，9.7
	Cu^{2+}	1，2	6.23，10.27
	Fe^{2+}	1，2，3	2.9，4.52，5.22
	Fe^{3+}	1，2，3	9.4，16.2，20.2
	Hg^{2+}	1	9.66
	Hg_2^{2+}	2	6.98
	Mg^{2+}	1，2	3.43，4.38
	Mn^{2+}	1，2	3.97，5.80
	Mn^{3+}	1，2，3	9.98，16.57，19.42
	Ni^{2+}	1，2，3	5.3，7.64～8.5
	Pb^{2+}	1，2	4.91，6.76
	Sc^{3+}	1，2，3，4	6.86，11.31，14.32，16.70
	Th^{4+}	4	24.48
	Zn^{2+}	1，2，3	4.89，7.60，8.15
	Zr^{4+}	1，2，3，4	9.80，17.14，20.86，21.15

配位体	金属离子	配位体数目 n	$\lg\beta_n$
乳酸 $CH_3CHOHCOOH$	Ba^{2+}	1	0.64
	Ca^{2+}	1	1.42
	Cd^{2+}	1	1.70
	Co^{2+}	1	1.90
	Cu^{2+}	1，2	3.02，4.85
	Fe^{3+}	1	7.1
	Mg^{2+}	1	1.37
	Mn^{2+}	1	1.43
	Ni^{2+}	1	2.22
	Pb^{2+}	1，2	2.40，3.80
	Sc^{2+}	1	5.2
	Th^{4+}	1	5.5
	Zn^{2+}	1，2	2.20，3.75
水杨酸 $C_6H_4(OH)COOH$	Al^{3+}	1	14.11
	Cd^{2+}	1	5.55
	Co^{2+}	1，2	6.72，11.42
	Cr^{2+}	1，2	8.4，15.3
	Cu^{2+}	1，2	10.60，18.45
	Fe^{2+}	1，2	6.55，11.25
	Mn^{2+}	1，2	5.90，9.80
	Ni^{2+}	1，2	6.95，11.75
	Th^{4+}	1，2，3，4	4.25，7.60，10.05，11.60
	TiO^{2+}	1	6.09
	V^{2+}	1	6.3
	Zn^{2+}	1	6.85
磺基水杨酸 $HO_3SC_6H_3(OH)COOH$	Al^{3+}(0.1mol/L)	1，2，3	13.20，22.83，28.89
	Be^{2+}(0.1mol/L)	1，2	11.71，20.81
	Cd^{2+}(0.1mol/L)	1，2	16.68，29.08
	Co^{2+}(0.1mol/L)	1，2	6.13，9.82
	Cr^{3+}(0.1mol/L)	1	9.56
	Cu^{2+}(0.1mol/L)	1，2	9.52，16.45
	Fe^{2+}(0.1mol/L)	1，2	5.9，9.9
	Fe^{3+}(0.1mol/L)	1，2，3	14.64，25.18，32.12
	Mn^{2+}(0.1mol/L)	1，2	5.24，8.24
	Ni^{2+}(0.1mol/L)	1，2	6.42，10.24
	Zn^{2+}(0.1mol/L)	1，2	6.05，10.65

配位体	金属离子	配位体数目 n	$\lg\beta_n$
酒石酸 $(HOOCCHOH)_2$	Ba^{2+}	2	1.62
	Bi^{3+}	3	8.30
	Ca^{2+}	1，2	2.98，9.01
	Cd^{2+}	1	2.8
	Co^{2+}	1	2.1
	Cu^{2+}	1，2，3，4	3.2，5.11，4.78，6.51
	Fe^{3+}	1	7.49
	Hg^{2+}	1	7.0
	Mg^{2+}	2	1.36
	Mn^{2+}	1	2.49
	Ni^{2+}	1	2.06
	Pb^{2+}	1，3	3.78，4.7
	Sn^{2+}	1	5.2
	Zn^{2+}	1，2	2.68，8.32
丁二酸 $HOOCCH_2CH_2COOH$	Ba^{2+}	1	2.08
	Be^{2+}	1	3.08
	Ca^{2+}	1	2.0
	Cd^{2+}	1	2.2
	Co^{2+}	1	2.22
	Cu^{2+}	1	3.33
	Fe^{3+}	1	7.49
	Hg^{2+}	2	7.28
	Mg^{2+}	1	1.20
	Mn^{2+}	1	2.26
	Ni^{2+}	1	2.36
	Pb^{2+}	1	2.8
	Zn^{2+}	1	1.6
硫脲 $H_2NC(=S)NH_2$	Ag^{+}	1，2	7.4，13.1
	Bi^{3+}	6	11.9
	Cd^{2+}	1，2，3，4	0.6，1.6，2.6，4.6
	Cu^{+}	3，4	13.0，15.4
	Hg^{2+}	2，3，4	22.1，24.7，26.8
	Pb^{2+}	1，2，3，4	1.4，3.1，4.7，8.3

配位体	金属离子	配位体数目 n	$\lg\beta_n$
乙二胺 $H_2NCH_2CH_2NH_2$	Ag^+	1，2	4.70，7.70
	Cd^{2+}(20℃)	1，2，3	5.47，10.09，12.09
	Co^{2+}	1，2，3	5.91，10.64，13.94
	Co^{3+}	1，2，3	18.7，34.9，48.69
	Cr^{2+}	1，2	5.15，9.19
	Cu^+	2	10.8
	Cu^{2+}	1，2，3	10.67，20.0，21.0
	Fe^{2+}	1，2，3	4.34，7.65，9.70
	Hg^{2+}	1，2	14.3，23.3
	Mg^{2+}	1	0.37
	Mn^{2+}	1，2，3	2.73，4.79，5.67
	Ni^{2+}	1，2，3	7.52，13.84，18.33
	Pd^{2+}	2	26.90
	V^{2+}	1，2	4.6，7.5
	Zn^{2+}	1，2，3	5.77，10.83，14.11
吡啶 C_5H_5N	Ag^+	1，2	1.97，4.35
	Cd^{2+}	1，2，3，4	1.40，1.95，2.27，2.50
	Co^{2+}	1，2	1.14，1.54
	Cu^{2+}	1，2，3，4	2.59，4.33，5.93，6.54
	Fe^{2+}	1	0.71
	Hg^{2+}	1，2，3	5.1，10.0，10.4
	Mn^{2+}	1，2，3，4	1.92，2.77，3.37，3.50
	Zn^{2+}	1，2，3，4	1.41，1.11，1.61，1.93
甘氨酸 H_2NCH_2COOH	Ag^+	1，2	3.41，6.89
	Ba^{2+}	1	0.77
	Ca^{2+}	1	1.38
	Cd^{2+}	1，2	4.74，8.60
	Co^{2+}	1，2，3	5.23，9.25，10.76
	Cu^{2+}	1，2，3	8.60，15.54，16.27
	Fe^{2+}(20℃)	1，2	4.3，7.8
	Hg^{2+}	1，2	10.3，19.2
	Mg^{2+}	1，2	3.44，6.46
	Mn^{2+}	1，2	3.6，6.6
	Ni^{2+}	1，2，3	6.18，11.14，15.0
	Pb^{2+}	1，2	5.47，8.92
	Pd^{2+}	1，2	9.12，17.55
	Zn^{2+}	1，2	5.52，9.96

配位体	金属离子	配位体数目 n	$\lg\beta_n$
2-甲基-8-羟基喹啉(50%二噁烷)	Cd^{2+}	1，2，3	9.00，9.00，16.60
	Ce^{3+}	1	7.71
	Co^{2+}	1，2	9.63，18.50
	Cu^{2+}	1，2	12.48，24.00
	Fe^{2+}	1，2	8.75，17.10
	Mg^{2+}	1，2	5.24，9.64
	Mn^{2+}	1，2	7.44，13.99
	Ni^{2+}	1，2	9.41，17.76
	Pb^{2+}	1，2	10.30，18.50
	UO_2^{2+}	1，2	9.4，17.0
	Zn^{2+}	1，2	9.82，18.72

附表 5　一些配位剂的 $\lg\alpha_{L(H)}$

	0	1	2	3	4	5	6	7	8	9	10	11	12
DCTA	23.77	19.79	15.91	12.54	9.95	7.87	6.07	4.75	3.71	2.70	1.71	0.78	0.18
EGTA	22.96	19.00	15.31	12.48	10.33	8.31	6.31	4.32	2.37	0.78	0.12	0.01	0.00
DTPA	28.06	23.09	18.45	14.61	11.58	9.17	7.10	5.10	3.19	1.64	0.62	0.12	0.01
氨三乙酸	16.80	13.80	10.84	8.24	6.75	5.70	4.70	3.70	2.70	1.71	0.78	0.18	0.02
乙酰丙酮	9.0	8.0	7.0	6.0	5.0	4.0	3.0	2.0	1.04	0.30	0.04	0.00	
草酸盐	5.45	3.62	2.26	1.23	0.41	0.06	0.00						
氰化物	9.21	8.21	7.21	6.21	5.21	4.21	S.21	2.21	1.23	0.42	0.06	0.01	0.00
氟化物	3.18	2.18	1.21	0.40	0.06	0.01	0.00						

附表 6　金属离子的 $\lg\alpha_{M(OH)}$

金属离子	I/(mol·L^{-1})	pH													
		1	2	3	4	5	6	7	8	9	10	11	12	13	14
Ag^{+}	0.1											0.1	0.5	2.3	5.1
Al^{3+}	2					0.4	1.3	5.3	9.3	13.3	17.3	21.3	25.3	29.3	33.3
Ba^{2+}	0.1													0.1	0.5
Bi^{3+}	3	0.1	0.5	1.4	2.4	3.4	4.4	5.4							
Ca^{2+}	0.1													0.3	1.0
Cd^{2+}	3									0.1	0.5	2.0	4.5	8.1	12.0
Ce^{4+}	1～2	1.2	3.1	5.1	7.1	9.1	11.1	13.1							
Cu^{2+}	0.1								0.2	0.8	1.7	2.7	3.7	4.7	5.7
Fe^{2+}	1									0.1	0.6	1.5	2.5	3.5	4.5

金属离子	I/(mol·L^{-1})	pH													
		1	2	3	4	5	6	7	8	9	10	11	12	13	14
Fe^{3+}	3			0.4	1.8	3.7	5.7	7.7	9.7	11.7	13.7	15.7	17.7	19.7	21.7
Hg^{2+}	0.1			0.5	1.9	3.9	5.9	7.9	9.9	11.9	13.9	15.9	17.9	19.9	21.9
La^{3+}	3										0.3	1.0	1.9	2.9	3.9
Mg^{2+}	0.1											0.1	0.5	1.3	2.3
Ni^{2+}	0.1									0.1	0.7	1.6			
Pb^{2+}	0.1							0.1	0.5	1.4	2.7	4.7	7.4	10.4	13.4
Th^{4+}	1				0.2	0.8	1.7	2.7	3.7	4.7	5.7	6.7	7.7	8.7	9.7
Zn^{2+}	0.1									0.2	2.4	5.4	8.5	11.S	15.5

附表 7 EDTA 络合物的条件稳定常数

（校正酸效应、水解效应及生成酸式或碱式络合物效应）

	0	1	2	3	4	5	6	7	8	9	10	11	12	13	14
Ag^{+}					0.7	1.7	2.8	3.9	5.0	5.9	6.8	7.1	6.8	5.0	2.2
Al^{3+}			3.0	5.4	7.5	9.6	10.4	8.5	6.6	4.5	2.4				
Ba^{2+}						1.3	3.0	4.4	5.5	6.4	7.3	7.7	7.8	7.7	7.3
Bi^{3+}	1.4	5.3	8.6	10.6	11.8	12.8	13.6	14.0	14.1	14.0	13.9	13.3	12.4	11.4	10.4
Ca^{2+}					2.2	4.1	5.9	7.3	8.4	9.3	10.2	10.6	10.7	10.4	9.7
Cd^{2+}		1.0	3.8	6.0	7.9	9.9	11.7	13.1	14.2	15.0	15.5	14.4	12.0	8.4	4.5
Co^{2+}		1.0	3.7	5.9	7.8	9.7	11.5	12.9	13.9	14.5	14.7	14.1	12.1		
Cu^{2+}		3.4	6.1	8.3	10.2	12.2	14.0	15.4	16.3	16.6	16.6	16.1	15.7	15.6	15.6
Fe^{2+}			1.5	3.7	5.7	7.7	9.5	10.9	12.0	12.8	13.2	12.7	11.8	10.8	9.8
Fe^{3+}	5.1	8.2	11.5	13.9	14.7	14.6	14.6	14.1	13.7	13.6	14.0	14.3	14.4	14.4	14.4
Hg^{2+}	3.5	6.5	9.2	11.1	11.3	11.3	11.1	10.5	9.6	8.8	8.4	7.7	6.8	5.8	4.8
La^{3+}			1.7	4.6	6.8	8.8	10.6	12.0	13.1	14.0	14.6	14.3	13.5	12.5	11.5
Mg^{2+}						2.1	3.9	5.3	6.4	7.3	8.2	8.5	8.1	7.4	
Mn^{2+}			1.4	3.6	5.5	7.4	9.2	10.6	11.7	12.6	13.4	13.4	12.6	11.6	10.6
Ni^{2+}		3.4	6.1	8.2	10.1	12.0	13.8	15.2	16.3	17.1	17.4	16.9			
Pb^{2+}		2.4	5.2	7.4	9.4	11.4	13.2	14.5	15.1	15.2	14.8	13.9	10.6	7.6	4.6
Sr^{2+}						2.0	3.8	5.2	6.3	7.2	8.1	8.5	8.6	8.5	8.0
Th^{4+}	1.8	5.8	9.5	12.4	14.5	15.8	16.7	17.4	18.2	19.1	20.0	20.4	20.5	20.5	20.5
Zn^{2+}		1.1	3.8	6.0	7.9	9.9	11.7	13.1	14.2	14.9	13.0	11.0	8.0	4.7	1.0

附表 8　铬黑 T 和二甲酚橙的 $\lg\alpha_{In(H)}$ 及有关常数

（一）铬黑 T

pH	红	pK_{a2}=6.3		蓝	pK_{a3}=11.6		橙
		6.0	7.0	8.0	9.0	10.0	11.0
$\lg\alpha_{In(H)}$		6.0	4.6	3.6	2.6	1.6	0.7
pCa_{ep}（至红）				1.8	2.8	3.8	4.7
pMg_{ep}（至红）		1.0	2.4	3.4	4.4	5.4	6.3
pMn_{ep}（至红）		3.6	5.0	6.2	7.8	9.7	11.5
pZn_{ep}（至红）		6.9	8.3	9.3	10.5	12.2	13.9

对数常数：$\lg K_{CaIn}$=5.4，$\lg K_{MgIn}$=7.0，$\lg K_{MnIn}$=9.6，$\lg K_{ZnIn}$=5.4

（二）二甲酚橙

pH	黄		pK_{a4}=6.3			红			
	0	1.0	2.0	3.0	4.0	4.5	5.0	5.5	6.0
$\lg\alpha_{In(H)}$	35.0	30.0	25.1	20.7	17.3	15.7	14.2	12.8	11.3
pBi_{ep}（至红）		4.0	5.4	6.8					
$pCdi_{ep}$（至红）						4.0	4.5	5.0	5.5
pHg_{ep}（至红）							7.4	8.2	9.0
pLa_{ep}（至红）						4.0	4.5	5.0	5.6
pPb_{ep}（至红）				4.2	4.8	6.2	7.0	7.6	8.2
pTh_{ep}（至红）		3.6	4.9	6.3					
pZn_{ep}（至红）						4.1	4.8	5.7	6.5
pZr_{ep}（至红）	7.5								

附表 9　标准电极电势表

a 酸性介质

方程式	$\varphi^{\ominus}$/V
$Li^{+}+e^{-} = Li$	−3.0401
$Rb^{+}+e^{-} = Rb$	−2.98
$K^{+}+e^{-} = K$	−2.931
$Ba^{2+}+2e^{-} = Ba$	−2.912
$Sr^{2+}+2e^{-} = Sr$	−2.899

方程式	$\varphi^{\ominus}$/V
$Ca^{2+} + 2e^- \rightleftharpoons Ca$	−2.868
$Na^+ + e^- \rightleftharpoons Na$	−2.71
$La^{3+} + 3e^- \rightleftharpoons La$	−2.379
$Mg^{2+} + 2e^- \rightleftharpoons Mg$	−2.372
$Ce^{3+} + 3e^- \rightleftharpoons Ce$	−2.336
$H_2(g) + 2e^- \rightleftharpoons 2H^-$	−2.25
$AlF_6^{3-} + 3e^- \rightleftharpoons Al + 6F^-$	−2.069
$Th^{4+} + 4e^- \rightleftharpoons Th$	−1.899
$Be^{2+} + 2e^- \rightleftharpoons Be$	−1.847
$U^{3+} + 3e^- \rightleftharpoons U$	−1.798
$HfO^{2+} + 2H^+ + 4e^- \rightleftharpoons Hf + H_2O$	−1.724
$Al^{3+} + 3e^- \rightleftharpoons Al$	−1.662
$Ti^{2+} + 2e^- \rightleftharpoons Ti$	−1.628
$ZrO_2 + 4H^+ + 4e^- \rightleftharpoons Zr + 2H_2O$	−1.553
$[SiF_6]^{2-} + 4e^- \rightleftharpoons Si + 6F^-$	−1.24
$Mn^{2+} + 2e^- \rightleftharpoons Mn$	−1.180
$Cr^{2+} + 2e^- \rightleftharpoons Cr$	−0.913
$Ti^{3+} + e^- \rightleftharpoons Ti^{2+}$	−0.9
$H_3BO_3 + 3H^+ + 3e^- \rightleftharpoons B + 3H_2O$	−0.870
$TiO_2 + 4H^+ + 4e^- \rightleftharpoons Ti + 2H_2O$	−0.86
$Te + 2H^+ + 2e^- \rightleftharpoons H_2Te$	−0.793
$Zn^{2+} + 2e^- \rightleftharpoons Zn$	−0.763
$Cr^{3+} + 3e^- \rightleftharpoons Cr$	−0.744
$Ga^{3+} + 3e^- \rightleftharpoons Ga$	−0.56
$H_3PO_2 + 3H^+ + 3e^- \rightleftharpoons P$(白) $+ 3H_2O$	−0.502
$2CO_2 + 2H^+ + 2e^- \rightleftharpoons H_2C_2O_4$	−0.49
$Fe^{2+} + 2e^- \rightleftharpoons Fe$	−0.440
$Cr^{3+} + e^- \rightleftharpoons Cr^{2+}$	−0.408

方程式	$\varphi^{\ominus}$ /V
$Cd^{2+} + 2e^{-} \rightleftharpoons Cd$	−0.403
$Se + 2H^{+} + 2e^{-} \rightleftharpoons H_2Se(aq)$	−0.399
$PbSO_4 + 2e^{-} \rightleftharpoons Pb + SO_4^{2-}$	−0.359
$In^{3+} + 3e^{-} \rightleftharpoons In$	−0.345
$Tl^{+} + e^{-} \rightleftharpoons Tl$	−0.336
$Co^{2+} + 2e^{-} \rightleftharpoons Co$	−0.277
$H_3PO_4 + 2H^{+} + 2e^{-} \rightleftharpoons H_3PO_3 + H_2O$	−0.276
$PbCl_2 + 2e^{-} \rightleftharpoons Pb + 2Cl^{-}$	−0.268
$Ni^{2+} + 2e^{-} \rightleftharpoons Ni$	−0.250
$AgI + e^{-} \rightleftharpoons Ag + I^{-}$	−0.152
$Sn^{2+} + 2e^{-} \rightleftharpoons Sn$	−0.136
$Pb^{2+} + 2e^{-} \rightleftharpoons Pb$	−0.126
$CO_2(g) + 2H^{+} + 2e^{-} \rightleftharpoons CO + H_2O$	−0.120
$Fe^{3+} + 3e^{-} \rightleftharpoons Fe$	−0.037
$2H^{+} + 2e^{-} \rightleftharpoons H_2$	0.000
$AgBr + e^{-} \rightleftharpoons Ag + Br^{-}$	0.071
$S_4O_6^{2-} + 2e^{-} \rightleftharpoons 2S_2O_3^{2-}$	0.080
$TiO^{2+} + 2H^{+} + e^{-} \rightleftharpoons Ti^{3+} + H_2O$	0.10
$S + 2H^{+} + 2e^{-} \rightleftharpoons H_2S(aq)$	0.142
$Sn^{4+} + 2e^{-} \rightleftharpoons Sn^{2+}$	0.151
$Cu^{2+} + e^{-} \rightleftharpoons Cu^{+}$	0.153
$SO_4^{2-} + 4H^{+} + 2e^{-} \rightleftharpoons H_2SO_3 + H_2O$	0.172
$SbO^{+} + 2H^{+} + 3e^{-} \rightleftharpoons Sb + H_2O$	0.212
$AgCl + e^{-} \rightleftharpoons Ag + Cl^{-}$	0.222
$HAsO_2 + 3H^{+} + 3e^{-} \rightleftharpoons As + 2H_2O$	0.248
$Hg_2Cl_2 + 2e^{-} \rightleftharpoons 2Hg + 2Cl^{-}$(饱和 KCl)	0.268
$Cu^{2+} + 2e^{-} \rightleftharpoons Cu$	0.337
$H_2SO_3 + 4H^{+} + 4e^{-} \rightleftharpoons S + 3H_2O$	0.449

方程式	$\varphi^{\ominus}$/V
$Cu^{+} + e^{-} \rightleftharpoons Cu$	0.521
I_2(固体) $+ 2e^{-} \rightleftharpoons 2I^{-}$	0.5345
$I_3^{-} + 2e^{-} \rightleftharpoons 3I^{-}$	0.545
$H_3AsO_4 + 2H^{+} + 2e^{-} \rightleftharpoons HAsO_2 + 2H_2O$	0.560
$Sb_2O_5 + 6H^{+} + 4e^{-} \rightleftharpoons 2SbO^{+} + 3H_2O$	0.581
$O_2 + 2H^{+} + 2e^{-} \rightleftharpoons H_2O_2$	0.682
$Fe^{3+} + e^{-} \rightleftharpoons Fe^{2+}$	0.771
$Hg_2^{2+} + 2e^{-} \rightleftharpoons 2Hg$	0.793
$Ag^{+} + e^{-} \rightleftharpoons Ag$	0.799
$2NO_3^{-} + 2H^{+} + 2e^{-} \rightleftharpoons NO_2 + H_2O$	0.803
$Hg^{2+} + 2e^{-} \rightleftharpoons Hg$	0.854
$Cu^{2+} + I^{-} + e^{-} \rightleftharpoons CuI$	0.86
$[AuCl_4]^{-} + 3e^{-} \rightleftharpoons Au + 4Cl^{-}$	1.00
$IO_3^{-} + 6H^{+} + 6e^{-} \rightleftharpoons I^{-} + 3H_2O$	1.085
$Br_2(aq) + 2e^{-} \rightleftharpoons 2Br^{-}$	1.087
$Pt^{2+} + 2e^{-} \rightleftharpoons Pt$	1.18
$ClO_4^{-} + 2H^{+} + 2e^{-} \rightleftharpoons ClO_3^{-} + H_2O$	1.189
$2IO_3^{-} + 12H^{+} + 10e^{-} \rightleftharpoons I_2 + 6H_2O$	1.195
$ClO_3^{-} + 3H^{+} + 2e^{-} \rightleftharpoons HClO_2 + H_2O$	1.214
$O_2 + 4H^{+} + 4e^{-} \rightleftharpoons 2H_2O$	1.229
$MnO_2 + 4H^{+} + 2e^{-} \rightleftharpoons Mn^{2+} + 2H_2O$	1.23
$Cr_2O_7^{2-} + 14H^{+} + 6e^{-} \rightleftharpoons 2Cr^{3+} + 7H_2O$	1.33
$HbrO + H^{+} + 2e^{-} \rightleftharpoons Br^{-} + H_2O$	1.331
$ClO_4^{-} + 8H^{+} + 7e^{-} \rightleftharpoons 1/2Cl_2 + 4H_2O$	1.34
$Cl_2(g) + 2e^{-} \rightleftharpoons 2Cl^{-}$	1.358
$ClO_4^{-} + 8H^{+} + 8e^{-} \rightleftharpoons Cl^{-} + 4H_2O$	1.38
$Au^{3+} + 2e^{-} \rightleftharpoons Au^{+}$	1.401
$BrO_3^{-} + 6H^{+} + 6e^{-} \rightleftharpoons Br^{-} + 3H_2O$	1.44

方程式	$\varphi^{\ominus}$/V
$2HIO + 2H^+ + 2e^- = I_2 + 2H_2O$	1.45
$ClO_3^- + 6H^+ + 6e^- = Cl^- + 3H_2O$	1.45
$PbO_2 + 4H^+ + 2e^- = Pb^{2+} + 2H_2O$	1.455
$ClO_3^- + 6H^+ + 5e^- = 1/2Cl_2 + 3H_2O$	1.47
$HClO + H^+ + 2e^- = Cl^- + H_2O$	1.494
$MnO_4^- + 8H^+ + 5e^- = Mn^{2+} + 4H_2O$	1.51
$BrO_3^- + 6H^+ + 5e^- = 1/2Br_2 + 3H_2O$	1.52
$HClO_2 + 3H^+ + 4e^- = Cl^- + 2H_2O$	1.570
$2NO + 2H^+ + 2e^- = N_2O + H_2O$	1.591
$H_5IO_6 + H^+ + 2e^- = IO_3^- + 3H_2O$	1.601
$HClO + H^+ + e^- = 1/2Cl_2 + H_2O$	1.63
$HClO_2 + 2H^+ + 2e^- = HClO + H_2O$	1.64
$NiO_2 + 4H^+ + 2e^- = Ni^{2+} + 2H_2O$	1.678
$MnO_4^- + 4H^+ + 3e^- = MnO_2 + 2H_2O$	1.695
$H_2O_2 + 2H^+ + 2e^- = 2H_2O$	1.776
$Co^{3+} + e^- = Co^{2+}(2\ mol \cdot L^{-1}\ H_2SO_4)$	1.808
$Ag^{2+} + e^- = Ag^+$	1.98
$S_2O_8^{2-} + 2e^- = 2SO_4^{2-}$	2.01
$O_3 + 2H^+ + 2e^- = O_2 + H_2O$	2.076
$F_2 + 2H^+ + 2e^- = 2HF$	3.053

b 碱性介质

方程式	$\varphi^{\ominus}$/V
$Ca(OH)_2 + 2e^- = Ca + 2OH^-$	−3.02
$Ba(OH)_2 + 2e^- = Ba + 2OH^-$	−2.99
$La(OH)_3 + 3e^- = La + 3OH^-$	−2.90
$Sr(OH)_2 \cdot 8H_2O + 2e^- = Sr + 2OH^- + 8H_2O$	−2.88
$Mg(OH)_2 + 2e^- = Mg + 2OH^-$	−2.690

方程式	$\varphi^{\ominus}$/V
$Be_2O_3^{2-} + 3H_2O + 4e^- \rightleftharpoons 2Be + 6OH^-$	−2.63
$HfO(OH)_2 + H_2O + 4e^- \rightleftharpoons Hf + 4OH^-$	−2.50
$H_2ZrO_3 + H_2O + 4e^- \rightleftharpoons Zr + 4OH^-$	−2.36
$H_2AlO_3^- + H_2O + 3e^- \rightleftharpoons Al + OH^-$	−2.33
$H_2PO_2^- + e^- \rightleftharpoons P + 2OH^-$	−1.82
$H_2BO_3^- + H_2O + 3e^- \rightleftharpoons B + 4OH^-$	−1.79
$HPO_3^{2-} + 2H_2O + 3e^- \rightleftharpoons P + 5OH^-$	−1.71
$SiO_3^{2-} + 3H_2O + 4e^- \rightleftharpoons Si + 6OH^-$	−1.697
$HPO_3^{2-} + 2H_2O + 2e^- \rightleftharpoons H_2PO_2^- + 3OH^-$	−1.65
$Mn(OH)_2 + 2e^- \rightleftharpoons Mn + 2OH^-$	−1.56
$Cr(OH)_3 + 3e^- \rightleftharpoons Cr + 3OH^-$	−1.48
$[Zn(CN)_4]^{2-} + 2e^- \rightleftharpoons Zn + 4CN^-$	−1.26
$Zn(OH)_2 + 2e^- \rightleftharpoons Zn + 2OH^-$	−1.249
$H_2GaO_3^- + H_2O + 2e^- \rightleftharpoons Ga + 4OH^-$	−1.219
$ZnO_2^{2-} + 2H_2O + 2e^- \rightleftharpoons Zn + 4OH^-$	−1.215
$CrO_2^- + 2H_2O + 3e^- \rightleftharpoons Cr + 4OH^-$	−1.2
$Te + 2e^- \rightleftharpoons Te^{2-}$	−1.143
$PO_4^{3-} + 2H_2O + 2e^- \rightleftharpoons HPO_3^{2-} + 3OH^-$	−1.05
$[Zn(NH_3)_4]^{2+} + 2e^- \rightleftharpoons Zn + 4NH_3$	−1.04
$WO_4^{2-} + 4H_2O + 6e^- \rightleftharpoons W + 8OH^-$	−1.01
$HGeO_3^- + 2H_2O + 4e^- \rightleftharpoons Ge + 5OH^-$	−1.0
$[Sn(OH)_6]^{2-} + 2e^- = HSnO_2^- + H_2O + 3OH^-$	−0.93
$SO_4^{2-} + H_2O + 2e^- \rightleftharpoons SO_3^{2-} + 2OH^-$	−0.93
$Se + 2e^- \rightleftharpoons Se^{2-}$	−0.924
$HSnO_2^- + H_2O + 2e^- \rightleftharpoons Sn + 3OH^-$	−0.909
$P + 3H_2O + 3e^- \rightleftharpoons PH_3(g) + 3OH^-$	−0.87
$2NO_3^- + 2H_2O + 2e^- \rightleftharpoons N_2O_4 + 4OH^-$	−0.85
$2H_2O + 2e^- \rightleftharpoons H_2 + 2OH^-$	−0.8277
$Cd(OH)_2 + 2e^- \rightleftharpoons Cd(Hg) + 2OH^-$	−0.809
$Co(OH)_2 + 2e^- \rightleftharpoons Co + 2OH^-$	−0.73
$Ni(OH)_2 + 2e^- \rightleftharpoons Ni + 2OH^-$	−0.72
$AsO_4^{3-} + 2H_2O + 2e^- \rightleftharpoons AsO_2^- + 4OH^-$	−0.71
$Ag_2S + 2e^- \rightleftharpoons 2Ag + S^{2-}$	−0.691
$AsO_2^- + 2H_2O + 3e^- \rightleftharpoons As + 4OH^-$	−0.68
$SbO_2^- + 2H_2O + 3e^- \rightleftharpoons Sb + 4OH^-$	−0.66
$ReO_4^- + 2H_2O + 3e^- \rightleftharpoons ReO_2 + 4OH^-$	−0.59
$SbO_3^- + H_2O + 2e^- \rightleftharpoons SbO_2^- + 2OH^-$	−0.59

方程式	$\varphi^{\ominus}/V$
$ReO_4^- + 4H_2O + 7e^- \rightleftharpoons Re + 8OH^-$	−0.584
$2SO_3^{2-} + 3H_2O + 4e^- \rightleftharpoons S_2O_3^{2-} + 6OH^-$	−0.58
$TeO_3^{2-} + 3H_2O + 4e^- \rightleftharpoons Te + 6OH^-$	−0.57
$Fe(OH)_3 + e^- \rightleftharpoons Fe(OH)_2 + OH^-$	−0.56
$S + 2e^- \rightleftharpoons S^{2-}$	−0.47627
$Bi_2O_3 + 3H_2O + 6e^- \rightleftharpoons 2Bi + 6OH^-$	−0.46
$NO_2^- + H_2O + e^- \rightleftharpoons NO + 2OH^-$	−0.46
$[Co(NH_3)_6]^{2+} + 2e^- \rightleftharpoons Co + 6NH_3$	−0.422
$SeO_3^{2-} + 3H_2O + 4e^- \rightleftharpoons Se + 6OH^-$	−0.366
$Cu_2O + H_2O + 2e^- \rightleftharpoons 2Cu + 2OH^-$	−0.360
$Tl(OH) + e^- \rightleftharpoons Tl + OH^-$	−0.34
$[Ag(CN)_2]^- + e^- \rightleftharpoons Ag + 2CN^-$	−0.31
$Cu(OH)_2 + 2e^- \rightleftharpoons Cu + 2OH^-$	−0.222
$CrO_4^{2-} + 4H_2O + 3e^- \rightleftharpoons Cr(OH)_3 + 5OH^-$	−0.13
$[Cu(NH_3)_2]^+ + e^- \rightleftharpoons Cu + 2NH_3$	−0.12
$O_2 + H_2O + 2e^- \rightleftharpoons HO_2^- + OH^-$	−0.076
$AgCN + e^- \rightleftharpoons Ag + CN^-$	−0.017
$NO_3^- + H_2O + 2e^- \rightleftharpoons NO_2^- + 2OH^-$	0.01
$SeO_4^{2-} + H_2O + 2e^- \rightleftharpoons SeO_3^{2-} + 2OH^-$	0.05
$Pd(OH)_2 + 2e^- \rightleftharpoons Pd + 2OH^-$	0.07
$S_4O_6^{2-} + 2e^- \rightleftharpoons 2S_2O_3^{2-}$	0.08
$HgO + H_2O + 2e^- \rightleftharpoons Hg + 2OH^-$	0.0977
$[Co(NH_3)_6]^{3+} + e^- \rightleftharpoons [Co(NH_3)_6]^{2+}$	0.108
$Pt(OH)_2 + 2e^- \rightleftharpoons Pt + 2OH^-$	0.14
$Co(OH)_3 + e^- \rightleftharpoons Co(OH)_2 + OH^-$	0.17
$PbO_2 + H_2O + 2e^- \rightleftharpoons PbO + 2OH^-$	0.247
$IO_3^- + 3H_2O + 6e^- \rightleftharpoons I^- + 6OH^-$	0.26
$ClO_3^- + H_2O + 2e^- \rightleftharpoons ClO_2^- + 2OH^-$	0.33
$Ag_2O + H_2O + 2e^- \rightleftharpoons 2Ag + 2OH^-$	0.342
$[Fe(CN)_6]^{3-} + e^- \rightleftharpoons [Fe(CN)_6]^{4-}$	0.358
$ClO_4^- + H_2O + 2e^- \rightleftharpoons ClO_3^- + 2OH^-$	0.36
$[Ag(NH_3)_2]^+ + e^- \rightleftharpoons Ag + 2NH_3$	0.373
$O_2 + 2H_2O + 4e^- \rightleftharpoons 4OH^-$	0.401
$IO^- + H_2O + 2e^- \rightleftharpoons I^- + 2OH^-$	0.485
$NiO_2 + 2H_2O + 2e^- \rightleftharpoons Ni(OH)_2 + 2OH^-$	0.490
$MnO_4^- + e^- \rightleftharpoons MnO_4^{2-}$	0.558
$MnO_4^- + 2H_2O + 3e^- \rightleftharpoons MnO_2 + 4OH^-$	0.595

方程式	$\varphi^{\ominus}$/V
$MnO_4^{2-} + 2H_2O + 2e^- \rightleftharpoons MnO_2 + 4OH^-$	0.60
$2AgO + H_2O + 2e^- \rightleftharpoons Ag_2O + 2OH^-$	0.607
$BrO_3^- + 3H_2O + 6e^- \rightleftharpoons Br^- + 6OH^-$	0.61
$ClO_3^- + 3H_2O + 6e^- \rightleftharpoons Cl^- + 6OH^-$	0.62
$ClO_2^- + H_2O + 2e^- \rightleftharpoons ClO^- + 2OH^-$	0.66
$H_3IO_6^{2-} + 2e^- \rightleftharpoons IO_3^- + 3OH^-$	0.7
$ClO_2^- + 2H_2O + 4e^- \rightleftharpoons Cl^- + 4OH^-$	0.76
$BrO^- + H_2O + 2e^- \rightleftharpoons Br^- + 2OH^-$	0.761
$ClO^- + H_2O + 2e^- \rightleftharpoons Cl^- + 2OH^-$	0.841
$ClO_2(g) + e^- \rightleftharpoons ClO_2^-$	0.95
$O_3 + H_2O + 2e^- \rightleftharpoons O_2 + 2OH^-$	1.24

附表 10　某些氧化还原电对的条件电势

半反应	$\varphi^{\ominus'}$/V	介质
$Ag^{2+} + e^- \rightleftharpoons Ag^+$	1.927	4 mol·L^{-1} HNO_3
$Ce^{4+} + e^- \rightleftharpoons Ce^{3+}$	1.74	1 mol·L^{-1} $HClO_4$
	1.44	0.5 mol·L^{-1} H_2SO_4
	1.28	1 mol·L^{-1} HCl
$Co^{3+} + e^- \rightleftharpoons Co^{2+}$	1.84	3 mol·L^{-1} HNO_3
Co(乙二胺)$_3^{3+}$ + e^- ⇌ Co(乙二胺)$_3^{2+}$	−0.2	0.1 mol·L^{-1} KNO_3 + 0.1 mol·L^{-1} 乙二胺
$Cr^{3+} + e^- \rightleftharpoons Cr^{2+}$	−0.40	5 mol·L^{-1} HCl
$Cr_2O_7^{2-} + 14H^+ + 6e^- \rightleftharpoons 2Cr^{3+} + 7H_2O$	1.08	3 mol·L^{-1} HCl
	1.15	4 mol·L^{-1} H_2SO_4
	1.025	1 mol·L^{-1} $HClO_4$
$CrO_4^{2-} + 2H_2O + 3e^- \rightleftharpoons CrO_2^- + 4OH^-$	−0.12	1 mol·L^{-1} NaOH
$Fe^{3+} + e^- \rightleftharpoons Fe^{2+}$	0.767	1 mol·L^{-1} $HClO_4$
	0.71	0.5 mol·L^{-1} HCl
	0.68	1 mol·L^{-1} H_2SO_4
	0.68	1 mol·L^{-1} HCl
	0.46	2 mol·L^{-1} H_3PO_4
	0.51	1 mol·L^{-1} HCl-0.25 mol·L^{-1} H_3PO_4

半反应	$\varphi^{\ominus'}/V$	介质
$Fe(EDTA)^{-} + e^{-} \rightleftharpoons Fe(EDTA)^{2-}$	0.12	$0.1\ mol \cdot L^{-1}$ EDTA pH = 4~6
$Fe(CN)_6^{3-} + e^{-} \rightleftharpoons Fe(CN)_6^{4-}$	0.56	$0.1\ mol \cdot L^{-1}$ HCl
$FeO_4^{2-} + 2H_2O + 3e^{-} \rightleftharpoons FeO_2^{-} + 4OH^{-}$	0.55	$10\ mol \cdot L^{-1}$ NaOH
$I_3^{-} + 2e^{-} \rightleftharpoons 3I^{-}$	0.544 6	$0.5\ mol \cdot L^{-1}$ H_2SO_4
I_2(水)$+ 2e^{-} \rightleftharpoons 2I^{-}$	0.627 6	$0.5\ mol \cdot L^{-1}$ H_2SO_4
$MnO_4^{-} + 8H^{+} + 5e^{-} \rightleftharpoons Mn^{2+} + 4H_2O$	1.45	$1\ mol \cdot L^{-1}$ $HClO_4$
$Sn^{4+} + 2e^{-} \rightleftharpoons Sn^{2+}$	0.14	$1\ mol \cdot L^{-1}$ HCl
$Sb^{5+} + 2e^{-} \rightleftharpoons Sb^{3+}$	0.75	$3.5\ mol \cdot L^{-1}$ HCl
$Sb(OH)_6^{-} + 2e^{-} \rightleftharpoons SbO_2^{-} + 2OH^{-} + 2H_2O$	−0.428	$3\ mol \cdot L^{-1}$ NaOH
$SbO_2^{-} + 2H_2O + 3e^{-} \rightleftharpoons Sb + 4OH^{-}$	−0.675	$10\ mol \cdot L^{-1}$ KOH
$Ti^{4+} + e^{-} \rightleftharpoons Ti^{3+}$	−0.01	$0.2\ mol \cdot L^{-1}$ H_2SO_4
	0.12	$2\ mol \cdot L^{-1}$ H_2SO_4
	−0.04	$1\ mol \cdot L^{-1}$ HCl
	−0.05	$1\ mol \cdot L^{-1}$ H_3PO_4
$Pb^{2+} + 2e^{-} \rightleftharpoons Pb$	−0.32	$1\ mol \cdot L^{-1}$ NaAc

附表 11 微溶化合物的溶度积（18～25℃，I=0）

微溶化合物	K_{sp}	pK_{sp}	微溶化合物	K_{sp}	pK_{sp}
AgAc	2×10^{-3}	2.7	$Co(OH)_3$	2×10^{-44}	43.7
Ag_3AsO_4	1×10^{-22}	22.0	$Co[Hg(SCN)_4]$	1.5×10^{-6}	5.82
AgBr	5×10^{-13}	12.30	α-CoS	4×10^{-21}	20.4
Ag_2CO_3	8.1×10^{-12}	11.09	β-CoS	2.0×10^{-25}	24.7
AgCl	1.8×10^{-10}	9.75	$Co_3(PO_4)_2$	2×10^{-35}	34.7
Ag_2CrO_4	2×10^{-12}	11.71	$Cr(OH)_3$	6×10^{-31}	30.2
AgCN	1.2×10^{-16}	15.92	CuBr	5.2×10^{-9}	8.28
AgOH	2.0×10^{-8}	7.71	CuCl	1.2×10^{-6}	5.92
AgI	9.3×10^{-17}	16.03	CuCN	3.2×10^{-20}	19.49

微溶化合物	K_{sp}	pK_{sp}	微溶化合物	K_{sp}	pK_{sp}
$Ag_2C_2O_4$	3.5×10^{-11}	10.46	CuI	1.1×10^{-12}	11.96
Ag_3PO_4	1.4×10^{-16}	15.84	CuOH	1×10^{-14}	14.0
Ag_2S	2×10^{-49}	48.7	Cu_2S	2×10^{-48}	47.7
Ag_2SO_4	1.4×10^{-5}	4.84	CuSCN	4.8×10^{-15}	14.32
AgSCN	1.0×10^{-12}	12.00	$CuCO_3$	1.4×10^{-10}	9.86
$Al(OH)_3$ 无定形	1.3×10^{-33}	32.9	$Cu(OH)_2$	2.2×10^{-20}	19.66
As_2S_3*	2.1×10^{-22}	21.68	CuS	6×10^{-36}	35.2
Ba_2CO_3	5.1×10^{-9}	8.29	$FeCO_3$	3.2×10^{-11}	10.50
$BaCrO_4$	1.2×10^{-12}	9.93	$Fe(OH)_2$	8×10^{-16}	15.1
BaF_2	1×10^{-5}	6.0	FeS	6×10^{-18}	17.2
$BaC_2O_4\cdot H_2O$	2.3×10^{-8}	7.64	$Fe(OH)_3$	4×10^{-38}	37.4
$BaSO_4$	1.1×10^{-10}	9.96	$FePO_4$	1.3×10^{-22}	21.89
$Bi(OH)_3$	4×10^{-31}	30.4	Hg_2Br_2***	5.8×10^{-23}	22.24
BiOOH**	4×10^{-10}	9.4	Hg_2CO_3	8.9×10^{-17}	16.05
BiI_3	8.1×10^{-19}	18.09	Hg_2Cl_2	1.3×10^{-18}	17.88
BiOCl	1.8×10^{-31}	30.75	$Hg_2(OH)_2$	2×10^{-24}	23.7
$BiPO_4$	1.3×10^{-23}	22.89	Hg_2I_2	4.5×10^{-29}	28.35
Bi_2S_3	1×10^{-97}	97.0	Hg_2SO_4	7.4×10^{-7}	6.13
$CaCO_3$	2.9×10^{-9}	8.54	Hg_2S	1×10^{-47}	47.0
CaF_2	2.7×10^{-11}	10.57	$Hg(OH)_2$	3.0×10^{-25}	25.52
$CaC_2O_4\cdot H_2O$	2.0×10^{-9}	8.70	HgS 红色	4×10^{-53}	52. 4
$Ca_3(PO_4)_2$	2.0×10^{-29}	28.70	HgS 黑色	2×10^{-52}	51.7
$CaSO_4$	9.1×10^{-6}	5.04	$MgNH_4PO_4$	2×10^{-13}	12.7
$CaWO_4$	8.7×10^{-9}	8.06	$MgCO_3$	3.5×10^{-8}	7.46
$CdCO_3$	5.2×10^{-12}	11.28	MgF_2	6.4×10^{-9}	8.19
$Cd_2[Fe(CN)_6]$	3.2×10^{-17}	16.49	$Mg(OH)_2$	1.8×10^{-11}	10.74
$Cd(OH)_2$ 新析出	2.5×10^{-14}	13.60	$MnCO_3$	1.8×10^{-11}	10.74
$CdC_2O_4\cdot 3H_2O$	9.1×10^{-8}	7.04	$Mn(OH)_2$	1.9×10^{-13}	12.72

微溶化合物	K_{sp}	pK_{sp}	微溶化合物	K_{sp}	pK_{sp}
CdS	8×10^{-27}	26.1	MnS 无定形	2×10^{-10}	9.7
$CoCO_3$	1.4×10^{-13}	12.84	MnS 晶形	2×10^{-13}	12 .7
$Co_2[Fe(CN)_6]$	1.8×10^{-15}	14.74	$NiCO_3$	6.6×10^{-9}	8.18
$Co(OH)_2$ 新析出	2.0×10^{-15}	14.74	$Nl(OH)_2$ 新析出	2×10^{-15}	14.7
$Ni_3(PO_4)_2$	5×10^{-31}	30.3	Sb_2S_{34}	2×10^{-93}	92.8
α-NiS	3×10^{-19}	18.5	$Sn(OH)_2$	1.4×10^{-23}	27.85
β-NiS	1×10^{-24}	24.0	SnS	1×10^{-25}	25.0
γ-NiS	2×10^{-26}	25.7	$Sn(OH)_4$	2×10^{-56}	56.0
$PbCO_3$	7.4×10^{-14}	13.13	SnS_2	2×10^{-27}	26.7
$PbCl_2$	1.6×10^{-5}	4.79	$SrCO_3$	1.1×10^{-10}	9.96
PbClF	2.4×10^{-9}	8.62	SrF_2	2.4×10^{-9}	8.61
$PbCrO_4$	2.8×10^{-13}	12.55	$SrC_2O_4\cdot H_2O$	1.6×10^{-7}	6.80
PbF_2	2.7×10^{-8}	7.57	$Sr_3(PO_4)_2$	4.1×10^{-28}	27.39
$Pb(OH)_2$	1.2×10^{-15}	14.93	$SrSO_4$	3.2×10^{-7}	6.49
PbI_2	7.1×10^{-9}	8.15	$Ti(OH)_3$	1×10^{-40}	40.0
$PbMoO_4$	1×10^{-13}	13.0	$TiO(OH)_2$****	1×10^{-29}	29.0
$Pb_3(PO_4)_2$	8×10^{-43}	42.10	$ZnCO_3$	1.4×10^{-11}	10.84
$PbSO_4$	1.6×10^{-8}	7.79	$Zn_2[Fe(CN)_6]$	4.1×10^{-16}	15.39
PbS	8×10^{-28}	27.9	$Zn(OH)_2$	1.2×10^{-17}	16.92
$Pb(OH)_4$	3×10^{-66}	65.5	$Zn_3(PO_4)_2$	9.1×10^{-33}	32.04
$Sb(OH)_3$	4×10^{-42}	41.4	ZnS	2.0×10^{-22}	21.7

* 为该平衡的平衡常数：$As_2S_3+4H_2O \rightleftharpoons 2HAsO_2+H_2S$

** BiOOH：$K_{sp}=[BiO^+][OH^-]$

*** $(Hg_2)_m(X_2)_n$：$K_{sp}=[Hg_2^{2+}]^m[X^{-2m/n}]^n$

**** $TiO(OH)_2$：$K_{sp}=[TiO^{2+}][OH^-]^2$

附表 12　元素的相对原子质量

（1999 年）

元素	符号	相对原子质量	元素	符号	相对原子质量	元素	符号	相对原子质量
银	Ag	107.87	铪	Hf	178.49	铷	Rb	85.468
铝	Al	26.982	汞	Hg	200.59	铼	Re	186.21
氩	Ar	39.948	钬	Ho	164.93	铑	Rh	102.91
砷	As	74.922	碘	I	126 .90	钌	Ru	101.07
金	Au	196.97	铟	In	114.82	硫	S	32.066
硼	B	10.811	铱	Ir	192.22	锑	Sb	121.76
钡	Ba	137.33	钾	K	39.098	钪	Sc	44.956
铍	Be	9.012 1	氪	Kr	83.80	硒	Se	78.96
铋	Bi	208.98	镧	La	138.91	硅	Si	28.086
溴	Br	79.904	锂	Li	6.941	钐	Sm	150.36
碳	C	12.011	镥	Lu	174.97	锡	Sn	118.71
钙	Ca	40.078	镁	Mg	24.305	锶	Sr	87.62
镉	Cd	112.41	锰	Mn	54.938	钽	Ta	180.95
铈	Ce	140.12	钼	Mo	95.94	铽	Tb	158.9
氯	Cl	35.453	氮	N	14.007	碲	Te	127.60
钴	Co	58.933	钠	Na	22.990	钍	Th	232.04
铬	Cr	51.996	铌	Nb	92.906	钛	Ti	47.867
铯	Cs	132.91	钕	Nd	144.24	铊	Tl	204.38
铜	Cu	63.546	氖	Ne	20.180	铥	Tm	168.93
镝	Dy	162.50	镍	Ni	58.693	铀	U	238.03
铒	Er	167.26	镎	Np	237.05	钒	V	50.942
铕	Eu	151.96	氧	O	15.999	钨	W	183.84
氟	F	18.998	锇	Os	190.23	氙	Xe	131.29
铁	Fe	55.845	磷	P	30.974	钇	Y	88.906
镓	Ga	69.723	铅	Pb	207.2	镱	Yb	173.04
钆	Gd	157.25	钯	Pd	106.42	锌	Zn	65.39
锗	Ge	72.61	镨	Pr	140.91	锆	Zr	91.224
氢	H	1.007 9	铂	Pt	195.08			
氦	He	4.002 6	镭	Ra	226.03			

附表 13 常见化合物相对分子质量

化合物	M_r	化合物	M_r	化合物	M_r
Ag_3AsO_4	462.52	$CdCl_2$	183.32	$FeSO_4 \cdot 7H_2O$	278.01
$AgBr$	187.77	CdS	144.47	$FeSO_4 \cdot (NH_4)_2SO_4 \cdot 6H_2O$	392.13
$AgCl$	143.32	$Ce(SO_4)_2$	332.24		
$AgCN$	133.89	$Ce(SO_4)_2 \cdot 4H_2O$	404.30		
$AgSCN$	165.95	$CoCl_2$	129.84	H_3AsO_3	125.94
Ag_2CrO_4	331.73	$CoCl_2 \cdot 6H_2O$	237.93	H_3AsO_4	141.94
AgI	234.77	$Co(NO_3)_2$	132.94	H_3BO_3	61.83
$AgNO_3$	169.87	$Co(NO_3)_2 \cdot 6H_2O$	291.03	HBr	80.912
$AlCl_3$	133.34	CoS	90.99	HCN	27.026
$AlCl_3 \cdot 6H_2O$	241.43	$CoSO_4$	154.99	$HCOOH$	46.026
$Al(NO_3)_3$	213.00	$Co(NH_2)_2$	60.06	CH_3COOH	60.052
$Al(NO_3)_3 \cdot 9H_2O$	375.13	$CrCl_3$	158.35	H_2CO_3	62.052
Al_2O_3	101.96	$CrCl_3 \cdot 6H_2O$	266.45	$H_2C_2O_4$	90.035
$Al(OH)_3$	78.00	$Cr(NO_3)_3$	238.01	$H_2C_2O_4 \cdot 2H_2O$	126.07
$Al_2(SO_4)_3$	342.14	Cr_2O_3	151.99	HCl	36.461
$Al_2(SO_4)_3 \cdot 18H_2O$	666.41	$CuCl$	98.999	HF	20.006
As_2O_3	197.84	$CuCl_2$	134.45	HI	127.91
As_2O_5	229.84	$CuCl_2 \cdot 2H_2O$	170.48	HIO_3	175.91
As_2S_3	246.02	$CuSCN$	121.62	HNO_3	63.013
		CuI	190.45	HNO_2	47.013
$BaCO_3$	197.34	$Cu(NO_3)_2$	187.56	H_2O	18.015
BaC_2O_4	225.35	$Cu(NO_3)_2 \cdot 3H_2O$	241.60	H_2O_2	34.015
$BaCl_2$	208.24	CuO	79.545	H_3PO_4	97.995
$BaCl_2 \cdot 2H_2O$	244.27	Cu_2O	143.09	H_2S	34.08
$BaCrO_4$	253.32	CuS	95.61	H_2SO_3	82.07
BaO	153.33	$CuSO_4$	159.60	H_2SO_4	98.07
$Ba(OH)_2$	171.34	$CuSO_4 \cdot 5H_2O$	249.68	$Hg(CN)_2$	252.63
$BaSO_4$	233.39			$HgCl_2$	271.50
$BiCl_3$	315.34	$FeCl_2$	126.75	Hg_2Cl_2	472.09
$BiOCl$	260.43	$FeCl_2 \cdot 4H_2O$	198.81	HgI_2	454.40
		$FeCl_3$	162.21	$Hg_2(NO_3)_2$	525.19
CO_2	44.01	$FeCl_3 \cdot 6H_2O$	270.30	$Hg_2(NO_3) \cdot 2H_2O$	561.22
CaO	56.08	$FeNH_4(SO_4)_2 \cdot 12H_2O$	482.18	$Hg(NO_3)_2$	324.60
$CaCO_3$	100.09	$Fe(NO_3)_3$	241.86	HgO	216.59
CaC_2O_4	128.10	$Fe(NO_3)_3 \cdot 9H_2O$	404.00	HgS	232.65
$CaCl_2$	110.99	FeO	71.846	$HgSO_4$	296.65

化合物	M_r	化合物	M_r	化合物	M_r
$CaCl_2 \cdot 6H_2O$	219.08	Fe_2O_3	159.69	Hg_2SO_4	497.24
$Ca(NO_3)_2 \cdot 4H_2O$	236.15	Fe_3O_4	231.54		
$Ca(OH)_2$	74.09	$Fe(OH)_3$	106.87	$KAl(SO_4)_2 \cdot 12H_2O$	474.38
$Ca_3(PO_4)_2$	310.18	FeS	87.91	KBr	119.00
$CaSO_4$	136.14	Fe_2S_3	207.87	$KBrO_3$	167.00
$CdCO_3$	172.42	$FeSO_4$	151.90	$KC1$	74.551
$KClO_3$	122.55			Na_2SO_4	142.04
$KClO_4$	138.55	NO	30.006	$Na_2S_2O_3$	158.10
KCN	65.116	NO_2	46.006	$Na_2S_2O_3 \cdot 5H_2O$	248.17
$KSCN$	97.I8	NH_3	17.03	$NiCl \cdot 6H_2O$	290.79
K_2CO_3	138.21	$CH_3COOHNH_4$	77.085	NiO	74.69
K_2CrO_4	194.19	NH_4Cl	53.491	$Ni(NO_3)_2 \cdot 6H_2O$	290.79
$K_2Cr_2O_7$	294.18	$(NH_4)_2CO_3$	96.086	NiS	90.75
$K_3Fe(CN)_6$	329.25	$(NH_4)_2C_2O_4$	124.10	$NiSO_4 \cdot 7H_2O$	280.85
$K_4Fe(CN)_6$	368.35	$(NH_4)_2C_2O_4 \cdot H_2O$	142.11		
$KFe(SO_4)_2 \cdot 12H_2O$	503.24	NH_4SCN	76.12	P_2O_5	141.94
$KHC_2O_4 \cdot H_2O$	146.14	NH_4HCO_3	79.055	$PbCO_3$	267.20
$KHC_2O_4 \cdot H_2C_2O_4 \cdot 2H_2O$	254.192	$(NH_4)_2MoO_4$	196.01	PbC_2O_4	295.22
$KHC_4H_4O_6$	188.18	NH_4NO_3	80.043	$PbCl_2$	278.10
$KHSO_4$	136.16	$(NH_4)_2HPO_4$	132.06	$PbCrO_4$	323.20
KI	166.00	$(NH_4)_2S$	68.14	$Pb(CH_3COO)_2$	325.30
KIO_3	214.00	$(NH_4)_2SO_4$	132.13	$Pb(CH_3COO)_2 \cdot 3H_2O$	379.30
$KIO_3 \cdot HIO_3$	389.91	NH_4VO_3	116.98	PbI_2	461.00
$KMnO_4$	158.03	Na_3AsO_3	191.89	$Pb(NO_3)_2$	331.20
$KNaC_4H_4O_6 \cdot 4H_2O$	282.22	$Na_2B_4O_7$	201.22	PbO	223.20
KNO_3	101.10	$Na_2B_4O_7 \cdot 10H_2O$	381.37	PbO_2	239.20
KNO_2	85.104			$Pb_3(PO_4)_2$	811.54
K_2O	94.196	$NaBiO_3$	279.97	PbS	239.30
KOH	56.106	$NaCN$	49.007	$PbSO_4$	303.30
K_2SO_4	174.25	$NaSCN$	81.07		
		Na_2CO_3	105.99	SO_3	80.06
$MgCO_3$	84.314	$Na_2CO_3 \cdot 10H_2O$	286.14	SO_2	64.06
$MgCl_2$	95.211	$Na_2C_2O_4$	134.00	$SbCl_3$	228.11
$MgCl_2 \cdot 6H_2O$	203.30	CH_3COONa	82.034	$SbCl_5$	299.02
MgC_2O_4	112.33	$CH_3COONa \cdot 3H_2O$	136.08	Sb_2O_3	291.50
$Mg(NO_3)_2 \cdot 6HO$	256.41	$NaCl$	58.443	Sb_2S_3	339.68

化合物	M_r	化合物	M_r	化合物	M_r
$MgNH_4PO_4$	137.32	$NaClO$	74.442	SiF_4	104.08
MgO	40.304	$Na_2HPO_4 \cdot 12H_2O$	358.14	SiO_2	60.084
$Mg(OH)_2$	58.32	$NaHCO_3$	84.007	$SnCl_2$	189.62
$Mg_2P_2O_7$	222.55	$Na_2H_2Y \cdot 2H_2O$	372.24	$SnCl_2 \cdot 2H_2O$	225.65
$MgSO_4 \cdot 7H_2O$	246.47	$NaNO_2$	68.995	$SnCl_4$	260.52
$MnCO_3$	114.95	$NaNO_3$	84.995	$SnCl_4 \cdot 5H_2O$	350.596
$MnCl_2 \cdot 4H_2O$	197.91	$N_{a2}O$	61.979	SnO_2	150.71
$Mn(NO_3)_2 \cdot 6H_2O$	287.04	$Na_2 O_2$	77.978	SnS	150.776
MnO	70.937	$NaOH$	39.997	$SrCO_3$	147.63
MnO_2	86.937	Na_3PO_4	163.94	SrC_2O_4	175.64
MnS	87.00	Na_2S	78.04	$SrCrO_4$	203.61
$MnSO_4$	151.00	$Na_2S \cdot 9H_2O$	240.18	$Sr(NO_3)_4$	211.63
$MnSO_4 \cdot 4H_2O$	233.06	$N a_2SO_3$	126.04	$Sr(NO_3)_2 \cdot 4H_2O$	283.69
$SrSO_4$	183.68	ZnC_2O_4	153.40	$Zn(NO_3)_2 \cdot 6H_2O$	297.48
		$ZnCl_2$	136.29	ZnO	81.38
$UO_2(CH_3COO)_2 \cdot H_2O$	424.15	$Zn(CH_3COO)_2$	183.47	ZnS	97.44
		$Zn(CH_3COO \cdot 2H_2O$	219.15	$ZnSO_4$	161.44
$ZnCO_3$	125.39	$Zn(NO_3)_2$	189.39	$ZnSO \cdot 7H_2O$	287.54